普通高等教育"十一五"国家级规划教材

2008 年度普通高等教育精品教材

高等学校新工科计算机类专业教材

微型计算机原理

（第四版）

王忠民　主编

王忠民　王　钰　王晓婕　编著

西安电子科技大学出版社

内 容 简 介

　　本书结合大量实例，全面、系统、深入地介绍了微型计算机的工作原理、汇编语言程序设计以及常用可编程接口芯片的工作原理与应用技术。

　　全书共 8 章，内容包括：微型计算机系统导论，计算机中的数制和编码，80x86 微处理器，80x86 指令系统，汇编语言程序设计，半导体存储器，输入/输出与中断，可编程接口芯片及应用等。每章开始给出本章的主要内容、重点难点以及本章内容在整个课程中所处的地位，每章后给出本章小结和习题。为了便于组织教学和自学，本书配有多媒体 CAI 教学光盘和实验指导书。

　　本书结构合理，实例丰富，深入浅出，文笔流畅，既可作为高等院校计算机及相关专业"微型计算机原理"课程的教材及成人高等教育的教材，也可供广大计算机软、硬件开发工程技术人员参考。

图书在版编目（CIP）数据

微型计算机原理 / 王忠民主编. —4 版. —西安：西安电子科技大学出版社，2021.10(2022.3 重印)

ISBN 978–7–5606–6224–4

Ⅰ.①微… Ⅱ.①王… Ⅲ.①微型计算机 Ⅳ.①TP36

中国版本图书馆 CIP 数据核字(2021)第 194730 号

责任编辑　明政珠　孟秋黎

出版发行　西安电子科技大学出版社(西安市太白南路 2 号)

电　　话　(029)88202421　88201467　　　邮　　编　710071

网　　址　www.xduph.com　　　　　电子邮箱　xdupfxb001@163.com

经　　销　新华书店

印刷单位　陕西天意印务有限责任公司

版　　次　2021 年 10 月第 4 版　2022 年 3 月第 2 次印刷

开　　本　787 毫米×1092 毫米　1/16　印　张　22

字　　数　517 千字

印　　数　3001～8000 册

定　　价　55.00 元

ISBN 978–7–5606–6224–4/TP

XDUP 6526004–2

*** 如有印装问题可调换 ***

序

　　第三次全国教育工作会议以来，我国高等教育得到空前规模的发展。经过高校布局和结构的调整，各个学校的新专业均有所增加，招生规模也迅速扩大。为了适应社会对"大专业、宽口径"人才的需求，各学校对专业进行了调整和合并，拓宽专业面，相应的教学计划、大纲也都有了较大的变化。特别是进入21世纪以来，信息产业发展迅速，技术更新加快。面对这样的发展形势，原有的计算机、信息工程两个专业的传统教材已很难适应高等教育的需要，作为教学改革的重要组成部分，教材的更新和建设迫在眉睫。为此，西安电子科技大学出版社聘请南京邮电学院、西安邮电学院、重庆邮电学院、吉林大学、杭州电子工业学院、桂林电子工业学院、北京信息工程学院、深圳大学、解放军电子工程学院等10余所国内电子信息类专业知名院校长期在教学科研第一线工作的专家教授，组成了高等学校计算机、信息工程类专业系列教材编审专家委员会，并且面向全国进行系列教材编写招标。该委员会依据教育部有关文件及规定对这两大类专业的教学计划和课程大纲，对目前本科教育的发展变化和相应系列教材应具有的特色和定位，以及如何适应各类院校的教学需求等，进行了反复研究、充分讨论，并对投标教材进行了认真评审，筛选并确定了高等学校计算机、信息工程类专业系列教材的作者及审稿人。

　　审定并组织出版这套教材的基本指导思想是力求精品、力求创新、好中选优、以质取胜。教材内容要反映21世纪信息科学技术的发展，体现专业课内容更新快的要求；编写上要具有一定的弹性和可调性，以适合多数学校使用；体系上要有所创新，突出工程技术型人才培养的特点，面向国民经济对工程技术人才的需求，强调培养学生较系统地掌握本学科专业必需的基础知识和基本理论，有较强的本专业的基本技能、方法和相关知识，培养学生具有从事实际工程的研发能力。在作者的遴选上，强调作者应在教学、科研第一线长期工作，有较高的学术水平和丰富的教材编写经验；教材在体系和篇幅上符合各学校的教学计划要求。

　　相信这套精心策划、精心编审、精心出版的系列教材会成为精品教材，得到各院校的认可，对于新世纪高等学校教学改革和教材建设起到积极的推动作用。

系列教材编委会

前　　言

　　《微型计算机原理》自 2003 年出版以来，先后经历了两次改版，20 余次重印，曾获普通高等教育国家级精品教材、"十一五"国家级规划教材、省级优秀教材以及中国大学出版社协会优秀畅销书等荣誉，在此对国内各兄弟院校同行和读者对本书的关注和支持表示衷心的感谢！近年来，随着新工科专业建设和工程教育专业认证工作的推进，"微型计算机原理"课程对工科各专业学生毕业要求能力的支撑和该课程对学生相关能力的培养有了明确的要求；教育部高等学校计算机类专业教学指导委员会在全国高校推广开展的计算机系统能力培养项目，旨在不同层次开展计算机基础系统能力、计算机领域系统能力和计算机应用系统能力培养的探索，而"微型计算机原理"课程在计算机系统能力培养过程中承担了非常重要的角色。鉴于课程要求的进一步明确和近年来教学过程中的一些新思考，作者对本书进行第三次修订。这次的修订主要从以下两个方面考虑。

　　(1) 以学生为中心，开发了大量的方便学生理解教学内容的多媒体立体化教学资源。为了方便学生更好地理解教材内容，制作了 80 多个微视频，通过动画的方式把一些难懂、抽象的概念或原理形象地展示出来，通过录屏方式把一些复杂的操作直观地展示出来。读者可以通过扫描书中的二维码来访问相关内容。

　　(2) 以面向培养学生解决复杂工程问题能力为目标，适当调整教材内容。培养学生计算机系统整体概念和初步的计算机应用系统软硬件协同开发能力是这门课程的主要目标。这次修订调整了个别例题，删除了章后习题中部分概念性题目，增加了一些具有一定综合能力要求的练习题。

　　本次修订注重教材知识点的前后呼应，形成有机整体，以期解决目前学生"只见树木，不见森林"、学了一堆知识点而解决计算机系统复杂工程问题能力薄弱的问题。在本次的微视频制作过程中，研究生高瑞、顾田航和陈哲宇同学做了剪辑与配音工作；早年毕业的多位本科生为课程的 CAI 资源建设做了大量工作，为这次微视频制作提供了主要素材来源，在此对他们的辛勤工作表示感谢。

　　本书可作为一般工科专业学生学习"微型计算机原理"相关课程的教材，也可作为计算机类硕士研究生学习计算机系统结构等相关计算机硬件课程的参考用书。读者在使用本书过程中遇到任何问题，欢迎发邮件(zmwang@xupt.edu.cn)与作者联系。

作　者

2021 年 8 月

第三版前言

"微型计算机原理"对各工科专业学生来说是一门非常重要的计算机基础课,尤其是近年来物联网、互联网+等国家产业发展战略的提出,对学生掌握在本专业领域从事计算机应用系统开发的能力提出了更高的要求。本书是为了满足高等院校各专业本科生掌握计算机应用开发能力而编写的,自出版以来已经过一次再版和多次重印。第一版获陕西省普通高等学校优秀教材二等奖,获第七届全国高校出版社优秀畅销书二等奖。第二版为普通高等教育"十一五"国家级规划教材,评为普通高等教育国家级精品教材。本书自出版以来,得到了国内很多兄弟院校同行的关注,提出了很好的意见和建议,在此对各位老师和读者的关注与支持表示衷心的感谢。

计算机技术发展日新月异,不同厂家生产不同型号的微处理器,同一厂家的微处理器也在不断地更新换代,作为介绍计算机工作原理的教材,需要在有限的时间里把基本问题描述清楚,因此,本次再版仍然选用 80x86 系列 CPU 作为对象进行分析和描述,通过相对比较简单但又非常典型的 8086/8088 CPU 的学习,使学生触类旁通,为以后进一步学习和使用单片机、嵌入式系统等打下坚实的基础。

"微型计算机原理"课程的目的是使学生搞清楚计算机基本概念和基本工作原理,重点培养学生的工程思维能力和利用所学的知识开发具体的计算机系统应用的能力。因此,本次再版遵循以下修订原则:仍然选择 8086/8088 CPU 作为学习对象,基本架构和主要内容保持不变;对近年来在教学过程中反映出来的学生不易理解的概念或原理,通过例题或图表来说明;随着技术的发展,有些内容已经有些过时或不准确,对个别章节的内容进行了修订和完善,对不准确的提法进行了更正;增加和修订了部分例题,注重学生实际应用能力的培养。

通过多年来的建设,作者所承担的"微型计算机原理"课程先后获得"教育部-英特尔"精品课程、陕西省精品课程、双语教学示范课程及精品资源共享课程等荣誉。我们还开发了与课程配套的 PPT 电子教案和 Flash 多媒体 CAI 课件等教学资源,有需要的老师或读者可以直接从课程教学网站(http://cs.xiyou.edu.cn:84/wjyl/)上下载,也可以与作者联系(E-mail: zmwang@xupt.edu.cn)。继续真诚欢迎各位同仁和读者对书中存在的疏漏给予批评指正。

作　者

2015 年 7 月于西安

第二版前言

《微型计算机原理》第一版自 2003 年 7 月由西安电子科技大学出版社出版以来，得到了国内很多兄弟院校同行及广大读者的认可，在此对各位老师和读者对本书的关注与支持表示衷心的感谢。本书第一版 2005 年荣获陕西省普通高等学校优秀教材二等奖，2006 年荣获第七届全国高校出版社优秀畅销书二等奖。

根据作者近年来使用本书的体会以及同行老师和读者反馈的意见，考虑到目前社会对电子信息类应用型人才实践动手能力的要求，同时为了完成教育部"十一五"国家级规划教材的编写任务，我们在保持原书第一版基本风格不变的前提下，对部分章节内容进行了补充完善。

实践动手能力是电子信息类应用型人才必须具备的基本素质。传统的重知识传授、轻能力培养，重课堂教学、轻实践教学的培养模式已经不能满足社会对应用型人才的需求。"微型计算机原理"是工科各专业尤其是电子信息类各专业学生学习后续课程的基础，是一门实践性很强的课程。为了更好地满足教学需要，本次再版我们在注意讲清基本原理、基本概念的基础上，特别注重了例题的选择与讲解，适当增加了例题的数量，以期达到对汇编语言编程能力及微机接口系统设计能力的培养目标，为后续相关专业课程的学习打下坚实的基础。

此外，在保持内容不做大的改动的前提下，我们对书中部分章节的结构进行了适当调整，以使其结构更加清晰、合理。为了方便教学工作和读者自学，我们在原有的电子教案的基础上，开发了 PPT 电子教案和 Flash 多媒体 CAI 课件，出版了与本书配套的《〈微型计算机原理〉学习与实验指导》。需要电子教案和 CAI 课件的读者可以直接与出版社联系，也可以与作者联系(E-mail：zmwang@xiyou.edu.cn)。

由于作者水平所限，书中疏漏与不足之处在所难免，欢迎各位读者及同行批评指正。

作　者

2007 年 5 月于西安

第一版前言

本书是根据作者多年从事计算机软、硬件开发和教学实践经验，为满足高等院校电类各专业本科生"微型计算机原理"课程教学而编写的。

全书共分为 8 章。第 1 章微型计算机系统导论，通过一个模型机介绍了计算机的五大组成部件、三总线结构及计算机工作过程，以期使读者建立计算机整机概念，为后续章节学习打下基础；第 2 章计算机中的数制和编码，介绍计算机中的数制及其相互转换，带符号数的表示方法，十进制数的二进制编码(BCD 码)以及字符的 ASCII 编码等；第 3 章 80x86 微处理器，重点介绍 8086/8088 CPU 的内部结构、寄存器结构、引脚功能以及存储器管理等，并对具有代表性的 Intel 主流 CPU 系列的最新技术做了适当介绍；第 4 章 80x86 指令系统，在简要介绍 80x86 指令格式后重点介绍操作数和转移地址的寻址方式以及 80x86 指令系统；第 5 章汇编语言程序设计，以 Microsoft 公司的宏汇编程序 MASM 为背景，介绍面向 80x86 的汇编语言程序设计方法；第 6 章半导体存储器，在简要介绍半导体存储器的分类和基本存储单元电路的基础上，重点介绍常用的几种典型存储器芯片及其与 CPU 之间的连接与扩展问题，并对目前广泛应用的几种新型存储器芯片做了简要介绍；第 7 章输入/输出与中断，介绍输入/输出接口的基本概念，CPU 与外设间数据传送的方式，重点介绍中断传送方式及其相关技术；第 8 章可编程接口芯片及应用，介绍与 80x86 系列微处理器配套使用的通用可编程接口芯片的原理及应用技术。

为了便于组织教学和自学，本书在结构上特别注意既便于教师的课堂教学，又便于学生自学。全书结构合理，注重应用，实例丰富，叙述上力求深入浅出；每章开始给出本章的主要内容、重点难点以及本章内容在整个课程中所处的地位；对易犯错误或重点内容书中都给予了特别强调；每章后给出本章小结和大量经过精心准备的练习题；本书还配有多媒体 CAI 教学光盘和实验指导书。

由于本课程的实践性很强，在教学中应特别注意加强实践教学环节，通过大量的上机实践，使学生真正掌握微型计算机的工作原理、汇编语言程序设计方法以及接口电路设计技术等内容，培养学生初步具备软、硬件方面的实际开发能力。

本书第 1 章、第 2 章、第 3 章以及第 8 章由王忠民编写，第 4 章和第 5 章由王钰编写，第 6 章和第 7 章由王晓婕编写。王忠民担任主编并负责本书大纲拟订与统稿工作。

本书的编写得到了西安邮电学院韩俊刚教授、赵亚婉教授的关心，正是由于他们的指导、帮助和大力支持，才使本书得以顺利完成并交付出版。

由于作者水平所限，书中难免存在一些不足与疏漏之处，恳请读者不吝指正。

编 者

2003 年 3 月

目　　录

1

第⋯⋯章

微型计算机系统导论

　　本章简要介绍微型计算机的发展历史；根据冯·诺依曼计算机设计思想，主要介绍微型计算机硬件系统的组成、三总线结构(地址总线 AB、数据总线 DB、控制总线 CB)以及组成计算机的五大部件(运算器、控制器、存储器、输入及输出设备)；介绍软件在计算机系统中的作用；通过在模型机上运行一个简单的程序说明计算机的工作过程，以帮助读者初步建立计算机系统整体概念。

1.1 引　　言

　　电子计算机是由各种电子器件组成的，能够自动、高速、精确地进行算术运算、逻辑控制和信息处理的现代化设备。自从其诞生以来，已被广泛应用于科学计算、数据(信息)处理和过程控制等领域。

　　有关统计资料表明，计算机早期的主要应用领域是科学计算。在科学研究，特别是理论研究中，经过严密的论证和推导，得出非常复杂的数学方程，需要求得方程的解。如果手工计算，可能要经过数月、数年的时间，有时甚至是无法完成的。面对这样的难题，计算机可以发挥其强大的威力。计算机在科学计算应用中，一般采用高级语言来编写程序。高级语言是面向用户的，用高级语言编写程序比较容易和方便，经过短时间的学习和训练，一般人都能编出功能很复杂的程序。计算机在科学计算中的应用与其在信息处理和过程控制领域的应用相比较，除了用高级语言编写程序外，还有两个特点：第一，它没有很强的实时性要求，虽然使用者在运行程序时也希望尽快得到运算结果，但对结果产生的时间没有严格的要求，结果产生的迟早不影响结果的有效性。第二，在科学计算中，需要输入计算机的数据，一般不是从某种物理现场实时采集的，不需要有专用的完成数据采集任务的输入设备；同样，计算的结果一般也不完成对外界的控制功能，不需要有专门的输出设备与其他系统相连。

　　在数据(信息)处理和过程控制应用领域，情况则要复杂得多。除了对系统的实时性有很高的要求外，还要用专门的输入设备将有关信息输入计算机，用专门的输出设备输出处理结果或对被控对象实施控制。因此，仅仅具备高级语言编程方面的知识是远远不够的。实时数据(信息)处理和过程控制要求实时性，希望编写的程序更精练，运行起来更快(一般情况下，对于完成相同的任务，用机器语言或汇编语言编写的程序运行起来比用高级语言编出的程序快得多)；专用的输入/输出设备与计算机的连接和编程控制(称为接口)，更不是只具有高级语言编程知识所能胜任的。为此，必须对计算机的工作原理有更深入的了解，对计算机的逻辑组成、工作原理、与外界的接口技术以及直接依赖于计算机逻辑结构的机器语言、汇编语言编程方法等需要进一步的学习。"微型计算机原理"课程就是基于这一目的而设置的。

1.2　计算机的发展概况

计算机的发展，从一开始就是和电子技术，特别是微电子技术密切相关的。人们通常按照构成计算机所采用的电子器件及其电路的变革，把计算机划分为若干"代"来标志计算机的发展。自 1946 年世界上第一台电子计算机 ENIAC 问世以来，计算机技术得到了突飞猛进的发展，在短短的几十年里，计算机的发展已经历了四代：电子管计算机、晶体管计算机、集成电路计算机、大规模及超大规模集成电路计算机。目前，各国正加紧研制和开发第五代"非冯·诺依曼"计算机和第六代"神经"计算机。

计算机发展历史

微型计算机发展历史

微型计算机属于第四代计算机，是 20 世纪 70 年代初期研制成功的。一方面是由于军事、空间及自动化技术的发展，需要体积小、功耗低、可靠性高的计算机；另一方面，大规模集成电路技术的不断发展也为微型计算机的产生打下了坚实的物质基础。

微处理器(Microprocessor)是微型计算机的核心，它是将计算机中的运算器和控制器集成在一块硅片上制成的集成电路芯片。这样的芯片也被称为中央处理单元(Central Processing Unit)，简称 CPU。

微型计算机(Microcomputer)是由微处理器(CPU)、存储器和 I/O 接口电路组成的计算机。

30 多年来，微处理器和微型计算机获得了极快的发展，几乎每两年微处理器的集成度就要翻一番，每 2～4 年更新换代一次，现已进入第五代。

1. 第一代(1971—1973)：4 位或低档 8 位微处理器

第一代微处理器的典型产品是 Intel 公司 1971 年研制成功的 4004(4 位 CPU)及 1972 年推出的低档 8 位 CPU 8008。它们均采用 PMOS 工艺，集成度约为 2000 只晶体管/片；指令系统比较简单，运算能力差，速度慢(指令的平均执行时间约为 10～20 μs)；软件主要使用机器语言及简单的汇编语言编写。

2. 第二代(1974—1977)：中高档 8 位微处理器

第一代微处理器问世以后，众多公司纷纷研制各种微处理器，逐渐形成以 Intel 公司、Motorola 公司、Zilog 公司产品为代表的三大系列微处理器。第二代微处理器的典型产品有 1974 年 Intel 公司生产的 8080 CPU、Zilog 公司生产的 Z80 CPU、Motorola 公司生产的 MC6800 CPU 以及 Intel 公司 1976 年推出的 8085 CPU。它们均为 8 位微处理器，具有 16 位地址总线。

第二代微处理器采用 NMOS 工艺，集成度约为 9000 只晶体管/片，指令的平均执行时间为 1～2 μs。指令系统相对比较完善，已具有典型的计算机体系结构以及中断、存储器直接存取(DMA)功能。由第二代微处理器构成的微机系统(如 Apple－Ⅱ等)已经配有单用户操作系统(如 CP/M)，并可使用汇编语言及 BASIC、FORTRAN 等高级语言编写程序。

3. 第三代(1978—1984)：16 位微处理器

第三代微处理器的典型产品是 1978 年 Intel 公司生产的 8086 CPU、Zilog 公司生产的 Z8000 CPU 和 Motorola 公司生产的 MC6800 CPU。它们均为 16 位微处理器，具有 20 位地址总线。

用这些芯片组成的微型计算机有丰富的指令系统、多级中断系统、多处理机系统、段式存储器管理以及硬件乘/除法器等。为方便原 8 位机用户，Intel 公司在 8086 推出后不久便很快推出准 16 位的 8088 CPU，其指令系统与 8086 完全兼容，CPU 内部结构仍为 16 位，但外部数据总线是 8 位的。同时，IBM 公司以 8088 为 CPU 组成了 IBM PC、PC/XT 等准 16 位微型计算机，由于其性价比高，很快就占领了市场。

1982 年，Intel 公司在 8086 基础上研制出性能更优越的 16 位微处理器芯片 80286。它具有 24 位地址总线，并具有多任务系统所必需的任务切换、存储器管理功能以及各种保护功能。同时，IBM 公司以 80286 为 CPU 组成了 IBM PC/AT 高档 16 位微型计算机。

4. 第四代(1985—2004)：32 位微处理器

1985 年，Intel 公司推出了 32 位微处理器芯片 80386，其地址总线也为 32 位。80386 有两种结构：80386SX 和 80386DX。这两者的关系类似于 8088 和 8086 的关系。80386SX 内部结构为 32 位，外部数据总线为 16 位，采用 80287 作为协处理器，指令系统与 80286 兼容。80386DX 内部结构、外部数据总线皆为 32 位，采用 80387 作为协处理器。

1990 年，Intel 公司在 80386 基础上研制出新一代 32 位微处理器芯片 80486，其地址总线仍然为 32 位。它相当于把 80386、80387 及 8 KB 高速缓冲存储器(Cache)集成在一块芯片上，性能比 80386 有较大提高。

5. 第五代(2005 年以后)：64 位高档微处理器

Intel 于 2005 年 3 月发布了其第一款 64 位 CPU，即 Pentium 4 6XX，还有面向高端的 Pentium 4 Extreme Edition，简称 P4EE。2005 年 6 月 Intel 又发布了 64 位的 Celeron D CPU 系列芯片。

由于生产技术的限制，传统的通过不断提高 CPU 主频来提升处理器工作速度的做法面临严重的阻碍，高频 CPU 的耗电量和发热量越来越大，这给整机散热带来了十分严峻的考验。多核技术即可以很好地解决这一问题，多核处理器目前已成为市场的主流。

1.3　微型计算机硬件系统

微型计算机是指以微处理器为核心，配上存储器、输入/输出接口电路等所组成的计算机(又称为主机)。微型计算机系统(Microcomputer System)是指以微型计算机为中心，配以相应的外围设备、电源和辅助电路(统称硬件)以及指挥计算机工作的系统软件所构成的系统。与一般的计算机系统一样，微型计算机系统也是由硬件和软件两部分组成的，如图 1.1 所示。本

冯·诺依曼计算机体系结构

节首先介绍微型计算机的硬件组成，微型计算机软件系统将在 1.4 节介绍。

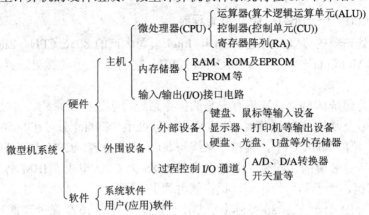

图 1.1　微型计算机系统的组成

1.3.1　基于总线的微型计算机硬件系统

到目前为止，计算机仍沿用 1940 年由冯·诺依曼首先提出的体系结构。其基本设计思想为：

微型计算机硬件系统组成

① 以二进制形式表示指令和数据。

② 程序和数据事先存放在存储器中，计算机在工作时能够高速地从存储器中取出指令加以执行。

③ 由运算器、控制器、存储器、输入设备和输出设备等五大部件组成计算机硬件系统。

微机体系结构的特点之一是采用总线结构，通过总线将微处理器(CPU)、存储器(RAM 和 ROM)、I/O 接口电路等连接起来，而输入/输出设备则通过 I/O 接口实现与微机的信息交换，如图 1.2 所示。

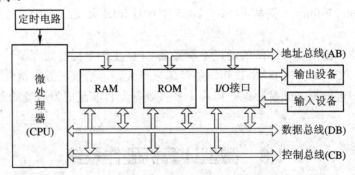

图 1.2　微型计算机硬件系统结构

所谓总线，是指计算机中各功能部件间传送信息的公共通道，是微型计算机的重要组成部分。它们可以是带状的扁平电缆线，也可以是印刷电路板上的一层极薄的金属连线。所有的信息都通过总线传送。根据所传送信息的内容与作用不同，总线可分为以下三类：

(1) 地址总线 AB(Address Bus)：在对存储器或 I/O 端口进行访问时，传送由 CPU 提供的要访问存储单元或 I/O 端口的地址信息，以便选中要访问的存储单元或 I/O 端口。AB 是单向总线。

(2) 数据总线 DB(Data Bus)：从存储器取指令或读写操作数，对 I/O 端口进行读写操作时，指令码或数据信息通过数据总线送往 CPU 或由 CPU 送出。DB 是双向总线。

(3) 控制总线 CB(Control Bus)：各种控制或状态信息通过控制总线由 CPU 送往有关部件，或者从有关部件送往 CPU。CB 中每根线的传送方向是一定的，图 1.2 中 CB 作为一个整体，用双向表示。

采用总线结构时，系统中各部件均挂在总线上，可使微机系统的结构简单，易于维护，并具有更好的可扩展性。一个部件(插件)只要符合总线标准就可以直接插入系统，为用户对系统功能的扩充或升级提供了很大的灵活性。

1.3.2　微处理器

图 1.3 所示为一个简化的微处理器模型(虚线框内)，它由运算器(ALU)、控制器(CU)和内部寄存器(R)三部分组成。现将各部件的功能简述如下。

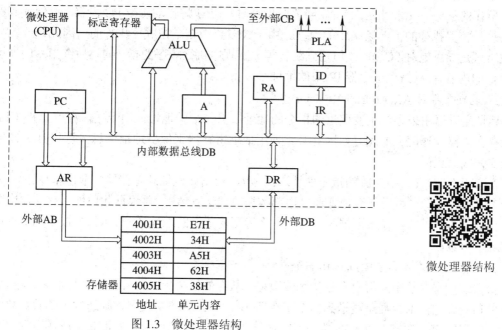

图 1.3　微处理器结构

1. 运算器

运算器又称算术逻辑单元(ALU，Arithmetic Logic Unit)，用来进行算术或逻辑运算以及移位循环等操作。参加运算的两个操作数一个来自累加器 A(Accumulator)，另一个来自内部数据总线，可以是数据缓冲寄存器 DR(Data Register)中的内容，也可以是寄存器阵列 RA(Register Array)中某个寄存器的内容。

2. 控制器

控制器又称控制单元(CU，Control Unit)，是全机的指挥控制中心。它负责把指令逐条从存储器中取出，经译码分析后向全机发出取数、执行、存数等控制命令，以保证正确完成程序所要求的功能。控制器中包括以下几部分：

(1) 指令寄存器 IR(Instruction Register)：用来存放从存储器取出的将要执行的指令码。当执行一条指令时，先把它从内存取到数据缓冲寄存器 DR 中，然后再传送到指令寄存器 IR 中。

(2) 指令译码器 ID(Instruction Decoder)：用来对指令寄存器 IR 中的指令操作码字段(指令中用来说明指令功能的字段)进行译码，以确定该指令应执行什么操作。

(3) 可编程逻辑阵列 PLA(Programmable Logic Array)：用来产生取指令和执行指令所需要的各种微操作控制信号，并经过控制总线 CB 送往有关部件，从而使计算机完成相应的操作。

3. 内部寄存器

虽然不同计算机的 CPU 所拥有的内部寄存器会有所不同，但一般至少要有以下几种寄存器。

1) 程序计数器 PC(Program Counter)

程序计数器有时也被称为指令指针(IP, Instruction Pointer)，它被用来存放下一条要执行指令所在存储单元的地址。在程序开始执行前，必须将它的起始地址，即程序的第一条指令所在的存储单元地址送入 PC。当读取指令时，CPU 将自动修改 PC 内容，以便使其保持的总是将要执行的下一条指令的地址。由于大多数指令是按顺序执行的，因此修改的办法通常只是简单地对 PC 加 1。但遇到跳转等改变程序执行顺序的指令时，后继指令的地址(即 PC 的内容)将从指令寄存器 IR 中的地址字段得到。

2) 地址寄存器 AR(Address Register)

地址寄存器用来存放正要取出的指令的地址或操作数的地址。由于在内存单元和 CPU 之间存在着操作速度上的差异，因此必须使用地址寄存器来保持地址信息，直到内存的读/写操作完成为止。

在取指令时，PC 中存放的指令地址送到 AR，根据此地址从存储器中取出指令。

在取操作数时，将操作数地址通过内部数据总线送到 AR，再根据此地址从存储器中取出操作数；在向存储器存入数据时，也要先将待写入数据的地址送到 AR，再根据此地址向存储器写入数据。

3) 数据缓冲寄存器 DR(Data Register)

数据缓冲寄存器用来暂时存放指令或数据。从存储器读出时，若读出的是指令，经 DR 暂存的指令经过内部数据总线送到指令寄存器 IR；若读出的是数据，则通过内部数据总线送到运算器或有关的寄存器。同样，当向存储器写入数据时，也首先将其存放在数据缓冲寄存器 DR 中，然后再经数据总线送入存储器。

可以看出，数据缓冲寄存器 DR 是 CPU 和内存、外部设备之间信息传送的中转站，用来补偿 CPU 和内存、外围设备之间在操作速度上存在的差异。

4) 累加器 A(Accumulator)

累加器是使用最频繁的一个寄存器。在执行算术逻辑运算时，它用来存放一个操作数，而运算结果通常又放回累加器，其中原有信息随即被破坏。因此，顾名思义，累加器是用来暂时存放 ALU 运算结果的。显然，CPU 中至少应有一个累加器。目前 CPU 中通常有很多个累加器。当使用多个累加器时，就变成了通用寄存器堆结构，其中任何一个既可存放目的操作数，也可存放源操作数。例如本书介绍的 80x86 系列 CPU 就采用了这种累加器结构。

5) 标志寄存器 FLAGS(Flag Register)

标志寄存器有时也称为程序状态字(PSW，Program Status Word)。它用来存放执行算术运算指令、逻辑运算指令或测试指令后建立的各种状态码内容以及对 CPU 操作进行控制的控制信息。标志位的具体设置及功能随微处理器型号的不同而不同。编写程序时，可以通过测试有关标志位的状态(0 或 1)来决定程序的流向。

6) 寄存器阵列 RA(Register Array)

寄存器阵列实际上相当于微处理器内部的 RAM。微处理器内部有了这些寄存器后，就可避免频繁访问存储器，缩短指令长度和指令执行时间，提高机器的运行速度，方便程序设计。不同类型 CPU 的寄存器阵列规模大小会有所不同。

1.3.3　存储器

这里介绍的存储器是指内存储器(又称为主存或内存)。它是微型计算机的存储和记忆装置，用来存放指令、原始数据、中间结果和最终结果。

在计算机内部，程序和数据都以二进制形式表示，8 位二进制代码作为一个字节。为了便于对存储器进行访问，存储器通常被划分为许多单元，每个存储单元存放一个字节的二进制信息，每个存储单元分别赋予一个编号，称为地址。如图 1.4 所示，地址为 4005H 的存储单元中存放了一个 8 位二进制信息 00111000B。

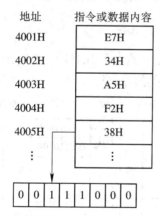

存储器相关概念

图 1.4　内存单元的地址和内容

计算机在执行程序时，CPU 会自动而连续地从内存储器中取出要执行的指令，并执行指令规定的操作。这就是说，计算机每完成一条指令，至少有一次为取指令而访问内存储器的操作。内存储器是计算机主机的一部分，一般把具有一定容量且速度较高的存储器作为内存储器，CPU 可直接用指令对内存储器进行读/写。在微型计算机中，通常用半导体存储器作为内存储器。

1. 基本概念

(1) 位(Bit)：二进制信息的最小单位(0 或 1)。

(2) 字节(Byte)：由 8 位二进制数组成，可以存放在一个存储单元中。字节是字的基本组成单位。

(3) 字(Word)：计算机中作为一个整体来处理和运算的一组二进制数，是字节的整数倍。通常它与计算机内部的寄存器、算术逻辑单元、数据总线宽度相一致。每个字包括的位数称为计算机的字长，是计算机的重要性能指标。目前为了表示方便，常把一个字定义为 16 位，把一个双字定义为 32 位。

(4) 内存容量：内存中存储单元的总数。通常以字节为单位，$1024(2^{10})$字节记作 1 KB，2^{20} 字节记作 1 MB。

(5) 内存单元地址：为了能识别不同的单元，每个单元都赋予一个编号，这个编号称为内存单元地址。显然，各内存单元的地址与该地址对应的单元中存放的内容是两个完全不同的概念，不可混淆。

2. 内存的操作

CPU 对内存的操作有两种：读或写。读操作是 CPU 将内存单元的内容读入 CPU 内部，而写操作是 CPU 将其内部信息送到内存单元保存起来。显然，写操作的结果改变了被写内存单元的内容，是破坏性的，而读操作是非破坏性的，即该内存单元的内容在信息被读出之后仍保持原信息不变。

从内存单元读出信息的操作过程如图 1.5(a)所示。假设将地址为 90H 的单元中的内容 10111010B(BAH)读入 CPU，其操作过程如下：

(1) CPU 经地址寄存器 AR 将要读取单元的地址信息 10010000B(90H)送地址总线，经地址译码器选中 90H 单元。

(2) CPU 发出"读"控制信号。

(3) 在读控制信号的作用下，将 90H 单元中的内容 10111010B(BAH)放到数据总线上，然后经数据缓冲寄存器 DR 送入 CPU 中的有关部件进行处理。

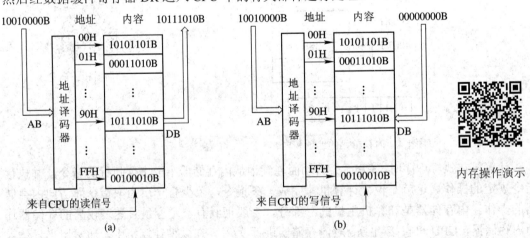

图 1.5　内存读/写操作过程示意图

(a) 内存读操作过程；(b) 内存写操作过程

向内存单元写入信息的操作过程如图 1.5(b)所示。假定要将数据 0 写入内存中地址为 90H 的单元，其操作过程如下：

(1) CPU 把要写入单元的地址信息 90H 经地址寄存器 AR 送到地址总线上。

(2) 待写入的数据 00000000B 经数据缓冲寄存器 DR 放到数据总线上。

(3) CPU 发出"写"控制信号，在该信号的作用下将数据 0 写入 90H 单元。此时，90H 单元中原有的内容 10111010B 就会被 00000000B 所替代。

3. 内存的分类

按工作方式，内存可分为两大类：随机读写存储器 RAM(Random Access Memory)和只读存储器 ROM(Read Only Memory)。

随机读写存储器可被 CPU 随机地读写，它用于存放将要被 CPU 执行的用户程序、数据以及部分系统程序。断电后，其中存放的所有信息将丢失。

只读存储器中的信息只能被 CPU 读取，而不能由 CPU 任意地写入。断电后，其中的信息不会丢失。只读存储器用于存放永久性的程序和数据，如系统引导程序、监控程序、操作系统中的基本输入/输出管理程序(BIOS)等。

1.3.4　I/O 接口与输入/输出设备

I/O 接口是微型计算机与输入/输出设备之间信息交换的桥梁。

I/O 设备是微型计算机系统的重要组成部分。程序、数据及现场信息要通过输入设备输入给计算机。计算机的处理结果要通过输出设备输出，以便用户使用。常用的输入设备有键盘、鼠标、数字化仪、扫描仪、A/D 转换器等。常用的输出设备有显示器、打印机、绘图仪、D/A 转换器等。

外设的种类很多，有机械式、电子式、机电式、光电式等。一般来说，与 CPU 相比，外设的工作速度较低。外设处理的信息有数字量、模拟量、开关量等，而计算机只能处理数字量。另外，外设与微型计算机工作的逻辑时序也可能不一致。由于上述原因，微型机与外设之间的连接及信息的交换不能直接进行，而需要设计一个 I/O 接口作为微型机与外设之间的桥梁。I/O 接口也称为 I/O 适配器，不同的外设必须通过不同的 I/O 接口才能与微机相连。所以，I/O 接口是微型计算机应用系统不可缺少的重要组成部件。任何一个微机应用系统的研制和开发，实际上都是 I/O 接口的研制和开发。因此，I/O 接口技术是"微型计算机原理"课程要重点讨论的内容之一，这将在第 7 和第 8 两章作详细介绍。

1.4　微型计算机软件系统

所谓软件，就是为了管理、维护计算机以及为完成用户的某种特定任务而编写的各种程序的总和。计算机的工作就是运行程序，通过逐条地从存储器中取出程序中的指令并执行指令规定的操作而实现某种特定的功能，因此，软件是微型计算机系统不可缺少的组成部分。微型计算机的软件包括系统软件和用户(应用)软件。

1.4.1　系统软件

系统软件是指不需要用户干预的，为其他程序的开发、调试以及运行等建立一个良好环境的程序，主要包括操作系统 OS(Operating System)和系统应用程序。

1．操作系统

操作系统是一套复杂的系统程序，用于提供人机接口和管理、调度计算机的所有硬件与软件资源。其中最为重要的核心部分是常驻监控程序，计算机启动后，常驻监控程序始终存放在内存中，它接收用户命令，并执行相应的操作；操作系统还包括用于执行 I/O 操作的 I/O 驱动程序，每当用户程序或其他系统程序需要使用 I/O 设备时，通常并不是该程序执行 I/O 操作，而是由操作系统利用 I/O 驱动程序来执行任务；此外，操作系统还包括用于管理存放在外存中大量数据的文件管理程序，文件管理程序和 I/O 驱动程序配合使用，用于文件的存取、复制和其他处理。

2．系统应用程序

系统应用程序很多，如用来编写用户应用软件的程序设计语言、使用户程序执行的编译程序和解释程序以及文字处理等服务性工具程序。

1) 程序设计语言

计算机完成某一特定工作都是通过执行对应的应用程序来实现的，程序设计语言就是开发这些应用程序的工具。程序设计语言有机器语言、汇编语言和高级语言等。

机器语言是面向机器的能够直接被计算机识别和执行的语言，由于其难于记忆目前已很少用机器语言来编写机器语言程序。

汇编语言是为了克服机器语言难于使用的缺点而提出的助记符语言。与机器语言一样，汇编语言也是面向机器的，但使用起来要比机器语言方便得多。用汇编语言编写的程序具有很高的执行效率，目前汇编语言被广泛应用于需要较高处理速度或需要对硬件接口进行访问与控制的场合。基于 80x86 CPU 的汇编语言程序设计技术也正是本书要介绍的主要内容之一。

高级语言是面向用户的语言，具有易学易用的特点。目前各种各样易学好用的高级语言开发工具不断推出，为用户应用程序的开发提供了很大的便利，从而使得计算机的应用得到越来越广泛的普及。

2) 编译和解释程序

用汇编语言和高级语言编写的程序称为源程序，并不能被计算机直接执行，必须由计算机把它翻译成 CPU 能识别的机器语言指令后才能由 CPU 运行。将源程序翻译成机器语言有两种翻译方式：一种是编译方式，即先将源程序全部翻译成机器语言指令，然后再执行的方式，Pascal、C、C++等采用的就是这种编译方式，实现这种功能的程序称为编译程序；另一种由机器边翻译边执行的方式，称为解释方式，实现解释功能的翻译程序称为解释程序，Basic、Java 等采用的就是这种方式。每一种高级语言都有相应的编译或解释程序，机器类型不同，其编译或解释程序也不同。

3) 服务性工具程序

由第三方提供的方便用户日常工作需要的服务性工具程序很多，如微软的办公软件Office、各类视频播放软件、图形图像处理软件等。

1.4.2　用户(应用)软件

用户(应用)软件是和系统软件相对应的，是用户为解决各种实际问题，利用计算机以及它所提供的各种系统软件，编制解决各种实际问题的程序，如数据库管理系统、办公自动化软件等。可用来编写用户软件的语言有机器语言、汇编语言和高级语言等。

1.5 微型计算机的工作过程

在对微型计算机的基本组成有了基本了解之后，本节通过在一简化的模型机(8 位机)上运行一个简单的程序来说明微型计算机的工作过程。

微型计算机工作
过程演示

表 1.1 为在该模型机上完成"6+5"操作所需的机器语言程序和汇编语言程序，假设该机器语言程序从内存中地址为 0000H 的单元开始存放。机器语言程序是计算机能够理解和直接执行的程序，其指令是用二进制代码表示和存储的。汇编语言程序是用助记符语言表示的程序，计算机不能直接"识别"，需要经过"汇编程序"把它转换为机器语言程序后才能执行。机器语言指令和汇编语言指令是一一对应的，都是面向机器的，不同的机器有着自己独有的机器语言指令系统和汇编语言指令系统。高级语言是不依赖于具体机型只面向过程的程序设计语言，由它所编写的高级语言程序，需经过编译程序或解释程序的编译或解释生成机器语言程序后才能执行。由此可见，不论程序是用什么语言编写的，都必须首先将其转换为计算机能直接识别和执行的机器语言程序，然后才能由 CPU 逐条读取并执行。

表 1.1 完成"6+5"操作所需的机器语言程序和汇编语言程序

内存单元地址	机器语言程序	汇编语言程序	指令功能说明
0000H 0001H	10110001 00000110	MOV A,06H	双字节指令。将数字 6 送累加器 A
0002H 0003H	00001000 00000101	ADD A,05H	双字节指令。将数字 5 与累加器 A 中的内容相加，结果存放在累加器 A 中
0004H	11111110	HLT	停机指令

微机的工作过程就是不断地从内存中取出指令并执行指令的过程。当开始运行程序时，首先应把第一条指令所在存储单元的地址赋予程序计数器 PC(Program Counter)，然后机器就进入取指阶段。在取指阶段，CPU 从内存中读出的内容必为指令，于是，数据缓冲寄存器的内容将被送至指令寄存器 IR，然后由指令译码器对 IR 中指令的操作码字段进行译码，并发出执行该指令所需要的各种微操作控制信号。取指阶段结束后，机器就进入执行指令阶段，这时 CPU 便执行指令所规定的具体操作。当一条指令执行完毕后，即转入下一条指令的取指阶段。这样周而复始地循环，直到遇到暂停指令或程序结束为止。

对于所有的机器指令而言，取指阶段都是由一系列相同的操作组成的，所用的时间都是相同的。而执行指令阶段由不同的事件顺序组成，它取决于被执行指令的类型，因此，不同指令间执行阶段的时间存在很大差异。

需要说明的是，指令通常由操作码(Operation Code)和操作数(Operand)两部分组成。操作码表示该指令完成的操作，而操作数表示参加操作的数本身或操作数所在的地址。指令根据其所含内容的不同而有单字节指令、双字节指令以及多字节指令等，因此，计算机在执行一条指令时，就可能要处理一到多个不等字节数目的代码信息，包括操作码、操作数或操作数的地址。

假定完成"6+5"操作所需的机器语言程序(如表 1.1 所示)已由输入设备存放到内存中，如图 1.6 所示。下面进一步说明微机内部执行该程序的具体操作过程。

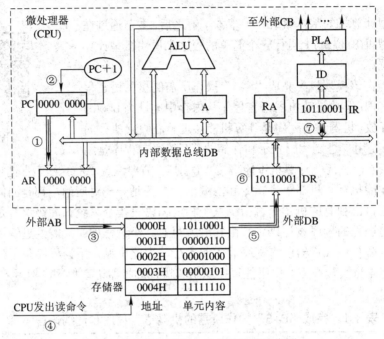

图 1.6　取第一条指令的操作过程示意图

开始执行程序时，首先将第一条指令的首地址 0000H 送程序计数器 PC，然后就进入第一条指令的取指阶段，其操作过程如图 1.6 所示。下面对图示操作过程进行详细说明。

① 把 PC 内容 00H 送地址寄存器 AR。

② PC 内容送入 AR 后，PC 自动加 1，即由 0000H 变为 0001H，以使 PC 指向下一个要读取的内存单元。注意，此时 AR 的内容并没有变化。

③ 把地址寄存器 AR 的内容 0000H 放在地址总线上，并送至存储器系统的地址译码电路(图中未画出)，经地址译码选中相应的 0000H 单元。

④ CPU 发出存储器读命令。

⑤ 在读命令的控制下，把选中的 0000H 单元的内容即第一条指令的操作码 B1H 读到数据总线 DB 上。

⑥ 把读出的内容 B1H 经数据总线送到数据缓冲寄存器 DR。

⑦ 指令译码。因为取出的是指令的操作码，故数据缓冲寄存器 DR 中的内容被送到指令寄存器 IR，然后再送到指令译码器 ID，经过译码，CPU "识别"出这个操作码代表的指令，于是经控制器发出执行该指令所需要的各种控制命令。

接着进入第一条指令的执行阶段。经过对操作码 B1H 的译码，CPU 知道这是一条把下一单元中的操作数送累加器 A 的双字节指令，所以，执行该指令的操作就是从下一个存储单元中取出指令第二个字节中的操作数 06H，并送入累加器 A。该指令的执行过程如图 1.7 所示。下面对图示执行过程进行详细说明。

① 把 PC 内容 01H 送地址寄存器 AR。

② PC 内容送入 AR 后，PC 自动加 1，即由 0001H 变为 0002H。注意，此时 AR 的内容 0001H 并没有变化。

③ 把地址寄存器 AR 的内容 0001H 放到地址总线上，并送至存储器系统的地址译码电路，经地址译码选中相应的 0001H 单元。

④ CPU 发出存储器读命令。

⑤ 在读命令的控制下，把选中的 0001H 单元的内容 06H 放到数据总线 DB 上。

⑥ 把读出的内容 06H 经数据总线送到数据缓冲寄存器 DR。

⑦ 数据缓冲寄存器 DR 的内容经内部数据总线送到累加器 A。于是，第一条指令执行完毕，操作数 06H 被送到累加器 A 中。

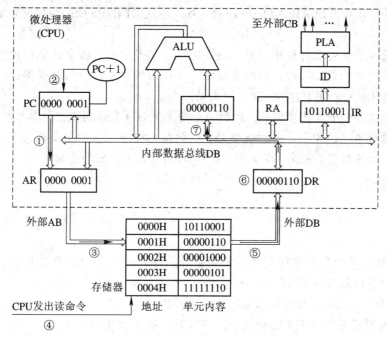

图 1.7　执行第一条指令的操作过程示意图

此时，程序计数器 PC 的值为 0002H，指向第二条指令在存储器中的首地址，计算机再次重复取指令和执行指令的过程，完成第二条指令的执行。这样周而复始地循环，直到遇到暂停指令为止。限于篇幅，这里不再赘述。

本 章 小 结

计算机的发展是随着微电子技术、半导体制造技术的发展而发展的。微型计算机是计算机发展到第四代才出现的一个非常重要的分支，它的发展是以微处理器的发展为标志的。

微型计算机(Microcomputer)由微处理器、存储器和 I/O 接口电路以及输入/输出设备组成。

微处理器又称为中央处理单元，即 CPU(Central Processing Unit)，是微型计算机的核心，它是将运算器和控制器集成在一块硅片上而制成的集成电路芯片。

存储器(又称为主存或内存)用来存储程序或数据。计算机要执行的程序以及要处理的数据都要事先装入到内存中才能被 CPU 执行或访问。有关位、字节、字、字长、存储单元地址、存储容量等概念以及内存读/写操作原理等，读者务必要搞清楚。

输入/输出接口是 CPU 与输入/输出设备之间信息交换的桥梁。不同的外设必须通过不同的 I/O 接口才能与 CPU 相连。因此，I/O 接口是微型计算机应用系统不可缺少的重要组成部件。

微型计算机体系结构的特点之一是采用总线结构，通过总线将微处理器、存储器以及 I/O 接口电路等连接起来。所谓总线，是指计算机中各功能部件间传送信息的公共通道。总线可分为三类：地址总线 AB(Address Bus)、数据总线 DB(Data Bus)和控制总线 CB(Control Bus)。

计算机的工作就是运行程序，通过逐条地从存储器中取出指令并执行指令规定的操作来实现某种特定的功能，因此，软件是微型计算机系统不可缺少的组成部分。微型计算机的软件包括系统软件和用户(应用)软件两大类。

本章还通过在一个 8 位模型机上运行一个简单的程序来说明微型计算机的工作过程。

总之，通过本章的学习，应对微型计算机的基本概念、基本组成及工作过程有一个基本了解，建立计算机整机概念，为后续各章节的学习打下良好的基础。

习题

1. 计算机按其使用的逻辑元件的不同被分为哪几代？微型计算机是哪一代计算机的分支？简述微型计算机的发展经历了哪几代？
2. 简述冯·诺依曼计算机体系结构的基本思想。
3. 微型计算机系统由哪两部分组成？并简要介绍其功能。
4. 何谓微型计算机硬件？它由哪几部分组成？简述各部分的作用。
5. 何谓微型计算机软件？它是如何分类的？
6. 何谓总线？有哪几类？作用如何？
7. 试说明位、字节、字、字长、存储单元地址和存储容量等概念。
8. 试比较存储器读和存储器写两种操作的区别。

2 计算机中的数制和编码

第 章

计算机的基本功能是进行数据和信息的处理。数据、信息以及为处理这些数据和信息而编写的程序代码(指令序列)等都必须输入到计算机中。由于电子器件容易实现对两种状态的表示，因此计算机中的数字、字符和指令等一般都使用二进制编码来表示。

本章首先简要介绍无符号数的表示方法、各种数制的相互转换以及二进制数的运算规则等；然后重点介绍带符号数的表示方法、补码加减法运算以及运算时溢出的判断方法；最后介绍十进制数的二进制编码(BCD 编码)、字符(包括字母、数字和符号)的 ASCII 编码以及数的定点和浮点表示方法等。本章仅介绍了数据和信息在计算机中的表示方法，处理这些数据和信息所编写程序时用到的指令的表示将在第 4 章中介绍。

DOSbox 32 位模拟器的
安装与使用

DOSBox 环境下汇编语言
上机环境演示

数据与信息在计算机中
存储演示

2.1 无符号数的表示及运算

为了使读者能够更好地理解数据(变量)和信息(字符)在计算机中是如何表示和存储的，在开始本章介绍之前，首先通过微视频(DOSbox 32 位模拟器的安装与使用，DOSBox 环境下汇编语言上机环境演示)介绍如何在 64 位机上使用 DOSbox 32 位模拟器来构建汇编语言开发环境(该开发环境也是我们后续学习汇编语言程序设计所必需的)，然后通过微视频(数据与信息在计算机中存储演示)直观地展示数据和信息在计算机中是如何表示的，在内存中是如何存放的，以帮助读者对本章后续内容更好地理解。

数据处理是计算机的基本功能之一,那么这些要处理的数据是如何在计算机中表示的呢?

日常生活中，人们习惯使用十进制来表示数据，而计算机中采用的却是二进制数。这是因为制作具有 10 个物理状态的器件很困难，而制作具有两种物理状态的器件则比较容易实现，所以在计算机中，不仅数据是以二进制形式表示的，字母、符号、图形、汉字以及指令等都是以二进制形式表示的。因此，在学习和掌握计算机的工作原理之前，需要首先掌握数据 (包括无符号数和有符号数) 和信息的编码方法。本节介绍无符号数的表示方法及其运算规则。

2.1.1　无符号数的表示方法

1. 十进制数的表示方法

十进制计数法的特点是：

① 逢十进一；

② 使用 10 个数字符号(0，1，2，…，9)的不同组合来表示一个十进制数；

③ 以后缀 D 或 d(Decimal)表示十进制数，但该后缀可以省略。

任何一个十进制数 N_D 可表示为：

$$N_D = \sum_{i=-m}^{n-1} D_i \times 10^i \tag{2.1.1}$$

式中：m 表示小数位的位数；n 表示整数位的位数；D_i 为第 i 位上的数符(可以是 0～9 这 10 个数字符号中的任一个)。

例 2.1　$138.5(\text{D}) = 1 \times 10^2 + 3 \times 10^1 + 8 \times 10^0 + 5 \times 10^{-1}$。

2. 二进制数的表示方法

二进制计数法的特点是：

① 逢二进一；

② 使用 2 个数字符号(0，1)的不同组合来表示一个二进制数；

③ 以后缀 B 或 b (Binary)表示二进制数。

任何一个二进制数 N_B 可表示为：

$$N_B = \sum_{i=-m}^{n-1} B_i \times 2^i \tag{2.1.2}$$

式中：m 为小数位的位数；n 为整数位的位数；B_i 为第 i 位上的数符(0 或 1)。

例 2.2　$1101.11\text{B} = 1 \times 2^3 + 1 \times 2^2 + 0 \times 2^1 + 1 \times 2^0 + 1 \times 2^{-1} + 1 \times 2^{-2} = 13.75(\text{D})$。

3. 十六进制数的表示方法

十六进制计数法的特点是：

① 逢十六进一；

② 使用 16 个数字符号(0，1，2，…，9，A，B，C，D，E，F)的不同组合来表示一个十六进制数，其中 A～F 依次表示 10～15；

③ 以后缀 H 或 h(Hexadecimal)表示十六进制数。

任何一个十六进制数 N_H 可表示为：

$$N_H = \sum_{i=-m}^{n-1} H_i \times 16^i \tag{2.1.3}$$

式中：m 为小数位的位数；n 为整数位的位数；H_i 为第 i 位上的数符(可以是 0，1，2，…，9，A，B，C，D，E，F 16 个数字符号中的任一个)。

例 2.3　$0\text{E5AD.BFH} = 14 \times 16^3 + 5 \times 16^2 + 10 \times 16^1 + 13 \times 16^0 + 11 \times 16^{-1} + 15 \times 16^{-2}$。

注意：十六进制计数法是为了克服二进制计数法书写麻烦而引入的一种进位计数制。在编写汇编语言源程序时，如果一个十六进制数的最高位为 A～F 中的一个数字符号，该数前面必须加 0，以与变量名区别。不论数据以什么数制表示，最终在计算机内部都将以二进制形式表示。

一般来说，对于基数为 X 的任一数可用多项式表示为：

$$N_X = \sum_{i=-m}^{n-1} k_i X^i \tag{2.1.4}$$

式中：X 为基数，表示 X 进制；i 为位序号；m 为小数部分的位数；n 为整数部分的位数；k_i 为第 i 位上的数值，可以是 0，1，2，…，$X-1$ 共 X 个数字符号中的任一个；X^i 为第 i 位的权。

2.1.2 各种数制的相互转换

1. 任意进制数转换为十进制数

二进制数、十六进制数以至任意进制数转换为十进制数的方法很简单，只要按式(2.1.2)、式(2.1.3)和式(2.1.4)各位按权展开(即该位的数值乘以该位的权)求和即可。

2. 十进制数转换成二进制数

1) 整数部分的转换

下面通过一个简单的例子对转换方法进行分析。例如：

$$13D = 1 \quad 1 \quad 0 \quad 1B = 1\times2^3 + 1\times2^2 + 0\times2^1 + 1\times2^0 \tag{2.1.5}$$

$$\downarrow \quad \downarrow \quad \downarrow \quad \downarrow \quad \downarrow \quad \downarrow \quad \downarrow \quad \downarrow$$

$$B_3 \quad B_2 \quad B_1 \quad B_0 \quad B_3 \quad B_2 \quad B_1 \quad B_0$$

可见，要确定 13D 对应的二进制数，只需从右到左分别确定 B_0、B_1、B_2、B_3 即可。

式(2.1.5)右侧除以 2：　　商为 $1\times2^2 + 1\times2^1 + 0\times2^0$，余数为 1，此余数即为 B_0；

商再除以 2：　　　　　商为 $1\times2^1 + 1\times2^0$，　　　　余数为 0，此余数即为 B_1；

商再除以 2：　　　　　商为 1×2^0，　　　　　　　余数为 1，次余数即为 B_2；

商再除以 2：　　　　　商为 0(商为 0 时停止)，　　余数为 1，此余数即为 B_3。

由以上过程可以得出十进制整数部分转换为二进制数的方法为：除以基数(2)取余数，先为低位(B_0)后为高位。

显然，该方法也适用于将十进制整数转换为八进制整数(基数为 8)、十六进制整数(基数为 16)以至其他任何进制整数。

2) 小数部分的转换

同样用一个简单的例子说明十进制小数部分的转换方法。例如：

$$0.75D = 0.1 \quad 1B = 1\times2^{-1} + 1\times2^{-2} \tag{2.1.6}$$

$$\downarrow \quad \downarrow \quad \downarrow \quad \downarrow$$

$$B_{-1} \quad B_{-2} \quad B_{-1} \quad B_{-2}$$

要将一个十进制小数转换为二进制小数，实际上就是求 B_{-1}，B_{-2}，…。

给式(2.1.6)右侧乘以基数 2 得：

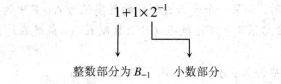

整数部分为 1，此即为 B_{-1}。小数部分为 1×2^{-1}。

小数部分再乘以基数 2 得：整数部分为 1，此即为 B_{-2}。

此时小数部分已为 0，停止往下计算(若不为 0，继续求 B_{-3}，B_{-4}，…，直到小数部分为 0 或小数部分的位数满足一定精度时为止)。

由以上分析可得到十进制小数部分转换为二进制小数的方法为：小数部分乘以基数(2)取整数(0 或 1)，先为高位(B_{-1})后为低位。

显然，该方法也适用于将十进制小数转换为八进制小数(基数为 8)、十六进制小数(基数为 16)以至其他任何进制小数。

例 2.4 将 13.75 转换为二进制数。

分别将整数和小数部分进行转换：

整数部分： $13 = 1101B$

小数部分： $0.75 = 0.11B$

因此 $13.75 = 1101.11B$

例 2.5 将 28.75 转换为十六进制数。

整数部分： $28 = 1CH$

小数部分： $0.75 \times 16 = 12.0$，$B_{-1} = CH$，小数部分已为 0，停止计算

因此 $28.75 = 1C.CH$

3．二进制数与十六进制数之间的转换

因为 $2^4 = 16$，即可用 4 位二进制数表示 1 位十六进制数，所以可得到如下所述的二进制数与十六进制数之间的转换方法。

将二进制数转换为十六进制数的方法：以小数点为界，向左(整数部分)每 4 位为一组，高位不足 4 位时补 0；向右(小数部分)每 4 位为一组，低位不足 4 位时补 0。然后分别用一个十六进制数表示每一组中的 4 位二进制数。

将十六进制数转换为二进制数的方法：直接将每 1 位十六进制数写成其对应的 4 位二进制数。

例 2.6 $1101110.01011B = 0110,1110.0101,1000B = 6E.58H$

$2F.1BH = 10\ 1111.0001\ 1011B$

2.1.3 二进制数的运算

1．二进制数的算术运算

(1) 加：

$$0 + 0 = 0 \qquad 0 + 1 = 1 \qquad 1 + 0 = 1 \qquad 1 + 1 = 0 \text{(进 1)}$$

(2) 减：

$$0-0=0 \qquad 1-1=0 \qquad 1-0=1 \qquad 0-1=1(借位)$$

(3) 乘：

$$0\times0=0 \qquad 0\times1=0 \qquad 1\times0=0 \qquad 1\times1=1$$

(4) 除：二进制除法是乘法的逆运算。

2. 二进制数的逻辑运算

(1) "与"运算(AND)。"与"运算又称逻辑乘，可用符号"∧"或"•"表示。运算规则如下：

$$0\wedge0=0 \qquad 0\wedge1=0 \qquad 1\wedge0=0 \qquad 1\wedge1=1$$

可以看出，只有当两个变量均为"1"时，"与"的结果才为"1"。

(2) "或"运算(OR)。"或"运算又称逻辑加，可用符号"∨"或"+"表示。运算规则如下：

$$0\vee0=0 \qquad 0\vee1=1 \qquad 1\vee0=1 \qquad 1\vee1=1$$

可以看出，两个变量只要有一个为"1"，"或"的结果就为"1"。

(3) "非"运算(NOT)。变量 A 的"非"运算结果用 $\overline{A}$ 表示。逻辑"非"运算规则如下：

$$\overline{0}=1 \qquad \overline{1}=0$$

(4) "异或"运算(XOR)。"异或"运算可用符号"∀"表示。运算规则如下：

$$0\forall0=0 \qquad 0\forall1=1 \qquad 1\forall0=1 \qquad 1\forall1=0$$

可以看出，两个变量只要不同，"异或"运算的结果就为"1"。

例 2.7 A=11110101B，B=00110000B，求 $A\wedge B$ =？ $A\vee B$ =？ $A\forall B$ =？ $\overline{A}$ =？ $\overline{B}$ =？

解 $A\wedge B$ =00110000B； $A\vee B$ =11110101B； $A\forall B$ =11000101B；

$\overline{A}$ =00001010B； $\overline{B}$ =11001111B。

2.2　带符号数的表示及运算

2.2.1　机器数与真值

日常生活中遇到的数，除了上述无符号数外，还有带符号数。对于带符号的二进制数，其正负符号如何表示呢？在计算机中，为了区别正数和负数，通常用二进制数的最高位表示数的符号。对于一个字节型二进制数来说，D_7 位为符号位，$D_6 \sim D_0$ 位为数值位。在符号位中，规定用"0"表示正，"1"表示负，而数值位表示该数的数值大小。

通常，把一个数及其符号位在机器中的一组二进制数表示形式称为"机器数"。机器数所表示的值称为该机器数的"真值"。

机器数有不同的表示方法，常用的有原码表示法、反码表示法和补码表示法。

2.2.2　机器数的表示方法

原码表示法、反码表示法和补码表示法是带符号数的常用三种表示方法。为了运算方便，目前，计算机中通常用补码进行带符号数的运算。而为了研究补码表示法，必须首先了解原码表示法和反码表示法。

1. 原码

设数 x 的原码记作 $[x]_原$，如机器字长为 n，则原码定义如下：

$$[x]_原 = \begin{cases} x & 0 \leq x \leq 2^{n-1}-1 \\ 2^{n-1}+|x| & -(2^{n-1}-1) \leq x \leq 0 \end{cases} \tag{2.2.1}$$

在原码表示法中，最高位为符号位(正数为 0，负数为 1)，其余数字位表示数的绝对值。例如，当机器字长 $n=8$ 时，

$[+0]_原 = 00000000B$ $[-0]_原 = 2^7 + 0$ (按定义计算，下同) $= 10000000B$

$[+8]_原 = 00001000B$ $[-8]_原 = 2^7 + 8 = 10001000B$

$[+127]_原 = 01111111B$ $[-127]_原 = 2^7 + 127 = 11111111B$

当机器字长 $n=16$ 时，

$[+0]_原 = 0000000000000000B$ $[-0]_原 = 2^{15} + 0 = 1000000000000000B$

$[+8]_原 = 0000000000001000B$ $[-8]_原 = 2^{15} + 8 = 1000000000001000B$

$[+32\,767]_原 = 0111111111111111B$ $[-32\,767]_原 = 2^{15} + 32767 = 1111111111111111B$

可以看出，原码表示数的范围是 $-(2^{n-1}-1) \sim +(2^{n-1}-1)$。8 位二进制原码表示数的范围为 $-127 \sim +127$，16 位二进制原码表示数的范围为 $-32\,767 \sim +32\,767$；"0"的原码有两种表示法：00000000 表示 +0，10000000 表示 −0。

原码表示法简单直观，且与真值的转换很方便，但不便于在计算机中进行加减运算。如进行两数相加，必须先判断两个数的符号是否相同。如果相同，则进行加法运算，否则进行减法运算。如进行两数相减，必须比较两数的绝对值大小，再由大数减小数，结果的符号要和绝对值大的数的符号一致。按上述运算方法设计的算术运算电路很复杂。因此，计算机中通常使用补码进行加减运算，这样就引入了反码表示法和补码表示法。

2. 反码

设数 x 的反码记作 $[x]_反$，如机器字长为 n，则反码定义如下：

$$[x]_反 = \begin{cases} x & 0 \leq x \leq 2^{n-1}-1 \\ (2^n-1)-|x| & -(2^{n-1}-1) \leq x \leq 0 \end{cases} \tag{2.2.2}$$

正数的反码与其原码相同。例如，当机器字长 $n=8$ 时，

$[+0]_反 = [+0]_原 = 00000000B$ $[+127]_反 = [+127]_原 = 01111111B$

当机器字长 $n=16$ 时，

$[+8]_反 = [+8]_原 = 0000000000001000B$ $[+127]_反 = [+127]_原 = 0000000001111111B$

负数的反码是在原码基础上，符号位不变(仍为 1)，数值位按位取反。例如，当机器字长 $n=8$ 时，

$[-0]_反 = (2^8-1) - 0 = 11111111B$ $[-127]_反 = (2^8-1) - 127 = 10000000B$

反码表示数的范围是 $-(2^{n-1}-1) \sim +(2^{n-1}-1)$。8 位二进制反码表示数的范围为

−127～+127，16 位二进制反码表示数的范围为−32 767～+32 767；"0"的反码有两种表示法：00000000 表示+0，11111111 表示−0。

3. 补码

设数 x 的补码记作$[x]_补$，如机器字长为 n，则补码定义如下：

$$[x]_补 = \begin{cases} x & 0 \leqslant x \leqslant 2^{n-1}-1 \\ 2^n - |x| & -2^{n-1} \leqslant x < 0 \end{cases} \tag{2.2.3}$$

正数的补码与其原码、反码相同。例如，当机器字长 $n = 8$ 时，

$[+8]_补 = [+8]_反 = [+8]_原 = 00001000B$

$[+127]_补 = [+127]_反 = [+127]_原 = 01111111B$

当机器字长 $n = 16$ 时，

$[+8]_补 = [+8]_反 = [+8]_原 = 0000000000001000B$

$[+127]_补 = [+127]_反 = [+127]_原 = 0000000001111111B$

负数的补码是在原码基础上，符号位不变(仍为 1)，数值位按位取反，末位加 1；或在反码基础上末位加 1。例如，当机器字长 $n=8$ 时，

$[-8]_原 = 10001000B$ $[-127]_原 = 11111111B$

$[-8]_反 = 11110111B$ $[-127]_反 = 10000000B$

$[-8]_补 = 2^8 - 8 = 11111000B$ $[-127]_补 = 2^8 - 127 = 10000001B$

可以看出，补码表示数的范围是 $-2^{n-1} \sim +(2^{n-1}-1)$。8 位二进制补码表示数的范围为−128～+127，16 位二进制补码表示数的范围为−32 768～+32 767。8 位二进制数的原码、反码和补码如表 2.1 所示。

表 2.1 8 位二进制数的原码、反码和补码表

二进制数	无符号十进制数	带 符 号 数		
		原码	反码	补码
0000 0000	0	+0	+0	+0
0000 0001	1	+1	+1	+1
0000 0010	2	+2	+2	+2
⋮				
0111 1110	126	+126	+126	+126
0111 1111	127	+127	+127	+127
1000 0000	128	−0	−127	−128
1000 0001	129	−1	−126	−127
⋮				
1111 1101	253	−125	−2	−3
1111 1110	254	−126	−1	−2
1111 1111	255	−127	−0	−1

2.2.3　真值与机器数之间的转换

有关真值转换为原码、反码和补码等机器数的方法上节已进行了详细论述，下面仅就如何由机器数求真值做简要介绍。

1. 原码转换为真值

根据原码定义，将原码数值位各位按权展开求和，由符号位决定数的正负即可由原码求出真值。

例 2.8　已知 $[x]_原 = 00011111B$，$[y]_原 = 10011101B$，求 x 和 y。

解　　　　　　$x = +(0 \times 2^6 + 0 \times 2^5 + 1 \times 2^4 + 1 \times 2^3 + 1 \times 2^2 + 1 \times 2^1 + 1 \times 2^0) = 31$

$y = -(0 \times 2^6 + 0 \times 2^5 + 1 \times 2^4 + 1 \times 2^3 + 1 \times 2^2 + 0 \times 2^1 + 1 \times 2^0) = -29$

2. 反码转换为真值

要求反码的真值，只要先求出反码对应的原码，再按上述原码转换为真值的方法即可求出其真值。

正数的原码是反码本身。

负数的原码是在反码基础上，符号位不变(仍为 1)，数值位按位取反。

例 2.9　已知 $[x]_反 = 00001111B$，$[y]_反 = 11100101B$，求 x 和 y。

解　　　　　　$[x]_原 = [x]_反 = 00001111B$

$x = +(0 \times 2^6 + 0 \times 2^5 + 0 \times 2^4 + 1 \times 2^3 + 1 \times 2^2 + 1 \times 2^1 + 1 \times 2^0) = 15$

$[y]_原 = 10011010B$

$y = -(0 \times 2^6 + 0 \times 2^5 + 1 \times 2^4 + 1 \times 2^3 + 0 \times 2^2 + 1 \times 2^1 + 0 \times 2^0) = -26$

3. 补码转换为真值

同理，要求补码的真值，也要先求出补码对应的原码。

正数的原码与补码相同。

负数的原码是在补码基础上再次求补，即

$$[x]_原 = [[x]_补]_补 \tag{2.2.4}$$

例 2.10　已知 $[x]_补 = 00001111B$，$[y]_补 = 11100101B$，求 x 和 y。

解　　　　　　$[x]_原 = [x]_补 = 00001111B$

$x = +(0 \times 2^6 + 0 \times 2^5 + 0 \times 2^4 + 1 \times 2^3 + 1 \times 2^2 + 1 \times 2^1 + 1 \times 2^0) = 15$

$[y]_原 = [[y]_补]_补 = 10011011B$

$y = -(0 \times 2^6 + 0 \times 2^5 + 1 \times 2^4 + 1 \times 2^3 + 0 \times 2^2 + 1 \times 2^1 + 1 \times 2^0) = -27$

2.2.4　补码的加减运算

1. 补码加法

在计算机中，带符号数通常用补码表示，运算结果自然也是补码。其运算特点是：符号位和数值位一起参加运算，并且自动获得结果(包括符号位与数值位)。

补码加法的运算规则为：

$$[x]_补 + [y]_补 = [x + y]_补 \qquad (2.2.5)$$

即两数补码的和等于两数和的补码。

例 2.11　已知$[+51]_补 = 0011\ 0011B$，$[+66]_补 = 0100\ 0010B$，$[-51]_补 = 1100\ 1101B$，$[-66]_补 = 1011\ 1110B$，求$[+66]_补 + [+51]_补 = ?$ $[+66]_补 + [-51]_补 = ?$ $[-66]_补 + [-51]_补 = ?$

解　　　　二进制(补码)加法　　　　　　十进制加法

```
     0100   0010   [+66]补              +66
 +)  0011   0011   [+51]补          +)  +51
-----------------------------       -----------
     0111   0101   [+117]补            +117
```

由于

$$[+66]_补 + [+51]_补 = [(+66) + (+55)]_补 = 01110101B$$

结果为正，因此

$$[(+66) + (+55)]_原 = [(+66) + (+55)]_补 = 01110101B$$

其真值为+117，计算结果正确。

　　　　　　二进制(补码)加法　　　　　　十进制加法

```
         0100   0010   [+66]补              +66
     +)  1100   1101   [-51]补          +)  -51
    -----------------------------       -----------
自动丢失←1  0000   1111   [+15]补            +15
```

由于

$$[+66]_补 + [-51]_补 = [(+66) + (-55)]_补 = 00001111B$$

结果为正，因此

$$[(+66) + (-55)]_原 = [(+66) + (-55)]_补 = 00001111$$

其真值为+15，计算结果正确。

　　　　　　二进制(补码)加法　　　　　　十进制加法

```
         1011   1110   [-66]补              -66
     +)  1100   1101   [-51]补          +)  -51
    -----------------------------       -----------
自动丢失←1  1000   1011   [-117]补           -117
```

由于

$$[-66]_补 + [-51]_补 = 10001011B = [(-66) + (-55)]_补$$

结果为负，因此

$$[(-66) + (-55)]_原 = [[(-66) + (-55)]_补]_补 = 11110101B$$

其真值为-117，计算结果正确。

可以看出，不论被加数、加数是正数还是负数，只要直接用它们的补码直接相加，当结果不超出补码所表示的范围时，计算结果便是正确的补码形式。但当计算结果超出补码表示范围时，结果就不正确了，这种情况称为溢出。有关补码运算时溢出的概念及溢出的判断方法将在下一节中介绍。

当最高位向更高位的进位由于机器字长的限制而自动丢失时，不会影响计算结果的正确性。

2. 补码减法

补码减法的运算规则为：

$$[x]_补 - [y]_补 = [x]_补 + [-y]_补 = [x-y]_补 \tag{2.2.6}$$

例 2.12 已知$[+51]_补$ = 0011 0011B，$[+66]_补$ = 0100 0010B，$[-51]_补$ = 1100 1101B，$[-66]_补$ = 1011 1110B，求$[+66]_补 - [+51]_补$ = ? $[-66]_补 - [-51]_补$ = ?

解　　　　　　　$[+66]_补 - [+51]_补 = [+66]_补 + [-51]_补$

　　　　　　　　　　$[-66]_补 - [-51]_补 = [-66]_补 + [+51]_补$

	二进制（补码）			十进制
	0100	0010	$[+66]_补$	+66
+)	1100	1101	$[-51]_补$	-) +51
自动丢失 ← [1]	0000	1111	$[+15]_补$	+15

	二进制（补码）			十进制
	1011	1110	$[-66]_补$	-66
+)	0011	0011	$[+51]_补$	-) -51
	1111	0001	$[-15]_补$	-15

可以看出，无论被减数、减数是正数还是负数，上述补码减法的规则都是正确的。同样，由最高位向更高位的进位会自动丢失而不影响运算结果的正确性。

计算机中带符号数用补码表示时有如下优点：

① 可以将减法运算变为加法运算，因此可使用同一个运算器实现加法和减法运算，简化了电路。

② 无符号数和带符号数的加法运算可以用同一个加法器实现，结果都是正确的。例如：

		无符号数		带符号数
	11100001	225		$[-31]_补$
+)	00001101	+) 13	+)	$[+13]_补$
	11101110	238		$[-18]_补$

若两操作数为无符号数，则计算结果为无符号数 11101110B，其真值为 238，结果正确；若两操作数为补码形式，则计算结果也为补码形式，11101110B 为-18 的补码，结果也是正确的。

顺便说明一点，送给计算机处理的二进制形式的操作数，到底是无符号数、补码形式的带符号数或者是其他形式的编码信息，程序设计者自己应该心中有数，否则就无法对计算结果做出正确的判断和处理。这一点务必请读者注意。

2.2.5 溢出及其判断方法

1. 进位与溢出

所谓进位，是指运算结果的最高位向更高位的进位，用来判断无符号数运算结果是否超出了计算机所能表示的最大无符号数的范围。

溢出是指带符号数的补码运算溢出，用来判断带符号数补码运算结果是否超出了补码所能表示的范围。例如，字长为 n 位的带符号数，它能表示的补码范围为 $-2^{n-1} \sim +2^{n-1}-1$，如果运算结果超出此范围，就叫补码溢出，简称溢出。

2. 溢出的判断方法

判断溢出的方法很多，常见的有：① 通过参加运算的两个数的符号及运算结果的符号进行判断。② 单符号位法。该方法通过符号位和数值部分最高位的进位状态来判断结果是否溢出。③ 双符号位法，又称为变形补码法。它是通过运算结果的两个符号位的状态来判断结果是否溢出。

上述三种方法中，第①种方法仅适用于手工运算时对结果是否溢出的判断，其他两种方法在计算机中都有使用。限于篇幅，本节仅通过具体例子对第②种方法做简要介绍。

若符号位进位状态用 CF 来表示，当符号位向前有进位时，CF=1，否则，CF=0；数值部分最高位的进位状态用 DF 来表示，当该位向前有进位时，DF=1，否则，DF=0。单符号位法就是通过该两位进位状态的异或结果来判断是否溢出的。

$$OF = CF \forall DF \qquad\qquad (2.2.7)$$

若 OF = 1，说明结果溢出；若 OF = 0，说明结果未溢出。也就是说，当符号位和数值部分最高位同时有进位或同时没有进位时，结果没有溢出，否则，结果溢出。

例 2.13 设有两个操作数 $x = 01000100B$，$y = 01001000B$，将这两个操作数送运算器作加法运算，试问：① 若为无符号数，计算结果是否正确？② 若为带符号补码数，计算结果是否溢出？

解

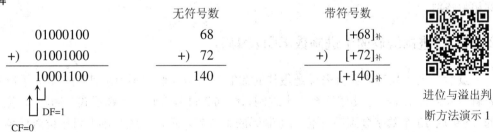

进位与溢出判断方法演示 1

① 若为无符号数，由于 CF=0，说明结果未超出 8 位无符号数所能表达的数值范围 (0～255)，计算结果 10001100B 为无符号数，其真值为 140，计算结果正确。

② 若为带符号数补码，由于 CF∀DF=1，结果溢出；这里也可通过参加运算的两个数的符号及运算结果的符号进行判断，由于两操作数均为正数，而结果却为负数，因而结果溢出；+68 和+72 两数补码之和应为+140 的补码，而 8 位带符号数补码所能表达的数值范围为 −128～+127，结果超出该范围，因此结果是错误的。

例 2.14　设有两个操作数 x=11101110B，y=11001000B，将这两个操作数送运算器作加法运算，试问：① 若为无符号数，计算结果是否正确？② 若为带符号补码数，计算结果是否溢出？

解

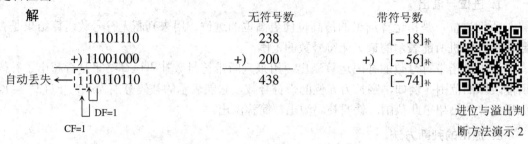

$$
\begin{array}{l}
\text{无符号数} \qquad\qquad \text{带符号数} \\
\end{array}
$$

```
            11101110              238              [−18]补
         +) 11001000           +)  200           +)  [−56]补
   ────────────────────      ─────────────      ─────────────
自动丢失 ← 1 10110110              438              [−74]补
           ↑ └ DF=1
          CF=1
```

进位与溢出判断方法演示 2

① 若为无符号数，由于 CF = 1，说明结果超出 8 位无符号数所能表达的数值范围 (0~255)。两操作数 11101110B 和 11001000B 对应的无符号数分别为 238 和 200，两数之和应为 438 > 255，因此，计算结果是错误的。

② 若为带符号数补码，由于 CF∀DF = 0，结果未溢出。两操作数 11101110B 和 11001000B 分别为 −18 和 −56 的补码，其结果应为 −74 的补码形式，而计算结果 10110110B 正是 −74 的补码，因此结果正确。

2.3　信息的编码

计算机中处理的对象有数据和信息两种，它们都必须用计算机能够识别的二进制形式来表示，其中数据的表示已在 2.2 节介绍。本节介绍计算机进行人机交互时用到的信息的编码，主要包括十进制数的二进制编码(Binary-Coded Decimal，BCD 码)和美国标准信息交换码(America Standard Code for Information Interchange，ASCII 码)两种。限于篇幅，其他各国家和民族的语言如德语、日语等的二进制编码方式就不做介绍了，有需要了解的读者可查阅相关资料。

2.3.1　二进制编码的十进制数(BCD 编码)

虽然二进制数对计算机来说是最佳的数制，但是人们却不习惯使用它。为了解决这一矛盾，人们提出了一个比较适合于十进制系统的二进制编码的特殊形式，即将 1 位十进制的 0~9 这 10 个数字分别用 4 位二进制码的组合来表示，在此基础上可按位对任意十进制数进行编码。这就是二进制编码的十进制数，简称 BCD 码(Binary-Coded Decimal)。

4 位二进制数码有 16 种组合(0000~1111)，原则上可任选其中的 10 个来分别代表十进制中 0~9 这 10 个数字。但为了便于记忆，最常用的是 8421 BCD 码，这种编码从 0000~1111 这 16 种组合中选择前 10 个即 0000~1001 来分别代表十进制数码 0~9，8、4、2、1 分别是这种编码从高位到低位每位的权值。BCD 码有两种形式，即压缩型 BCD 码和非压缩型 BCD 码。

1. 压缩型 BCD 码

压缩型 BCD 码用一个字节表示两位十进制数。例如，10000110B 表示十进制数 86。

2. 非压缩型 BCD 码

非压缩型 BCD 码用一个字节表示一位十进制数。高 4 位总是 0000，低 4 位用 0000～1001 中的一种组合来表示 0～9 中的某一个十进制数。

表 2.2 给出了 8421 BCD 码的部分编码。

表 2.2　8421 BCD 码的部分编码

十进制数	压缩型 BCD 码	非压缩型 BCD 码	
1	00000001		00000001
2	00000010		00000010
3	00000011		00000011
⋮	⋮		⋮
9	00001001		00001001
10	00010000	00000001	00000000
11	00010001	00000001	00000001
⋮	⋮		⋮
19	00011001	00000001	00001001
20	00100000	00000010	00000000
21	00100001	00000010	00000001

需要说明的是，虽然 BCD 码可以简化人机联系，但它比纯二进制编码效率低，对同一个给定的十进制数，用 BCD 码表示时需要的位数比用纯二进制码多，而且用 BCD 码进行运算所花的时间也要更多，计算过程更复杂，因为 BCD 码是将每个十进制数用一组 4 位二进制数来表示，若将这种 BCD 码送计算机进行运算，由于计算机总是将数当作二进制数来运算，所以结果可能出错，因此需要对计算结果进行必要的修正，才能使结果为正确的 BCD 码形式。详见本小节例 2.17。

例 2.15　十进制数与 BCD 数相互转换。

① 将十进制数 69.81 转换为压缩型 BCD 数：
$$69.81 = (0110\ 1001.1000\ 0001)_{BCD}$$

② 将 BCD 数 1000 1001.0110 1001 转换为十进制数：
$$(1000\ 1001.0110\ 1001)_{BCD} = 89.69$$

例 2.16　设有变量 x 等于 10010110B，当该变量分别为无符号数、原码、补码、压缩型 BCD 码时，试分别计算变量 x 所代表的数值大小。

解　无符号数：$x = 10010110B$
$$= 1 \times 2^7 + 0 \times 2^6 + 0 \times 2^5 + 1 \times 2^4 + 0 \times 2^3 + 1 \times 2^2 + 1 \times 2^1 + 0 \times 2^0 = 150$$

原码：　　$[x]_原 = 10010110B$
$$x = -0 \times 2^6 + 0 \times 2^5 + 1 \times 2^4 + 0 \times 2^3 + 1 \times 2^2 + 1 \times 2^1 + 0 \times 2^0 = -22$$

补码：　　　　　$[x]_\text{补} = 10010110B$

　　　　　　　　$[x]_\text{原} = [[x]_\text{补}]_\text{补} = 11101010B$

　　　　　　　　$x = -1 \times 2^6 + 1 \times 2^5 + 0 \times 2^4 + 1 \times 2^3 + 0 \times 2^2 + 1 \times 2^1 + 0 \times 2^0 = -106$

BCD 码：　　　$[x]_\text{BCD} = 10010110B$

　　　　　　　　$x = 96$

注意：同一个二进制数，当认为它是不同形式的编码时，它所代表的数值是不同的。

例 2.17　(BCD 码运算时的修正问题)用 BCD 码求 38+49。

解

```
      0011   1000        38 的 BCD 码
+)    0100   1001        49 的 BCD 码
      ─────────────
      1000   0001        81 的 BCD 码
```

计算结果 1000 0001 是 81 的 BCD 数，而正确结果应为 87 的 BCD 数 1000 0111，因此结果是错误的。其原因是，十进制数相加应该是"逢十进一"，而计算机按二进制数运算，每 4 位为一组，低 4 位向高 4 位进位与十六进制数低位向高位进位的情况相当，是"逢十六进一"，所以当相加结果超过 9 时将比正确结果少 6，因此结果出错。解决办法是对二进制加法运算结果采用"加 6 修正"，从而将二进制加法运算的结果修正为 BCD 码加法运算结果。BCD 数相加时，对二进制加法运算结果修正的规则如下：

①　如果两个对应位 BCD 数相加的结果向高位无进位，且结果小于或等于 9，则该位不需要修正；若得到的结果大于 9 而小于 16，则该位需要加 6 修正。

②　如果两个对应位 BCD 数相加的结果向高位有进位(结果大于或等于 16)，则该位需要进行加 6 修正。

因此，两个 BCD 数进行运算时，首先按二进制数进行运算，然后必须用相应的调整指令进行调整，从而得到正确的 BCD 码结果。有关 BCD 运算结果的调整指令将在第 4 章"80x86 指令系统"中介绍。

2.3.2　ASCII 字符编码

所谓字符，是指数字、字母以及其他一些符号的总称。

现代计算机不仅用于处理数值领域的问题，而且要处理大量的非数值领域的问题。这样一来，必然需要计算机能对数字、字母、文字以及其他一些符号进行识别和处理，而计算机只能处理二进制数，因此，通过输入/输出设备进行人机交换信息时使用的各种字符也必须按某种规则，用二进制数码 0 和 1 来编码，计算机才能进行识别与处理。

目前，国际上使用的字符编码系统有许多种。在微机、通信设备和仪器仪表中广泛使用的是 ASCII 码(American Standard Code for Information Interchange)——美国标准信息交换码。ASCII 码用一个字节来表示一个字符，采用 7 位二进制代码来对字符进行编码，最高位一般用作校验位。7 位 ASCII 码能表示 $2^7 = 128$ 种不同的字符，其中包括数码(0～9)，英文大、小写字母，标点符号及控制字符等，见表 2.3。

该表的使用方法读者应熟练掌握。如数字"1"的 ASCII 码值为 31H，字母"A"的 ASCII 码值为 41H，符号"?"的 ASCII 码值为 3FH 等。

表 2.3　美国标准信息交换码 ASCII(7 位代码)

高三位 $b_6b_5b_4$ / 低四位 $b_3b_2b_1b_0$		0	1	2	3	4	5	6	7
		000	001	010	011	100	101	110	111
P	、	NUL	DLE	SP	0	@			p
1	0001	SOH	DC1	!	1	A	Q	a	q
2	0010	STX	DC2	"	2	B	R	b	r
3	0011	ETX	DC3	#	3	C	S	c	s
4	0100	EOT	DC4	$	4	D	T	d	t
5	0101	ENQ	NAK	%	5	E	U	e	u
6	0110	ACK	SYN	&	6	F	V	f	v
7	0111	BEL	ETB	'	7	G	W	g	w
8	1000	BS	CAN	(	8	H	X	h	x
9	1001	HT	EM	)	9	I	Y	i	y
A	1010	LF	SUB	*	:	J	Z	j	z
B	1011	VT	ESC	+	;	K	[	k	{
C	1100	FF	FS	,	<	L	\	l	|
D	1101	CR	GS	−	=	M	]	m	}
E	1110	SO	RS	.	>	N	^	n	~
F	1111	SI	US	/	?	O	_	o	DEL

2.4　数的定点与浮点表示法

以上介绍各种数据编码时都未考虑小数点的问题，可以认为它们都是纯整型编码。那么，计算机中是如何表示带小数点的数呢？

用二进制表示实数的方法有两种，即定点表示法和浮点表示法。

2.4.1　定点表示

所谓定点表示法，是指小数点在数中的位置是固定的。从理论上讲，小数点的位置固定在哪一位都是可以的，但通常将数据表示成纯小数或纯整数形式，如图 2.1 所示。

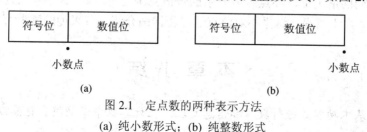

图 2.1　定点数的两种表示方法

(a) 纯小数形式；(b) 纯整数形式

设用一个 $n+1$ 位字来表示一个数 x，其中一位表示符号位(0 表示正，1 表示负)，其他 n 位为数值位。对于纯小数表示法，所能表示的数 x(原码表示，下同)的范围为：

$$-(1-2^{-n}) \leqslant x \leqslant 1-2^{-n} \tag{2.4.1}$$

它能表示的数的最大绝对值为 $1-2^{-n}$，最小绝对值为 0。

对于纯整数表示法，所能表示的数 x 的范围为：

$$-(2^n-1) \leqslant x \leqslant 2^n-1 \tag{2.4.2}$$

它能表示的数的最大绝对值为 2^n-1，最小绝对值为 0。

因为实际工作中很少遇到数据都是纯小数或纯整数的情况，所以定点表示法要求程序员做的一件重要工作是为要计算的问题选择"比例因子"。所有原始数据都要用比例因子化成纯小数或纯整数形式，计算结果又要用比例因子恢复实际值。这一过程不仅占用资源，有时为了选择适当的比例因子以免结果溢出，需要反复多次调整比例因子，而且比例因子也需要占用一定的存储空间。

2.4.2 浮点表示

所谓浮点表示法，就是小数点在数中的位置是浮动的。

任意一个二进制数 x 总可以写成如下形式：

$$x = \pm d \times 2^{\pm p} \tag{2.4.3}$$

其中，d 称为尾数，是二进制纯小数，指明数的全部有效数字，前面的符号称为数符，表示数的符号，用尾数前的一位表示，该位为 0，表明该浮点数为正，该位为 1，表明该浮点数为负；p 称为阶码，它前面的符号称为阶符，用阶码前一位表示，阶码为正时，用 0 表示，阶码为负时，用 1 表示。浮点数的编码格式如图 2.2 所示。

图 2.2 浮点数的编码格式

可以看出，将尾数 d 的小数点向右(阶码 p 为正时)或向左(阶码 p 为负时)移动 p 位，即可得到该浮点数表示的数值 x。阶码 p 指明小数点的位置，小数点随着阶码的大小和正负而浮动，因此把这种数称为浮点数。

设阶码的位数为 m 位，尾数的位数为 n 位，则该浮点数表示的数值范围为：

$$2^{-n} \times 2^{-(2^m-1)} \leqslant |x| \leqslant (1-2^{-n}) \times 2^{(2^m-1)} \tag{2.4.4}$$

在字长相同的情况下，浮点数能表示的数值范围比定点数大得多，且精度高，但浮点运算规则复杂。限于篇幅，这里不对浮点运算作详细介绍，有兴趣的读者可参阅有关书籍。

本 章 小 结

计算机的基本功能是进行数据和信息处理。在计算机中，数据、信息以及为处理这些数据和信息而编写的程序代码等都是以二进制形式表示的。

二进制对计算机来说是最佳的数制，因此，本章重点介绍了二进制计数法及其运算规则。十六进制计数法是为了克服二进制计数法书写麻烦而引入的一种进位计数制，在书写汇编语言源程序时被广泛使用，但读者应清楚，不论数据以什么格式书写，最终都要转换为二进制数后才能被计算机识别和处理。

人们习惯使用十进制数，因此，十进制数、二进制数和十六进制数之间的相互转换就显得非常重要了。对本章介绍的各种数制之间的相互转换方法，读者都应该熟练掌握。

带符号数的表示方法有原码表示法、反码表示法和补码表示法等。正数的原码、反码、补码相同；负数的反码是在原码基础上，符号位不变(仍为 1)，数值位按位取反；负数的补码是在原码基础上，符号位不变(仍为 1)，数值位按位取反，末位加 1，或者在反码基础上末位加 1。

引入补码的目的是将减法运算变为加法运算，通过使用同一个运算器实现加法和减法运算，从而简化了计算机运算器的结构。同时，还介绍了补码加、减法运算规则。

进位与溢出是两个非常重要的概念。所谓进位，是指运算结果的最高位向更高位的进位，用来判断无符号数运算结果是否超出了计算机所能表示的最大无符号数的范围。溢出是指带符号数的补码运算溢出，用来判断带符号数补码运算结果是否超出了补码所能表示的范围。有关溢出的判断方法应熟练掌握。

BCD 码是一个比较适合于十进制系统的二进制编码的特殊形式，它有压缩型和非压缩型两种。ASCII 码是一种目前在微机中被广泛使用的字符编码。在计算机中，用二进制表示实数的方法有两种，即定点表示法和浮点表示法。

需要特别说明的是，同一个二进制数，当认为它是不同形式的编码时，它所代表的数值是不同的。因此，送给计算机处理的二进制形式的操作数，到底是无符号数、补码形式的带符号数或者是其他形式的编码信息，程序设计者自己应该心中有数，否则就无法对计算结果作出正确的判断和处理。这一点务必请读者注意。

习题

1. 将下列十进制数分别转换为二进制数和十六进制数：
(1) 129.75　　　　(2) 218.8125
(3) 15.625　　　　(4) 47.15625

2. 将下列二进制数分别转换为十进制数和十六进制数：
(1) 111010B　　　　　　　(2) 10111100.111B
(3) 0.11011B　　　　　　　(4) 11110.01B

3. 完成下列二进制数的加减法运算。
(1) 1001.11 + 100.01　　　　　　(2) 11010110.1001 − 01100001.0011
(3) 00111101 + 10111011　　　　　(4) 01011101.0110 − 101101.1011

4. 完成下列十六进制数的加减法运算。
(1) 7A6C + 56DF　　　　　　(2) AB1F.8 − EF6.A

(3) 12AB.F7 + 3CD.05 　　　　(4) 6F01 − EFD8

5. 计算下列表达式的值:

128.8125 + 10110101.1011B + 1F.2H = (　　)B

287.68 − 10101010.11B + 8E.EH = (　　)H

18.9 + 1010.1101B + 12.6H − 1011.1001B = (　　)D

6. 选取字长 n 为 8 位和 16 位两种情况,求下列十进制数的补码。

(1) $X = -33$ 　　(2) $Y = +33$ 　　(3) $Z = -128$ 　　(4) $N = +127$

(5) $A = -65$ 　　(6) $B = +65$ 　　(7) $C = -96$ 　　(8) $D = +96$

7. 写出下列用补码表示的二进制数的真值:

(1) $[X]_{补} = 1000\ \ 0000\ \ 0000\ \ 0000$

(2) $[Y]_{补} = 0000\ \ 0001\ \ 0000\ \ 0001$

(3) $[Z]_{补} = 1111\ \ 1110\ \ 1010\ \ 0101$

(4) $[A]_{补} = 0000\ \ 0010\ \ 0101\ \ 0111$

8. 设机器字长为 8 位,最高位为符号位,试对下列各式进行二进制补码运算,并判断结果是否溢出。

(1) 43 + 8 　　　　(2) −52 + 7 　　　　(3) 60 + 90 　　　　(4) 72 − 8

(5) −33 + (−37) 　　(6) −90 + (−70) 　　(7) −9 − (−7) 　　(8) 60 − 90

9. 设有变量 $x = 11101111B$,$y = 11001001B$,$z = 01110010B$,$v = 01011010B$,试计算 $x+y = ?$ $x+z = ?$ $y+z = ?$ $z+v = ?$ 请问:① 若为无符号数,计算结果是否正确?② 若为带符号补码数,计算结果是否溢出?

10. 试述计算机在进行算术运算时,所产生的"进位"与"溢出"二者之间的区别。

11. 设 $x = 87H$,$y = 78H$,在下述情况下比较两数的大小。

(1) 均为无符号数　　　　(2) 均为带符号数(补码)　　　　(3) 均为压缩型 BCD 数

12. 试计算下列二进制数为无符号数、原码、反码、补码、8421 BCD 码时分别代表的数值大小。若为非 8421 BCD 数时请指出。

(1) 10001000B 　　(2) 00101001B 　　(3) 11001001B 　　(4) 10010011B

13. 分别写出下列字符串的 ASCII 码:

(1) 10ab 　　　　(2) AE98 　　　　(3) B#Dd

(4) xyzi 　　　　(5) Hello Comorade

14. 设机器字长为 32 位,定点表示时,符号位 1 位,数值位 31 位;浮点表示时,阶符 1 位,阶码 5 位,数符 1 位,尾数 25 位。

(1) 定点原码整数表示时,最大正数是多少?最小负数是多少?

(2) 点原码小数表示时,最大正数是多少?最小负数是多少?

(3) 浮点原码表示时,最大浮点数是多少?最小浮点数是多少?

3

第·····章

80x86 微处理器

　　微处理器是微型计算机系统的核心部件。自 20 世纪 70 年代后期 Intel 公司推出 16 位微处理器 8086/8088 之后，微处理器以惊人的速度飞速发展。30 多年来，Intel 系列 CPU 一直占据着微机市场的主导地位。尽管其后续的 80286、80386、80486 以及 Pentium 系列 CPU 结构与功能同 8086/8088 相比已经发生了很大变化，但从基本概念与结构以及指令格式上来讲，它们仍然是经典的 16 位 CPU 8086/8088 的延续与提高。

　　鉴于此，本章在简要介绍 80x86 系列微处理器的发展概况及其性能特征的基础上，首先重点介绍 8086/8088 CPU 的内部结构、寄存器结构、引脚功能以及存储器管理和 I/O 组织等；之后简要介绍具有代表性的 Intel 主流 CPU 系列的最新技术发展方向，从应用角度介绍 80x86 系列微处理器内部寄存器结构及其使用方法；然后对 80x86 存储器管理方式(实方式、保护方式和虚拟 8086 方式)进行介绍；最后分别简要介绍 80286 到 Pentium CPU 的内部结构特点。

3.1　80x86 微处理器简介

　　80x86 微处理器是美国 Intel 公司生产的系列微处理器。该公司成立于 1968 年，1971 年就设计了 4 位的 4004 芯片，1974 年开发出 8 位的 8080 芯片，1978 年正式推出 16 位的 8086 微处理器芯片，由此开始了 Intel 公司的 80x86 系列微处理器的生产历史。本节简要介绍 Intel 公司 80x86 系列微处理器的发展过程及其特性。

　　表 3.1 给出了 80x86 系列微处理器概况。下面通过对表中有关技术数据的分析来说明 Intel 80x86 系列微处理器的发展情况。

表 3.1　80x86 系列微处理器概况

型　号	发布年份	字长/位	集成度/(万/片)	主频/MHz	内数据总线宽度/位	外数据总线宽度/位	地址总线宽度/位	寻址空间	高速缓冲存储器(Cache)
8086	1978	16	2.9	4.77	16	16	20	1 MB	无
8088	1979	准 16	2.9	4.77	16	8	20	1 MB	无
80286	1982	16	13.4	6～20	16	16	24	16 MB	无
80386	1985	32	27.5	12.5～33	32	32	32	4 GB	有
80486	1990	32	120～160	25～100	32	32	32	4 GB	8 KB

续表

型　号	发布 年份	字长 /位	集成度 /(万/片)	主频 /MHz	内数据 总线宽 度/位	外数据 总线宽 度/位	地址总 线宽度 /位	寻址 空间	高速缓冲存储 器(Cache)
Pentium (586)	1993	32	310～330	60～166	32	64	32	4 GB	8 KB 数据 8 KB 指令
Pentium Ⅱ	1997	32	750	233～333	32	64	36	64 GB	32 KB 和 512 KB 二级高速 缓存
Pentium Ⅲ	1999	32	950	450	32	64	36	64 GB	32 KB 一级缓 存和 512 KB 二级缓存
Pentium 4	2000	32	4200	1500	32	64	36	64 GB	32 KB 一级缓 存和 512 KB 二级缓存
Pentium 4　6XX	2005	64	—	3000～ 3800	64	64	36	64 GB	32 KB 一级缓 存和 1/2 MB 二级缓存
Pentium D(双核)	2005	64	—	2660～ 3600	64	64	36	64 GB	32 KB 一级缓 存和 2/4 MB 二级缓存
酷睿 2 双核 (core2 Duo)	2006	64	29100	2660	64	64	36	64 GB	一级缓存 128 KB，二级 缓存 2 MB × 2

表 3.1 中：

"集成度"是指 CPU 芯片中所包含的晶体管数，单位为万/片。

"主频"是指芯片所使用的主时钟频率，它直接影响计算机的运行速度。

"数据总线"是计算机中各个组成部件间进行数据传送时的公共通道；"内数据总线宽度"是指 CPU 芯片内部数据传送的宽度(位数)；"外数据总线宽度"是指 CPU 与外部交换数据时的数据宽度。显然，数据总线位数越多，数据交换的速度就越快。

"地址总线"是在对存储器或 I/O 端口进行访问时，传送由 CPU 提供的要访问的存储单元或 I/O 端口的地址信息的总线，其宽度决定了处理器能直接访问的主存容量大小。如 8086 有 20 根地址线，使用这 20 根地址线上不同地址信息的组合，可直接对 2^{20}=1 M 个存储单元进行访问；Pentium Ⅱ 有 36 根地址线，因此它可直接寻址的最大地址范围为 2^{36}=64 GB。

为了满足微型计算机对存储器系统高速度、大容量、低成本的要求，目前，微型计算机系统采用如图 3.1 所示的三级存储器组织结构，即由高速缓冲存储器 Cache、主存和外存组成。

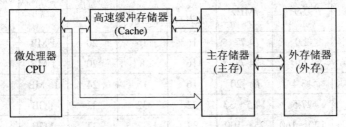

存储器三级结构

图 3.1　存储器三级结构

　　当前正在执行的程序或要使用的数据必须从外存调入主存后才能被 CPU 读取并执行，主存容量通常为 MB 级(理论上可达 GB 级，如 Pentium Ⅱ 可配置的内存最大容量可达 2^{36}=64 GB，但事实上，基于成本和必要性考虑，目前，微型计算机内存配置一般都不会达到其理论允许值)；当前没有使用的程序可存入外存，如硬盘、U 盘、光盘等，外存的容量通常很大，可达 GB 甚至 TB 级；而高速缓冲存储器(Cache)的最大特点是存取速度快，但容量较小，通常为 KB 级。将当前使用频率较高的程序和数据通过一定的替换机制从主存放入 Cache，CPU 在取指令或读取操作数时，同时对 Cache 和主存进行访问，如果 Cache 命中，则终止对主存的访问，直接从 Cache 中将指令或数据送 CPU 处理。由于 Cache 的速度比主存快得多，因此，Cache 的使用大大提高了 CPU 读取指令或数据的速度。

　　80386 之前的 CPU 都没有 Cache。80386 CPU 内无 Cache，而由与之配套使用的 Intel 82385 Cache 控制器实现 CPU 之外的 Cache 管理。80486 之后的 CPU 芯片内部都集成了一至多个 Cache。

　　需要说明的是，在 80x86 CPU 的发展过程中，存储器的管理机制发生了较大变化。8086/8088 CPU 对存储器的管理采用的是分段的实方式；80286 CPU 除可在实方式下工作外，还可以在保护方式下工作；而 80386 CPU 之后的处理器则具有三种工作方式，即实方式、保护方式和虚拟 8086 方式。

　　在保护方式下，机器可提供虚拟存储管理和多任务管理机制。虚拟存储的实现，为用户提供了一个比实际主存空间大得多的程序地址空间，从而可使用户程序的大小不受主存空间的限制。多任务管理机制的实现，允许多个用户或一个用户的多个任务同时在机器上运行。

　　从 80386 开始，微处理器除支持实方式和保护方式外，又增加了一种虚拟 8086 方式。在这种方式下，一台机器可以同时模拟多个 8086 处理器的工作。有关存储器管理机制的详细介绍，请参阅 3.4.2 节 "80x86 存储器管理"。

3.2　8086/8088 微处理器

　　8086 是 Intel 系列的 16 位微处理器。它使用 HMOS 工艺制造，芯片上集成了 2.9 万个晶体管，用单一的+5 V 电源供电，封装在标准的 40 引脚双列直插式管壳内，时钟频率为 5～10 MHz。

　　8086 有 16 根数据引脚，可以一次存取 8 位或 16 位数据；有 20 根地址引脚，可以直接寻址 1 M(2^{20})个存储单元和 64 K 个 I/O 端口。在 8086 推出后不久，为了使用当时市场上大量的为 8 位机配套的 I/O 接口芯片与外设，以便能尽快占领市场，Intel 公司很快推出了 8088 微处理器，其指令系统与 8086 完全兼容，CPU 内部结构仍为 16 位，但外部数据总线是 8 位的，这样设计的目的主要是为了与原有的 8 位机使用的外围接口芯片和外设兼容。同时，IBM 以 8088 CPU 为核心组成了 IBM PC、PC/XT 等准 16 位微型计算机，由于其性价比高，很快占领了市场。

3.2.1　8086/8088 内部结构

　　8086 CPU 内部结构框图如图 3.2 所示，从功能上讲可分为两大部

8086 CPU 内部结构

分：总线接口单元 BIU(Bus Interface Unit)和执行单元 EU(Execution Unit)。

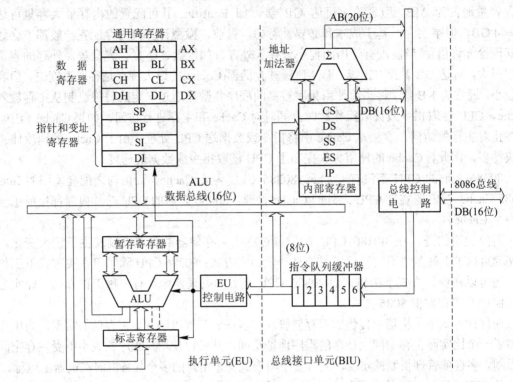

图 3.2   8086 CPU 内部结构框图

1. 总线接口单元 BIU

总线接口单元 BIU 的功能是负责完成 CPU 与存储器或 I/O 设备之间的数据传送。其具体任务是：

① 读指令——指令队列出现空字节(8088 CPU 1 个空字节，8086 CPU 2 个空字节)时，从内存取出后续指令。BIU 取指令时，并不影响 EU 的执行，两者并行工作，大大提高了 CPU 的执行速度。

② 读操作数——EU 需要从内存或外设端口读取操作数时，根据 EU 给出的地址从内存或外设端口读取数据供 EU 使用。

③ 写操作数——EU 的执行结果由 BIU 送往指定的内存单元或外设端口。

总线接口单元内有 4 个 16 位段寄存器，即代码段寄存器 CS(Code Segment)、数据段寄存器 DS(Data Segment)、堆栈段寄存器 SS(Stack Segment)和附加数据段寄存器 ES(Extra Segment)，一个 16 位的指令指针寄存器 IP(Instruction Pointer)，一个 20 位的地址加法器，一个 6 字节指令队列缓冲器，一个与 EU 通信的内部寄存器以及总线控制电路等。下面对总线接口单元中有关部件的功能作详细介绍。

1) 段寄存器

8086 CPU 的地址引脚有 20 根，能提供 20 位的地址信息，可直接对 1 M 个存储单元进行访问，但 CPU 内部可用来提供地址信息的寄存器都是 16 位的，那么如何用 16 位寄存器实现 20 位地址的寻址呢？8086/8088 采用了段结构的内存管理方法。

　　将指令代码和数据分别存储在代码段、数据段、堆栈段、附加数据段中，这些段的段地址分别由段寄存器 CS、DS、SS、ES 提供，而代码或数据在段内的偏移地址则由有关寄存器或立即数形式的偏移地址给出。

　　代码段寄存器 CS 存储程序当前使用的代码段的段地址。代码段用来存放程序的指令代码。下一条要读取指令在代码段中的偏移地址由指令指针寄存器 IP 提供。数据段寄存器 DS 用来存放程序当前使用的数据段的段地址。一般来说，程序中所用到的原始数据、中间结果以及最终结果都存放在数据段中。如果程序中使用了字符串处理指令，则源字符串也存放在数据段中。堆栈段寄存器 SS 用来存放程序当前所使用的堆栈段的段地址。堆栈是在存储器中开辟的一个特定区域(详见 3.3.1 节"堆栈操作")。附加数据段寄存器 ES 用来存放程序当前使用的附加数据段的段地址。附加数据段通常用于存放字符串操作时的目的字符串。

　　程序员在编写汇编语言源程序时，应该按照上述规定将程序的各个部分放在规定的段内。每个源程序必须至少有一个代码段，而数据段、堆栈段和附加数据段则根据程序的需要决定是否设置。

　　2) 指令指针寄存器

　　指令指针寄存器 IP 用来存放下一条要读取的指令在代码段中的偏移地址。IP 在程序运行中能自动加 1 修正，从而使其始终存放的是下一条要读取的指令在代码段的偏移地址。由于 CS 和 IP 的内容决定了程序的执行顺序，因此程序员不能直接用赋值指令对其内容进行修改。有些指令能使 IP 和 CS 的值改变(如跳转指令)或使其值压入堆栈或从堆栈中弹出恢复原值(如子程序调用指令和返回指令)。

　　3) 20 位地址加法器

　　8086/8088 CPU 在对存储单元进行访问以读取指令或读/写操作数时，必须在地址总线上提供 20 位的地址信息，以便选中对应的存储单元。那么，CPU 是如何产生 20 位地址的呢？

　　CPU 提供的用来对存储单元进行访问的 20 位地址是由 BIU 中的地址加法器产生的。

　　存储器中每个存储单元的地址可有以下两种表示方式：

　　(1) 逻辑地址：其表达形式为"段地址：段内偏移地址"。段内偏移地址又称为"有效地址"(EA，Effective Address)。在读指令时，段地址由代码段寄存器 CS 提供，当前要读取指令在代码段中的偏移地址由指令指针寄存器 IP 提供；在读取或存储操作数时，根据具体操作，段地址由 DS、ES 或 SS 提供，段内偏移地址由指令给出。

　　(2) 物理地址：CPU 与存储器进行数据交换时在地址总线上提供的 20 位地址信息称为物理地址。物理地址的形成过程如图 3.3 所示。由逻辑地址求物理地址的公式为：

　　物理地址 = 段地址 × 10H + 段内偏移地址

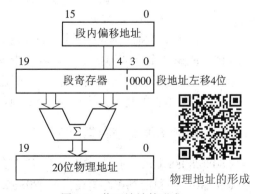

图 3.3　物理地址的形成

　　如假设当前(CS) = 20A8H，(IP) = 2008H，那么，下一条从内存中读取的指令所在存储单元的物理地址为 20A8H × 10H + 2008H = 22A88H。

4) 指令队列缓冲器

8086 的指令队列有 6 个字节，8088 的指令队列有 4 个字节。当指令队列出现 2 个空字节(对 8086 而言)或 1 个空字节(对 8088 而言)时，BIU 就自动执行一次取指令周期，将下一条要执行的指令从内存单元读入指令队列。它们采用"先进先出"的原则，按顺序存放，并按顺序取到 EU 中去执行。

当 EU 执行跳转、子程序调用或返回指令时，BIU 就使指令队列复位，并从指令给出的新地址开始取指令，新取的第 1 条指令直接经指令队列送 EU 执行，随后取来的指令将填入指令队列缓冲器。

指令队列的引入使得 EU 和 BIU 可并行工作，即 BIU 在读指令时，并不影响 EU 单元执行指令，EU 单元可以连续不断地直接从指令队列中取到要执行的指令代码，从而减少了 CPU 为取指令而等待的时间，提高了 CPU 的利用率，加快了整机的运行速度。

2. 执行单元 EU

执行单元 EU 不与系统外部直接相连，它的功能只是负责执行指令。执行的指令从 BIU 的指令队列缓冲器中直接得到。执行指令时若需要从存储器或 I/O 端口读写操作数，由 EU 向 BIU 发出请求，再由 BIU 对存储器或 I/O 端口进行访问。EU 由下列部件组成：

(1) 16 位算术逻辑单元(ALU)：用于进行算术和逻辑运算。

(2) 16 位标志寄存器 FLAGS：用来存放 CPU 运算结果的状态特征和控制标志。

(3) 数据暂存寄存器：协助 ALU 完成运算，暂存参加运算的数据。

(4) 通用寄存器：包括 4 个 16 位数据寄存器 AX、BX、CX、DX 和 4 个 16 位指针与变址寄存器 SP、BP 与 SI、DI。

(5) EU 控制电路：它是控制、定时与状态逻辑电路，接收从 BIU 中指令队列取来的指令，经过指令译码形成各种定时控制信号，对 EU 的各个部件实现特定的定时操作。

8088 CPU 内部结构与 8086 基本相似，两者的执行单元 EU 完全相同，其指令系统、寻址方式及程序设计方法都相同，所以两种 CPU 完全兼容。区别仅在于总线接口单元 BIU，归纳起来主要有以下几个方面的差异：

(1) 外部数据总线位数不同。8086 外部数据总线为 16 位，在一个总线周期内可以输入/输出一个字(16 位数据)；而 8088 外部数据总线为 8 位，在一个总线周期内只能输入/输出一个字节(8 位数据)。

(2) 指令队列缓冲器大小不同。8086 指令队列可容纳 6 个字节，且在每一个总线周期中从存储器取出 2 个字节的指令代码填入指令队列；而 8088 指令队列只能容纳 4 个字节，在一个机器周期中取出一个字节的指令代码送指令队列。

(3) 部分引脚的功能定义有所区别，详见 3.2.4 节。

3.2.2　8086/8088 寄存器结构

8086/8088 CPU 内部有 14 个 16 位寄存器，按功能可分为三大类：通用寄存器(8 个)、段寄存器(4 个)和控制寄存器(2 个)。8086/8088 CPU 内部寄存器结构如图 3.4 所示。

1. 通用寄存器

通用寄存器包括 4 个数据寄存器、两个地址指针寄存器和两个变址寄存器。

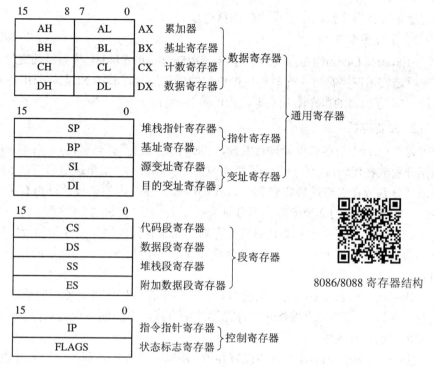

图 3.4　8086/8088 CPU 内部寄存器结构

1) 数据寄存器 AX、BX、CX、DX

数据寄存器一般用于存放参与运算的操作数或运算结果。每个数据寄存器都是 16 位的，但又可将高、低 8 位分别作为两个独立的 8 位寄存器来用。高 8 位分别记作 AH、BH、CH、DH，低 8 位分别记作 AL、BL、CL、DL。例如 AX 可当作两个 8 位寄存器 AH、AL 使用。注意，8086/8088 CPU 的 14 个寄存器除了这 4 个 16 位寄存器能分别当作两个 8 位寄存器来用之外，其他寄存器都不能如此使用。

上述 4 个寄存器一般用来存放数据，但它们各自都有自己的特定用途：

AX(Accumulator)称为累加器。用该寄存器存放运算结果可使指令简化，提高指令的执行速度。此外，所有的 I/O 指令都使用该寄存器与外设端口交换信息。

BX(Base)称为基址寄存器。8086/8088 CPU 中有两个基址寄存器 BX 和 BP。BX 用来存放操作数在内存中数据段内的偏移地址，BP 用来存放操作数在堆栈段内的偏移地址。

CX(Counter)称为计数器。在设计循环程序时使用该寄存器存放循环次数，可使程序指令简化，有利于提高程序的运行速度。

DX(Data)称为数据寄存器。在寄存器间接寻址的 I/O 指令中存放 I/O 端口地址；在作双字长乘除法运算时，DX 与 AX 一起存放一个双字长操作数，其中 DX 存放高 16 位数。

2) 地址指针寄存器 SP、BP

SP(Stack Pointer)称为堆栈指针寄存器。在使用堆栈操作指令(PUSH 或 POP)对堆栈进行操作时，每执行一次进栈或出栈操作，系统会自动将 SP 的内容减 2 或加 2，以使其始终指向栈顶。

BP(Base Pointer)称为基址寄存器。作为通用寄存器，它可以用来存放数据，但更重要的用途是存放操作数在堆栈段内的偏移地址。

　　3) 变址寄存器 SI、DI

　　SI(Source Index)称为源变址寄存器。DI(Destination Index)称为目的变址寄存器。这两个寄存器通常用在字符串操作时存放操作数的偏移地址，其中 SI 存放源串在数据段内的偏移地址，DI 存放目的串在附加数据段内的偏移地址。

　　2. 段寄存器

　　为了对 1 M 个存储单元进行管理，8086/8088 对存储器进行分段管理，即将程序代码或数据分别放在代码段、数据段、堆栈段或附加数据段中，每个段最多可达 64 K 个存储单元。段地址分别放在对应的段寄存器中，代码或数据在段内的偏移地址由有关寄存器或立即数给出。8086/8088 的 4 个段寄存器分别为：

　　CS(Code Segment)称为代码段寄存器，用来存储程序当前使用的代码段的段地址。CS 的内容左移 4 位再加上指令指针寄存器 IP 的内容就是下一条要读取的指令在存储器中的物理地址。

　　DS(Data Segment)称为数据段寄存器，用来存放程序当前使用的数据段的段地址。DS 的内容左移 4 位再加上按指令中存储器寻址方式给出的偏移地址即得到对数据段指定单元进行读写的物理地址。

　　SS(Stack Segment)称为堆栈段寄存器，用来存放程序当前所使用的堆栈段的段地址。堆栈是存储器中开辟的按"先进后出"原则组织的一个特殊存储区，主要用于调用子程序或执行中断服务程序时保护断点和现场。

　　ES(Extra Segment)称为附加数据段寄存器，用来存放程序当前使用的附加数据段的段地址。附加数据段用来存放字符串操作时的目的字符串。

　　在 8086/8088 系统中，段寄存器和与其对应的存放段内偏移地址的寄存器之间有一种默认组合关系，如表 3.2 所示。

表 3.2　8086/8088 段寄存器与提供段内偏移地址的
寄存器之间的默认组合

段　寄　存　器	提供段内偏移地址的寄存器
CS	IP
DS	BX、SI、DI 或一个 16 位立即数形式的偏移地址
SS	SP 或 BP
ES	DI(用于字符串操作指令)

　　在这种默认组合下，指令中不必专门指定其组合关系，但指令如用到非默认的组合关系，则必须用段超越前缀加以说明。这一点将在第 4 章中说明。

　　3. 控制寄存器

　　IP(Instruction Pointer)称为指令指针寄存器，用来存放下一条要读取的指令在代码段内的偏移地址。用户程序不能直接访问 IP。

　　FLAGS 称为标志寄存器，它是一个 16 位的寄存器，但只用了其中 9 位，这 9 位包括 6 个状态标志位和 3 个控制标志位，如图 3.5 所示。

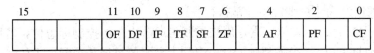

控制标志位：TF、IF、DF

状态标志位：CF、PF、AF、ZF、SF、OF

图 3.5　8086/8088 的标志寄存器

8086/8088 标志寄存器

1) 状态标志位

状态标志位用来反映算术和逻辑运算结果的一些特征。如结果是否为 "0"，是否有进位、借位、溢出等。不同指令对状态标志位的影响是不同的。下面分别介绍这 6 个状态标志位的功能。

CF(Carry Flag)——进位标志。当进行加减运算时，若最高位发生进位或借位，则 CF 为 1，否则为 0。该标志位通常用于判断无符号数运算结果是否超出了计算机所能表示的无符号数的范围。

PF(Parity Flag)——奇偶标志。当指令执行结果的低 8 位中含有偶数个 1 时，PF 为 1，否则为 0。

AF(Auxiliary Flag)——辅助进位标志位。当执行一条加法或减法运算指令时，若结果的低字节的低 4 位向高 4 位有进位或借位，则 AF 为 1，否则为 0。

ZF(Zero Flag)——零标志位。若当前的运算结果为 0，则 ZF 为 1，否则为 0。

SF(Sign Flag)——符号标志位。当运算结果的最高位为 1 时，SF=1，否则为 0。

OF(Overflow Flag)——溢出标志位。当运算结果超出了带符号数所能表示的数值范围，即溢出时，OF=1，否则为 0。该标志位通常用来判断带符号数运算结果是否溢出。

例 3.1　设变量 x=11101111B，y=11001000B，X=0101101100001010B，Y=01001100 10100011B，则分别执行 $x+y$ 和 $X+Y$ 操作后标志寄存器中各状态位的状态如何？

解

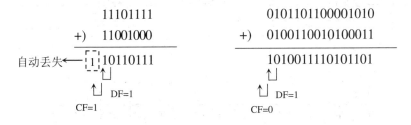

状态位	执行 $x+y$ 后	执行 $X+Y$ 后
CF	最高位 D_7 向前有进位，CF=1	最高位 D_{15} 向前没有进位，CF=0
PF	低 8 位中 1 的个数为偶数(6)，PF=1	低 8 位中 1 的个数为奇数(5)，PF=0
AF	低 4 位向前有进位，AF=1	低 4 位向前没有进位，AF=0
ZF	计算结果不为 0，ZF=0	计算结果不为 0，ZF=0
SF	最高位 D_7 为 1，SF=1	最高位 D_{15} 为 1，SF=1
OF	CF∀DF=0，没有溢出，OF=0	CF∀DF=1，结果溢出，OF=1

2) 控制标志位

控制标志位有 3 个，用来控制 CPU 的操作，由指令设置或清除。它们是：

TF(Trap Flag)——跟踪(陷阱)标志位。它是为测试程序的方便而设置的。若将 TF 置 1，

8086/8088 CPU 处于单步工作方式；否则，将正常执行程序。

IF(Interrupt Flag)——中断允许标志位。它是用来控制可屏蔽中断的控制标志位。若用 STI 指令将 IF 置 1，表示允许 CPU 接受外部从 INTR 引脚上发来的可屏蔽中断请求信号；若用 CLI 指令将 IF 清 0，则禁止 CPU 接受可屏蔽中断请求信号。IF 的状态对非屏蔽中断及内部中断没有影响。

DF(Direction Flag)——方向标志位。若用 STD 将 DF 置 1，串操作按减地址方式进行，也就是说，从高地址开始，每操作一次地址自动递减；若用 CLD 将 DF 清 0，则串操作按增地址方式进行，即每操作一次地址自动递增。

注意：有关寄存器，尤其是在存储器寻址时用来存放操作数在段内偏移地址的地址寄存器和标志寄存器中各控制标志位的使用方法，在后续章节中涉及时还将进一步详细介绍，请读者务必熟练掌握。

3.2.3 总线周期的概念

为了便于对 8086/8088 CPU 引脚功能进行说明，本节简要介绍总线周期的概念。

8086/8088 CPU 在与存储器或 I/O 端口交换数据时需要启动一个总线周期。按照数据的传送方向来分，总线周期可分为"读"总线周期(CPU 从存储器或 I/O 端口读取数据)和"写"总线周期(CPU 将数据写入存储器或 I/O 端口)。

8086/8088 CPU 基本的总线周期由 4 个时钟周期组成，如图 3.6 所示。

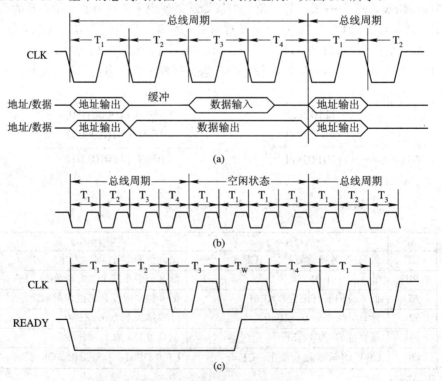

图 3.6　8086/8088 基本总线周期

(a) 典型总线周期；(b) 有空闲状态的总线周期；(c) 有等待状态的总线周期

时钟周期是 CPU 的基本时间计量单位, 由 CPU 主频决定, 如 8086 的主频为 5 MHz, 1 个时钟周期就是 200 ns。1 个时钟周期又称为 1 个 T 状态, 因此基本总线周期可用 T_1、T_2、T_3、T_4 表示。图 3.6(a)给出典型的总线周期波形图。在 T_1 状态 CPU 把要读/写的存储单元的地址或 I/O 端口的地址放到地址总线上。若是 "读" 总线周期, CPU 从 T_3 起到 T_4 从总线上接收数据, 在 T_2 状态时总线浮空, 允许 CPU 有一个缓冲时间以把输出地址的写方式转换成输入数据的读方式; 若是 "写" 总线周期, CPU 则从 T_2 起到 T_4 把数据送到总线上, 并写入存储器单元或 I/O 端口。

图 3.6(b)是具有空闲状态的总线周期。如果在一个总线周期之后不立即执行下一个总线周期, 即 CPU 此时执行的指令不需要对存储器或 I/O 端口进行访问, 且目前指令队列满而不需要到内存中读指令, 那么系统总线就处于空闲状态, 即执行空闲周期。在空闲周期中可包括一个或多个时钟周期, 在此期间, 在高 4 位的总线上, CPU 仍驱动前一个总线周期的状态信息; 而在低 16 位的总线上, 则根据前一个总线周期是读还是写周期来决定。若前一个周期为写周期, CPU 会在总线的低 16 位继续驱动数据信息; 若前一个总线周期为读周期, CPU 则使总线的低 16 位处于浮空状态。在空闲周期, 尽管 CPU 对总线进行空操作, 但在 CPU 内部, 仍然进行着有效的操作, 如执行某个运算、在内部寄存器之间传送数据等。

图 3.6(c)是具有等待状态的总线周期。在 T_3 状态结束之前, CPU 测试 READY 信号线, 如果为有效的高电平, 则说明数据已准备好, 可进入 T_4 状态; 若 READY 为低电平, 则说明数据没有准备好, CPU 在 T_3 之后插入 1 个或多个等待周期 T_W, 直到检测到 READY 为有效高电平后, CPU 会自动脱离 T_W 而进入 T_4 状态。这种延长总线周期的措施允许系统使用低速的存储器芯片。

3.2.4　8086/8088 引脚及其功能

8086CPU 的引脚定义

8086/8088 CPU 外部都采用 40 引脚双列直插式封装, 如图 3.7 所示。

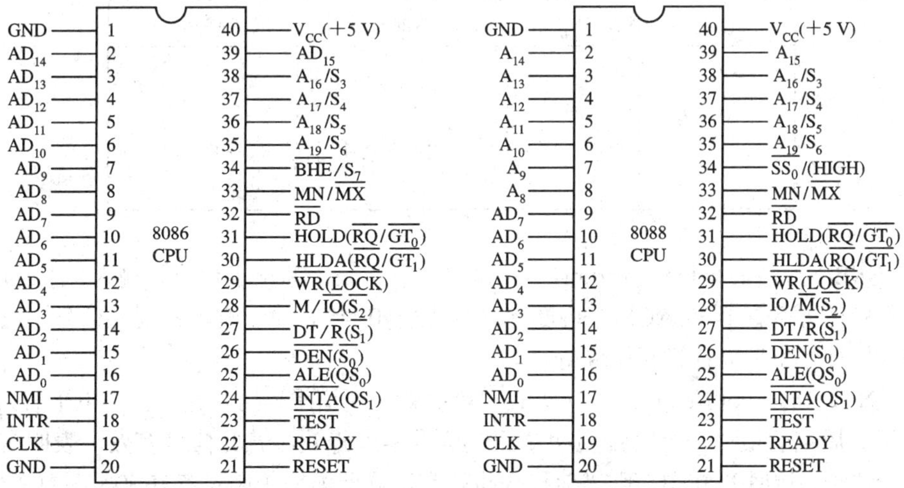

	8086 CPU				8088 CPU	
GND	1	40	$V_{CC}(+5 V)$	GND	1	40	$V_{CC}(+5 V)$
AD_{14}	2	39	AD_{15}	A_{14}	2	39	A_{15}
AD_{13}	3	38	A_{16}/S_3	A_{13}	3	38	A_{16}/S_3
AD_{12}	4	37	A_{17}/S_4	A_{12}	4	37	A_{17}/S_4
AD_{11}	5	36	A_{18}/S_5	A_{11}	5	36	A_{18}/S_5
AD_{10}	6	35	A_{19}/S_6	A_{10}	6	35	A_{19}/S_6
AD_9	7	34	$\overline{BHE}/S_7$	A_9	7	34	SS_0/(HIGH)
AD_8	8	33	$MN/\overline{MX}$	A_8	8	33	$MN/\overline{MX}$
AD_7	9	32	$\overline{RD}$	AD_7	9	32	$\overline{RD}$
AD_6	10	31	$HOLD(\overline{RQ}/\overline{GT_0})$	AD_6	10	31	$HOLD(\overline{RQ}/\overline{GT_0})$
AD_5	11	30	$HLDA(\overline{RQ}/\overline{GT_1})$	AD_5	11	30	$HLDA(\overline{RQ}/\overline{GT_1})$
AD_4	12	29	$\overline{WR}(\overline{LOCK})$	AD_4	12	29	$\overline{WR}(\overline{LOCK})$
AD_3	13	28	$M/\overline{IO}(\overline{S_2})$	AD_3	13	28	$IO/\overline{M}(\overline{S_2})$
AD_2	14	27	$DT/\overline{R}(\overline{S_1})$	AD_2	14	27	$DT/\overline{R}(\overline{S_1})$
AD_1	15	26	$\overline{DEN}(\overline{S_0})$	AD_1	15	26	$\overline{DEN}(\overline{S_0})$
AD_0	16	25	$ALE(QS_0)$	AD_0	16	25	$ALE(QS_0)$
NMI	17	24	$\overline{INTA}(QS_1)$	NMI	17	24	$\overline{INTA}(QS_1)$
INTR	18	23	TEST	INTR	18	23	TEST
CLK	19	22	READY	CLK	19	22	READY
GND	20	21	RESET	GND	20	21	RESET

注: 控制引脚 24～31 在两种工作方式时具有不同的定义, 其中括号内为 CPU 在最大工作方式时的引脚功能。

图 3.7　8086/8088 CPU 引脚

8086/8088 芯片的引脚应包括 20 根地址线、16 根(8086)或 8 根(8088)数据线以及控制线、状态线、电源线和地线等。若每个引脚只传送一种信息，那么芯片的引脚将会太多，不利于芯片的封装，因此，8086/8088 CPU 的部分引脚定义了双重功能。如第 33 引脚 $\overline{\text{MN/MX}}$ 上电平的高低代表两种不同的信号；第 31 到 24 引脚在 CPU 处于两种不同的工作方式(最大工作方式和最小工作方式)时具有不同的名称和定义；引脚 9 到 16(8088 CPU)，引脚 2 到 16 和 39(8086 CPU)采用了分时复用技术，即在不同的时刻分别传送地址或数据信息等。

下面首先介绍 8086 CPU 各引脚的功能，然后对 8088 与 8086 引脚不同之处做简要说明。

1. 8086 CPU 引脚

8086 CPU 引脚按功能可分为三大类：电源线和地线、地址/数据引脚以及控制引脚。

1) 电源线和地线

电源线 V_{CC}(第 40 引脚)：输入，接入±10% 单一 +5 V 电源。

地线 GND(引脚 1 和 20)：输入，两条地线均应接地。

2) 地址/数据(状态)引脚

地址/数据分时复用引脚 $AD_{15} \sim AD_0$(Address Data)：引脚 39 及引脚 2~16，传送地址时单向输出，传送数据时双向输入或输出。

地址/状态分时复用引脚 $A_{19}/S_6 \sim A_{16}/S_3$(Address/Status)：引脚 35~38，输出、三态总线。采用分时输出，即在 T_1 状态做地址线用，$T_2 \sim T_4$ 状态输出状态信息。当访问存储器时，T_1 状态输出 $A_{19} \sim A_{16}$，与 $AD_{15} \sim AD_0$ 一起构成访问存储器的 20 位物理地址；CPU 访问 I/O 端口时，不使用这 4 个引脚，$A_{19} \sim A_{16}$ 保持为 0。状态信息中的 S_6 为 0 用来表示 8086 CPU 当前与总线相连，所以在 $T_2 \sim T_4$ 状态，S_6 总为 0，以表示 CPU 当前连在总线上；S_5 表示中断允许标志位 IF 的当前设置，IF=1 时，S_5 为 1，否则为 0；$S_4 \sim S_3$ 用来指示当前正在使用哪个段寄存器，如表 3.3 所示。

表 3.3　S_4 与 S_3 组合代表的正在使用的寄存器

S_4	S_3	当前正在使用的段寄存器
0	0	ES
0	1	SS
1	0	CS 或未使用任何段寄存器
1	1	DS

3) 控制引脚

(1) NMI(Non-Maskable Interrupt)：引脚 17，非屏蔽中断请求信号，输入，上升沿触发。此请求不受标志寄存器 FLAGS 中中断允许标志位 IF 状态的影响，只要此信号一出现，在当前指令执行结束后立即进行中断处理。

(2) INTR(Interrupt Request)：引脚 18，可屏蔽中断请求信号，输入，高电平有效。CPU 在每个指令周期的最后一个时钟周期检测该信号是否有效，若此信号有效，表明有外设提出了中断请求，这时若 IF=1，则当前指令执行完后立即响应中断；若 IF=0，则中断被屏蔽，外设发出的中断请求将不被响应。程序员可通过指令 STI 或 CLI 将 IF 标志位置 1 或清 0。

(3) CLK(Clock)：引脚 19，系统时钟，输入。它通常与 8284A 时钟发生器的时钟输出端相连。

(4) RESET：引脚 21，复位信号，输入，高电平有效。复位信号使处理器马上结束现行操作，对处理器内部寄存器进行初始化。8086/8088 要求复位脉冲宽度不得小于 4 个时钟周期。复位后，内部寄存器的状态如表 3.4 所示。系统正常运行时，RESET 保持低电平。

表 3.4　复位后内部寄存器的状态

内 部 寄 存 器	状　态
标志寄存器	0000H
IP	0000H
CS	FFFFH
DS	0000H
SS	0000H
ES	0000H
指令队列缓冲器	空
其余寄存器	0000H

(5) READY：引脚 22，数据"准备好"信号线，输入。它实际上是所寻址的存储器或 I/O 端口发来的数据准备就绪信号，高电平有效。CPU 在每个总线周期的 T_3 状态对 READY 引脚采样，若为高电平，说明数据已准备好；若为低电平，说明数据还没有准备好，CPU 在 T_3 状态之后自动插入一个或几个等待状态 T_W，直到 READY 变为高电平，才能进入 T_4 状态，完成数据传送过程，从而结束当前总线周期。

(6) $\overline{\text{TEST}}$：引脚 23，等待测试信号，输入。当 CPU 执行 WAIT 指令时，每隔 5 个时钟周期对 $\overline{\text{TEST}}$ 引脚进行一次测试。若为高电平，CPU 就仍处于空转状态进行等待，直到 $\overline{\text{TEST}}$ 引脚变为低电平，CPU 结束等待状态，执行下一条指令，以使 CPU 与外部硬件同步。

(7) $\overline{\text{RD}}$(Read)：引脚 32，读控制信号，输出。当 $\overline{\text{RD}}$=0 时，表示将要执行一个对存储器或 I/O 端口的读操作。到底是从存储单元还是从 I/O 端口读取数据，取决于 $\text{M}/\overline{\text{IO}}$(8086) 或 $\text{IO}/\overline{\text{M}}$(8088)信号。

(8) $\overline{\text{BHE}}$/S_7(Bus High Enable/Status)：引脚 34，高 8 位数据总线允许/状态复用引脚，输出。$\overline{\text{BHE}}$ 在总线周期的 T_1 状态时输出，当该引脚输出为低电平时，表示当前数据总线上高 8 位数据有效。该引脚和地址引脚 A_0 配合表示当前数据总线的使用情况，如表 3.5 所示，详见 3.3.1 节。S_7 在 8086 中未被定义，暂作备用状态信号线。

表 3.5　$\overline{\text{BHE}}$ 与地址引脚 A_0 编码的含义

$\overline{\text{BHE}}$	A_0	数据总线的使用情况
0	0	16 位字传送(偶地址开始的两个存储器单元的内容)
0	1	在数据总线高 8 位($D_{15} \sim D_8$)和奇地址单元间进行字节传送
1	0	在数据总线低 8 位($D_7 \sim D_0$)和偶地址单元间进行字节传送
1	1	无效

(9) MN/$\overline{\text{MX}}$(Minimum/Maximum mode control)：引脚33，最小/最大方式控制信号，输入。MN/$\overline{\text{MX}}$ 引脚接高电平时，8086/8088 CPU 工作在最小方式，在此方式下，全部控制信号由 CPU 提供；MN/$\overline{\text{MX}}$ 引脚接低电平时，8086/8088 工作在最大方式，此时第 24～31 引脚的功能示于图 3.7 括号内，这时，CPU 发出的控制信号经 8288 总线控制器进行变换和组合，从而使总线的控制功能更加完善，如图 3.9 所示。

上面介绍了在最大方式和最小方式下名称和定义都相同的引脚，而第 24～31 这 8 根控制引脚在两种工作方式下名称和定义是不同的，下面将分别予以介绍。

2. 8086 最小工作方式及引脚 24～31 的定义

当 MN/$\overline{\text{MX}}$ 接高电平时，系统工作于最小方式，即单处理器方式，它适用于较小规模的微机系统。其典型系统结构如图 3.8 所示。

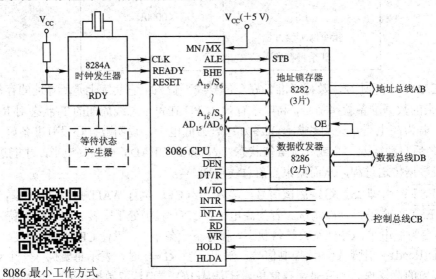

图 3.8   8086 最小方式系统结构

图中 8284A 为时钟发生/驱动器，外接晶体的基本振荡频率为 15 MHz，经 8284A 三分频后，送给 CPU 作系统时钟。

8282 为 8 位地址锁存器。当 8086 访问存储器时，在总线周期的 T_1 状态下发出地址信号，经 8282 锁存后的地址信号可以在访问存储器操作期间始终保持不变，为外部提供稳定的地址信号。8282 是典型的 8 位地址锁存芯片，8086 采用 20 位地址，再加上 $\overline{\text{BHE}}$ 信号，所以需要 3 片 8282 作为地址锁存器。

8286 为具有三态输出的 8 位数据总线收发器，用于需要增加驱动能力的系统。在 8086 系统中需要 2 片 8286，而在 8088 系统中只用 1 片就可以了。

系统中还有一个等待状态产生电路，它向 8284A 的 RDY 端提供一个信号，经 8284A 同步后向 CPU 的 READY 线发数据准备就绪信号，通知 CPU 数据已准备好，可以结束当前的总线周期。当 READY=0 时，CPU 在 T_3 之后自动插入 T_W 状态，以避免 CPU 与存储器或 I/O 设备进行数据交换时，因后者速度慢而丢失数据。

在最小方式下，第 24～31 引脚的功能如下：

(1) $\overline{\text{INTA}}$(Interrupt Acknowledge)：引脚 24，中断响应信号，输出。该信号用于对外设的中断请求(经 INTR 引脚送入 CPU)作出响应。$\overline{\text{INTA}}$ 实际上是两个连续的负脉冲信号，第一个负脉冲通知外设接口，它发出的中断请求已被允许；外设接口接到第 2 个负脉冲后，将中断类型号放到数据总线上，以便 CPU 根据中断类型号到内存的中断向量表中找出对应中断的中断服务程序入口地址，从而转去执行中断服务程序。

(2) ALE(Address Latch Enable)：引脚 25，地址锁存允许信号，输出。它是 8086/8088 提供给地址锁存器的控制信号，高电平有效。在任何一个总线周期的 T_1 状态，ALE 均为高电平，以表示当前地址/数据复用总线上输出的是地址信息，ALE 由高到低的下降沿把地址装入地址锁存器中。

(3) $\overline{\text{DEN}}$(Data Enable)：引脚 26，数据允许信号，输出。当使用数据总线收发器时，该信号为收发器的 OE 端提供了一个控制信号，该信号决定是否允许数据通过数据总线收发器。$\overline{\text{DEN}}$ 为高电平时，收发器在收或发两个方向上都不能传送数据，当 $\overline{\text{DEN}}$ 为低电平时，允许数据通过数据总线收发器。

(4) DT/$\overline{\text{R}}$(Data Transmit/Receive)：引脚 27，数据发送/接收信号，输出。该信号用来控制数据的传送方向。当其为高电平时，8086 CPU 通过数据总线收发器进行数据发送；当其为低电平时，则进行数据接收。在 DMA 方式，它被浮置为高阻状态。

(5) M/$\overline{\text{IO}}$(Memory/Input and Output)：引脚 28，存储器 I/O 端口控制信号，输出。该信号用来区分 CPU 是进行存储器访问还是 I/O 端口访问。当该信号为高电平时，表示 CPU 正在和存储器进行数据传送；如为低电平，表明 CPU 正在和输入/输出设备进行数据传送。在 DMA 方式，该引脚被浮置为高阻状态。

(6) $\overline{\text{WR}}$(Write)：引脚 29，写信号，输出。$\overline{\text{WR}}$ 有效时，表示 CPU 当前正在进行存储器或 I/O 写操作，到底是哪一种写操作，取决于 M/$\overline{\text{IO}}$ 信号。在 DMA 方式，该引脚被浮置为高阻状态。

(7) HOLD(Hold request)：引脚 31，总线保持请求信号，输入。当 8086/8088 CPU 之外的总线主设备要求占用总线时，通过该引脚向 CPU 发一个高电平的总线保持请求信号。

(8) HLDA(Hold Acknowledge)：引脚 30，总线保持响应信号，输出。当 CPU 接收到 HOLD 信号后，这时如果 CPU 允许让出总线，就在当前总线周期完成时，在 T_4 状态发出高电平有效的 HLDA 信号给以响应。此时，CPU 让出总线使用权，发出 HOLD 请求的总线主设备获得总线的控制权。

3. 8086 最大工作方式及引脚 24～31 的定义

当 MN/$\overline{\text{MX}}$ 接低电平时，系统工作于最大方式，即多处理器方式，其典型系统结构如图 3.9 所示。比较最大方式和最小方式系统结构图可以看出，最大方式和最小方式有关地址总线和数据总线的电路部分基本相同，即都需要地址锁存器及数据总线收发器。而控制总线的电路部分有很大差别。在最小工作方式下，控制信号可直接从 8086/8088 CPU 得到，不需要外加电路。最大方式是多处理器工作方式，需要协调主处理器和协处理器的工作。因此，8086/8088 的部分引脚需要重新定义，控制信号不能直接从 8086/8088 CPU 引脚得到，需要外加 8288 总线控制器，通过它对 CPU 发出的控制信号($\overline{S}_0$，$\overline{S}_1$，$\overline{S}_2$)进行变换和组合，以得到对存储器和 I/O 端口的读/写控制信号和对地址锁存器 8282 及对总线收发器 8286 的控制信号，使总线的控制功能更加完善。

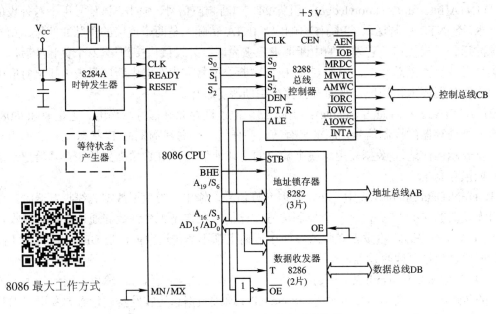

图 3.9　8086 最大方式系统结构

在最大方式下，第 24～31 引脚的功能如下：

(1) QS$_1$、QS$_0$(Instruction Queue Status)：引脚 24、25，指令队列状态信号，输出。QS$_1$、QS$_0$ 两个信号电平的不同组合指明了 8086/8088 内部指令队列的状态，其代码组合对应的含义如表 3.6 所示。

表 3.6　QS$_1$、QS$_0$ 的代码组合对应的含义

QS$_1$	QS$_0$	含　　义
0	0	无操作
0	1	从指令队列的第一字节中取走代码
1	0	队列为空
1	1	除第一字节外，还取走了后续字节中的代码

(2) $\overline{S_2}$、$\overline{S_1}$、$\overline{S_0}$(Bus Cycle Status)：引脚 26、27、28，总线周期状态信号，输出。低电平有效的三个状态信号连接到总线控制器 8288 的输入端，8288 对这些信号进行译码后产生内存及 I/O 端口的读/写控制信号。表 3.7 给出了这三个状态信号的代码组合使 8288 产生的控制信号及其对应的操作。

表 3.7 中前 7 种代码组合都对应某个总线操作过程，通常称为有源状态，它们处于前一个总线周期的 T$_4$ 状态或本总线周期的 T$_1$、T$_2$ 状态中，$\overline{S_2}$、$\overline{S_1}$、$\overline{S_0}$ 至少有一个信号为低电平。在总线周期的 T$_3$、T$_W$ 状态并且 READY 信号为高电平时，$\overline{S_2}$、$\overline{S_1}$、$\overline{S_0}$ 都成为高电平，此时，前一个总线操作就要结束，后一个新的总线周期尚未开始，通常称为无源状态。而在总线周期的最后一个状态即 T$_4$ 状态，$\overline{S_2}$、$\overline{S_1}$、$\overline{S_0}$ 中任何一个或几个信号的改变，都意味着下一个新的总线周期的开始。

表 3.7　$\overline{S_2}$、$\overline{S_1}$、$\overline{S_0}$ 的代码组合对应的操作

$\overline{S_2}$	$\overline{S_1}$	$\overline{S_0}$	8288 产生的控制信号	对　应　操　作
0	0	0	$\overline{\text{INTA}}$	发中断响应信号
0	0	1	$\overline{\text{IORC}}$	读 I/O 端口
0	1	0	$\overline{\text{IOWC}}$ 和 $\overline{\text{AIOWC}}$	写 I/O 端口
0	1	1	无	暂停
1	0	0	$\overline{\text{WRDC}}$	取指令
1	0	1	$\overline{\text{WRDC}}$	读内存
1	1	0	$\overline{\text{MWTC}}$ 和 $\overline{\text{AMWC}}$	写内存
1	1	1	无	无源状态

(3) $\overline{\text{LOCK}}$(Lock)：引脚 29，总线封锁信号，输出。当 $\overline{\text{LOCK}}$ 为低电平时，系统中其他总线主设备就不能获得总线的控制权而占用总线。$\overline{\text{LOCK}}$ 信号由指令前缀 LOCK 产生，LOCK 指令后面的一条指令执行完后，便撤销了 $\overline{\text{LOCK}}$ 信号。另外，在 DMA 期间，$\overline{\text{LOCK}}$ 被浮空而处于高阻状态。

(4) $\overline{\text{RQ}}/\overline{\text{GT}_1}$、$\overline{\text{RQ}}/\overline{\text{GT}_0}$(Request/Grant)：引脚 30、31，总线请求信号(输入)/总线请求允许信号(输出)。这两个信号可供 8086/8088 以外的 2 个总线主设备向 8086/8088 发出使用总线的请求信号 RQ(相当于最小方式时的 HOLD 信号)。而 8086/8088 在现行总线周期结束后让出总线，发出总线请求允许信号 GT(相当于最小方式的 HLDA 信号)，此时，外部总线主设备便获得了总线的控制权。其中 $\overline{\text{RQ}}/\overline{\text{GT}_0}$ 比 $\overline{\text{RQ}}/\overline{\text{GT}_1}$ 的优先级高。

8288 总线控制器还提供了其他一些控制信号：$\overline{\text{MRDC}}$(Memory Read Command)、$\overline{\text{MWTC}}$(Memory Write Command)、$\overline{\text{IORC}}$(I/O Read Command)、$\overline{\text{IOWC}}$(I/O Write Command) 以及 $\overline{\text{INTA}}$ 等，它们分别是存储器与 I/O 的读/写命令以及中断响应信号。另外，还有 $\overline{\text{AMWC}}$ 与 $\overline{\text{AIOWC}}$ 两个信号，它们分别表示提前写内存命令和提前写 I/O 命令，其功能分别与 $\overline{\text{MWTC}}$ 和 $\overline{\text{IOWC}}$ 一样，只是它们由 8288 提前一个时钟周期发出信号，这样，一些较慢的存储器和外设将得到一个额外的时钟周期去执行写入操作。

4．8088 与 8086 引脚的区别

8088 与 8086 绝大多数引脚的名称和功能是完全相同的，仅有以下三点不同：

(1) $AD_{15} \sim AD_0$ 的定义不同。在 8086 中都定义为地址/数据分时复用引脚；而在 8088 中，由于只需要 8 条数据线，因此，对应于 8086 的 $AD_{15} \sim AD_8$ 这 8 根引脚在 8088 中定义为 $A_{15} \sim A_8$，它们在 8088 中只作地址线用。

(2) 引脚 34 的定义不同。在最大方式下，8088 的第 34 引脚保持高电平，而 8086 在最大方式下 34 引脚的定义与最小方式下相同。

(3) 引脚 28 的有效电平高低定义不同。8088 和 8086 的第 28 引脚的功能是相同的，但有效电平的高低定义不同。8088 的第 28 引脚为 $\text{IO}/\overline{\text{M}}$，当该引脚为低电平时，表明 8088 正在进行存储器操作；当该引脚为高电平时，表明 8088 正在进行 I/O 操作。8086 的第 28 引脚为 $\text{M}/\overline{\text{IO}}$，电平与 8088 正好相反。

3.3 8086/8088 存储器和 I/O 组织

3.3.1 8086/8088 存储器

1. 8086/8088 存储空间

8086/8088 有 20 条地址线，可直接对 1 M 个存储单元进行访问。每个存储单元存放一个字节型数据，且每个存储单元都有一个 20 位的地址，这 1 M 个存储单元对应的地址为 00000H～FFFFFH，如图 3.10 所示。

存储单元地址

78H	00000H
9FH	00001H
⋮	⋮
46H	0011FH
DFH	00120H
6CH	00121H
⋮	⋮
98H	E8009H
65H	E800AH
5EH	E800BH
A6H	E800CH
66H	E800DH
⋮	⋮
6FH	FFFFFH

8086/8088 存储空间

图 3.10 数据在存储器中的存放

一个存储单元中存放的信息称为该存储单元的内容。如图 3.10 所示，00001H 单元的内容为 9FH，记为：(00001H)=9FH。

若存放的是字型数据(16 位二进制数)，则将字的低位字节存放在低地址单元，高位字节存放在高地址单元。如从地址 0011FH 开始的两个连续单元中存放一个字型数据，则该数据为 DF46H，记为：(0011FH)=DF46H。

若存放的是双字型数据(32 位二进制数，这种数一般作为地址指针，其低位字是被寻址地址的偏移量，高位字是被寻址地址所在段的段地址)，这种类型的数据要占用连续的 4 个存储单元，同样，低字节存放在低地址单元，高字节存放在高地址单元。如从地址 E800AH 开始的连续 4 个存储单元中存放了一个双字型数据，则该数据为 66A65E65H，记为：(E800AH)=66A65E65H。

2. 存储器的段结构

8086/8088 CPU 中有关可用来存放地址的寄存器如 IP、SP 等都是 16 位的，故只能直接寻址 64 KB。为了对 1 M 个存储单元进行管理，8086/8088 采用了段结构的存储器管理方法。

8086/8088 将整个存储器分为许多逻辑段，每个逻辑段的容量小于或等于 64 KB，允许它们在整个存储空间中浮动，各个逻辑段之间可以紧密相连，也可以互相重叠。

　　用户编写的程序(包括指令代码和数据)被分别存储在代码段、数据段、堆栈段和附加数据段中，这些段的段地址分别存储在段寄存器 CS、DS、SS 和 ES 中，而指令或数据在段内偏移地址可由对应的地址寄存器或立即数形式的位移量给出，如表 3.8 所示。

表 3.8　存储器操作时段地址和段内偏移地址的来源

存储器操作类型	段　地　址		偏移地址
	正常来源	其他来源	
取指令	CS	无	IP
存取操作数	DS	CS、ES、SS	有效地址 EA
通过 BP 寻址存取操作数	SS	CS、ES、SS	有效地址 EA
堆栈操作	SS	无	BP、SP
源字符串	DS	CS、ES、SS	SI
目的字符串	ES	无	DI

　　如果从存储器中读取指令，则段地址来源于代码段寄存器 CS，偏移地址来源于指令指针寄存器 IP。

　　如果从存储器读/写操作数，则段地址通常由数据段寄存器 DS 提供(必要时可通过指令前缀实现段超越，将段地址指定为由 CS、ES 或 SS 提供)，偏移地址则要根据指令中所给出的寻址方式确定，这时，偏移地址通常由寄存器 BX、SI、DI 以及立即数形式的位移量等提供，这类偏移地址也被称为"有效地址"(EA)。如果操作数是通过基址寄存器 BP 寻址的，则此时操作数所在段的段地址由堆栈段寄存器 SS 提供(必要时也可指定为 CS、SS 或 ES)(详见第 4 章"寻址方式"一节)。

　　如果使用堆栈操作指令(PUSH 或 POP)进行进栈或出栈操作，以保护断点或现场，则段地址来源于堆栈段寄存器 SS，偏移地址来源于堆栈指针寄存器 SP(详见本节"4. 堆栈操作")。

　　如果执行的是字符串操作指令，则源字符串所在段的段地址由数据段寄存器 DS 提供(必要时可指定为 CS、ES 或 SS)，偏移地址由源变址寄存器 SI 提供；目的字符串所在段的段地址由附加数据段寄存器 ES 提供，偏移地址由目的变址寄存器 DI 提供。

　　以上这些存储器操作时段地址和偏移地址的约定是由系统设计时事先已规定好的，编写程序时必须遵守这些约定。

3. 逻辑地址与物理地址

　　由于采用了存储器分段管理方式，8080/8088 CPU 在对存储器进行访问时，根据当前的操作类型(取指令或存取操作数)，CPU 就可确定要访问的存储单元所在段的段地址以及该单元在本段内的偏移地址(如表 3.8 所示)。我们把通过段地址和偏移地址来表示的存储单元的地址称为逻辑地址，记为：段地址：偏移地址。

　　CPU 在对存储单元进行访问时，必须在 20 位的地址总线上提供一个 20 位的地址信息，以便选中所要访问的存储单元。我们把 CPU 对存储器进行访问时实际寻址所使用的 20 位地址称为物理地址。

物理地址是由 CPU 内部总线接口单元 BIU 中的地址加法器根据逻辑地址产生的。由逻辑地址形成 20 位物理地址的方法为：段地址×10H＋偏移地址。其形成过程如图 3.3 所示。

图 3.11 给出了存储器分段示意。如果当前的(IP) = 1000H，那么，下一条要读取的指令所在存储单元的物理地址为：

$$(CS) \times 10H + (IP) = 1000H \times 10H + 1000H = 11000H$$

如果某操作数在数据段内的偏移地址为 8000H，则该操作数所在存储单元的物理地址为

$$(DS) \times 10H + 8000H = 2A0FH \times 10H + 8000H = 320F0H$$

存储器分段组织示意图

设当前(CS)＝1000H, (DS)＝2A0FH, (SS)＝A000H, (ES)＝BC00H

图 3.11　存储器分段示意图

可以看出，对某一个存储单元而言，它有唯一的物理地址，但由于 8086/8088 允许段与段之间的重叠，因此，存储单元的逻辑地址不是唯一的，即一个存储单元只有唯一确定的物理地址，但可以有一个或多个逻辑地址。

4．堆栈操作

堆栈是在存储器中开辟的一个特定区域。堆栈在存储器中所处的段称为堆栈段，和其他逻辑段一样，它可在 1 MB 的存储空间中浮动，其容量可达 64 KB。开辟堆栈的目的主要有以下两点：

(1) 存放指令操作数(变量)。此时，由于操作数在堆栈段中，对操作数进行访问时，段地址自然由堆栈段寄存器 SS 来提供，操作数在该段内的偏移地址由基址寄存器 BP 来提供。

(2) 保护断点和现场。此为堆栈的主要功能。所谓保护断点，是指主程序在调用子程序或执行中断服务程序时，为了使执行完子程序或中断服务程序后能顺利返回主程序，必须把断点处的有关信息(如代码段寄存器 CS 的内容(需要时)、指令指针寄存器 IP 的内容以及标志寄存器 FLAGS 的内容等)压入堆栈，执行完子程序或中断服务程序后按"先进后出"

的原则将其弹出堆栈,以恢复有关寄存器的内容,从而使主程序能从断点处继续往下执行。保护断点的操作由系统自动完成,不需要程序员干预。

保护现场是指将在子程序或中断服务程序中用到的寄存器的内容压入堆栈,在返回主程序之前再将其弹出堆栈,以恢复寄存器原有的内容,从而使其返回后主程序能继续正确执行。保护现场的工作要求程序员在编写子程序或中断服务程序时使用进栈指令 PUSH 和出栈指令 POP 完成。有关 PUSH 和 POP 指令的使用方法将在第 4 章 "8086/8088 指令系统" 一节中介绍。

下面简要介绍进栈和出栈操作的过程。在执行进栈和出栈操作时,段地址由堆栈段寄存器 SS 提供,段内偏移地址由堆栈指针寄存器 SP 提供,SP 始终指向栈顶,当堆栈空时,SP 指向栈底。如图 3.12 所示,设在存储器中开辟了 100H 个存储单元的堆栈段,当前 (SS)=2000H,堆栈空时(SP)=0100H,即此时 SP 指向栈底(如图 3.12(a)所示)。由于 PUSH 和 POP 指令要求操作数为字型数据,因此,每进行一次进栈操作,SP 值减 2(如图 3.12(b)所示),每进行一次出栈操作,SP 值加 2(如图 3.12 (c)所示)。在进栈和出栈操作过程中,SP 始终指向栈顶。

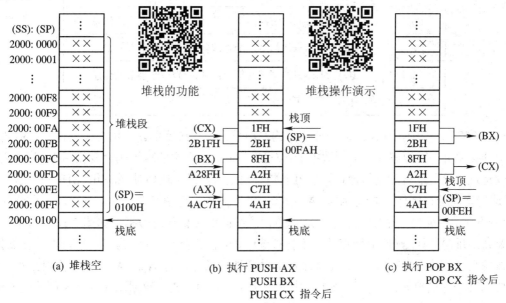

图 3.12　进栈与出栈操作示意图

5. 8086/8088 存储器结构

8086 的 1 MB 存储空间实际上分为两个 512 KB 的存储体,又称存储库,分别叫高位库和低位库,如图 3.13 所示。低位库与数据总线 $D_7 \sim D_0$ 相连,该库中每个存储单元的地址为偶数地址;高位库与数据总线 $D_{15} \sim D_8$ 相连,该库中每个存储单元的地址为奇数地址。地址总线 $A_{19} \sim A_1$ 可同时对高、低位库的存储单元寻址,A_0 和 $\overline{BHE}$ 用于对库的选择,分别连接到库选择端 $\overline{SEL}$ 上。当 $A_0 = 0$ 时,选择偶数地址的低位库;当 $\overline{BHE} = 0$ 时,选择奇数地址的高位库;当两者均为 0 时,则同时选中高低位库。利用 A_0 和 $\overline{BHE}$ 这两个控制信号,既可实现对两个库进行读/写(即 16 位数据),也可单独对其中一个库进行读/写(8 位数据),如表 3.9 所示。

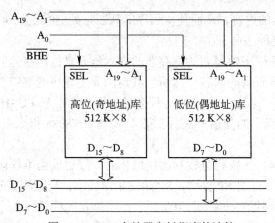

8086 存储器高低位库的连接

图 3.13　8086 存储器高低位库的连接

表 3.9　8086 存储器高低位库选择

$\overline{BHE}$	A_0	对　应　操　作
0	0	同时访问两个存储体，读/写一个字的信息
0	1	只访问奇地址存储体，读/写高字节的信息
1	0	只访问偶地址存储体，读/写低字节的信息
1	1	无操作

在 8086 系统中，存储器这种分体结构对用户来说是透明的。当用户需要访问存储器中某个存储单元，以便进行字节型数据的读/写操作时，指令中的地址码经变换后得到 20 位的物理地址，该地址可能是偶地址，也可能是奇地址。如果是偶地址(A_0=0)，$\overline{BHE}$=1，这时由 A_0 选定偶地址存储体，通过 $A_{19}\sim A_1$ 从偶地址存储体中选中某个单元，并启动该存储体，读/写该存储单元中一个字节信息，通过数据总线的低 8 位传送数据，如图 3.14(a)所示；如果是奇地址(A_0)=1，则偶地址存储体不会被选中，也就不会启动它。为了启动奇地址存储体，系统将自动产生 $\overline{BHE}$=0，作为奇地址存储体的选体信号，与 $A_{19}\sim A_1$ 一起选定奇地址存储体中的某个存储单元，并读/写该单元中的一个字节信息，通过数据总线的高 8 位传送数据，如图 3.14(b)所示。可以看出，对于字节型数据，不论它存放在偶地址的低位库，还是奇地址的高位库，都可通过一个总线周期完成数据的读/写操作。

如果用户需要访问存储器中某两个存储单元，以便进行字型数据的读/写，此时可分两种情况来讨论。一种情况是用户要访问的是从偶地址开始的两个连续存储单元(即字的低字节在偶地址单元，高字节在奇地址单元)，这种存放称为规则存放，这样存放的字称为规则字。对于规则存放的字可通过一个总线周期完成读/写操作，这时 A_0=0，$\overline{BHE}$=0，如图 3.14(c)所示；另一种情况是用户要访问的是从奇地址开始的两个存储单元(即字的低字节在奇地址单元，高字节在偶地址单元)，这种存放称为非规则存放，这样存放的字称为非规则字，对于非规则存放的字需要通过两个总线周期才能完成读/写操作，即第一次访问存储器时读/写奇地址单元中的字节，第二次访问存储器时读/写偶地址单元中的字节，如图 3.14(d)所示。

显然，为了加快程序的运行速度，希望字型数据在存储器中规则存放。

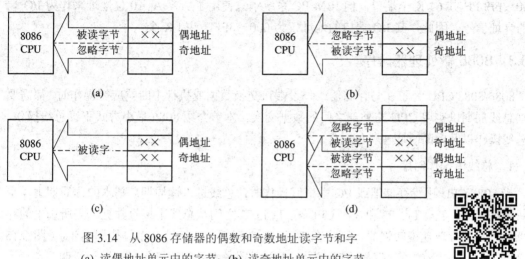

图 3.14　从 8086 存储器的偶数和奇数地址读字节和字

(a) 读偶地址单元中的字节；(b) 读奇地址单元中的字节；

(c) 读偶地址单元中的字；(d) 读奇地址单元中的字

8086 存储器读写操作

在 8088 系统中，可直接寻址的存储空间同样也是 1 MB，但其存储器的结构与 8086 有所不同，它的 1 MB 存储空间同属于一个单一的存储体，即存储体为 1 M×8 位。它与总线之间的连接方式很简单，其 20 根地址线 $A_{19} \sim A_0$ 与 8 根数据线分别与 8088 CPU 对应的地址线和数据线相连。8088 CPU 每访问一次存储器只能读/写一个字节信息，因此在 8088 系统的存储器中，字型数据需要两次访问存储器才能完成读/写操作。

3.3.2　8086/8088 的 I/O 组织

8086/8088 系统和外部设备之间是通过 I/O 接口电路来联系的。每个 I/O 接口都有一个或几个端口。在微机系统中每个端口分配一个地址号，称为端口地址。一个端口通常为 I/O 接口电路内部的一个寄存器或一组寄存器。

8086/8088 CPU 用地址总线的低 16 位作为对 8 位 I/O 端口的寻址线，所以 8086/8088 系统可访问的 8 位 I/O 端口有 65 536(64 K)个。两个编号相邻的 8 位端口可以组成一个 16 位的端口。一个 8 位的 I/O 设备既可以连接在数据总线的高 8 位上，也可以连接到数据总线的低 8 位上。一般为了使数据/地址总线的负载平衡，希望接在数据/地址总线高 8 位和低 8 位的设备数目最好相等。当一个 I/O 设备接在数据总线的低 8 位($AD_7 \sim AD_0$)上时，这个 I/O 设备所包括的所有端口地址都将是偶数地址($A_0=0$)；若一个 I/O 设备接在数据总线的高 8 位($AD_{15} \sim AD_8$)上时，那么该设备包含的所有端口地址都是奇数地址($A_0=1$)。如果某种特殊 I/O 设备既可使用偶地址又可使用奇地址时，此时必须将 A_0 和 $\overline{\text{BHE}}$ 两个信号结合起来作为 I/O 设备的选择线。

8086 CPU 对 I/O 设备的读/写操作与对存储器的读/写操作类似。当 CPU 与偶地址的 I/O 设备实现 16 位数据的存取操作时，可在一个总线周期内完成；当 CPU 与奇地址的 I/O 设备实现 16 位数据的存取操作时，要占用两个总线周期才能完成。

需要说明的是，8086/8088 CPU 的 I/O 指令可以用 16 位的有效地址 $A_{15} \sim A_0$ 来寻址 0000～FFFFH 共 64 K 个端口，但 IBM PC 系统中只使用了 $A_9 \sim A_0$ 10 位地址来作为 I/O 端口的寻址信号，因此，其 I/O 端口的地址仅为 000～3FFH 共 1 K 个。

3.3.3　8086 微处理器时序

8086/8088 CPU 为了在与存储器或外设端口交换数据或执行中断响应等操作时，都需要启动总线周期以实现 CPU 与外部之间的数据交换。本节介绍 8086 最小方式下读总线操作、写总线操作以及中断响应操作的时序。

1. 总线读操作时序

当 8086 CPU 进行存储器或 I/O 端口读操作时，总线进入读周期。基本的读周期由 4 个时钟周期组成：T_1、T_2、T_3 和 T_4。CPU 在 T_3 到 T_4 之间从总线上接收数据。当所选中的存储器和外设的存取速度较慢时，则将在 T_3 和 T_4 之间插入 1 个或几个等待周期 T_W。图 3.15 是 8086 最小方式下的总线读操作时序图。下面对图中表示的读操作时序进行说明。

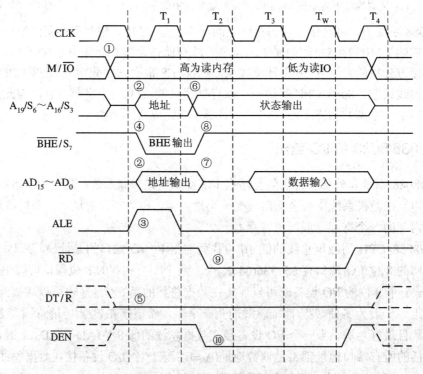

图 3.15　8086 读周期的时序

(1) T_1 状态：为了从存储器或 I/O 端口读出数据，首先要用 M/$\overline{\text{IO}}$ 信号指出 CPU 是要从内存还是从 I/O 端口读，所以 M/$\overline{\text{IO}}$ 信号在 T_1 状态成为有效(见图 3.15①)。M/$\overline{\text{IO}}$ 信号的有效电平一直保持到整个总线周期的结束，即 T_4 状态。

为指出 CPU 要读取的存储单元或 I/O 端口的地址，8086 的 20 位地址信号通过多路复

用总线 $A_{19}/S_6 \sim A_{16}/S_3$ 和 $AD_{15} \sim AD_0$ 输出，送到存储器或 I/O 端口(见图 3.15②)。

地址信息必须被锁存起来，这样才能在总线周期的其他状态往这些引脚上传输数据和状态信息。为了实现对地址的锁存，CPU 便在 T_1 状态从 ALE 引脚上输出一个正脉冲作为地址锁存信号(见图 3.15③)。在 ALE 的下降沿到来之前，$M/\overline{IO}$ 信号、地址信号均已有效。锁存器 8282 正是用 ALE 的下降沿对地址进行锁存的。

$\overline{BHE}$ 信号也通过 $\overline{BHE}/S_7$ 引脚送出(见图 3.15④)，它用来表示高 8 位数据总线上的信息可以使用。

此外，当系统中接有数据总线收发器时，要用到 $DT/\overline{R}$ 和 $\overline{DEN}$ 作为控制信号。前者作为对数据传输方向的控制，后者实现数据的选通。为此，在 T_1 状态 $DT/\overline{R}$ 输出低电平，表示本总线周期为读周期，即让数据总线收发器接收数据(见图 3.15⑤)。

(2) T_2 状态：地址信号消失(见图 3.15⑦)，$AD_{15} \sim AD_0$ 进入高阻状态，为读入数据做准备；而 $A_{19}/S_6 \sim A_{16}/S_3$ 和 $\overline{BHE}/S_7$ 输出状态信息 $S_7 \sim S_3$(见图 3.15⑥和⑧)。

此时，$\overline{DEN}$ 信号变为低电平(见图 3.15⑩)，从而在系统中接有总线收发器时，获得数据允许信号。

CPU 在 $\overline{RD}$ 引脚上输出读有效信号(见图 3.15⑨)，送到系统中所有存储器和 I/O 接口芯片，但是，只有被地址信号选中的存储单元或 I/O 端口，才会被 $\overline{RD}$ 信号从中读出数据，从而将数据送到系统数据总线上。

(3) T_3 状态：在 T_3 状态前沿(下降沿处)，CPU 对引脚 READY 进行采样，如果 READY 信号为高，则 CPU 在 T_3 状态后沿(上升沿处)通过 $AD_{15} \sim AD_0$ 获取数据；如果 READY 信号为低，将插入等待状态 T_w，直到 READY 信号变为高电平。

(4) T_w 状态：当系统中所用的存储器或外设的工作速度较慢，从而不能用最基本的总线周期完成读操作时，系统中就要用一个电路来产生 READY 信号。低电平的 READY 信号必须在 T_3 状态启动之前向 CPU 发出，则 CPU 将会在 T_3 状态和 T_4 状态之间插入若干个等待状态 T_w，直到 READY 信号变高。在最后一个等待状态 T_w 的后沿(上升沿)处，CPU 通过 $AD_{15} \sim AD_0$ 获取数据。

(5) T_4 状态：CPU 使 $\overline{RD}$ 信号变为高电平，于是，存储器模块上的总线驱动器又处于高阻状态，从而让出总线。

2. 总线写操作时序

总线写操作就是指 CPU 向存储器或 I/O 端口写入数据。图 3.16 是 8086 在最小模式下的总线写操作时序图。

总线写操作时序与总线读操作时序基本相同，但也存在以下不同之处：

(1) 对存储器或 I/O 端口操作的选通信号不同。总线读操作中，选通信号是 $\overline{RD}$，而总线写操作中是 $\overline{WR}$。

(2) 在 T_4 状态中，$AD_{15} \sim AD_0$ 上地址信号消失后，$AD_{15} \sim AD_0$ 的状态不同。总线读操作中，此时 $AD_{15} \sim AD_0$ 进入高阻状态，并在随后的状态中保持为输入方向；而在总线写操作中，此时 CPU 立即通过 $AD_{15} \sim AD_0$ 输出数据，并一直保持到 T_4 状态中。

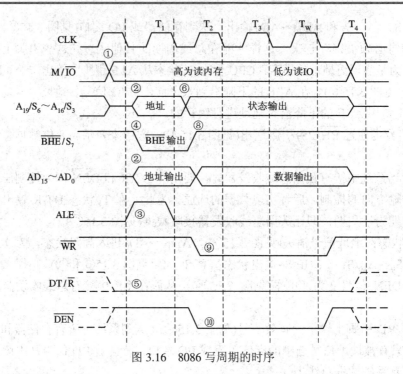

图 3.16　8086 写周期的时序

3. 中断响应操作时序

当 8086 CPU 的 INTR 引脚上有一有效电平(高电平),且标志寄存器 IF=1 时,则 8086 CPU 在执行完当前的指令后响应中断,在响应中断时 CPU 执行两个中断响应周期。图 3.17 是 8086 在最小模式下的中断响应操作时序图。

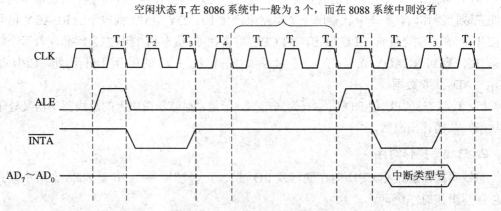

图 3.17　中断响应周期的时序

CPU 的中断响应周期包括两个总线周期,在每个总线周期中都从 INTA 端输出一个负脉冲,其宽度是从 T_2 状态开始持续到 T_4 状态的开始。第一个总线周期的 INTA 负脉冲,用来通知中断源,CPU 准备响应中断,中断源应准备好中断类型号。在第二个总线周期的 INTA 负脉冲期间,外设接口(一般经中断控制器)应立即把中断源的中断类型号送到数据线的低 8 位 $AD_7 \sim AD_0$ 上。而在这两个总线周期的其余时间,$AD_7 \sim AD_0$ 总线是浮空高阻态。CPU 读取到中断类型号后,就可以在中断向量表中找到该外设的中断服务程序入口,转入中断服务。

3.4　从 80286 到 Pentium 系列的技术发展

本节首先从程序设计角度介绍 80x86 系列微处理器内部的寄存器结构及其使用方法；然后对 80x86 存储器管理方式(实方式、保护方式和虚拟 8086 方式)进行介绍；最后分别简要介绍 80286 到 Pentium CPU 的内部结构。

3.4.1　80x86 寄存器组

寄存器在计算机中起着非常重要的作用，每个寄存器相当于运算器中的一个存储单元，但由于寄存器位于 CPU 内部，对它们进行访问时不需要启动一个总线周期，因此其存取速度要比存储器快得多。寄存器用来存放计算过程中所需要的或所得到的各种信息，包括操作数地址、操作数以及运算的中间结果等。

对程序设计人员来讲，了解 CPU 内部寄存器结构并掌握其使用方法是进行汇编语言程序设计的关键和基础。寄存器可分为程序可见寄存器和程序不可见寄存器两大类。所谓程序可见寄存器，是指在汇编语言程序设计中可以通过指令来访问的寄存器。程序不可见寄存器是指一般用户程序中不能访问而由系统所使用的寄存器。本节将从程序设计角度介绍 80x86 CPU 内部程序可见寄存器的结构和使用方法，而对于那些程序不可见寄存器将在随后介绍 CPU 结构时对其做必要说明。

从本章 3.2.2 节"8086/8088 寄存器结构"中可以看出，8086/8088 CPU 中程序可见寄存器可分为三类：通用寄存器、段寄存器和控制寄存器。80286 之后的 CPU 中寄存器同样也分为上述三类，只不过有关寄存器的功能和位数有所扩充而已。图 3.18 给出了 80x86 的程序可见寄存器组，下面分别加以说明。

1．通用寄存器

图 3.18 中阴影部分之外的寄存器是 8086/8088 和 80286 所具有的寄存器。从程序设计角度考虑，80286 有着与 8086/8088 相同的通用寄存器(AX(AH/AL)、BX(BH/BL)、CX(CH/CL)、DX(DH/DL)、SP、BP、SI、DI)。有关这些寄存器的功能和使用方法前面已做了详细介绍，在此不再赘述。

对于 80386 及其后续机型则是图 3.18 中所示的完整的寄存器，它们是 32 位的通用寄存器，包括 EAX、EBX、ECX、EDX、ESP、EBP、ESI 和 EDI。这些寄存器可以用来存放不同宽度的数据。其中，EAX、EBX、ECX 和 EDX 可作为 32 位寄存器来用，其低 16 位既可作为一个 16 位寄存器来用(分别记为 AX、BX、CX 和 DX)，也可作为两个 8 位寄存器来用(分别记为 AH/AL、BH/BL、CH/CL 和 DH/DL)；ESP、EBP、ESI 和 EDI 可作为 32 位寄存器来用，其低 16 位也可用做一个 16 位寄存器(分别记为 SP、BP、SI 和 DI)。需要注意的是，这些寄存器以字节或字的形式被访问时，不被访问的其他部分不受影响。如访问 AH 时，EAX 的高 16 位和低 8 位不受影响。

此外，在 8086/8088 以及 80286 进行存储器寻址时，8 个通用寄存器中只有地址指针寄存器(SP 和 BP)、变址寄存器(SI 和 DI)以及基址寄存器 BX 这 5 个寄存器可以用来存放操作数在存储器段内的偏移地址。在 80386 及其后续机型中，所有这 8 个 32 位通用寄存器既可以存放数据，也可以存放地址，也就是说，这些寄存器都可以用来提供操作数在段内的偏移地址。

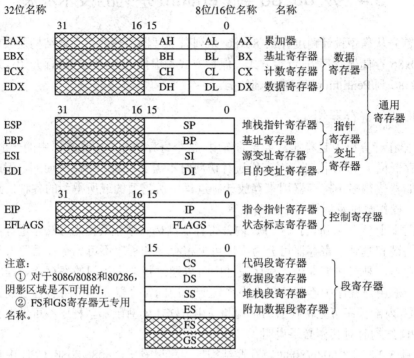

图 3.18　80x86 CPU 内部程序可见寄存器组

对于这 8 个通用寄存器的专用特性，80386 及其后续机型的 32 位通用寄存器的专用特性与 8086/8088 以及 80286 的 16 位通用寄存器的专用特性是相同的，如 ECX 的计数特性，ESI 和 EDI 分别作为字符串操作指令中源串和目的串的地址寄存器等。

2．控制寄存器

8086/8088 和 80286 的控制寄存器包括指令寄存器 IP 和 FLAGS 两个 16 位寄存器。80286 中的这两个寄存器与前面介绍的 8086/8088 中的相同，只不过 80286 中的标志寄存器 FLAGS 比 8086/8088 中的 FLAGS 多定义了两个标志，如图 3.19 所示。

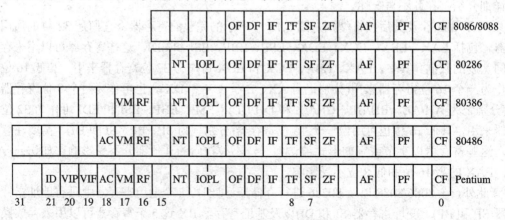

图 3.19　80x86 标志寄存器

80386 及其后续机型也有两个 32 位专用寄存器 EIP 和 EFLAGS。它们的作用与相应的 16 位寄存器相同。标志寄存器 FLAGS 各位的定义如图 3.19 所示，其中新定义位的作用将在后面涉及时介绍。

3. 段寄存器

与 8086/8088 CPU 相同，80286 CPU 中也有 4 个段寄存器 CS、DS、SS 和 ES，它们的功能在本章前面"8086/8088 寄存器结构"一节中已做了详细介绍，在此不再赘述。

在 80386 及其以后的 80x86 CPU 中，除上述 4 个段寄存器外，又增加了 2 个段寄存器 FS 和 GS，它们也是附加的数据段寄存器，如图 3.18 所示。

除非专门指定，一般情况下，各段在存储器中的分配是由操作系统负责的。在 80x86 中，段寄存器和与其对应存放偏移地址的寄存器之间有一种默认的组合关系，这种默认关系，80286 与 8086/8088 相同(见表 3.2)，80386 及其后续 CPU 中段寄存器与提供段内偏移地址的寄存器之间的默认组合如表 3.10 所示。

表 3.10　80386 及其后续 CPU 中段寄存器与提供段内偏移地址的寄存器之间的默认组合

段 寄 存 器	提供段内偏移地址的寄存器
CS	EIP
DS	EAX、EBX、ECX、EDX、ESI、EDI 或一个 8 位或 32 位数
SS	ESP 或 EBP
ES	EDI(用于字符串操作指令)
FS	无默认
GS	无默认

3.4.2　80x86 存储器管理

存储器管理是由微处理器的存储器管理部件 MMU 提供的对系统存储器资源进行管理的机制，其目的是方便程序对存储器的应用。本节从应用角度出发，介绍 80x86 系列微处理器的存储器管理机制。

从 8086/8088 到 Pentium，80x86 系列微处理器的存储器管理机制有了较大变化。8086/8088 只有一种存储器管理方式，即实地址方式(简称实方式)；80286 CPU 具有两种工作方式，即实方式和保护虚地址方式(简称保护方式)；80386 及其以后的 CPU 有三种工作方式，即实方式、保护方式和虚拟 8086 方式。下面对这三种工作方式分别予以介绍。

1. 实地址方式(简称实方式)

实方式是 80x86 系列 CPU 共有的存储器管理模式，而 8086/8088 CPU 只能工作在此方式下，正如 3.3 节所介绍的那样，8086/8088 CPU 通过对存储器分段来实现对 1 M 个存储器单元的直接访问。CPU 中 BIU 单元的地址加法器根据指令中给出的段地址和段内偏移地址，通过将段地址乘以 10H(16)，即左移 4 位，再与段内偏移量相加得到一个 20 位的物理地址，该 20 位的物理地址加载到 20 位的地址总线上，即可实现对 8086/8088 系统 1 M 个存储单元的访问。

80286、80386、80486 以及 Pentium 的地址总线位数分别增加为 24、32、32、36(见表3.1)，但在实方式下，它们都只能使用低 20 位地址线，它们所能寻址的存储空间与 8086/8088 一样，也只有 1 MB。

在实方式下，CPU 把从指令中得到的逻辑地址(段地址：段内偏移地址)转换为 20 位物理地址。不管 CPU 的实际地址引脚有多少根，在此方式下工作时，只能用其低 20 根地址线对 1 M 个存储单元进行访问。

2．保护虚拟地址方式(简称保护方式)

在实方式下，80286 及其后续 CPU 只相当于一个快速的 8086，没有真正发挥这些高性能 CPU 的作用。而这些 CPU 的特点是能可靠地支持多用户系统，即使是单用户，也可支持多任务操作，这就要求用新的存储器管理机制——保护方式对存储器系统进行管理。

1) 虚拟存储器的概念

虚拟存储器(Virtual Memory)是一种存储器管理技术。它提供比物理存储器大得多的存储空间，使程序设计人员在编写程序时，不用考虑计算机内存的实际容量，就可以编写并运行比实际配置的物理存储器空间大得多的用户程序。

虚拟存储器由存储器管理机制以及一个大容量的快速硬盘存储器(外存)或光盘支持。在程序运行时，只把虚拟地址空间的一小部分映射到主存储器中，其余暂不使用部分则仍存储在硬盘上。当访问主存储器的范围发生变化时，再把虚拟存储器的对应部分从磁盘调入内存，而对主存中目前不再使用的部分，可根据一定的替换策略将其从主存储器送回到硬盘。

虚拟存储器地址是一种概念性的逻辑地址。虚拟存储器系统是在存储器体系层次结构(辅存—主存—高速缓存)的基础上，通过 CPU 内的存储器管理部件 MMU，进行虚拟地址和实地址自动变换而实现的，对每个编程者是透明的，变址空间很大。

2) 虚拟存储器的基本结构

按照主存(或内存)与外存(辅助存储器)之间信息交换时信息传送单位的不同，虚拟存储器可分为段式虚拟存储器、页式虚拟存储器和段页式虚拟存储器三种。

(1) 段式虚拟存储器。段是利用程序的模块化性质，按照程序的逻辑结构划分成的多个相对独立的部分。段作为独立的逻辑单位可被其他程序段调用，这样就形成段间连接，产生规模较大的程序，因此，把段作为信息单位在主存与外存之间传送和定位是比较合理的。一般用段表来指明各段在主存中的位置。段表是由操作系统产生并存储在主存中的一个可再定位段。

把主存按段分配的存储器管理方式称为段式管理。段式管理系统的优点是段的分界与程序的自然分界相对应；段的逻辑独立性使它易于编译、管理、修改和保护，也便于多道程序共享；某些类型的段(如堆栈、队列等)具有动态可变长度，允许自由调度以便有效利用主存空间，但是，正因为段的长度各不相同，段的起点和终点不定，给主存空间的分配带来麻烦，而且容易在段间留下许多空余的存储空间不好利用，造成浪费。

图 3.20 给出了段式虚拟存储器地址变换的原理。为了把虚拟地址(段号：段内偏移地址)变换为实存地址，需要一个段表，其格式如图 3.20 的上半部分所示。装入位为"1"表示该

段已调入主存，为"0"则表示该段不在主存中；段的长度可大可小(其长度因程序而异)，所以，段表中需要有长度指示。在访问某段时，如果段内偏移地址值超过段的长度，则发生地址越界中断。图 3.20 下半部分表示了虚拟地址向实存地址的转换过程。

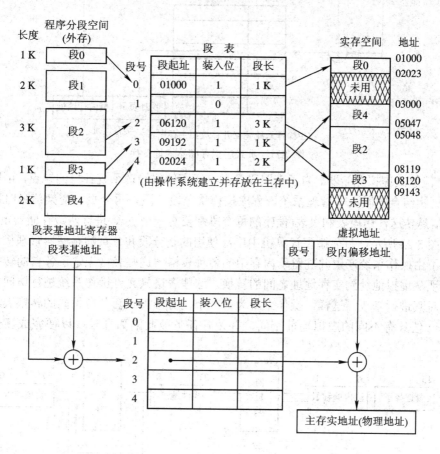

图 3.20　段式虚拟存储器地址变换

(2) 页式虚拟存储器。页式管理系统的基本信息传送单位是定长的页。主存的物理空间被划分为等长的固定区域，称为页面。页面的起点和终点地址是固定的，给页表的建立带来了方便。唯一可能造成浪费的是程序最后一页的零头的页内空间，它比段式管理系统的段外空间浪费要小得多。页式管理的缺点正好和段式管理系统相反，由于页不是逻辑上独立的实体，因而处理、保护和共享都不如段式方便。

在页式虚拟存储系统中，把虚拟空间分成页，称为逻辑页；主存空间也分成同样大小的页，称为物理页。虚拟地址由逻辑页号和页内行地址组成；实存地址由物理页号和页内行地址组成。由于两者的页面大小是相同的，因而页内行地址是相等的。

虚拟地址到实存地址的转换是通过由操作系统建立并存储在主存中的页表实现的，如图 3.21 所示。在页表中，对应每一个虚存逻辑页号有一个表目，表目内容包括该逻辑页所在的主存页面地址(物理页号)，用它作为实存地址的高字段，与虚存地址的页内行地址相拼接就形成了实存地址。

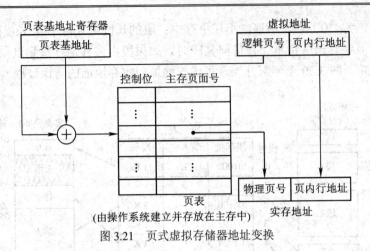

图 3.21　页式虚拟存储器地址变换

(3) 段页式虚拟存储器。为了克服段式和页式存储器管理系统各自的缺点，可以采用分段和分页相结合的段页式管理系统。程序按模块分段，段内再分页，交换信息时以页为单位进行信息传送，用段表和页表(程序的每个段都要有一个页表)进行两级存储器定位管理。

如图 3.22 所示，目前微型计算机中广泛使用的是分段和分页的存储器管理机制。它们都使用了由操作系统产生并驻留于内存中的各种表格，这些表格规定了各自的转换函数，从而实现从虚拟地址到实存地址之间的转换。这些表格只允许操作系统进行访问，应用程序不能对其进行修改。这样，操作系统为每一个任务维护一套各自不同的转换表格，其结果使每一任务有不同的虚拟地址空间，并使各任务彼此隔离开来，以便完成多任务分时操作。

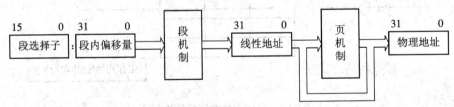

图 3.22　虚拟地址—物理地址转换

对于 80286 而言，只有段式存储器管理方式，而 80386 及其后续机型采用段式和页式存储器管理方式，即首先使用段机制，把虚拟地址转换为一个中间地址空间的地址，这个中间地址空间称为线性地址空间，其地址称为线性地址。然后再用分页机制把线性地址转换为物理地址。下面就简要介绍 80x86 的段式和页式存储器管理机制。

3) 存储器段式管理机制

不论是实方式还是保护方式，程序都只与逻辑地址打交道。CPU 根据逻辑地址，通过不同的方式形成物理地址，以便到存储器中找出对应的存储单元。如前所述，在实方式下，逻辑地址和物理地址之间有着直接的数学关系，可以很容易地将逻辑地址转换为等价的物理地址。

在保护方式下，逻辑地址可表示为：段选择器：偏移地址。此时，逻辑地址和物理地址之间不存在直接的数学关系，因此，保护方式的逻辑地址被称为虚拟地址，因为这个段可能不存在于实际存储器中。虚拟地址中的偏移地址与实方式一样，都是根据指令中操作数的寻址方式确定的(对 8086 偏移地址为 16 位,80386 及其以后的 CPU 可为 16 位或 32 位)。段选择器也与实方式一样为 16 位的段寄存器值(对 80286,保护方式和实方式一样,可使用 4 个 16 位段寄存器 CS、DS、SS、ES 来存储段选择器;对 80386 及其以后的 CPU,还要额外加上两个 16 位段寄存器 FS 和 GS),但这时段选择器只能间接地提供段的基地址。在实方式下,段基地址可通过将段寄存器的内容乘以 10H 而得到,但在保护方式下,则需要根据段选择器的值到由操作系统建立并存放在内存中的一个被称为段表的表中间接地查找该段的段基址,然后将该段基址与虚拟地址中的偏移地址相加得到物理地址。

(1) 段选择器。在保护方式下,段选择器是一个指向由操作系统定义的段表中一个段描述符的指针,段选择器被操作系统装入有关的段寄存器中。通过段选择器从段表中读出当前段的段描述符,从段描述符得到该段的段基址,然后再由查表间接得到的段基址和指令中提供的操作数在段内的偏移地址求出该操作数在主存中的物理地址。因此,在保护方式下,段选择器即为虚拟地址中段值部分的内容。可以看出,在保护方式下,通过段寄存器并不能直接得到当前段的段基址,而是需要通过段寄存器的内容(即段选择器)到段表中间接地得到当前段的段基址。

段选择器格式如图 3.23 所示。其中低两位规定了选择器的请求特权级别 RPL(Request Privilege Level)。RPL 的设置是为了防止低特权级程序访问受高特权级程序保护的数据。

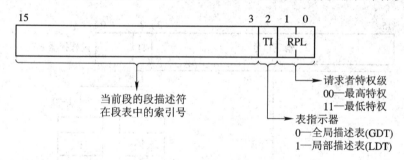

图 3.23　段选择器格式

TI(Table Indicator)位为表格指示器。当 TI=0 时,该选择器指向的段是系统的全局地址空间的一部分;当 TI=1 时,该选择器指向的段是一个特定程序或任何局部地址空间的一部分。全局地址空间用来存放运行在系统上的所有任务使用的数据和代码段,例如操作系统服务程序以及通用库等。在一个系统中只有一个全局地址空间,只要选择器中的 TI=0,便会指向这一空间,也即在系统上运行的所有任务将共享同一个全局地址空间。局部地址空间用来存放一个任务将独自占有的特定程序和数据,因此,系统中每个任务都有其对应的局部地址空间。

高 13 位为索引号,用来指向全局地址空间或局部地址空间中的一个段描述符表中的一项(即一个段描述符),索引号即为该段的段描述符在段描述符表中的偏移地址,段描述符表在主存中的基地址由描述符表寄存器提供(见下文)。段描述符表有全局段描述符表和局部段描述符表两种。段描述符表中的每一项(即一个段描述符)用来存储一个段的有关信息(如段在主存中的基地址、段的大小等),因此,段选择器的高 14 位用来确定存储器中的一个段,在保护方式下,可实现对 16 384(2^{14})个段的管理。这样,对于 80286 来说,段内偏移地址为

16 位，每个段最大为 64 KB，故可提供的虚拟存储空间为 1 GB($2^{14} \times 2^{16} = 2^{30}$)。对 80386 及其后续机型来说，段内偏移地址为 32 位，每个段最大为 4 GB，故可提供的虚拟存储空间为 64 TB(2^{46})。

(2) 段描述符表。在保护方式下，段描述符表分为系统的全局段描述符表 GDT(Global Descriptor Table)和局部段描述符表 LDT(Local Descriptor Table)两种。这些描述符表是存储在主存中的数据结构，利用它们可以实现将虚拟地址转换为线性地址。所谓的线性地址是一个无符号数，它指出在处理器的线性地址空间中所要访问的存储单元的地址，该地址由段基址(段起始地址)加该存储单元相对于段基址的偏移量形成。线性地址由逻辑地址转换而来。对于 80286 微处理器，其线性地址与存储器操作数的物理地址相同(因为 80286 只有段式存储器管理机制)。对于 80386 及其以后的微处理器，若分页有效，则线性地址还要经过分页机构才能转换成物理地址；若分页无效，则线性地址即为物理地址。

系统的 GDT 和 LDT 均是长度不定的数据结构，它们最少包含一个，最多包含 8192(2^{13})个独立的项，每一项有 8 个字节长，称为一个段描述符。这样，段描述符表最多可包含 64 KB($2^{13} \times 8 = 2^{16}$)。图 3.24 给出段选择器与段描述符表之间的对应关系。系统中的 GDT 只有一个，它被所有任务使用，而每个任务都有一个 LDT。GDT 中的第一个描述符不用，称为空描述符。

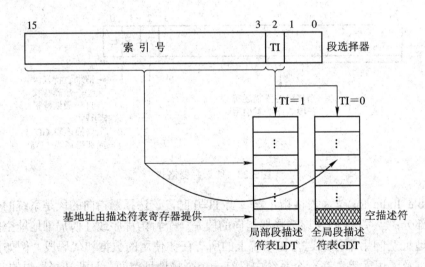

图 3.24　段选择器与段描述符表之间的对应关系

(3) 段描述符。段描述符构成了 GDT 或 LDT 中的一项，8 个字节长，其格式如图 3.25 所示。段描述符描述了处理器对段进行访问时所需要的信息，主要包括线性存储器空间中段的基地址和段限量，以及有关段的状态和控制信息。因此，段描述符在存储器中的一个段和一个任务之间形成了一个链。不论是全局地址空间还是局部地址空间中的一个段，如果没有段描述符，则系统就无法对它进行访问。段描述符结构比较复杂，且由于它对理解段式存储器管理机制没有太大影响，因此，这里不准备对其作详细介绍，有兴趣的读者可参阅有关书籍。

图 3.25　段描述符格式

(4) 描述符表寄存器。描述符表寄存器属于系统地址寄存器。80286 及其后续 CPU 的硬件中有一组用来存放描述表在物理存储器中基地址和段限量的寄存器。本节仅介绍全局描述表寄存器 GDTR 和局部描述表寄存器 LDTR。全局描述表寄存器 GDTR 对 80286 为 40 位，对 80386 及其后续 CPU 为 48 位，其中段基地址分别为 24 位和 32 位，段限量均为 16 位。GDT 基地址指出系统的全局描述符表在存储器中的起始地址，如图 3.26 所示。16 位段限量表明 GDT 表长最多为 64 KB。对于 GDTR 的读和写必须在系统中分别用指令 LGDT 和 SGDT 来进行。

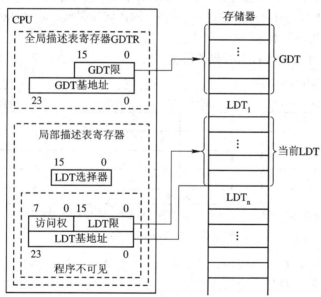

图 3.26　全局和局部描述表寄存器与描述符表的对应关系

局部描述符表寄存器 LDTR 对 80286 来说为 56 位，对 80386 及其后续 CPU 来说为 64 位。其中 LDT 选择器均为 16 位，LDT 基地址和 LDT 限部分实际上属于高速缓存寄存器。局部描述符表 LDT 是对正在进行的任务而言的，每个任务有一个 LDT，它们存储在存储器的一个独立的段里。但每个 LDT 处于存储器的什么位置，是由 GDT 中的 LDT 描述符确定的，而该 LDT 描述符在 GDT 中的寻址又由 LDTR 中的 16 位 LDT 选择器确定。系统初始化时，要将 GDT 中 LDT 描述符的选择器值置入 LDTR 的选择器中，LDT 描述符的基址及限量值会自动置入 LDTR 的高速缓存寄存器中，于是存储器便根据此高速缓存寄存器的值来确定局部描述符表的起始地址和段限量。LDTR 的读出和写入需由系统程序分别用 LLDT 和 SLDT 来完成。

(5) 段寄存器。在保护方式下，每个段寄存器都有一个 16 位的可见部分(简称段选择器)和一个程序无法访问的不可见部分(称为段描述符高速缓冲存储器寄存器，简称段描述符高速缓存寄存器)。

段寄存器中的 16 位段选择器用来提供该段对应的段描述符在段表中的偏移地址，当前段描述符表在存储器中的基地址由描述表寄存器中的基地址域提供，基地址与偏移地址相加即可得到当前段对应的段描述符在段描述符表中的物理地址，由此物理地址到存储器中找出该段的段描述符，再由段描述符得到该段的段基址，段基址加上指令中给出的操作数在段内的偏移地址，即可得到要访问的操作数在内存中的物理地址。

由上述可知，对存储器寻址方式的操作数进行访问时，需要对存储器进行两次访问，即首先到存储器中的段表中找出段描述符，从段描述符中得到段基址后，需要再次访问存储器才能得到操作数，这样将大大降低寻址存储器操作数的速度。为了解决这一问题，80286 及其后续 CPU 中设置了程序不可见的段描述符高速缓存寄存器来存储段描述符。

段描述符缓存寄存器是 80286 及其后续 CPU 内部对描述符这样的数据结构的硬件支持，是实地址方式下的段寄存器的扩展。对 80286 来说，段描述符高速缓存寄存器有 48 位，其中包含 24 位基地址、16 位段限量和一个字节的访问权限域。对 80386 及其后续 CPU，段描述符高速缓存寄存器有 88 位，其中包含一个 32 位基地址、32 位段限量和 24 位访问权限域。图 3.27 给出了 80286 段寄存器的结构。

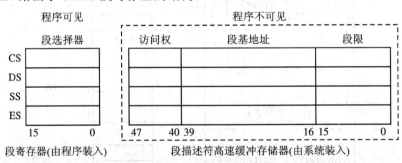

图 3.27　80286 段寄存器结构

段选择器的装入，对数据段由传送类指令实现，对代码段由跳转指令和子程序调用指令等实现。一旦将段选择器内容装入段寄存器，处理器硬件便自动将段选择器内容所指向的描述符表中的段描述符内容装入段描述符高速缓存寄存器中。以后对存储器中该段的访问，就不用再从存储器中的段描述表中取出该段的描述符，并由描述表中的基地址加上要访问单元的偏移地址来确定物理地址，而可以直接由高速缓存寄存器中得到段基址，将其与指令中给出的段内偏移地址相加即可得到物理地址，从而缩短了访问存储器的时间。也就是说，利用描述符高速缓存寄存器这样的硬件支持，使得采用描述符这样的数据结构后对内存的访问并不降低速度。描述符高速缓存寄存器没有专门的指令可对其进行访问，在段选择器装入段寄存器时，系统会自动将段选择器内容所指向的段描述符内容装入段描述符高速缓存寄存器中。

4) 存储器页式管理机制

存储器的分页管理是 80386 以及后续 CPU 提供的存储器管理机制的第二部分。80286 及其以前的 CPU 中没有配置分页管理机制。分页与分段的主要区别是，一个段的长短可变，而页的大小是固定的。

分页管理的实质是把线性地址空间和物理地址空间都看成是由长度固定的页组成，且线性地址空间中任何一页都可映射到物理地址空间的任何一页。80386 以及后续 CPU 规定页的大小为 4 KB，且它的起始地址的低 12 位均为 0。分页管理将 4 GB 的线性地址空间划分为 2^{20} 个页面，并通过将线性地址空间的页重新定位到物理地址空间来管理。

CPU 是否启用分页机制，由控制寄存器 CR_0(CR_0 是一个程序不可见寄存器，本节后面在介绍具体 CPU 结构时将对其作详细说明)的 PG 位进行控制。PG=0，禁止分页，则段转换部件产生的线性地址就是物理地址；PG=1，允许分页，则微处理器中分页机制将会把线性地址转换为分页的物理地址。

(1) 页目录和页表。分页机制是通过查询驻留于内存的页目录表和页表来实现线性地址到物理地址的转换的。由于页面大小为 4 KB，且每个页面起始地址的低 12 位均为 0，因此，线性地址的低 12 位将直接作为物理地址的低 12 位使用。分页管理机制中的重定位函数(或称为转换函数)实际上是把线性地址的高 20 位转换成对应物理地址的高 20 位，这个转换函数是通过对常驻内存的页表查询来完成的。对页表的查询分两步进行。首先查页目录表，它的长度为一页(4 KB)，且起始地址的低 12 位为 0。页目录表的 4 KB 数据结构共存放了 1024 个页目录项，每项 4 个字节，其结构如图 3.28 所示。页目录项中的高 20 位指向了一个称为页表的第二级表，它也是 4 KB 长，且起始地址的低 12 位为 0。页表的 4 KB 数据结构又存放了 1024 个页表项，每项同样 4 个字节，且作为物理存储器中页的指针，即页表项中高 20 位为物理存储器中页的高 20 位地址。页表项的格式与页目录项相同，如图 3.28 所示。其中高 20 位称为页基地址，低 12 位定义如下：

31　　　　　　　　　　　　12	11　10　9	8	7	6	5	4	3	2	1	0
页基地址	AVL	0	0	D	A	0	0	U/S	R/W	P

图 3.28　页目录项与页表项格式

① P 位。该位为存在位。P=1，表示该项里的页地址映射到物理存储器中的一个页；P=0，表示该项里的页地址没有映射到物理存储器中，或者说该项所指页不在物理存储器中。

② R/W 位。读/写位，用于实现页级保护，不用于地址转换。

③ U/S 位。用户/监控程序位，用于实现页级保护，不用于地址转换。

④ A 位。访问位，用来表示该项所指页是否被访问过。

⑤ D 位。页面重写标志位，只在页表项中设置，而不在页目录项中设置。D=1 时，表明该项所指的存储器中的页被重写过。

⑥ AVL 位。可用位，共有 3 位，供系统软件设计人员使用。

(2) 线性地址到物理地址的转换。分页管理机构在完成线性地址向物理地址的转换时，是根据存储器的线性地址通过查询页目录表和页表来实现的。其具体转换过程如图 3.29 所示。

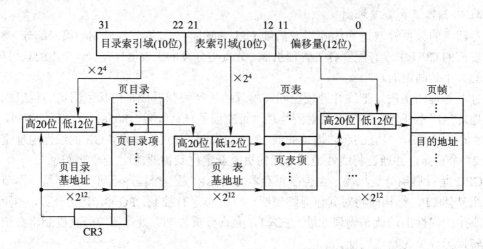

图 3.29　线性地址到物理地址的转换

分页管理机构将 32 位线性地址分为 3 个域：目录索引域(10 位)、表索引域(10 位)和偏移地址域(12 位)。页目录中存放了 1024 个页表的有关信息，查找页目录表时的 32 位物理地址是通过将控制寄存器 CR3 中提供的页目录表的高 20 位地址与 32 位线性地址中的高 10 位(目录索引地址)乘以 4(因为每个页目录项占用 4 个存储单元)得到的 12 位地址拼接后得到的。

在页目录表中查找到对应的页目录项后即可得到当前要查找的页所在页表的有关信息，其中包括该页表在存储器中的高 20 位地址，将该地址与线性地址中的表索引域的 10 位地址乘以 4 后拼接即可得到要查找页的页表项在页表中的 32 位地址。

从页表中查找到的页表项中可得到当前要查找的页在存储器中的高 20 位地址，将该地址与线性地址中低 12 位提供的偏移地址拼接，即可得到操作数的物理地址(该操作数位于存储器中当前查找的页中)。

为了便于理解，下面举一例说明。

例 3.2　设某存储单元的线性地址为 89A66850H，CR3 = 26896×××H，求该存储单元的物理地址。

首先，将线性地址 89A66850H 分成 3 个域，如图 3.30 所示。由于

CR3 = 26896×××H，页目录基地址 = 26896000H

线性地址中目录索引地址为 1000100110B，因此页目录表中所寻址项的物理地址为

物理地址 = 目录表基地址 + 偏移地址 = 26896000H + 898H = 26896898H

图 3.30　线性地址 89A66850H 的分解

设目录表中寻址项(从 26896898H 开始的 4 个字节)的内容为 00120021H,这表明寻址项对应页表的基地址为 00120000H,P 位(位 0)及 A 位(位 5)均为 1,说明该被寻址页表在存储器中,且对应目录项已被访问过。

线性地址中页表索引地址为 1001100110B,因此页表中所寻址项的物理地址为

$$物理地址 = 页表基地址 + 偏移地址(页表索引地址 × 4)$$
$$= 00120000H + 998H = 00120998H$$

又设页表中所寻址项(从 00120998H 开始的 4 个字节)的内容为 68686021H,则页帧基地址为 68686000H,要寻址的存储单元最终物理地址为

$$最终物理地址 = 页帧基地址 + 线性地址中的 12 位偏移量 = 68686000 + 850H = 68686850H$$

3. 虚拟 8086 方式

80386 及其后续 CPU 除了可运行于实方式和保护方式之外(此时 EFLAGS 寄存器中的 VM 位为 0),当 EFLAGS 寄存器中的 VM 位置 1 时,还可运行于虚拟 8086 方式,简称 V86 方式。V86 方式是面向任务的。在该方式中,一个或多个 8086 实方式程序可运行于保护方式环境中。V86 方式的目的是为运行于处理器上的 8086 程序提供独立的虚拟机。一个虚拟机是由处理器与称为虚拟监控程序的操作系统软件组合而创建的一个环境。

在 V86 方式下,80386 及其后续 CPU 的任务机制有可能使其以模拟 8086 方式执行一个任务,以 16 位保护方式执行另一个任务的 80286 程序,以及以 32 位的保护方式执行第三个任务的 80386 程序,并且可在这些任务之间不断进行切换。这无疑是一个功能很强的机制。

在 V86 方式下,80386 及其后续 CPU 只利用微处理器地址总线上的低 20 位地址,可寻址最大存储空间为 1 MB,各个段寄存器的功能与 8086 中段寄存器的功能相同,将其左移 4 位加上段内偏移量,形成 20 位的物理地址,每段存储器空间最大为 64 KB。

V86 方式是一种既能有效利用保护功能,又能执行 8086 程序的工作方式,该方式下 CPU 的工作原理与保护方式下的相同。有关虚拟 8086 方式更详细的资料请参阅有关书籍。

3.4.3 80286 微处理器

1982 年 1 月 Intel 公司推出的 80286 CPU 是比 8086/8088 更先进的 16 位微处理器芯片,其内部操作和寄存器都是 16 位的。该芯片集成 13.5 万个晶体管,采用 68 引线 4 列直插式封装。80286 不再使用分时复用地址/数据引脚,具有独立的 16 条数据线 $D_{15} \sim D_0$ 和 24 条地址线 $A_{23} \sim A_0$。

80286 除了能与 8086/8088 相兼容外,首次引入了虚拟存储管理机制,在芯片内集成了存储器管理和虚地址保护机构,从而使 80286 CPU 能在两种不同的工作方式(实方式和保护方式)下运行。在实方式下,相当于一个快速的 8086 CPU,从逻辑地址到物理地址的转换与 8086 相同,物理地址空间为 1 MB。在保护方式下,80286 可寻址 16 MB(2^{24})物理地址空间,能为每个任务提供多达 1 GB(2^{30})的虚拟地址空间;可实现段寄存器保护、存储器访问保护、特权级保护以及任务之间的保护等。因此,80286 CPU 能可靠地支持多用户系统。

1. 80286 CPU 的功能结构

80286 CPU 的功能结构框图如图 3.31 所示。

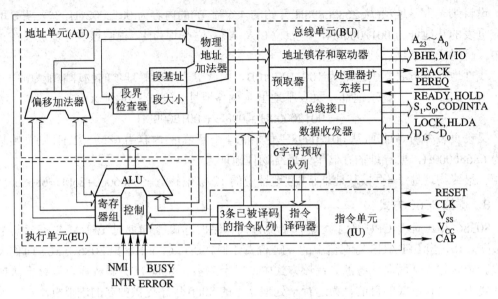

图 3.31　80286 CPU 功能结构

8086/8088 的内部结构按功能可分为 EU 和 BIU 两大部分，而 80286 又将 BIU 分为 AU(地址单元)、IU(指令单元)和 BU(总线单元)。其中 IU 是增加的部分，该单元取出 BU 的预取代码队列中的指令进行译码并放入已被译码的指令队列中，这就加快了指令的执行过程。由于 80286 时钟频率比 8086/8088 高，而且 80286 是 4 个单元而 8086/8088 是 2 个单元并行工作，因此，80286 整体功能比 8086/8088 提高了很多。

80286 CPU 内部地址部件单元中集成了存储器管理机构(MMU，Memory Management Unit)，从而通过硬件实现在保护方式下虚拟地址向物理地址的转换，并可实现任务与任务之间的保护与切换。

2．80286 CPU 的内部寄存器

80286 CPU 内部寄存器中，通用寄存器(AX、BX、CX、DX、BP、SP、SI、DI)和指令指针寄存器 IP 与 8086/8088 完全相同；4 个段寄存器以及标志寄存器 FLAGS 与 8086/8088 有所区别；此外，80286 CPU 还增加了几个寄存器，如机器状态寄存器 MSW、任务寄存器 TR、描述符表寄存器 GDTR、LDTR 和 IDTR 等。下面对 4 个段寄存器、标志寄存器 FLAGS 以及 80286 新增的寄存器进行介绍。

1) 段寄存器

在实方式下，80286 CPU 中 4 个段寄存器的功能与 8086/8088 完全相同。

在保护方式下，每个段寄存器都有一个 16 位的可见部分(简称段选择器)和一个程序无法访问的不可见部分(称为段描述符高速缓冲存储器寄存器，简称段描述符高速缓存寄存器)。段寄存器中的 16 位段选择器用来提供该段对应的段描述符在段表中的偏移地址；段描述符缓存寄存器是 80286 及其后续 CPU 内部对描述符这样的数据结构的硬件支持，是实地址方式下的段寄存器的扩展(详见 3.4.2 节 "80x86 存储器管理" 及图 3.27 给出的 80286 段寄存器结构。)

2) 标志寄存器

80286 的标志寄存器与 8086/8088 相比,除增加了 IOPL(第 12、13 位)和 NT(第 14 位)外,其余 9 个标志位完全相同(见图 3.19)。

IOPL:I/O 特权标志位。该标志位只适用于保护方式,指明 I/O 操作的级别。

NT:嵌套标志位。当前执行的任务正嵌套在另一任务中时,NT=1;否则,NT=0。该标志位只适用于保护方式。

3) 80286 CPU 新增的寄存器

(1) 机器状态寄存器(MSW)。机器状态寄存器 MSW 是一个 16 位的寄存器,仅用了其中的低 4 位,用来表示 80286 当前所处的工作方式与状态,如图 3.32 所示。MSW 各位的含义如下:

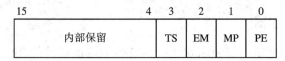

图 3.32 机器状态字寄存器 MSW

PE(实方式与保护方式转换位):PE=1 时,表示 80286 已从实方式转换为保护方式,且除复位外,PE 位不能被清零;PE=0 时,表示 80286 当前工作于实方式。PE 是一个十分重要的状态标志。

MP(监督协处理器位):当协处理器工作时 MP=1,否则 MP=0。

EM(协处理器仿真状态位):当 MP=0,而 EM=1 时,表示没有协处理器可供选用,系统要用软件仿真协处理器的功能。

TS(任务切换位):当在两任务之间进行切换时,使 TS=1,此时,不允许协处理器工作;一旦任务转换完成,则 TS=0。只有在任务转换完成后,协处理器才可在下一任务中工作。

(2) 任务寄存器(TR)。任务寄存器 TR 是一个 64 位寄存器,如图 3.33 所示,它只能在保护方式下使用,用来存放表示当前正在执行的任务的状态。当进行任务切换时,用它来自动保存和恢复机器状态。

图 3.33 80286 任务寄存器与描述符表寄存器

(3) 描述符表寄存器(GDTR、LDTR 和 IDTR)。描述符表寄存器共有 3 个,即 64 位的局部描述符表寄存器 LDTR、40 位的全局描述符表寄存器 GDTR 和 40 位的中断描述符表寄存器 IDTR(详见 3.4.2 节 "80x86 存储器管理"。)

3. 80286 的特点

与 8086/8088 相比,80286 具有以下特点:

(1) 采用 68 引脚的 4 列直插式封装,不再使用分时复用地址/数据引脚,具有独立的 16

条数据引脚 $D_{15} \sim D_0$ 和 24 条地址引脚 $A_{23} \sim A_0$。

(2) 8086/8088 CPU 内部有 BIU 和 EU 两个独立部件并行工作，而 80286 CPU 内部有 4 个部件 BU、IU、EU 和 AU 并行工作，提高了吞吐量，加快了处理速度。

(3) 80286 片内 AU 单元的 MMU 首次实现虚拟存储器管理，这是一个十分重要的技术。所谓虚拟存储器管理，就是要解决如何把较小的物理存储空间分配给具有较大虚拟存储空间的多用户/多任务的问题。在 80286 中，虚拟存储空间可达 1 G(2^{30})个字节，而物理存储空间只有 16 M (2^{24})个字节。80286 存储器管理机构使用段式管理方式。

(4) 能有效地运行实时多任务操作系统，支持存储器管理和保护功能。存储器管理可以两种方式(实方式和保护方式)对存储器进行访问；保护功能包括对存储器进行合法操作与对任务实现特权级的保护两个方面。

3.4.4　80386 微处理器

1985 年 Intel 公司推出了与 8086/8088、80286 兼容的高性能 32 位微处理器 80386。该芯片以 132 条引线网络阵列式封装，其中数据引脚和地址引脚各 32 条，时钟频率为 12.5 MHz 及 16 MHz。

80386 CPU 具有段页式存储器管理部件，4 级保护机构(0 级最优先，其次为 1、2 和 3 级。0、1 和 2 级用于操作系统程序，3 级用于用户程序)，它有三种工作方式：

① 实方式。此方式下 80386 相当于一个高速 8086/8088 CPU。

② 保护方式。在此方式下可寻址 4 G(2^{32})个物理地址空间和 64 T(2^{46})个虚拟地址空间。存储器按段组织，每段最长 4 G(2^{32})个字节，因此，对 64 T 虚拟存储空间允许每个任务可用 16 K 个段。

③ 虚拟 8086 方式。此方式可在实方式下运行 8086 应用程序的同时，利用 80386 CPU 的虚拟保护机构运行多用户操作系统及程序，即可同时运行多个用户程序。在这种情况下，每个用户都如同有一个完整的计算机。

1. 80386 CPU 的功能结构

80386 CPU 的功能结构如图 3.34 所示。

80386 CPU 由 6 个独立的处理部件组成：总线接口部件、指令预取部件、指令译码部件、执行部件、分段部件和分页部件。80386 CPU 内部的这 6 个部件可独立并行操作。因此，80386 CPU 的执行速度较 80286 CPU 又有较大提高。此外，用于提高 80386 CPU 性能和指令执行速度的硬件措施还有 64 位桶形移位器、三输入地址加法器等。

1) 总线接口部件(BIU，Bus Interface Unit)

总线接口部件 BIU 负责 CPU 内部各部件与存储器、输入/输出接口之间传送数据或指令。CPU 内部的其他部件都能与 BIU 直接通信，并将它们的总线请求传送给 BIU。在指令执行的不同阶段，指令、操作数以及存储器偏移地址都可从存储器中取出送到 CPU 内部的有关部件。但当 CPU 内部多个部件同时请求使用总线时，为了使程序的执行不被延误，BIU 的请求优先控制器将优先响应数据(操作数和偏移地址)传送请求，只有不执行数据传送操作时，BIU 才可以满足预取指令的请求。

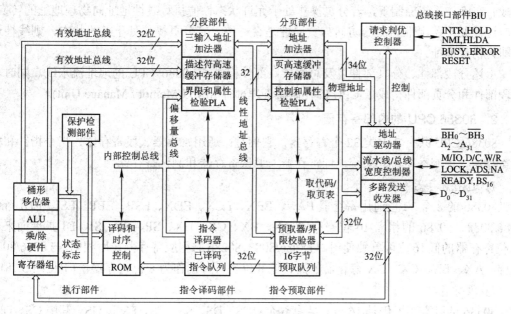

图 3.34　80386 CPU 功能结构

2) 指令预取部件(CPU，Code Prefetch Unit)

指令预取部件由预取器及预取队列组成。当 BIU 不执行取操作数或偏移地址的操作时，若预取队列有空单元或发生控制转移时，预取器便通过分页部件向 BIU 发出指令预取请求。分页部件将预取指令指针送出的线性地址转换为物理地址，再由 BIU 及系统总线从内存单元中预取出指令代码，放入预取队列中。80386 CPU 的预取队列可存放 16 个字节的指令代码。进入预取队列的指令代码将被送到指令译码部件进行译码。

3) 指令译码部件(IDU，Instruction Decode Unit)

指令译码部件包括指令译码器和已译码指令队列两部分。它直接从代码预取部件的预取队列中读预取的指令字节并译码，将指令直接转换为内部编码，并存放到已译码指令队列中。这些内部编码包括含了控制其他处理部件的各种控制信号。

上述总线接口部件、代码预取部件及指令译码部件构成了 80386 CPU 的指令流水线。

4) 执行部件(EU，Execution Unit)

执行部件由控制部件、数据处理部件和保护测试部件组成。它的任务是将已译码指令队列中的内部编码变成按时间顺序排列的一系列控制信息，并发向处理器内部有关的部件，以便完成一条指令的执行。80386 CPU 中控制部件还有用来加速某种类型的操作，如乘法、除法和有效地址的计算等。

5) 分段部件(SU，Segment Unit)

分段部件由三地址加法器、段描述符高速缓存寄存器及界限和属性检验用可编程逻辑阵列 PLA(Programmable Logic Array)组成。它的任务是把逻辑地址转换为线性地址。转换操作是在执行部件请求下由三输入专用加法器快速完成的，同时还采用段描述符高速缓存寄存器来加速转换。逻辑地址转换成线性地址后即被送入分页部件。

6) 分页部件(PU，Page Unit)

分页部件由地址加法器、页高速缓存寄存器及控制和属性检验用可编程逻辑阵列 PLA

组成。在操作系统控制下,若分页操作处于允许状态,便执行线性地址向物理地址的转换,同时还需要检验标准存储器访问与页属性是否一致。若分页操作处于禁止状态,则线性地址即为物理地址。

上述分段部件、分页部件以及总线接口部件构成了 80386 CPU 的地址流水线。同时,分段部件和分页部件构成了 CPU 的存储器管理部件 MMU(Memory Manage Unit)。

2. 80386 CPU 的内部寄存器

80386 CPU 共有 7 大类 32 个寄存器,它们是:通用寄存器、段寄存器、指令指针和标志寄存器、控制寄存器、系统地址寄存器、调试寄存器和测试寄存器。

1) 通用寄存器

80386 的 8 个 32 位通用寄存器 EAX、EBX、ECX、EDX、ESP、EBP、ESI、EDI 皆由 8086/8088、80286 的相应 16 位寄存器 AX、BX、CX、DX、SP、BP、SI、DI 扩展而来。32 位寄存器的低 16 位可单独使用,与 8086/8088、80286 的相应寄存器作用相同。与 8086/8088 一样,AX、BX、CX、DX 寄存器的高、低 8 位也可分别作为 8 位寄存器使用(见图 3.18)。

2) 段寄存器

80386 的段寄存器仍是 16 位,共有 6 个:CS、DS、SS、ES、FS 和 GS。其中 CS、DS、SS、ES 与 8086/8088、80286 相同,而 FS 和 GS 是 80386 扩充的两个附加数据段寄存器。

在实方式下,80386 与 8086/8088 的使用完全相同。

在保护方式下,80386 与 80286 类似,但 80386 支持存储器的段页式管理。存储单元的逻辑地址仍由两部分组成,即段基址和段内偏移地址。段内偏移地址为 32 位,由各种寻址方式确定。段基址也是 32 位,但它不是由段寄存器中的值直接确定,而是由段寄存器(即段选择器)从描述符表中找到所指向的描述符,再从描述符中找到段基址后与段内偏移地址一起确定物理地址。

每个段寄存器都有一个与它相联系的但程序员不可见的段描述符高速缓冲寄存器,如图 3.35 所示。它们用来存放描述该段的基地址、段大小以及段属性等的段描述符,其中的内容是在装入段寄存器值时,由操作系统从段描述符表中将对应段的段描述符拷贝到该高速缓冲寄存器中的,这样一来,在下一次再访问该段时,可直接从高速缓冲寄存器中直接得到该段的段基址,而不需要再到存储器中查段表来得到段基址,这样可大大提高存储器的访问速度。

段寄存器	描述符高速缓冲寄存器(系统自动装入)		
CS	选择器(16位)	段基地址(32位)	段限值(32位)	属性(12位)
DS	选择器(16位)	段基地址(32位)	段限值(32位)	属性(12位)
SS	选择器(16位)	段基地址(32位)	段限值(32位)	属性(12位)
ES	选择器(16位)	段基地址(32位)	段限值(32位)	属性(12位)
FS	选择器(16位)	段基地址(32位)	段限值(32位)	属性(12位)
GS	选择器(16位)	段基地址(32位)	段限值(32位)	属性(12位)

图 3.35 80386 段寄存器和段描述符高速缓冲寄存器

3) 指令指针和标志寄存器

80386 的指令指针寄存器 EIP 也是由 8086/8088、80286 相应的 16 位指令指针寄存器 IP 扩展成 32 位得到的。由于 80386 地址线是 32 位，故 EIP 中存放的是下一条要取出的指令在代码段内的偏移地址。80386 在实方式时采用 16 位的指令指针 IP。

80386 的标志寄存器 EFLAGS 是 32 位的寄存器，其中低 16 位中有关标志位的定义与 80286 完全相同。80386 中新定义了 2 个标志位 RF(第 16 位)和 VM(第 17 位)(见图 3.19)。

VM(Virtual 8086 Mode)：虚拟 8086 方式标志位。处于保护方式的 80386 转为虚拟 8086 方式时 VM=1。

RF(Resume Flag)：恢复标志位。该标志位配合调试寄存器的断点或单步操作一起使用，在处理断点之前，在两条指令之间检查到 RF 置"1"时，则下一条指令执行时的调试故障被忽略。在成功地完成一条指令以后处理器把 RF 清"0"。而当接收到一个非调试故障的故障信号时，处理器把 RF 置"1"。

4) 控制寄存器(Control Register)

80386 中有 3 个 32 位的控制寄存器 CR_0、CR_2、CR_3(CR_1 保留)，它们的作用是保存全局性的机器状态。

(1) CR_0——控制寄存器 0。如图 3.36 所示，80386 中 CR_0 定义了 6 个控制和状态标志位。

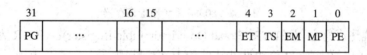

图 3.36　控制寄存器 CR_0

PG(页式管理使能位)：置 PG=1，表示允许 80386 内部分页部件工作；否则，分页部件不工作。

PE(实方式与保护方式转换位)：PE=1 时，表示 CPU 从实方式进入保护方式；PE=0 时，表示 CPU 当前工作于实方式。

可由加载 CR_0 指令来改变 PE 的值，通常由操作系统在初始化时执行一次。在 80386 及其后续 CPU 中，在进入保护方式以后，可改变 PG 和 PE 的值，使系统切换到实方式，但 80286 除复位外，PE 位不能被清零。

MP、EM、TS 和 ET 位用于控制 80387 协处理器的操作。ET 位控制与协处理器通信时使用的协议，MP、EM 和 TS 确定浮点指令和 WAIT 指令是否产生设备不可使用异常以及确定其他操作。

(2) CR_2——控制寄存器 1(页故障线性地址寄存器)。它保存一个 32 位的线性地址(如图 3.37 所示)，该地址是由最后检测出的页故障所产生的。

(3) CR_3——控制寄存器 2(页目录基址寄存器)。如图 3.37 所示，它包含了页目录表示的物理基地址(目录基地址)。由分页硬件使用，其低 12 位总是 0，因此，80386 的页目录表总是按页对齐，即每页均为 4 KB。

图 3.37 控制寄存器 CR_2 和 CR_3

5) 系统地址寄存器(System Address Register)

80386 CPU 中设置了 4 个系统地址寄存器,用来保存操作系统所需要的保护信息和地址转换表信息,如图 3.38 所示。

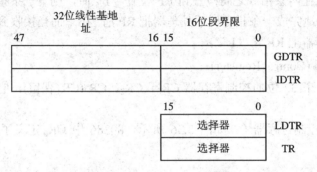

图 3.38 80386 系统地址寄存器

(1) 全局描述表寄存器 GDTR(Global Descriptor Table Register):GDTR 为 48 位寄存器,用来保存全局描述符表的 32 位线性基地址和 16 位段界限。

(2) IDTR(Interrupt Descriptor Table Register):IDTR 也是一个 48 位寄存器,用来保存中断描述表的 32 位线性基地址和 16 位段界限。

(3) LDTR(Local Descriptor Table Register):LDTR 为 16 位寄存器,用来保存当前的 LDT(局部描述符表)的 16 位选择符。

(4) TR(Task State Register):TR 为 16 位寄存器,用来保存当前任务的 TSS(任务状态段)的 16 位选择符。

6) 调试寄存器(Debug Register)

图 3.39 80386 的调试寄存器

如图 3.39 所示,80386 CPU 中设置了 8 个调试寄存器 $DR_0 \sim DR_7$,它们为程序调试提供了硬件支持。8 个寄存器中 $DR_0 \sim DR_3$ 为线性断点寄存器,可保存 4 个断点地址,程序设计人员可利用它们定义 4 个断点,从而可以方便地按照调试意图组合指令的执行和数据的读/写。DR_4 和 DR_5 保留。DR_6 用于保存断点状态。DR_7 用于控制断点设置。

7) 测试寄存器(Test Register)

80386 中设置了两个 32 位的测试寄存器 TR_6 和 TR_7,其中 TR_6 为测试命令寄存器,用于对 RAM 和相关寄存器进行测试,TR_7 用于保留测试后的结果。

3. 80386 三种工作方式的转换

如图 3.40 所示,80386 有三种工作方式:实方式、保护方式和虚拟 8086 方式。CPU 被复位后进入实方式，通过修改控制寄存器 CR_0 中的控制位 PE(位 0)，可使 CPU 从实方式转变到保护方式，或者向相反方向转换，即从保护方式转为实方式。通过执行 LRETD 指令，或者进行任务间的切换，可从保护方式转换到虚拟 8086 方式。任务转换功能是 80386 微处理器的主要特点之一。采用中断操作，可以从虚拟 8086 方式转变到保护方式。

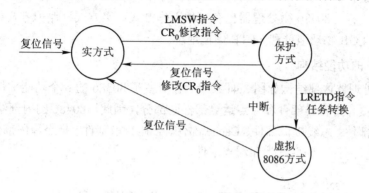

图 3.40 80386 三种工作方式之间的转换

4. 80386 的特点

与 8086/8088、80286 相比，80386 具有以下特点：

(1) 8086、80286 均为 16 位的 CPU，而 80386 则为全 32 位微处理器。数据总线和地址总线均为 32 位，在保护方式下可寻址 4 G(2^{32})个物理地址空间和 64 T(2^{46})个虚拟地址空间，由于存储空间的增大而使得大型用户应用程序的运行以及多用户、多任务操作成为可能。

(2) 80286 CPU 内部由 4 个相互独立的逻辑部件组成，而 80386 CPU 则由 6 个相互独立的部件组成：总线接口部件、指令预取部件、指令译码部件、执行部件、分段部件和分页部件。80386 CPU 内部的这 6 个部件可独立并行操作，其中总线接口部件、代码预取部件及指令译码部件构成了 80386 CPU 的指令流水线；分段部件、分页部件以及总线接口部件构成了 80386 CPU 的地址流水线。因此，80386 CPU 的执行速度较 80286 CPU 又有较大提高。

(3) 在 80286 实方式和保护方式两种工作方式基础上，首次引入了虚拟 8086 方式。实方式可以简单地看成 8086 方式，但它比 8086 具有更强的功能；保护方式在 80286 段式虚拟存储器管理方式的基础上，引入了段页式管理方式；在保护方式下，80386 可转换到虚拟 8086 方式。无论采用哪种工作方式，80386 均能运行 80286、8086/8088 的软件。

(4) 为了提高 80386 CPU 性能和指令执行速度，在硬件上采取了如下措施：硬件支持多任务，一条指令即可完成任务之间的转换，转换时间在 17 μs 之内；硬件支持虚拟存储器段式管理和页式管理；硬件支持 DEBUG 功能，并可设置数据断点和 ROM 断点；设计了 64 位桶形移位器和三输入地址加法器等。

3.4.5 80486 微处理器

80486 是 Intel 公司 1990 年推出的第二代 32 位微处理器。80486 采用 CMOS 工艺，在芯片大小为 16 mm × 11 mm 的面积上集成了 120 万个晶体管，是 80386 的 4 倍以上，以 168 个引脚网络阵列式封装，数据线和地址线均为 32 条。

从结构组成上看,80486 芯片实际上是将 80386、80387 及 8 KB 超高速缓存集成在一起,因此具有 80386 的所有功能。它的存储器管理部件也由分段部件和分页部件组成,也有 4 级保护机构,支持虚拟存储器。从程序设计角度看,其体系结构几乎没有变化,可以说是对 80386 的照搬。

与 80386 一样,80486 微处理器也有三种工作方式:实方式、保护方式和虚拟 8086 方式;也可寻址 4 GB 物理地址和 64 TB 虚拟地址。

1. 80486 的功能结构

80486 微处理器内部结构如图 3.41 所示。它保留了 80386 的 6 个功能部件(见 3.4.4 节),新增加了高速缓存寄存器部件和浮点运算部件两部分,因此,80486 的内部结构可细分为 9 个独立的处理部件:总线接口部件、Cache 部件、代码预取部件、指令译码部件、控制部件、整数部件、分段部件、分页部件和浮点部件。

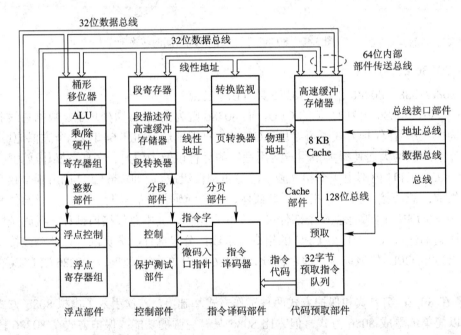

图 3.41 80486 CPU 功能结构

1) 总线接口部件

80486 CPU 的总线接口部件 BIU 负责与处理器外部总线的连接,但与以前处理器不同的是,在处理器内部,BIU 只与高速缓存寄存器部件和指令预取部件交换数据,从其他处理部件来的存储器访问请求首先要经过高速缓存寄存器部件。对总线访问的所有请求,包括预取指令、读存储器和填充高速缓存寄存器都由 BIU 判优和执行。

2) Cache 部件

Cache 部件用来管理 80486 芯片上 8 KB 指令/数据共用的高速缓冲存储器(Cache)。Cache 是面向 CPU 的存储器,用来存放 CPU 比较频繁访问的数据和代码。之前的 80386 CPU 系统在外部设置了高速缓存存储器,为了进一步提高 CPU 访问存储器的速度,使外部总线和外部器件对 CPU 处理速度的影响降到最低，80486 CPU 在芯片内部设置了高速缓冲存储器。

CPU 中其他部件产生的所有总线请求在送到 BIU 之前，先经过 Cache 部件。如果要访问的指令或数据在 Cache 中，则称为 Cache "命中"，这时，CPU 直接从 Cache 中得到指令或操作数，BIU 不再产生总线周期。如果访问的指令或操作数不在 Cache 中，此时称为 Cache "未命中"，需要到主存中把该指令(或数据)单元所在块(若干个存储单元中的内容)送到 Cache 中，这一过程需要解决两个问题，即地址映射方式与替换策略问题。有关详细介绍请参阅相关书籍。

3) 代码预取部件

当指令预取队列出现空字节，且总线处于空闲周期时，代码预取部件向 BIU 发出预取指令的请求，同时对 Cache 进行访问，如果要访问的指令在 Cache 中，则终止总线周期，直接从 Cache 中迅速取出指令送到指令队列中。如果指令不在 Cache 中，则 BIU 从主存中读取指令送指令队列，同时，把该指令单元所在块送到 Cache 中。当遇到跳转、中断、子程序调用等操作时，指令预取队列被清空。

4) 指令译码部件

指令译码部件的作用是直接从预取指令队列中取出指令代码，并将其转换成对其他处理部件进行控制的内部信息编码。译码过程分两步：首先要确定指令执行时是否需要访问存储器，若需要便立即产生总线访问周期，从而使存储器操作数在译码结束后能准备好；然后进行译码过程的第二步，产生对其他处理部件的控制信号等。由于采用两步译码，且大多数指令都在一个时钟周期内完成，因而 80486 CPU 的指令译码部件中便没有已译码指令队列。

5) 控制部件

80486 中控制部件单独设置而没有放在执行部件中。控制部件对整数部件、浮点部件以及分段部件等进行控制，以便使它们完成对已译码指令的执行。

6) 整数部件

整数部件的功能就是完成整数的加、减、乘、除以及逻辑运算的部件。它包括处理器的 8 个 32 位通用寄存器、一个 64 位的桶形移位器、算术和逻辑运算单元以及标志寄存器等。

7) 分段部件和分页部件

与 80386 一样，分段部件和分页部件一起构成存储器管理部件，用来实现存储器的保护和虚拟存储器的管理。分段部件和分页部件组成存储器管理部件 MMU。

8) 浮点部件

80486 CPU 中的浮点部件与外部数学协处理器 80387 功能完全一致，但当所需要的操作数存放在 CPU 内部的寄存器或 Cache 中时，运行速度便会得到极大提高。如果操作数的存取需要访问外部存储器，为了减少访问时间，80486 便采取成组传送数据的方法来提高效率。

2．80486 的内部寄存器

80486 的内部寄存器包括 80386 和 80387 的全部寄存器，共分为 4 大类：基本寄存器、浮点寄存器、系统级寄存器、调试与测试寄存器，如下所示：

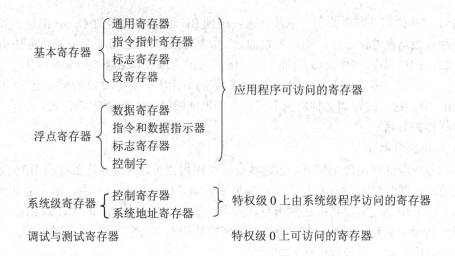

　　80486 CPU 中 32 位的通用寄存器 EAX、EBX、ECX、EDX、EBP、ESP、ESI、EDI、指令指针寄存器 EIP、段寄存器和段描述符高速缓冲寄存器与 80386 完全相同，详见 3.3.4 节。

　　与 80386 相比。80486 CPU 中的 32 位标志寄存器 EFLAGS 增加了一个"对界检查"标志位 AC(第 18 位)(见图 3.16)。当 AC=1 时，表示有对界地址故障。对界故障仅由特权级 3(用户程序)运行时产生，在特权级 0、1、2 上 AC 位不起作用。

　　80486 CPU 内部的浮点部件内有多个浮点寄存器，此处不再赘述。

　　80486 的控制寄存器、调试寄存器和测试寄存器与 80386 基本相同，其中有的寄存器增加了内容。有兴趣的读者可参阅有关书籍。

3.4.6　Pentium 系列微处理器

　　Pentium(奔腾)微处理器是 Intel 公司 1993 年推出的第 5 代微处理器芯片。该芯片集成了 310 万个晶体管，有 64 条数据线，36 条地址线。

　　Pentium 采用了新的体系结构，其内部浮点部件在 80486 的基础上完全重新进行了设计。Pentium 具有两条流水线，这两条流水线与浮点部件能够独立工作。Pentium 内部有两个超高速缓冲存储器(Cache)。一个为指令超高速缓冲存储器，另一个为数据超高速缓冲存储器，这比只有一个指令与数据合用的超高速缓冲存储器的 80486 更为先进。Pentium 还将常用指令固化，也就是说，像 MOV、INC、PUSH、POP、JMP、NOP、SHIFT、TEST 等指令的执行由硬件实现，从而大大加速了指令的执行过程。上述这些特性使 Pentium 的特性大大高于 Intel 系列的其他微处理器，也为微处理器体系结构和 PC 机的性能引入了全新的概念。

1．Pentium 的功能结构及其特点

　　单靠增加芯片的集成度还不足以提高 CPU 的整体性能，为此，Intel 在 Pentium 的设计中采用了新的体系结构，如图 3.42 所示。

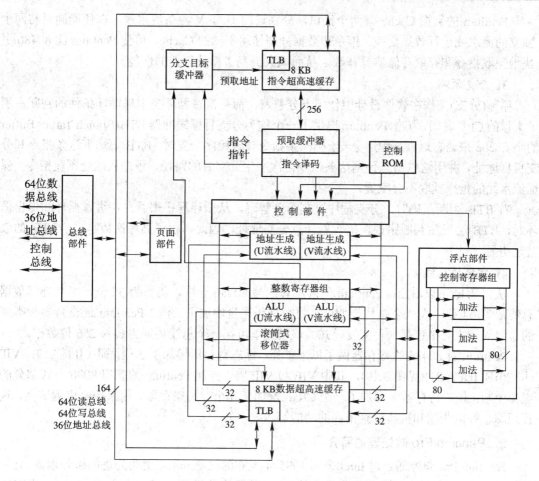

图 3.42　Pentium 微处理器功能结构

与 80486 相比，Pentium 新型体系结构的特点可归纳为下述几点。

1) 超标量流水线

超标量流水线(Superscalar)设计是 Pentium 微处理器技术的核心。它由 U 与 V 两条指令流水线组成，每条流水线都有自己的 ALU、地址生成电路和数据超高速缓冲存储器接口等，如图 3.42 所示。

U、V 流水线都可以执行整数指令，但只有"U"流水线才能执行浮点指令，而在"V"流水线中只可以执行一条 FXCH 浮点指令。因此，Pentium 能够在每个指令周期内并行执行两条整数指令，或一条整数指令和一条浮点指令。当两条浮点指令中有一条为 FXCH 时，才可在一个指令周期内同时执行两条浮点指令，这时，V 流水线执行 FXCH 指令，而 U 流水线执行其他浮点指令。

2) 独立的指令 Cache 和数据 Cache

80486 CPU 芯片内只有一个指令与数据合用的 8 KB Cache，而 Pentium 中则设置了 2 个 8 KB Cache，一个用来作为指令 Cache，另一个作为数据 Cache，即采用了双路 Cache 结构，如图 3.42 所示。图中 TLB 的作用是将线性地址转换为物理地址。指令 Cache 和数据 Cache 采用 32×8 线宽(486DX 为 16×8 线宽)，是对 Pentium 外部 64 位数据总线的有力支持。

Pentium 的数据 Cache 有两个接口,分别通向 U 和 V 两条流水线,以便能同时与两个独立的流水线进行数据交换。指令和数据分别使用不同的 Cache,可使 Pentium 比 80486 更快地预取指令和存取存储器操作数,从而大大提高了微处理器的性能。

3) 分支预测

循环(分支)操作在软件设计中使用十分普遍,而每次在循环当中对循环条件的判断占用了大量的 CPU 时间,为此,Pentium 提供了一个称为分支目标缓冲器 BTB(Branch Target Buffer)的小 Cache 来动态地预测程序分支,当一条指令导致程序分支时,BTB 记忆下这条指令和分支目标地址,并用这些信息预测这条指令再次产生分支时的路径,预先从此处预取指令,保证流水线的指令预取不会空置。

当 BTB 判断正确时,分支程序立刻得到解码。从循环程序来看,在进入循环和退出循环时,BTB 会发生判断错误,需重新计算分支地址,因此,程序循环次数越多,BTB 的效益越明显。

4) 增强的总线

从图 3.42 可以看出,Pentium 的内部总线与 80486 一样,仍然为 32 位,但其外部数据总线却为 64 位,在一个总线周期内,将数据传送量增加了一倍。Pentium 还支持多种类型的总线周期,其中包括一种突发模式,该模式下可在一个总线周期内装入 256 位数据。

Pentium 对 80486 的寄存器做了以下扩充:标志寄存器增加了 3 位,即 VIF(位 19)、VIP(位 20)和 ID(位 21)(见图 3.19),其中 VIF 和 VIP 用于控制 Pentium 的虚拟 8086 方式部分的虚拟中断;控制寄存器中增加了一个 CR_4;增加了几个专用寄存器,用来控制可测试性、执行跟踪、性能监测和机器检查错误的功能等。

2. Pentium Pro 微处理器简介

Pentium Pro 微处理器是 Intel 公司 1995 年发布的比 Pentium 更为先进的微处理器。它采用 0.35 μm 工艺,具有 3 条超标量流水线、3 个并行的译码器、5 个执行单元、2 个一级 8 KB 高速缓存(一个 8 KB 指令高速缓存和一个 8 KB 数据高速缓存)和一个 256 KB 的二级高速缓存(位于一次高速缓存和内存之间)。Pentium Pro 为多芯片模式,或称为双腔 PGA(Pin-Grid Array)结构,即将 CPU 芯片和二级高速缓存封装在一个 387 针的陶瓷外壳内。CPU 芯片集成了 550 百万个晶体管,而 256 KB 二级高速缓存中集成了 1550 万个晶体管。

Pentium Pro 是精简指令集计算机(RISC)和复杂指令集计算机(CISC)的混合型。由于 80x86 系列 CPU 使用的指令系统为复杂指令集,因此为了实现指令的兼容,又想发挥精简指令集执行速度上的优势,Pentium Pro 在 RISC 核心的基础上安装了一个传统的 CISC 前端,借助一个灵巧的译码器将冗长的 CISC 指令译成与 RISC 指令十分相似的简单操作——微操作,从而既满足了指令系统兼容性的要求,又实现了 CPU 控制的简化及性能的提高。

Pentium Pro 中的二级高速缓存通过 64 位的专用总线(后端总线)与 CPU 相连,该后端总线的速度与 CPU 时钟速度相同;而内存、I/O 接口与 CPU 之间则通过 64 位外部 I/O 总线(前端总线)相连,前端总线的速度为 CPU 时钟速度的 1/2、1/3 或 1/4。这样,当 CPU 访问二级高速缓存时,可以通过后端总线独立地全速运行,而不需要与 I/O 访问争用总线,从而可使 CPU 与二级高速缓存之间的数据交换以极快的速度进行。

Pentium Pro 中的一级高速缓存共有 16 KB，其中指令高速缓存 8 KB，数据高速缓存 8 KB。如果 CPU 在一级缓存中找不到需要的指令或数据，就会立即通过后端总线到二级高速缓存中查找。如果 CPU 在二级高速缓存中仍找不到所需的指令或数据，才会通过前端总线访问内存。总之，Pentium Pro 是比 Pentium 更为先进的微处理器。在多媒体应用方面，Pentium Pro 表现更为优越。Pentium Pro 多用于工作站和服务器中。

3. MMX Pentium 微处理器简介

MMX Pentium 是在 Pentium 微处理器基础上，使其主频速度提高并增加了 MMX(多媒体扩展)功能后推出的。MMX Pentium 芯片的管脚与 Pentium 兼容。MMX 多媒体扩展技术是在微处理器内加入了 57 条 MMX 扩展指令，以增强视频信号、音频信号的处理功能和速度。由于多媒体的运作需要不断重复计算，MMX 扩展指令中采用了 SIMD(Single Instruction Multiple Data)技术，可在一个指令周期内输出多个数据，从而大大减少了多媒体处理的运算时间。

此外，MMX Pentium 微处理器的内部高速缓存容量比 Pentium 提高了一倍，即采用 16 KB 指令高速缓存和 16 KB 数据高速缓存。MMX Pentium 在运行支持多媒体的软件时，速度可提高 50%～60%。MMX Pentium 多用于便携机中。

4. Pentium II 微处理器简介

Pentium II 微处理器也称为奔腾二代，简称 P II，是 Intel 公司于 1997 年推出的第六代微处理器。它是 Pentium Pro 的改进型产品，在核心结构上并没有多大变化。

P II 采用了一种称之为双独立总线(DIB, Dual Independent Bus)结构，即二级高速缓存总线和 CPU—主内存总线。这种双独立总线结构比单总线结构的处理器在带宽处理上性能得到较大提高。

P II 处理器与主板的连接首次采用了 Slot 1 接口标准，它不再使用陶瓷封装，而是采用了一块带金属外壳的印刷电路板，该印刷电路板集成了处理器的核心部件以及 32 KB 的一级高速缓存。它与一个称为单边接触卡(SEC, Single-Edge Contact)的底座相连，再套上封装外壳，形成了完整的 CPU 部件。SEC 卡的塑料封装外壳称为单边接触式卡式盒，SEC 是 Intel 公司的一个创新的包装设计。使用该技术，CPU 的核心部件和二级高速缓存被完全集成在一个塑料及金属的卡式盒中。这些次级部件可以和卡式盒中的基座直接通信，使其能进行高频率操作。

为了降低成本，P II 中二级高速缓存的工作频率只有微处理器频率的一半。但 P II 中一级高速缓存的容量较 Pentium Pro 提高了一倍，即指令高速缓存和数据高速缓存各为 16 KB。这样，由于提高了一级高速缓存的命中率，可减少访问二级高速缓存的次数，从而在同一频率下，P II 和 Pentium Pro 的性能基本一样。

与 P II 相比，原来的 Pentium Pro 有一个致命的弱点，即在 16 位操作系统下对段寄存器的写操作速度很慢，这是由于它在运行 16 位软件时经常需要对段寄存器进行更新，而一次段寄存器的更新会使其写操作的时间大约延迟 30 个时钟周期。P II 由于配备了可重命名的段寄存器，即在往段寄存器写入的同时进行段寄存器重新命名，因而加快了段寄存器写操作的速度。

P II 在两个 ALU 中增加了 MMX 指令的处理电路，可对多媒体应用中频繁使用的 8 位或 16 位数据进行并行处理。

PⅡ处理器还具有功耗控制功能，对不用的电路停止提供时钟信号，使额定功耗大幅度下降。

5．Pentium Ⅲ微处理器简介

Pentium Ⅲ(P Ⅲ，奔腾Ⅲ)是 Intel 公司 1999 年推出的微处理器芯片。

PⅢ仍采用了同PⅡ一样的内核，制造工艺为 0.25 μm 或 0.18 μm 的 CMOS 技术，有 950 万个晶体管，主频最高可达 850 MHz 以上。

PⅢ处理器具有片内 32 KB 的一级高速缓存和 512 KB 的片外二级高速缓存，可访问 4~64 GB 内存。PⅢ对高速缓存和主存的存取操作以及内存管理更趋合理。

为了进一步提高 CPU 处理数据的功能，PⅢ增加了被称为 SSE 的新指令集。SSE 即 Streaming SIMD Extension(流水式单指令多数据扩展)。新增加的 70 条 SSE 指令分成以下 3 组不同类型的指令：

(1) 8 条内存连续数据流优化处理指令：通过采用新的数据预存取技术，减少 CPU 处理连续数据流的中间环节，大大提高了 CPU 处理连续数据流的效率。典型的连续数据流有视频数据流、音频数据流等。使用这种 CPU 之后，计算机在进行视频处理、音频处理时，速度会更快，质量会更好，视频播放更流畅，画面更清晰，色彩更鲜艳，音质也更好。

(2) 50 条单指令多数据浮点运算指令：每条指令一次可处理多组浮点运算数据。以前的指令一次只能处理一对浮点运算数据，现在一次可以处理 4 对数据，从而大大提高了浮点数据处理的速度。

(3) 12 条新的多媒体指令：采用改进算法，进一步提高了视频处理、图片处理的质量。

PⅢ的另一个特点是每个处理器都拥有一个唯一的 128 位序列号，从而可实现对使用该处理器的 PC 进行标识。使用处理器序列号的目的在于进一步提高信息的安全性。在互联网，尤其是在电子商务的应用中，安全性是一个突出的问题。由于 PC 使用的微处理器没有序列号，因此只要知道了用户名和密码，在任何一台 PC 上都可以访问有关信息，从而使信息安全难以得到保障。而有了微处理器的序列号与用户名和口令的配合，只有在用户自己的计算机上键入正确的用户名和密码后才能访问有关信息。

本 章 小 结

微处理器(CPU)是构成微型计算机的核心部件，是全机的控制中心，它控制着全机各功能部件协调地工作，它的性能决定了整个微型计算机的性能和系统结构。因此，学习和掌握微处理器的内部结构和工作原理是学习"微型计算机原理"的重要基础。本章首先重点介绍了 8086/8088 CPU 的内部结构、寄存器结构、引脚功能以及存储器管理等；之后从程序设计角度介绍了 80x86 系列微处理器内部寄存器结构及其使用方法；然后对 80x86 存储器管理方式(实方式、保护方式和虚拟 8086 方式)进行了介绍；最后分别简要介绍了 80286 到 Pentium CPU 的内部结构特点。

8086/8088 CPU 内部由总线接口单元 BIU 和执行单元 EU 两个独立工作的部件组成。

BIU 的功能是负责完成 CPU 与存储器或 I/O 设备之间的数据传送，具体操作包括取指令、存取操作数等。EU 的功能是负责执行指令，要执行的指令直接从 BIU 的指令队列中得到，执行指令时若需要从存储器或 I/O 端口读取操作数，由 EU 向 BIU 发出请求，再由 BIU 对存储器或 I/O 端口进行访问，因此，EU 不直接与外部发生联系。BIU 和 EU 之间的工作既互相独立又互相配合，正是这种工作方式的并行性，使得 8086/8088 的存/取操作和执行指令的操作在大多数情况下是同时进行的，从而大大提高了 CPU 的工作效率。

8086/8088 CPU 内部有 14 个 16 位寄存器。了解这些寄存器的结构和使用特点是进行汇编语言程序设计的基础，读者务必牢记它们的名称及其使用方法。这 14 个寄存器按功能可分为三大类：① 8 个通用寄存器：数据寄存器 4 个，即 AX(AH/AL)、BX(BH/BL)、CX(CH/CL) 和 DX(DH/DL)，对这 4 个数据寄存器，读者应注意它们各自的特定用途；地址指针寄存器 2 个，即堆栈指针寄存器 SP 和基址寄存器 BP；变址寄存器 2 个，即源变址寄存器 SI 和目的变址寄存器 DI。② 段寄存器 4 个：代码段寄存器 CS、数据段寄存器 DS、堆栈段寄存器 SS 和附加数据段寄存器 ES，它们分别用来存放代码段、数据段、堆栈段和附加数据段的段地址。③ 控制寄存器 2 个：指令指针寄存器 IP 和标志寄存器 FLAGS，其中 IP 用来存放下一条要读取的指令在代码段内的偏移地址，FLAGS 用来存放状态标志(6 位)和控制标志(3 位)。

为了对 1 M 个存储单元进行管理，8086/8088 采用了段结构的存储器管理的方法。每个存储单元都有其对应的逻辑地址(段地址：偏移地址)和物理地址。物理地址是由 CPU 内部总线接口单元 BIU 中的地址加法器根据逻辑地址产生的。由逻辑地址形成 20 位物理地址的方法为：段地址×10H+偏移地址。

8086/8088 采用 40 引脚双列直插式封装。地址/数据(状态)引脚 20 个，电源和地线引脚 3 个，控制引脚 17 个，其中引脚 24~31(8 个控制引脚)在最大方式和最小方式下具有不同的功能。

对程序设计人员来讲，了解 CPU 内部寄存器结构并掌握其使用方法是进行汇编语言程序设计的关键和基础。寄存器可分为程序可见寄存器和程序不可见寄存器两大类。所谓程序可见寄存器，是指在汇编语言程序设计中可以通过指令来访问的寄存器。程序不可见寄存器是指一般用户程序中不能访问而由系统所使用的寄存器。本章从程序设计角度对 80x86 CPU 内部程序可见寄存器的结构和使用方法做了较为详细的介绍，而对于那些程序不可见寄存器(系统使用)也作了简要说明。

存储器管理是由微处理器的存储器管理部件 MMU 提供的对系统存储器资源进行管理的机制。本章从应用角度出发，介绍 80x86 系列微处理器的存储器管理机制。从 8086/8088 到 Pentium，80x86 系列微处理器的存储器管理机制有了较大变化。8086/8088 只有一种存储器管理方式，即实地址方式(简称实方式)；80286 CPU 具有两种工作方式，即实方式和保护虚地址方式(简称保护方式)；80386 及其后续 CPU 有三种工作方式，即实方式、保护方式和虚拟 8086 方式。

80286 CPU 是比 8086/8088 更先进的 16 位微处理器芯片，采用 68 引线 4 列直插式封装。80286 首次引入了段式虚拟存储管理机制，在芯片内集成了存储器管理和虚地址保护机构，从而使 80286 CPU 能在两种不同的工作方式(实方式和保护方式)下运行。

80386 是与 8086/8088、80286 兼容的高性能 32 位微处理器。该芯片以 132 条引线网络阵列式封装。80386 具有三种工作方式: 实方式、保护方式(段页式虚拟存储器管理方式)和首次引入的虚拟 8086 方式。

80486 为第二代 32 位微处理器,以 168 个引脚网络阵列式封装。从结构组成上看,80486 芯片实际上是将 80386、80387 及 8 KB 超高速缓存集成在一起,因此具有 80386 的所有功能。

Pentium 系列微处理器为第五代微处理器芯片,引入了超标量流水线等新的体系结构,使微处理器的性能得到了较大幅度的提高。

本章涉及的概念较多,初学者往往觉得难于理解和记忆,但本章内容是后续学习汇编语言程序设计以及接口技术的基础,读者应该设法掌握。对于一时难于理解和掌握的内容,建议读者在后面学习有关章节时再回到本章对有关内容进一步理解和掌握。

习题

1. 80x86 微型计算机按 CPU 字长划分经历了哪几代? 每代 CPU 的主频是多少? 每代 CPU 有多少根地址引脚? 理论上的存储器地址空间有多大?

2. 为了满足微型计算机对存储器系统的高速度、大容量、低成本的要求,目前微机系统通常采用三级存储器组织结构。试说明三级存储器组织结构的组成与工作原理。

3. 8086/8088 CPU 内部结构从功能上分为 BIU 和 EU 两部分,试说明 BIU 和 EU 各自的组成和功能,并说明他们是如何实现取指令和执行指令并行工作的。

4. 8086/8088 CPU 内部有用户编写程序时用到的 14 个寄存器,其中有 8 个通用寄存器、4 个段寄存器和 2 个控制寄存器。试说明这些寄存器的主要作用及其特定用途。

5. 8086CPU 的标志寄存器 FLAGS 有 6 个状态位、3 个控制位。状态位用来反映当前运算指令执行后的相关结果的状态,控制位用来设置 CPU 的工作方式。设变量 A=10101010B, B=11101000B,请问 CPU 执行 A+B 操作后,标志寄存器中 6 个状态位的状态如何?

6. 什么是逻辑地址? 什么是物理地址? 若已知某操作数在内存的逻辑地址为 BA00: A800,试计算其对应的物理地址。

7. 8086/8088 CPU 中当前代码段寄存器 CS 和指令指针寄存器 IP 的内容,指向下一条要读取的指令在内存代码段对应的存储单元。设当前(CS)=8A00H, (IP)=6800H,试问 CPU 读取下一条指令时加在地址总线上的 20 位物理地址是多少?

8. 8086/8088 CPU 中有哪些寄存器可用来指示操作数在存储器中某段内的偏移地址? 设某字型操作数 X=8095H,存放在数据段内(假设当前数据段寄存器 DS 的内容为 2000H),其在数据段内的偏移地址为 20H,试问该变量在存储器中对应单元(两个)的逻辑地址是多少? 物理地址是多少? 画图示意该变量在存储器中的存放情况。

9. 设当前程序的堆栈段寄存器(SS)=6000H,堆栈指针寄存器(SP)=2000H, (AX)=3000H, (BX)=5000H,问执行 PUSH AX、PUSH BX 和 POP AX 后,问(SS) = ? (SP) =? (AX) = ? (BX) = ? 并分别画图依次说明执行上述三条指令时堆栈指针的变化情况。

10. 8086/8088 CPU 的地址总线有多少位? 其可寻址的存储器地址空间是多少? I/O 端

口地址空间是多少?

11. 什么叫指令队列? 8086/8088 CPU 中指令队列有什么作用? 其长度分别是多少?

12. Intel 8086 与 8088 有何区别?

13. 80286 CPU 由哪几个独立部件组成? 各有何功能? 与 8086CPU 相比有哪些改进与提高?

14. 80286 在实方式和保护方式下可寻址的存储空间分别为多少?

15. 80386 CPU 有哪几种工作方式? 各有何特点?

16. 80386 CPU 由哪几个独立部件组成? 各有何功能? 试说明 80386 较 80286 先进之处。

17. 80386 CPU 有哪几个状态标志位? 有哪几个控制标志位? 其中哪几个控制标志位与 80286 兼容? 哪几个控制标志位是 80386 新增的?

18. 简述 80386 的 GDTR 与 LDTR 的作用。

19. 80486 CPU 由哪几个独立部件组成? 各部件的功能如何? 与 80386 相比有何改进?

20. Pentium 系列微处理器的体系结构较 80486 有哪些主要突破?

4
第……章

80x86 指令系统

计算机是通过执行指令序列来完成用户的特定任务的，因此每种计算机都有一组指令集供用户使用，这组指令集就称为计算机的指令系统。指令系统中的每一条指令都对应着微处理器要完成的一种规定的操作，这在设计微处理器时就事先规定好了，所以指令系统是表征一台计算机性能的重要因素，它的格式与规模将直接影响到机器的硬件结构。在计算机的发展过程中，出现了两种类型的指令系统：复杂指令系统(Complex Instruction-Set Computer，CISC)和精简指令系统(Reduced Instruction-Set Computer，RISC)。早期的 CPU(如本书介绍的 Intel 80x86 系列 CPU)多采用复杂指令系统，后期设计开发的 CPU(如 ARM 等)多采用精简指令系统。

一条机器指令就是机器语言的一条语句，它是一组有意义的二进制代码。汇编语言指令是为了克服机器指令记忆难、使用难而出现的一种助记符形式的指令，每条汇编语言指令都有唯一的一条机器指令与之对应。本章在介绍 8086/8088 指令(机器指令)编码格式的基础上，重点介绍 8086/8088 指令(汇编指令)的操作数寻址方式和数据传送、算术运算、位操作(逻辑运算与移位)、串操作(字符串处理)、控制转移以及处理器控制等六大类汇编指令。最后简要介绍 80x86/Pentium 新增的寻址方式和增强与增加的汇编指令。

指令系统是程序员编写程序的基础，因此很好地掌握本章内容是后续进一步学习的关键。

4.1　8086/8088 指令格式

用汇编语言编写的汇编语言源程序输入计算机后，必须由"汇编程序"将它翻译成由机器指令(指令码)组成的机器语言程序，才能由计算机识别并执行。因此汇编语言程序需由汇编程序翻译成可执行的机器语言程序，一般来说，这一过程不必由人来干预。我们这里只介绍基本原理，以便在必要时也可以手工完成类似的工作。

8086/8088 指令系统的指令类型较多、功能很强。各种指令由于功能不同，需要指令码提供的信息也不同。为了满足不同功能的要求及尽量减少指令所占的空间，8086/8088 指令系统采用了一种灵活的、由 1～6 个字节组成的变字长的指令格式，包括操作码、寻址方式以及操作数三个部分，如图 4.1 所示。

通常指令的第一字节为操作码字节(OPCODE)，规定指令的操作类型；第二字节为寻址方式字节(MOD)，规定操作数的寻址方式；接着以后的 3～6 字节依据指令的不同而取舍，可变字长的指令主要体现在这里，一般由它指出存储器操作数地址的位移量或立即数。

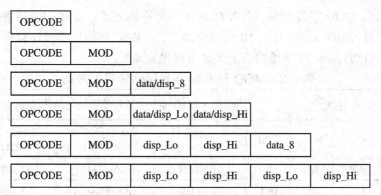

图 4.1　8086/8088 不同字长的指令码格式

操作码/寻址方式字节格式如下：

OPCODE(操作码)						D	W	MOD		REG			R/M	
7	6	5	4	3	2	1	0	7	6	5	4	3	2	1	0

第一字节为操作码，它指出指令所要进行的操作。其中，W 指示操作数类型：W=0 为字节，W=1 为字；D 指示 REG 操作数的传送方向：D=0 表示 REG 操作数为源操作数，D=1 表示 REG 操作数为目的操作数。

第二字节为寻址方式，它指出所用的两个操作数存放的位置。其中：

REG 字段规定一个寄存器操作数，它作为源操作数还是目的操作数已由第一个字节中的 D 位规定。由 REG 字段选择寄存器的具体规定如表 4.1 所示。

表 4.1　REG 字段编码表

REG	W=1(字操作)	W=0(字节操作)
000	AX	AL
001	CX	CL
010	DX	DL
011	BX	BL
100	SP	AH
101	BP	CH
110	SI	DH
111	DI	BH

MOD 字段用来区分另一个操作数在寄存器中(寄存器寻址)还是在存储器中(存储器寻址)，在存储器寻址的情况下，还用来指出该字节后面有无偏移量，有多少位偏移量。MOD 字段的编码如表 4.2 所示。

表 4.2　MOD 字段编码表

MOD	寻 址 方 式
00	存储器寻址，没有位移量
01	存储器寻址，有 8 位位移
10	存储器寻址，有 16 位位移
11	寄存器寻址，没有位移量

R/M 字段受 MOD 字段控制。若 MOD=11 为寄存器方式，R/M 字段将指出第二操作数所在寄存器编号；MOD=00，01，10 为存储器方式，R/M 则指出如何计算存储器中操作数的偏移地址。MOD 与 R/M 字段组合的寻址方式见表 4.3。

表 4.3　MOD 与 R/M 字段组合的寻址方式

| MOD=11 寄存器寻址 | | | MOD≠11 存储器寻址和偏移地址的计算公式 | | | |
R/M	W=1	W=0	R/M	不带位移量 MOD=00	带 8 位位移量 MOD=01	带 16 位位移量 MOD=10
000	AX	AL	000	[BX+SI]	[BX+SI+D_8]	[BX+SI+D_{16}]
001	CX	CL	001	[BX+DI]	[BX+DI+D_8]	[BX+DI+D_{16}]
010	DX	DL	010	[BP+SI]	[BP+SI+D_8]	[BP+SI+D_{16}]
011	BX	BL	011	[BP+DI]	[BP+DI+D_8]	[BP+DI+D_{16}]
100	SP	AH	100	[SI]	[SI+D_8]	[SI+D_{16}]
101	BP	CH	101	[DI]	[DI+D_8]	[DI+D_{16}]
110	SI	DH	110	D_{16}(直接地址)	[BP+D_8]	[BP+D_{16}]
111	DI	BH	111	[BX]	[BX+D_8]	[BX+D_{16}]

为了进一步理解指令格式，下面举例说明。

例 4.1　MOV　AH，[BX+DI+50H]

代码格式：

OPCODE	D	W	MOD	REG	R/M	disp_Lo
100010	1	0	01	100	001	01010000

指令码为：8A6150H

例 4.2　ADD　disp[BX][DI]，DX　　　；disp=2345H

代码格式：

OPCODE	D	W	MOD	REG	R/M	disp_Lo	disp_Hi
000000	0	1	10	010	001	01000101	00100011

指令码为：01914523H

4.2　8086/8088 指令的寻址方式

4.2.1　操作数的种类

指令中操作的对象称为操作数。8086/8088 指令系统中操作数的种类分为数据操作数和地址操作数两大类。

1. 数据操作数

数据操作数是与数据有关的操作数，即指令中操作的对象是数据。数据操作数根据其存放的位置又可分为：

(1) 立即数操作数，即指令中要操作的数据包含在指令中。

(2) 寄存器操作数，即指令中要操作的数据存放在指定的寄存器中。

(3) 存储器操作数，即指令中要操作的数据存放在指定的存储单元中。

(4) I/O 操作数，即指令中要操作的数据来自或送到 I/O 端口。

2. 地址操作数

地址操作数是与程序转移地址有关的操作数，即指令中操作的对象不是数据，而是要转移的目标地址。它也可以分为立即数操作数、寄存器操作数和存储器操作数，即要转移的目标地址包含在指令中，或存放在寄存器中，或存放在存储单元之中。

对于数据操作数，有的指令有两个操作数，一个称为源操作数，在操作过程中其值不改变；另一个称为目的操作数，操作后一般被操作结果所代替。有的指令只有一个操作数(源操作数或目的操作数)。有的指令没有操作数。有的指令有一个隐含(源操作数或目的操作数)或两个隐含操作数。

对于地址操作数，指令只有一个目的操作数，它是一个供程序转移的目标地址。

4.2.2　寻址方式

所谓寻址方式，就是指指令中给出的寻找操作数(包括数据操作数和地址操作数)的方法。根据操作数的种类，8086/8088 指令系统的寻址方式分为两大类：数据寻址方式和地址寻址方式。

1. 数据寻址方式

数据寻址方式可分为立即数寻址方式、寄存器寻址方式、存储器寻址方式和 I/O 端口寻址方式四种类型。

1) 立即数寻址方式(Immediate Addressing)

立即数寻址方式所提供的操作数直接包含在指令中，紧跟在操作码之后，它作为指令的一部分，这种操作数称为立即数。立即数可以是 8 位的，也可以是 16 位的。如果是 16 位数，则高位字节存放在高地址存储单元中，低位字节存放在低地址存储单元中。例如：

立即数寻址方式
指令的执行情况

　　　MOV BL，80H

　　　MOV AX，1090H

则指令执行情况如图 4.2 所示。执行结果为：(BL)=80H，(AX)=1090H。

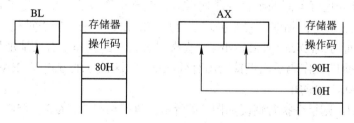

图 4.2　立即数寻址方式指令的执行情况

立即数寻址方式只能作为源操作数，主要用来给寄存器或存储单元赋值。

2) 寄存器寻址方式(Register Addressing)

寄存器寻址方式的操作数存放在指令规定的寄存器中，寄存器的名字在指令中指出。对于 16 位操作数，寄存器可以是 AX、BX、CX、DX、SI、DI、SP 或 BP。对于 8 位操作数，寄存器可以是 AH、AL、BH、BL、CH、CL、DH 或 DL。例如：

寄存器寻址方式
指令的执行情况

　　　　MOV CL，DL

　　　　MOV AX，BX

如果(DL)=50H，(BX)=1234H，则指令执行情况如图 4.3 所示。执行结果为：(CL)=50H，(AX)=1234H。

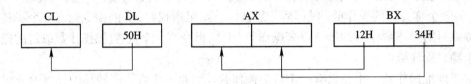

图 4.3　寄存器寻址方式的指令执行情况

寄存器寻址方式由于操作数就在 CPU 内部的寄存器中，不需要访问存储器来取得操作数，因而可以取得较高的运行速度。

3) 存储器寻址方式(Memory Addressing)

存储器寻址方式的操作数存放在存储单元中。在第 3 章已经介绍过，操作数在存储器中的物理地址是由段地址左移 4 位与操作数在段内的偏移地址相加得到的。段地址在实模式和保护模式下可从不同途径取得。本节要讨论的问题是，指令中是如何给出存储器操作数在段内的偏移地址的。偏移地址又称为有效地址(Effective Address，EA)，所以存储器寻址方式即为求得有效地址(EA)的不同途径。

有效地址可以由以下三种地址分量组成。

● 位移量(Displacement)：存放在指令中的一个 8 位或 16 位的数，但它不是立即数，而是一个地址。

● 基址(Base Address)：存放在基址寄存器 BX 或 BP 中的内容。

● 变址(Index Addess)：存放在变址寄存器 SI 或 DI 中的内容。

对于某条具体指令，这三个地址分量可有不同的组合。如果存在两个或两个以上的分量，那么就需要进行加法运算，求出操作数的有效地址(EA)，进而求出物理地址(PA)。正是因为这三种地址分量有不同的组合，才使得对存储器操作数的寻址产生了若干种不同的方式。上述三种地址分量的概念，对掌握这些寻址方式很有帮助，应予重视。

(1) 直接寻址方式(Direct Addressing)。直接寻址方式的操作数有效地址只包含位移量一种分量，即在指令的操作码后面直接给出有效地址。对这种寻址方式有：EA=位移量。例如：

　　　　MOV AL，[1064H]

如果(DS)=2000H，则指令执行情况如图 4.4 所示。执行结果为：(AL)=45H。

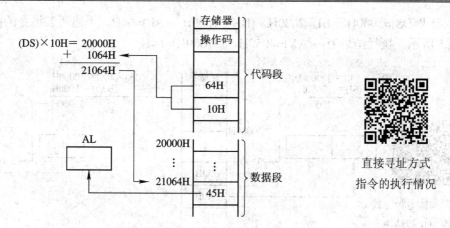

图 4.4　　直接寻址方式的指令执行情况

　　注意这种直接寻址方式与前面介绍的立即数寻址方式的不同。从指令的表示形式来看，在直接寻址方式中，对于表示有效地址的 16 位数，必须加上方括号。从指令的功能上来看，本例指令的功能不是将立即数 1064H 传送到累加器 AL，而是将一个有效地址是 1064H 的存储单元的内容传送到 AL。设此时数据段寄存器(DS) = 2000H，则该存储单元的物理地址(PA)为：

$$PA = 2000H \times 10H + 1064H = 20000H + 1064H = 21064H$$

　　如果没有特殊指明，直接寻址方式的操作数一般在存储器的数据段中，即隐含的段寄存器是 DS。但是 8086/8088 也允许段超越，此时需要在指令中特别标明，方法是在有关操作数的前面写上操作数所在段的段寄存器名，再加上冒号。例如，若以上指令中源操作数不在数据段而在附加数据段中，则指令应写为如下形式：

　　　　MOV　AL，ES：[1064H]

　　在汇编语言指令中，可以用符号地址来表示位移量。例如：

　　　　MOV　AL，value 或 MOV　AL，[value]

此时 value 为存放操作数单元的符号地址。

　　(2) 寄存器间接寻址方式(Register Indirect Addressing)。寄存器间接寻址方式的操作数有效地址只包含基址寄存器(BX)的内容或变址寄存器(SI、DI)的内容一种分量。因此，操作数的有效地址在某个寄存器中，而操作数本身则在存储器中的数据段内。这与寄存器寻址方式操作数就在寄存器中是不同的。

　　寄存器间接寻址方式的有效地址表示为：

$$EA = \begin{cases} (SI) \\ (DI) \\ (BX) \end{cases}$$

　　书写指令时，用作间址的寄存器必须加上方括弧，以免与一般的寄存器寻址方式混淆。例如：

　　　　MOV　AX，[SI]

　　　　MOV　[BX]，AL

如果(DS)=3000H，(SI)=2000H，(BX)=1000H，(AL)=64H，上述两条指令的执行情况如图 4.5 所示。执行结果为：(AX)=4050H，(31000H)=64H。

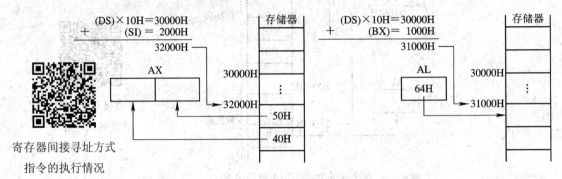

图 4.5　寄存器间接寻址方式的指令执行情况

同样，间址寄存器间接寻址方式也允许段超越。例如：

　　　MOV　ES：[DI]，AX

(3) 寄存器相对寻址方式(Register Relative Addressing)。寄存器相对寻址方式的操作数有效地址 EA 是一个基址寄存器或变址寄存器的内容和指令中给定的 8 位或 16 位位移量相加之和，所以有效地址由两种分量组成。可用做寄存器相对寻址方式的寄存器有基址寄存器 BX、BP 和变址寄存器 SI、DI。即

$$EA = \left\{ \begin{array}{c} (SI) \\ (DI) \\ (BX) \\ (BP) \end{array} \right\} + disp\_8/disp\_16$$

上述位移量可以看成是一个存放于寄存器中的基值的一个相对值，故称为寄存器相对寻址方式。在一般情况下，若指令中指定的寄存器是 BX、SI、DI，则存放操作数的段寄存器默认为 DS。若指令中指定的寄存器是 BP，则对应的段寄存器应为 SS。同样，寄存器相对寻址方式也允许段超越。

位移量既可以是一个 8 位或 16 位的立即数，也可以是符号地址。例如：

　　　MOV　[SI+10H]，AX

　　　MOV　CX，[BX+COUNT]

如果(DS)=3000H，(SI)=2000H，(BX)=1000H，COUNT=1050H，(AX)=4050，则指令执行情况如图 4.6 所示。执行结果为：(2010H)=4050H，(CX)=4030H。

该寻址方式的操作数在汇编语言指令中书写时可以是下述形式之一：

　　　MOV　AL，[BP+TABLE]

　　　MOV　AL，[BP]+ TABLE

　　　MOV　AL，TABLE[BP]

其实以上三条指令代表同一功能的指令。其中 TABLE 为 8 位或 16 位位移量。

(4) 基址变址寻址方式(Based Indexed Addressing)。基址变址寻址方式的操作数有效地址是一个基址寄存器(BX 或 BP)和一个变址寄存器(SI 或 DI)的内容之和，所以有效地址由两

种分量组成。即

$$EA = \left\{ \begin{matrix} (SI) \\ (DI) \end{matrix} \right\} + \left\{ \begin{matrix} BX) \\ (BP) \end{matrix} \right\}$$

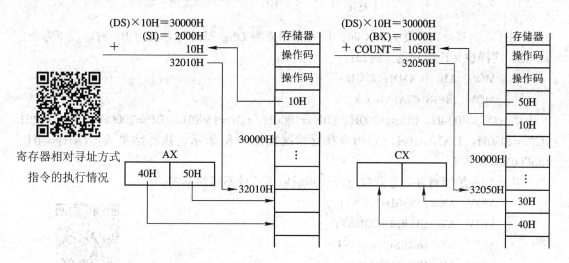

图 4.6 寄存器相对寻址方式的指令执行情况

在一般情况下，由基址寄存器决定操作数在哪个段中。若用 BX 的内容作为基地址，则操作数在数据段中；若用 BP 的内容作为基地址，则操作数在堆栈段中。但基址变址寻址方式同样也允许段超越。例如：

MOV [BX+DI]，AX

MOV AH，[BP][SI]

基址变址寻址方式
指令的执行情况

设当前(DS)=3000H，(SS)=4000H，(BX)=1000H，(DI)=1100H，(AX)=0050H，(BP)=2000H，(SI)=1200H，则指令执行情况如图 4.7 所示。执行结果为：(32100H)=0050H，(AH)=56H。

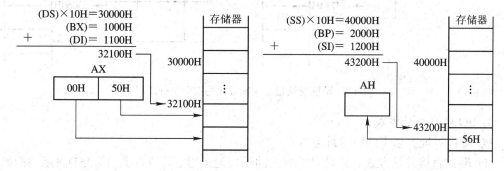

图 4.7 基址变址寻址方式的指令执行情况

该寻址方式的操作数在汇编语言指令中书写时可以是下列形式之一：

MOV AX，[BP+SI]

MOV AX，[BP][SI]

(5) 基址变址相对寻址方式(Based Indexed Relative Addressing)。基址变址相对寻址方式的操作数有效地址是一个基址寄存器与一个变址寄存器内容和指令中指定的 8 位或 16 位位移量之和，所以有效地址由三个分量组成。即

$$EA = \left\{ \begin{matrix} (SI) \\ (DI) \end{matrix} \right\} + \left\{ \begin{matrix} (BX) \\ (BP) \end{matrix} \right\} + disp\_8/disp\_16$$

同样，当基址寄存器为 BX 时，段寄存器应为 DS；基址寄存器为 BP 时，段寄存器应为 SS。同样也允许段超越。例如：

　　　　MOV　AH，[BX+DI+1234H]

　　　　MOV　[BP+SI+DATA]，CX

若 (DS)=4000H，(SS)=5000H，(BX)=1000H，(DI)=1500H，(BP)=2000H，(SI)=1050H，(CX)=2050H，DATA=10H，则指令执行情况如图 4.8 所示。执行结果为：(AH)=64H，(53060H)=2050H。

基址加变址相对寻址方式也可以表示成以下几种不同的形式：

　　　　MOV　AX，[BX+SI+COUNT]

　　　　MOV　AX，[BX][SI +COUNT]

　　　　MOV　AX，[BX][SI] +COUNT

　　　　MOV　AX，[BX+SI]COUNT

　　　　MOV　AX，[BX][SI]COUNT

　　　　MOV　AX，COUNT[BX][SI]

基址变址相对寻址方式
指令的执行情况

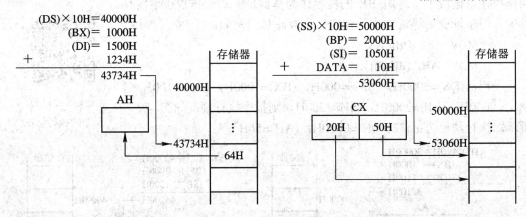

图 4.8　基址变址相对寻址方式的指令执行情况

4) I/O 端口寻址方式

I/O 端口寻址有以下两种寻址方式：

(1) 端口直接寻址方式。这种寻址方式的端口地址用 8 位立即数(0～255)表示。例如：

　　　　IN　AL，21H

此指令表示从地址为 21H 的端口中读取数据送到 AL 中。假设 21H 端口提供的数据为 7FH，则指令执行情况如图 4.9 所示。执行结果为：将 21H 端口提供的数据 7FH 输入到 8 位寄存器 AL 中。

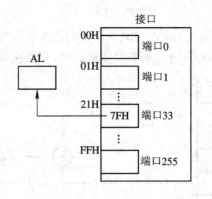

端口直接寻址的
指令执行情况

图 4.9　端口直接寻址的指令执行情况

(2) 端口间接寻址方式。当 I/O 端口地址大于 FFH 时，必须事先将端口地址存放在 DX
寄存器中。例如：

　　　MOV　DX，120H

　　　OUT　DX，AX

前一条指令将端口地址 120H 送到 DX 寄存器，后一条指令将 AX 中的内容输出到地址
由 DX 寄存器内容所指定的端口中，指令执行情况如图 4.10 所示。执行结果为：将 AX 寄
存器的内容输出到 120H 端口。

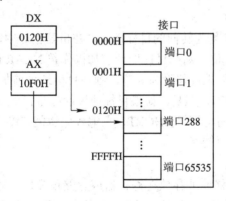

端口间接寻址的
指令执行情况

图 4.10　端口间接寻址的指令执行情况

2. 地址寻址方式

在 8086/8088 指令系统中，有一组指令被用来控制程序的执行顺序。程序的执行顺序是
由 CS 和 IP 的内容所决定的。通常情况下，当 BIU 完成一次取指周期后，就自动改变 IP 的
内容以指向下一条指令的地址，使程序按预先存放在程序存储器中的指令的次序，由低地
址到高地址顺序执行。如需要改变程序的执行顺序，转移到所要求的指令地址再顺序执行
时，可以安排一条程序转移指令，并按指令的要求修改 IP 内容或同时修改 IP 和 CS 的内容，
从而将程序转移到指令所指定的转移地址。地址寻址方式就是找出程序转移的地址。转移
地址可以在段内(称为段内转移)，也可以跨段(称段间转移)。寻求转移地址的方法称为地址
寻址方式，它有如下四种方式。

1) 段内直接寻址方式

段内直接寻址方式也称为相对寻址方式。转移的地址是当前的 IP 内容和指令规定的下一条指令到目标地址之间的 8 位或 16 位相对位移量之和，相对位移量可正可负，如图 4.11 所示。

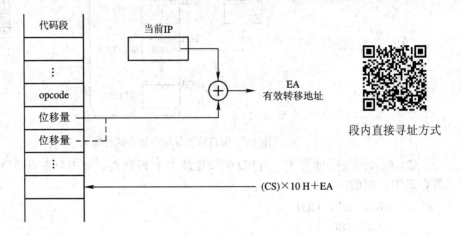

段内直接寻址方式

图 4.11　段内直接寻址

以下是两条段内直接寻址方式转移指令的例子：

　　　　JMP NEAR PTR PROGIA

　　　　JMP SHORT QUEST

其中，**PROGIA** 和 **QUEST** 均为转向的目标地址，在机器指令中，用位移量来表示。在汇编语言中，如果位移量为 16 位，则在目标地址前加操作符 **NEAR PTR**，称为近转移，转移范围为 $-32\,768 \sim +32\,767$；如果位移量为 8 位，则在目标地址前加操作符 **SHORT**，称为短转移，转移范围为 $-128 \sim +127$。但是，如果目标地址的标号已经定义(即标号先定义后引用)，那么，即使在标号前没有写运算符 **SHORT**，汇编程序也能自动生成一个 2 字节的短转移指令，这种情况属于隐含的短转移。

2) 段内间接寻址方式

该寻址方式的程序转移地址存放在寄存器或存储单元中。存储器可用各种数据寻址方式表示。指令的操作是用指定的寄存器或存储器中的值取代当前 IP 的内容，以实现程序的段内转移，如图 4.12 所示。

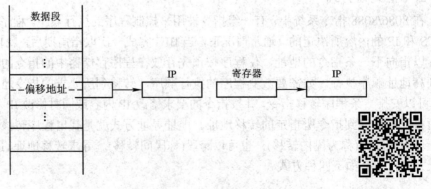

图 4.12　段内间接寻址　　　　　　段内间接寻址方式

这种寻址方式以及以下的两种段间寻址方式都不能用于条件转移指令。也就是说，条件转移指令只能使用段内直接寻址的 8 位位移量。

以下是两条段内间接寻址方式转移指令的例子：

> JMP BX
>
> JMP WORD PTR [BP+TABLE]

其中，WORD PTR 为操作符，用以指出其后的寻址方式所取得的目的地址是一个字的有效地址。

3) 段间直接寻址方式

这种寻址方式是指在指令中直接给出 16 位的段地址和 16 位的偏移地址用来更新当前的 CS 和 IP 的内容，如图 4.13 所示。

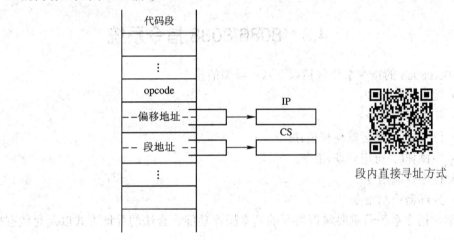

段内直接寻址方式

图 4.13　段间直接寻址

以下是两条段间直接寻址方式转移指令的例子：

> JMP LABEL_NAME
>
> JMP FAR PTR NEXTROUTINT

其中，LABEL_NAME 是一个在另外的代码段内已定义的远标号。指令的操作是用标号的偏移地址取代指令指针寄存器 IP 的内容，同时用标号所在段的段地址取代当前代码段寄存器 CS 的内容，结果使程序转移到另一代码段内指定的标号处。第二条指令利用运算符将标号 NEXTROUTINT 的属性定义为 FAR。

4) 段间间接寻址方式

这种寻址方式是指由指令中给出的存储器寻址方式求出存放转移地址的四个连续存储单元的地址。指令的操作是将存储器的前两个单元的内容送给 IP，后两个单元的内容送给 CS，以实现到另一个段的转移，如图 4.14 所示。

以下是两条段间间接寻址方式转移指令的例子：

> JMP VAR_DOUBLEWORD
>
> JMP DWORD PTR[BP][DI]

上面第一条指令中，VAR_DOUBLEWORD 应是一个已定义为 32 位的存储器变量；第二条指令中，运算符 PTR 将存储器操作数的类型定义为 DWORD(双字)。

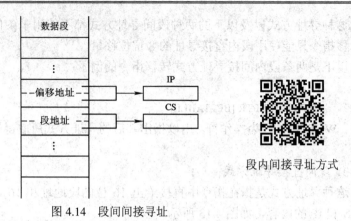

图 4.14 段间间接寻址

4.3　8086/8088 指令系统

8086/8088 的指令系统包括以下六种类型的指令:

- 数据传送指令;
- 算术运算指令;
- 位操作(逻辑运算与移位)指令;
- 串操作(字符串处理)指令;
- 程序控制指令;
- 处理器控制指令。

学习指令系统着重要掌握指令的基本操作功能、合法的寻址方式以及对状态标志位的影响。

4.3.1　数据传送指令

数据传送指令是程序中使用最频繁的指令。这是因为不论程序针对何种具体的实际问题,往往都需要将原始数据、中间结果、最终结果以及其他各种信息在 CPU 的寄存器和存储器或 I/O 端口之间传送。

数据传送指令按其功能的不同,可以分为通用数据传送指令、输入/输出指令、目标地址传送指令和标志传送指令等四组,如表 4.4 所示。

表 4.4　数据传送指令

指令类型	指令格式	操作功能	对标志位的影响					
			O	S	Z	A	P	C
通用数据传送指令	MOV dst, src	(dst)←(src)	×	×	×	×	×	×
	PUSH src	(SP)←(SP)−2 ((SP)+1:(SP))←(SRC)	×	×	×	×	×	×
	POP dst	(dst)←((SP)+1:(SP)) (SP)←(SP)+2	×	×	×	×	×	×
	XCHG dst, src	(dst)↔(src)	×	×	×	×	×	×
	XLAT src_table	(AL)←((BX)+(AL))	×	×	×	×	×	×

续表

指令类型	指令格式	操作功能	对标志位的影响					
			O	S	Z	A	P	C
输入/输出 指令	IN acc, port	(acc)←(port)	×	×	×	×	×	×
	IN acc, DX	(acc)←((DX))	×	×	×	×	×	×
	OUT port, acc	(port)←(acc)	×	×	×	×	×	×
	OUT DX, acc	((DX))←(acc)	×	×	×	×	×	×
目标地址 传送指令	LEA reg16, mem	(reg)←OFFSET mem	×	×	×	×	×	×
	LDS reg16, mem32	(reg)←OFFSET mem (DS)←SEG mem	×	×	×	×	×	×
	LES reg16, mem32	(reg)←OFFSET mem (ES)←SEG mem	×	×	×	×	×	×
标志 传送指令	LAHF	(AH)←(FLAGS)	×	×	×	×	×	×
	SAHF	(FLAGS)←(AH)	×	○	○	○	○	○
	PUSHF	(SP)←(SP)-2 ((SP)+1:(SP))←(FALGS)	×	×	×	×	×	×
	POPF	(FLAGS)←((SP)+1:(SP)) (SP)←(SP)+2	○	○	○	○	○	○

注：○—运算结果影响标志位；×—运算结果不影响标志位；dst—目的操作数；src—源操作数；

　　reg—寄存器操作数；mem—存储器操作数；port—端口地址；acc—累加器。

大多数数据传送指令对状态标志位不产生影响，只有第四组中的两条涉及标志寄存器 FLAG 的指令(SAHF 和 POPF)例外。下面分别进行讨论。

1. 通用数据传送指令

1) 数据传送指令 MOV (MOVement)

指令格式及操作：

　　　MOV dst，src　　　　　　；(dst)←(src)

指令中的 dst 表示目的操作数，src 表示源操作数。指令实现的操作是将源操作数送给目的操作数。这种传送实际上是进行数据的"复制"，源操作数本身不变。

这种双操作数指令在汇编语言中的表示方法，总是将目的操作数写在前面，源操作数写在后面，二者之间用一个逗号隔开。

在 MOV 指令中，源操作数可以是存储器、寄存器、段寄存器和立即数；目的操作数可以是存储器、寄存器(不能为 IP)和段寄存器(不能为 CS)。数据传送的方向如图 4.15 所示。

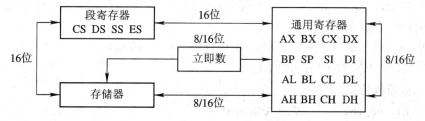

图 4.15　MOV 指令数据传送方向

必须注意，不能用一条 MOV 指令实现以下传送：

① 存储单元之间的传送。

② 立即数至段寄存器的传送。

③ 段寄存器之间的传送。

需说明一点，对于代码段寄存器 CS 和指令指针寄存器 IP，通常无需用户利用传送指令改变其中的内容。但是 CS 可以作为源操作数。

2) 堆栈操作指令

堆栈操作指令是用来完成压入和弹出堆栈操作的。8086/8088 指令系统中提供了完成这两种操作的相应指令。

(1) 压入堆栈指令 PUSH (PUSH word onto stack)。指令格式及操作：

    PUSH   src   ; (SP)←(SP)−2, ((SP)+1: (SP))←(src)

指令完成的操作是"先移后入"，即先将堆栈指针 SP 减 2，使 SP 始终指向堆顶，然后再将操作数 src 压入((SP)+1)和((SP))两个存储单元中。指令中的操作数 src 可以是通用寄存器和段寄存器，也可以是由某种寻址方式所指示的存储单元，但不能是立即数。例如：

    PUSH   AX   ; (SP)←(SP)−2, ((SP)+1)←(AH), ((SP))←(AL)

    PUSH   CS

    PUSH   [SI]

(2) 弹出堆栈指令 POP (POP word off stack)。指令格式及操作：

    POP dst   ; (dst)←((SP)+1: (SP)), (SP)←(SP)+2

指令完成的操作是"先出后移"，即先将堆栈指针 SP 所指示的栈顶存储单元的值弹出到操作数 dst 中，然后再将堆栈指针 SP 加 2，使其指向栈顶。指令中的操作数 dst 可以是存储器、通用寄存器或段寄存器(但不能是代码段寄存器 CS)，同样也不能是立即数。例如：

    POP BX   ; (BL)←((SP)), (BH)←((SP)+1), (SP)←(SP)+2

    POP ES

    POP MEM[DI]

应该注意，堆栈操作指令中的操作数类型必须是字操作数，即 16 位操作数。

3) 数据交换指令 XCHG (eXCHanGe)

指令格式及操作：

    XCHG   dst, src   ; (dst)↔(src)

该指令的操作是使源操作数与目的操作数进行交换，即不仅将源操作数传送到目的操作数，而且同时将目的操作数传送到源操作数。

交换指令的源操作数和目的操作数各自均可以是寄存器或存储器，但不能二者同时为存储器。也就是说可以在寄存器与寄存器之间，或者寄存器与存储器之间进行交换。此外，段寄存器的内容不能参加交换。

交换的内容可以是一个字节(8 位)，也可以是一个字(16 位)。

4) 字节转换指令 XLAT (transLATe)

指令格式及操作：

    XLAT src_table   ; (AL)←((BX)+(AL))

XLAT 指令是字节查表转换指令，可以根据表中元素的序号，查出表中相应元素的内容。

为了实现查表转换，预先应将表的首地址，即表头地址
传送到 BX 寄存器，元素的序号即位移量送 AL，表中第
一个元素的序号为 0，然后依次是 1，2，3，…。执行
XLAT 指令后，表中指令序号的元素存于 AL。由于需要
将元素的序号送 AL 寄存器，因而被寻址的表的最大长
度为 255 个字节。这是一种特殊的基址变址寻址方式，
基址寄存器为 BX，变址寄存器为 AL。利用 XLAT 指令
实现不同数制或编码系统之间的转换十分方便。

例如，内存的数据段有一张十六进制数的 ASCII 码
表，其首地址为 Hex_table，如图 4.16 所示，为了查出第
10 个元素(元素序号从 0 开始)，即十六进制数 A 的 ASCII
码，可用以下几条指令实现：

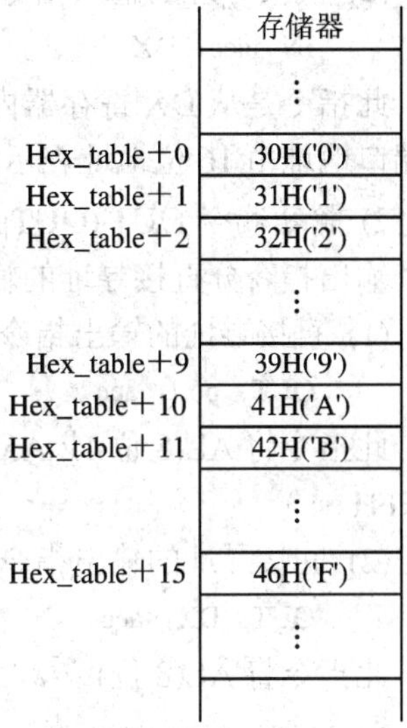

MOV	BX，OFFSET Hex_table	；(BX)←表首址
MOV	AL，0AH	；(AL)←序号
XLAT	Hex_table	；查表转换

存储器	
	⋮
Hex_table+0	30H('0')
Hex_table+1	31H('1')
Hex_table+2	32H('2')
	⋮
Hex_table+9	39H('9')
Hex_table+10	41H('A')
Hex_table+11	42H('B')
	⋮
Hex_table+15	46H('F')
	⋮

图 4.16 十六进制数的 ASCII 码表

结果十六进制数 A 的 ASCII 码在 AL 中，即(AL)=41H。

上例中查表转换指令后面的操作数首地址 Hex_table(类型为字节)，实际上已经预先传
送到 BX 寄存器中，写在 XLAT 指令中是为了汇编程序用以检查类型的正确性。但是 XLAT
指令后面也可以不写操作数。

BX 寄存器中包含着表的首地址，所在的段由隐含值确定(即 DS)。但也允许段超越，此
时必须在指令中写明重设的段寄存器。XLAT 指令的几种表示形式如下：

XLAT		；不写操作数
XLAT	src_table	；写操作数
XLATB		；B 表示字节类型，不允许再写操作数
XLAT	ES：src_table	；重设段寄存器为 ES

2. 输入/输出指令

输入/输出指令共有两条。输入指令 IN 用于从外设端口读入数据，输出指令 OUT 则用
于向端口发送数据。无论是读入的数据或是准备发送的数据都必须放在寄存器 AL(字节)或
AX(字)中。

输入/输出指令可以分为两大类：一类是端口直接寻址的输入/输出指令；另一类是端口
通过 DX 寄存器间接寻址的输入/输出指令。在直接寻址的指令中只能寻址 256 个端口(0～
255)，而间接寻址的指令中可寻址 64 K 个端口(0～65 535)。

1) 输入指令 IN (INput byte or word)

输入指令分直接寻址的输入指令和间接寻址的输入指令。

(1) 直接寻址的输入指令。指令格式及操作：

IN acc，port ；(acc)←(port)

指令中直接给出端口地址(地址小于等于 0FFH)，其功能为从指令中直接指定的端口中
读入一个字节或一个字送 AL 或 AX 中。

(2) 间接寻址的输入指令。指令格式及操作：

    IN   acc，DX   ; (acc)←((DX))

此指令是从 DX 寄存器内容指定的端口中将 8/16 位数据送入 AL/AX 中。这种寻址方式的端口地址由 16 位地址表示，执行此指令前应将 16 位地址存入 DX 寄存器中。

2) 输出指令 OUT (OUTput byte or word)

输出指令分直接寻址的输出指令和间接寻址的输出指令。

(1) 直接寻址的输出指令。指令格式及操作：

    OUT   port，acc   ; (port)←(acc)

此指令将 AL(8 位)或 AX(16 位)中的数据输出到指令指定的 I/O 端口，端口地址应不大于 FFH。

(2) 间接寻址的输出指令。指令格式及操作：

    OUT   DX，acc   ; ((DX))←(acc)

此指令将 AL(8 位)或 AX(16 位)中的数据输出到由 DX 寄存器内容指定的 I/O 端口中。

3. 目标地址传送指令

8086/8088 CPU 提供了三条把地址指针写入寄存器或寄存器对的指令，它们可以用来写入近地址指针和远地址指针。

1) 取有效地址指令 LEA (Load Effective Address)

指令格式及操作：

    LEA   reg16，mem   ; (reg)←OFFSET mem

LEA 指令将一个近地址指针写入到指定的寄存器。指令中的目的操作数必须是一个 16 位通用寄存器，源操作数必须是一个存储器操作数，指令的执行结果是把源操作数的有效地址，即 16 位偏移地址传送到目标寄存器。例如：

    LEA   BX，BUFFER   ; (BX)←OFFSET BUFFER

    LEA   AX，[BP][DI]   ; (AX)←(BP)+(DI)

    LEA   DX，BETA[BX][SI] ; (DX)←(BX)+(SI)+BETA

注意 LEA 指令与 MOV 指令的区别，比较下面两条指令：

    LEA   BX，BUFFER

    MOV   BX，BUFFER

前者将存储器变量 BUFFER 的偏移地址送到 BX，而后者将存储器变量 BUFFER 的内容(两个字节)传送到 BX。当然也可以用 MOV 指令来得到存储器的偏移地址，例如以下两条指令的效果相同：

    LEA   BX，BUFFER

    MOV   BX，OFFSET BUFFER

其中，OFFSET BUFFER 表示存储器变量 BUFFER 的偏移地址。

2) 地址指针装入 DS 指令 LDS (Load pointer into DS)

指令格式及操作：

    LDS   reg16，mem32   ; (reg16)←((mem32)，(mem32+1))，(DS)←((mem32+2)，(mem32+3))

LDS 指令和下面即将介绍的 LES 指令都是用于写入远地址指针。源操作数是存储器操作数，目的操作数可以是任一个 16 位通用寄存器。

LDS 指令用于传送一个 32 位的远地址指针，其中包括一个偏移地址和一个段地址，前者送指令中指定的寄存器(目的操作数)，后者送数据段寄存器 DS。例如：

　　　　LDS　SI，[0010H]

设当前(DS)=C000H，而有关存储单元的内容为(C0010H)=80H，(C0011H)=01H，(C0012H)=00H，(C0013H)=20H，则执行该指令后，SI 寄存器的内容为 0180H，段寄存器 DS 的内容为 2000H。

3) 地址指针装入 ES 指令 LES (Load pointer into ES)

指令格式及操作：

　　　　LES　reg16，mem32　　；(reg16)←((mem32)，(mem32+1)), (ES)←((mem32+2)，(mem32+3))

LES 指令与 LDS 指令类似，也用于装入一个 32 位的远地址指针。位移地址送指定寄存器，但是，段地址送附加段寄存器 ES。

目标地址传送指令常常用于在串操作时建立初始的地址指针。

4. 标志传送指令

8086/8088 CPU 中有一标志寄存器 FLAG，其中包括 6 个状态标志位和 3 个控制位。每一状态标志位表示 CPU 运行的状态。许多指令执行结果会影响标志寄存器的某些状态标志位。同时，有些指令的执行也受标志寄存器中控制位的控制。标志传送指令共有 4 条。这些指令都是单字节指令，指令的操作数为隐含形式。

1) 取标志指令 LAHF (Load AH from Flags)

指令格式及操作：

　　　　LAHF　　；(AH)←(FLAGS)

LAHF 指令将标志寄存器 FLAG 中的 5 个状态标志位 SF、ZF、AF、PF 以及 CF 分别取出传送到累加器 AH 的对应位，如图 4.17 所示。LAHF 指令对状态标志位没有影响。

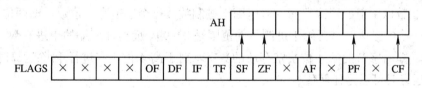

图 4.17　LAHF 指令操作示意图

2) 置标志指令 SAHF (Store AH into Flags)

指令格式及操作：

　　　　SAHF　　；(FLAGS)←(AH)

SAHF 指令的传送方向与 LAHF 相反，将 AH 寄存器中的第 7、6、4、2、0 位分别传送到标志寄存器的对应位，如图 4.18 所示。

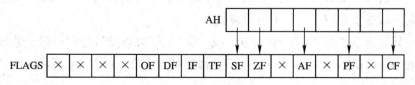

图 4.18　SAHF 指令操作示意图

SAHF 指令将影响状态标志位, FLAG 寄存器中的 SF、ZF、AF、PF 和 CF 将被修改成 AH 寄存器对应位的状态, 但其余状态标志位即 OF、DF、IF 和 TF 不受影响。

3) 标志压入堆栈指令 PUSHF (PUSH Flags onto stack)

指令格式及操作:

PUSHF ; (SP)←(SP)−2, ((SP)+1: (SP))←(FLAGS)

PUSHF 指令先将 SP 减 2, 然后将标志寄存器 FLAG 的内容(16 位)压入堆栈。这条指令本身不影响状态标志位。

4) 标志弹出堆栈指令 POPF (POP Flags off stack)

指令格式及操作:

POPF ; (FLAG)←((SP)+1: (SP)), (SP)←(SP)+2

POPF 指令的操作与 PUSHF 相反, 它将堆栈内容弹出到标志寄存器, 然后 SP 加 2。POPF 指令对状态标志位有影响, 使各状态标志位恢复为压入堆栈以前的状态。

PUSHF 指令可用于调用过程时保护当前标志寄存器的值, 过程返回时再使用 POPF 指令恢复标志寄存器原来的值。

数据传送指令除了 SAHF 和 POPF 外都不影响状态标志位。

4.3.2 算术运算指令

1. 算术运算的数据类型

8086/8088 的算术运算指令可以处理四种类型的数: 无符号的二进制数、带符号的二进制数、无符号压缩十进制数(压缩型 BCD 码)和无符号的非压缩十进制数(非压缩型 BCD 码)。

二进制的无符号数和带符号数的长度都可以是 8 位或 16 位, 但应注意它们所能表示的数的范围是不同的。若是带符号数, 则用补码表示。

十进制数以字节的形式存储。对压缩十进制数, 每个字节存两位数, 即两位 BCD 码, 因而对于一个字节来说, 压缩十进制数的范围是 0~99。而对非压缩的十进制数, 每个字节存一位数, 即由字节的低 4 位决定存放的数字, 对于高 4 位, 在进行乘/除运算时必须全为 0, 加/减运算时可以是任何值。

8086/8088 提供的各种调整操作指令可以方便地进行压缩或非压缩十进制数的算术运算。

2. 算术运算指令对标志位的影响

8086/8088 的算术运算指令将运算结果的某些特性传送到 6 个状态标志位上, 这些标志位中的绝大多数可由跟在算术运算指令后的条件转移指令进行测试, 以改变程序的流程。因而掌握指令执行结果对标志位的影响, 对编程有着重要的作用。关于 6 个状态标志位的含义已在第 3 章做了介绍, 这里不再重复。

算术运算类指令共有 20 条, 包括加、减、乘、除运算以及符号扩展和十进制调整指令, 除符号扩展指令(CBW, CWD)外, 其余指令都影响标志位, 如表 4.5 所示。

表 4.5　算术运算指令

指令类型	指令格式	操 作 功 能	对标志位的影响					
			O	S	Z	A	P	C
加法指令	ADD dst, src	(dst)←(dst)+(src)	○	○	○	○	○	○
	ADC dst, src	(dst)←(dst)+(src)+(CF)	○	○	○	○	○	○
	INC dst	(dst)←(dst)+1	○	○	○	○	○	×
减法指令	SUB dst, src	(dst)←(dst)−(src)	○	○	○	○	○	○
	SBB dst, src	(dst)←(dst)−(src)−(CF)	○	○	○	○	○	○
	DEC dst	(dst)←(dst)−1	○	○	○	○	○	×
	NEG dst	(dst)←0−(src)	○	○	○	○	○	1
	CMP dst, src	(dst)−(src)	○	○	○	○	○	○
乘法指令	MUL src	(AX)←(src)×(AL) (DX：AX)←(src)×(AX)	○	△	△	△	△	○
	IMUL src	(AX)←(src)×(AL) (DX：AX)←(src)×(AX)	○	△	△	△	△	○
除法指令	DIV src	(AL)←(AX)/(src)的商 (AH)←(AX)/(src)的余数 (AX)←(DX：AX)/(src)的商 (DX)←(DX：AX)/(src)的余数	△	△	△	△	△	△
	IDIV src	(AL)←(AX)/(src)的商 (AH)←(AX)/(src)的余数 (AX)←(DX：AX)/(src)的商 (DX)←(DX：AX)/(src)的余数	△	△	△	△	△	△
符号扩展指令	CBW	若(AL)<80H，则(AH)←00H， 否则(AH)←FFH	×	×	×	×	×	×
	CWD	若(AX)<8000H，则(DX)←0000H， 否则(DX)←FFFFH	×	×	×	×	×	×
十进制 调整指令	AAA	非压缩型 BCD 码加法调整指令	△	△	△	○	△	○
	DAA	压缩型 BCD 码加法调整指令	×	○	○	○	○	○
	AAS	非压缩型 BCD 码减法调整指令	△	△	△	○	△	○
	DAS	压缩型 BCD 码减法调整指令	×	○	○	○	○	○
	AAM	非压缩型 BCD 码乘法调整指令	△	○	○	△	○	△
	AAD	非压缩型 BCD 码除法调整指令	△	○	○	×	○	△

注：○—运算结果影响标志位；×—运算结果不影响标志位；△—状态不定；1—标志位置 1；

　　　dst—目的操作数；src—源操作数。

3. 二进制数运算指令

1) 加法指令

加法指令包括不带进位加法指令、带进位加法指令和加 1 指令。

(1) 不带进位加法指令 ADD (ADDition)。指令格式及操作：

　　ADD dst，src　　　　　　; (dst)←(dst)+(src)

ADD 指令将目的操作数与源操作数相加，并将结果送给目的操作数。加法指令将影响全部 6 个状态标志位。

目的操作数可以是寄存器或存储器，源操作数可以是寄存器、存储器或立即数。但是源操作数和目的操作数不能同时为存储器。另外，不能对段寄存器进行加法运算(段寄存器也不能参加减法、乘法和除法运算)。加法指令的操作对象可以是 8 位数(字节)，也可以是16 位数(字)。例如：

　　ADD　CL，10

　　ADD　DX，SI

　　ADD　AX，MEM

　　ADD　DATA[BX]，AL

　　ADD　ALPHA[DI]，30H

根据要解决实际问题的要求，操作数的类型可以是无符号数、带符号数或 BCD 数。对于无符号数，若相加结果超出了 8 位或 16 位无符号数所能表示的范围，则进位标志位 CF 被置 1；对于带符号数，如果相加结果超出了 8 位或 16 位补码所能表示的范围($-128 \sim +127$ 或 $-32\,768 \sim +32\,767$)，则溢出标志位 OF 被置 1，结果溢出；对于 BCD 数，为了得到正确的 BCD 数结果，还需要用调整指令进行调整。

例 4.3　计算三个字节十六进制数之和：3BH + 74H + 2CH = ?

式中相加的数均为字节数。假设这三个数存放在以 BUF 开始的内存区中，如图 4.19 所示。要求相加所得结果存放在 SUM 单元中。

程序流程图如图 4.20 所示。程序如下：

　　MOV　AL，BUF　　　　; 取第一个数

　　ADD　AL，BUF+1　　　; 与第二个数相加

　　ADD　AL，BUF+2　　　; 与第三个数相加

　　MOV　SUM，AL　　　　; 存和值

　　HLT　　　　　　　　; 停止

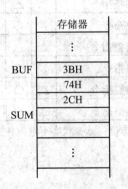

图 4.19　例 4.3 中三个数的存放情况

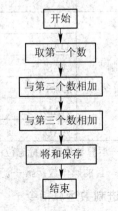

图 4.20　例 4.3 的程序流程图

(2) 带进位加法指令 ADC (ADdition with Carry)。指令格式及操作：

ADC dst，src　　　　　; (dst)←(dst)+(src)+(CF)

ADC 指令是将目的操作数与源操作数相加，再加上进位标志 CF 的内容，然后将结果送给目的操作数。与 ADD 指令一样，ADC 指令的运算结果也将修改全部 6 个状态标志位。目的操作数及源操作数的类型与 ADD 指令相同，而且 ADC 指令同样也可以进行字节操作或字操作。

带进位加法指令主要用于多字节数据的加法运算。如果低字节相加时产生进位，则在下一次高字节相加时将这个进位加进去。

例 4.4 要求计算两个多字节十六进制数之和：3B74AC60F8H+20D59E36C1H=?

式中被加数和加数均有 5 个字节，可以编一个循环程序实现以上运算。假设已将被加数和加数分别存入从 DATA1 和 DATA2 开始的两个内存区，且均为低位字节在前，高位字节在后，如图 4.21 所示。要求相加所得结果仍存回以 DATA1 为首址的内存区。

程序流程图如图 4.22 所示。程序如下：

```
            MOV     CX，5            ；设置循环次数
            MOV     SI，0            ；置位移量初值
            CLC                     ；清进位 CF
LOOPER：MOV     AL，DATA2[SI]    ；取一个加数
            ADC     DATA1[SI]，AL    ；和一个被加数相加
            INC     SI              ；位移量加 1
            DEC     CX              ；循环次数减 1
            JNZ     LOOPER          ；加完否，若没完，转 LOOPER，继续相加
            HLT                     ；程序暂停
```

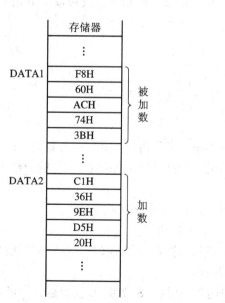

图 4.21　例 4.4 中被加数和加数在内存中的存放情况

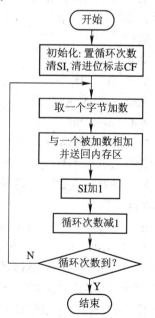

图 4.22　例 4.4 的程序流程图

由于程序中使用了带进位加指令，因此在循环程序开始之前应将进位标志 CF 清零(用 CLC 指令)，以免在第一次相加最低位字节时因原来的进位标志状态影响相加结果而产生

错误。

(3) 加 1 指令(INCrement by 1)。指令格式及操作：

INC dst　　　　　　　; (dst)←(dst)+1

INC 指令将目的操作数加 1，并将结果送回目的操作数。指令将影响状态标志位，如 SF、ZF、AF、PF 和 OF，但对进位标志 CF 没有影响。

INC 指令中目的操作数可以是寄存器或存储器，但不能是立即数和段寄存器。其类型为字节操作或字操作均可。例如：

INC　DL

INC　SI

INC　BYTE PTR[BX][SI]

INC　WORD PTR[DI]

指令中的 BYTE PTR 或 WORD PTR 是由合成运算符 PTR 构成的表达式(将在后续 5.1 节介绍)，分别指定随后的存储器操作数的类型是字节或字。

INC 指令常常用于在循环程序中修改地址指针。

2) 减法指令

减法指令包括不带借位减法指令、带借位减法指令、减 1 指令、求补指令和比较指令。

(1) 不带借位减法指令 SUB (SUBtraction)。指令格式及操作：

SUB　dst，src　　; (dst)←(dst)−(src)

SUB 指令将目的操作数减源操作数，结果送回目的操作数。指令对全部 6 个状态标志位有影响。

操作数的类型与加法指令一样，即目的操作数可以是寄存器或存储器，源操作数可以是立即数、寄存器或存储器，但不允许两个存储器操作数相减；既可以字节相减，也可以字相减。例如：

SUB　AL，37H

SUB　DX，BX

SUB　CX，VARE1

SUB　ARRAY[DI]，AX

SUB　BETA[BX][DI]，512

当无符号数的较小数减较大数时，因不够减而产生借位，此时进位标志 CF 置 1。当带符号数的较小数减较大数时，将得到负的结果，则符号标志 SF 置 1。带符号数相减如果结果溢出，则 OF 置 1。

(2) 带借位减法指令(SuBtraction with Borrow)。指令格式及操作：

SBB　dst，src　　　; (dst)←(dst)−(src)−(CF)

SBB 指令是将目的操作数减源操作数，然后再减进位标志 CF，并将结果送回目的操作数。SBB 指令对标志位的影响与 SUB 指令相同。

目的操作数及源操作数的类型也与 SUB 指令相同。8 位或 16 位数运算均可。例如：

SBB　BX，1000

SBB　CX，DX

SBB　AL，DATA1[SI]

```
    SBB   DISP[BP]，BL
    SBB   [SI+6]，97
```

带借位减指令主要用于多字节的减法。

(3) 减 1 指令(DECrement by 1)。指令格式及操作：

```
    DEC dst            ；(dst)←(dst)−1
```

DEC 指令将目的操作数减 1，结果送回目的操作数。指令对状态标志位 SF、ZF、AF、PF 和 OF 有影响，但不影响进位标志 CF。

操作数与 INC 一样，可以是寄存器或存储器(立即数和段寄存器不可)。其类型是字节操作或字操作均可。例如：

```
    DEC   BL
    DEC   CX
    DEC   BYTE PTR[BX]
    DEC   WORD PTR[BP][DI]
```

在循环程序中常常利用 DEC 指令来修改循环次数。例如：

```
        MOV   AX，0FFFFH
    CYC：DEC   AX
        JNZ   CYC
        HLT
```

以上程序段中 DEC AX 指令重复执行 65 535(0FFFFH)次。

(4) 求补指令(NEGate)。指令格式及操作：

```
    NEG   dst         ；(dst)←0−(dst)
```

NEG 指令的操作是用“0”减去目的操作数，结果送回原来的目的操作数。求补指令对全部 6 个状态标志位都有影响。

操作数可以是寄存器或存储器。可以对 8 位数或 16 位数求补。例如：

```
    NEG   BL
    NEG   AX
    NEG   BYTE PTR[BP][SI]
    NEG   WORD PTR[DI+20]
```

利用 NEG 指令可以得到负数的绝对值。例如，假设原来 AL=0FFH(0FFH 是−1 的补码)，执行指令 NEG AL 后，结果为 AL=01H。

例 4.5　内存数据段存放了 200 个带符号的字节数，首地址为 TAB1，要求将各数取绝对值后存入以 TAB2 为首址的内存区。

由于 200 个带符号的字节数中可能既有正数，又有负数，因此先要判断正负。如为正数，可以原封不动地传送到另一内存区；如为负数，则需先求补即可得到负数的绝对值，然后再传送。程序如下：

```
        LEA    SI，TAB1          ；(SI)←源地址指针
        LEA    DI，TAB2          ；(DI)←目标地址指针
        MOV    CX，200           ；(CX)←循环次数
    CHECK：MOV    AL，[SI]          ；取一个带符号数到 AL
```

	OR	AL，AL	;AL 内容不变，但会影响标志位
	JNS	NEXT	;若(SF)=0，则转 NEXT
	NEG	AL	;否则求补(取绝对值)
NEXT:	MOV	[DI]，AL	;传送到目标地址
	INC	SI	;源地址加 1
	INC	DI	;目标地址加 1
	DEC	CX	;循环次数减 1
	JNZ	CHECK	;若不等于零，则转 CHECK
	HLT		;停止

(5) 比较指令 CMP(CoMPare)。指令格式及操作：

　　　CMP dst，src　　　　　　;(dst)−(src)

CMP 指令将目的操作数减源操作数，但结果不送回目的操作数。因此，执行比较指令以后，被比较的两个操作数内容均保持不变，而比较结果反映在状态标志位上，这是比较指令与减法指令 SUB 的区别所在。

CMP 指令的目的操作数可以是寄存器或存储器，源操作数可以是立即数、寄存器或存储器，但不能同时为存储器。可以进行字节比较，也可以是字比较。例如：

CMP	AL，0AH	;寄存器与立即数比较
CMP	CX，DI	;寄存器与寄存器比较
CMP	AX，AREA1	;寄存器与存储器比较
CMP	[BX+5]，SI	;存储器与寄存器比较
CMP	GAMMA，100	;存储器与立即数比较

比较指令的执行结果将影响状态标志位。例如，若两个被比较的内容相等，则(ZF)=1。又如，假设被比较的两个无符号数中，前者小于后者(即不够减)，则(CF)=1，等等。比较指令常常与条件转移指令结合起来使用，完成各种条件判断和相应的程序转移。

例 4.6　在数据段从 MYDATA 开始的存储单元中分别存放了两个 8 位无符号数，试比较它们的大小，并将大者传送到 MAX 单元。可编程如下：

	LEA	BX，MYDATA	;MYDATA 偏移地址送 BX
	MOV	AL，[BX]	;第一个无符号数送 AL
	INC	BX	;BX 指向第二个无符号数
	CMP	AL，[BX]	;两个数比较
	JNC	DONE	;若 CF=0，则转 DONE
	MOV	AL，[BX]	;否则，第二个无符号数送 AL
DONE:	MOV	MAX，AL	;较大的无符号数送 MAX 单元
	HLT		;停止

3) 乘法指令

8086/8088 指令系统中有两条乘法指令，可以实现无符号数的乘法和带符号数的乘法。它们都只有一个源操作数,而目的操作数是隐含的,隐含操作数总是放在累加器(8 位数放在 AL，16 位数放在 AX)中。8 位数相乘时，其乘积(16 位)存放在 AX 中；16 位数相乘时，其乘积(32 位)存放在 DX:AX 中，其中高 16 位存于 DX 中，低 16 位存于 AX 中，如图 4.23 所示。

图 4.23　乘法运算的操作数及运算结果

(1) 无符号数乘法指令 MUL(MULtiplication unsigned)。指令格式及操作：

　　MUL　src ；(AX)←(src)×(AL)　　　　　　　　(字节乘法)

　　　　　　　；(DX：AX)←(src)×(AX)　　　　(字乘法)

MUL 指令对状态标志位 CF 和 OF 有影响，SF、ZF、AF 和 PF 不确定。

　　MUL 指令的一个操作数(乘数)在累加器中(8 位乘法时乘数在 AL，16 位乘法时乘数在 AX)是隐含的。另一个操作数 src(被乘数)必须在寄存器或存储单元中。两个操作数均按无符号数处理，它们的取值范围为 0～255(字节)或 0～65 535(字)。例如：

　　MUL　AL　　　　　　　　　　　　；AL 乘 AL，结果在 AX 中

　　MUL　BX　　　　　　　　　　　　；AX 乘 BX，结果在 DX：AX 中

　　MUL　BYTE PTR[DI+6]　　　　　　；AL 乘存储器(8 位)，结果在 AX 中

　　MUL　WORD PTR ALPHA　　　　　；AX 乘存储器(16 位)，结果在 DX：AX 中

　　如果运算结果的高半部分(在 AH 或 DX 中)为零，则状态标志位(CF)=(OF)=0，否则 (CF)=(OF)=1。因此，状态标志位(CF)=(OF)=1，表示 AH 或 DX 中包含着乘积的有效数字。例如：

　　MOV　AL，14H　　　　　　　　　；(AL)=14H

　　MOV　CL，05H　　　　　　　　　；(CL)=05H

　　MUL　CL　　　　　　　　　　　　；(AX)=0064H，(CF)=(OF)=0

本例中结果的高半部分(AH)=0，因此，状态标志位(CF)=(OF)=0。

　　有了乘法(和除法)指令，使有些运算程序的编程变得简单方便。但是必须注意，乘法指令的执行速度很慢，除法指令也是如此。

　　(2) 带符号数的乘法指令 IMUL(Integer MULtiplication)。指令格式及操作：

　　IMUL src　　　；(AX)←(src)×(AL)　　　　　　　(字节乘法)

　　　　　　　　；(DX：AX)←(src)×(AX)　　　　(字乘法)

　　IMUL 指令对状态标志位的影响以及操作过程同 MUL 指令。但 IMUL 指令进行带符号数乘法，指令将两个操作数均按带符号数处理。这是它与 MUL 指令的区别所在。8 位和 16 位带符号数的取值范围分别是−128～+127 和−32 768～+32 767。如果乘积的高半部分仅仅是低半部分符号位的扩展，则状态标志位(CF)=(OF)=0；否则，高半部分包含乘积的有效数字而不只是符号的扩展，有(CF)=(OF)=1。例如：

　　MOV　AX，04E8H　　　　　；(AX)=04E8H

　　MOV　BX，4E20H　　　　　；(BX)=4E20H

　　IMUL BX　　　　　　　　　；(DX：AX)=(AX)×(BX)

以上指令的执行结果为：(DX)=017FH，(AX)=4D00H，且(CF)=(OF)=1。实际上，以上指令

完成带符号数+1256 和+20000 的乘法运算，得到乘积为+25120000。由于此时 DX 中结果的高半部分包含着乘积的有效数字，故状态标志位(CF)=(OF)=1。

所谓乘积的高半部分仅仅是低半部分符号位的扩展，是指当乘积为正值时，其符号位为零，则 AH 或 DX 的高半部分为 8 位全零或 16 位全零；当乘积为负值时，其符号位为 1，则 AH 或 DX 的高半部分为 8 位全 1 或 16 位全 1。

4) 除法指令

8086/8088 CPU 执行除法时规定：除数只能是被除数的一半字长。当被除数为 16 位时，除数应为 8 位；被除数为 32 位时，除数应为 16 位。并规定：

● 当被除数为 16 位时，应存放于 AX 中；除数为 8 位，可存放在寄存器/存储器中。而得到的 8 位商放在 AL 中，8 位余数放在 AH 中，如图 4.24(a)所示。

● 当被除数为 32 位时，应存放于 DX:AX 中；除数为 16 位，可存放在寄存器/存储器中。而得到的 16 位商放在 AX 中，16 位余数放在 DX 中，如图 4.24(b)所示。

8086/8088 指令系统中有两条除法指令，它们是无符号数除法指令和带符号数的除法指令。

(1) 无符号数除法指令 DIV(DIVision unsigned)。指令格式及操作：

```
DIV src      ; (AL)←(AX)/(src)的商        (字节除法)
             ; (AH)←(AX)/(src)的余数
             ; (AX)←(DX:AX)/(src)的商      (字除法)
             ; (DX)←(DX:AX)/(src)的余数
```

即字节除法中，AX 除以 src，被除数为 16 位，除数为 8 位。执行 DIV 指令后，商在 AL，余数在 AH 中；字除法中，DX:AX 除以 src，被除数为 32 位，除数为 16 位。除的结果，商在 AX 中，余数在 DX 中。

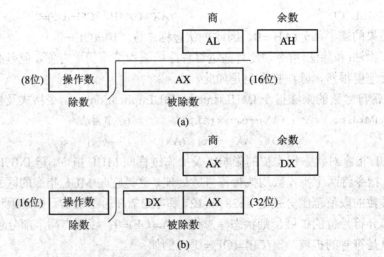

图 4.24　除法运算的操作数和运算结果

(a) 8 位源操作数；(b) 16 位源操作数

执行 DIV 指令时，如果除数为 0，或字节除法时 AL 寄存器中的商大于 FFH，或字除法时 AX 寄存器中的商大于 FFFFH，则 CPU 立即自动产生一个类型号为 0 的内部中断。有关中断的概念将在本书第 7 章中详细讨论。

DIV 指令使状态标志位 SF、ZF、AF、PF、CF 和 OF 的值不确定。

在 DIV 指令中，一个操作数(被除数)隐含在累加器 AX(字节除法)或 DX:AX(字除法)中，另一个操作数 src(除数)必须是寄存器或存储器操作数。两个操作数被作为无符号数对待。例如：

```
DIV   BL                         ; AX 除以 BL
DIV   CX                         ; DX:AX 除以 CX
DIV   BYTE PTR DATA              ; AX 除以存储器(8 位)
DIV   WORD PTR[DI+BX]            ; DX:AX 除以存储器(16 位)
```

下面几条指令将 DX:AX 中的一个 32 位无符号数除以 CX 中的一个 16 位无符号数。

```
MOV  AX，0F05H                   ; (AX)=0F05H
MOV  DX，068AH                   ; (DX)=068AH
MOV  CX，08E9H                   ; (CX)=08E9H
DIV  CX                          ; (AX)=BBE1H，(DX)=073CH
```

执行结果为：068A0F05H÷08E9H=BBE1H···073CH。

除法指令规定了必须用一个 16 位数除以一个 8 位数，或用一个 32 位数除以一个 16 位数，而不允许两个字长相等的操作数相除。如果被除数和除数的字长相等，可以在用 DIV 指令进行无符号数除法之前将被除数的高位扩展 8 个零或 16 个零。

(2) 带符号除法指令 IDIV(Integer DIVision)。指令格式及操作：

```
IDIV src        ; (AL)←(AX)/(src)的商    (字节除法)
                ; (AH)←(AX)/(src)的余数
                ; (AX)←(DX:AX)/(src)的商    (字除法)
                ; (DX)←(DX:AX)/(src)的余数
```

执行 IDIV 指令时，如果除数为 0，或字节除法时 AL 寄存器中的商超出−128～+127 的范围，或字除法时 AX 寄存器中的商超出−32 768～+32 767 的范围，则自动产生一个类型为 0 的中断。另外，IDIV 指令对状态标志位的影响以及指令中操作数的类型与 DIV 指令相同。

如果被除数和除数字长相等，则在用 IDIV 指令进行带符号数除法之前，必须先用符号扩展指令 CBW 或 CWD 将被除数的符号位扩展，使之成为 16 位数或 32 位数。关于 CBW 和 CWD 指令，本节后面将进行介绍。

IDIV 指令对非整数商舍去尾数，而余数的符号总是与被除数的符号相同。下面是一个字长相等的带符号数除法的例子。

```
MOV  AX，−2000                   ; (AX)=−2000
CWD                             ; 将 AX 中的 16 位带符号数扩展成为 32 位，结果在 DX:AX 中
MOV  BX，−421                    ; (BX)=−421
IDIV  BX                        ; (AX)=4(商)，(DX)=−316(余数)
```

除法结果得到商为 4，余数为(−316)，余数的符号与被除数相同。

5) 符号扩展指令

在前面介绍的各种二进制算术运算指令中，两个操作数的字长应该符合规定的关系。例如，在加法、减法和乘法运算中，两个操作数的字长必须相等。在除法指令中，被除数

必须是除数的双倍字长。因此，有时需要将一个 8 位数扩展成为 16 位，或者将一个 16 位数扩展成为 32 位。

对于无符号数，扩展字长比较简单，只需添上足够个数的零即可。例如，以下两条指令将 AL 中的一个 8 位无符号数扩展成为 16 位，存放在 AX 中。

```
MOV  AL, 0FBH    ; (AL)=11111011B
XOR  AH, AH      ; (AH)=00000000B
```

但是，对于带符号数，扩展字长时正数与负数的处理方法不同。正数的符号位为零，而负数的符号位为 1，因此，扩展字长时，应分别在高位添上相应的符号位，这样才能保证原数据的大小和符号不变。符号扩展指令就是用来对带符号数字长的扩展。

(1) 字节扩展指令 CBW(Convert Byte to Word)。指令格式及操作：

```
CBW              ; 如果(AL)<80H，则(AH)←00H，否则(AH)←0FFH
```

CBW 指令将一个字节(8 位)按其符号扩展成为字(16 位)。它是一个隐含操作数的指令，隐含的操作数为寄存器 AL 和 AH。CBW 指令对状态标志位没有影响。

观察下面两组指令，由于初始时 AL 寄存器中内容的符号位不同，因而执行 CBW 指令后 AH 中的结果也不同。

```
(a)  MOV  AL, 4FH        ; (AL)=01001111B
     CBW                 ; (AH)=00000000B
(b)  MOV  AL, 0F4H       ; (AL)=11110100B
     CBW                 ; (AH)=11111111B
```

(2) 字扩展指令 CWD(Convert Word to Double word)。指令格式及操作：

```
CWD              ; 如果(AX)<8000H，则(DX)←0000H，否则(DX)←FFFFH
```

CWD 指令将一个字(16 位)按其符号扩展成为双字(32 位)。它也是一个隐含操作数指令，隐含的操作数为寄存器 AX 和 DX。CWD 指令与 CBW 一样，对状态标志位没有影响。

CBW 和 CWD 指令在带符号数的乘法(IMUL)和除法(IDIV)运算中十分有用，在字节或字的运算之前，将 AL 或 AX 中数据的符号位进行扩展。例如：

```
MOV  AL, MUL_BYTE      ; (AL)←8 位被乘数(带符号数)
CBW                    ; 扩展成为 16 位带符号数，在 AX 中
IMUL BX                ; 两个 16 位带符号数相乘，结果在 DX:AX 中
```

4. 十进制数(BCD 码)运算指令

以上我们介绍的是二进制数的算术运算指令，二进制数在计算机上进行运算是非常简单的。但是，通常人们习惯于用十进制数。在计算机中十进制数是用 BCD 码来表示的，BCD 码有两类：一类叫压缩型 BCD 码，一类叫非压缩型 BCD 码。用 BCD 码进行加、减、乘、除运算，通常采用两种方法：一种是在指令系统中设置一套专用于 BCD 码运算的指令；另一种是利用二进制数的运算指令算出结果，然后再用专门的指令对结果进行修正(调整)，使之转变为正确的 BCD 码表示的结果。8086/8088 指令系统所采用的是后一种方法。

在进行十进制数算术运算时，应分两步进行：先按二进制数运算规则进行运算，得到中间结果；再用十进制调整指令对中间结果进行修正，得到正确的结果。

下面通过几个例子说明 BCD 码运算为什么要调整以及怎样调整。

34 + 23 = 57		0011 0100	34 的 BCD 码
	+	0010 0011	23 的 BCD 码
		0101 0111	57 的 BCD 码

结果正确，这时调整指令不需要做任何修正。

48 + 29 = 77		0100 1000	48 的 BCD 码
	+	0010 1001	29 的 BCD 码
		0111 0001	71 的 BCD 码

结果不正确，因为在进行二进制加法运算时，低 4 位向高 4 位有一个进位，这个进位是按十六进制进行的，即低 4 位逢十六才进一，而十进制数应是逢十进一。因此，比正确结果少 6，这时，调整指令应在低 4 位上进行加 6 修正。即

		0100 1000	
	+	0010 1001	
		0111 0001	中间结果 AF=1
	+	0000 0110	加 06H 调整
		0111 0111	正确结果，77 的 BCD 码

57 + 46 = 103		0101 0111	
	+	0100 0110	
		1001 1101	中间结果
	+	0000 0110	加 06H 修正
		1010 0011	中间结果
	+	0110 0000	加 60H 修正
	CF←1	0000 0011	正确结果 CF=1

加法运算后，低 4 位 > 9 时，需在低 4 位上进行加 6 修正；高 4 位 > 9 时，需在高 4 位上进行加 6 修正。

72 + 91 = 163		0111 0010	
	+	1001 0001	
	CF←1	0000 0011	中间结果 CF=1
	+	0110 0000	加 60H 修正
		0110 0011	正确结果

加法运算后，当 CF = 1(有进位产生)时，需在高 4 位上进行加 6 修正。

由此可知，在进行十进制(BCD 码)运算时，如果低 4 位 > 9，或有进位(即 AF = 1)，则要进行加 06H 的修正(调整)；如果高 4 位 > 9，或有进位(即 CF = 1)，则要进行加 60H 的修正(调整)。加法需要修正，减法、乘法、除法也是如此。在微机系统中对于十进制(BCD 码)运算的修正是使用专门的调整指令来实现的。

前面我们已经详细地介绍了二进制数的算术运算指令，下面主要介绍十进制数(BCD 码)的调整指令。

1) 十进制加法的调整指令

根据 BCD 码的种类，对 BCD 码加法进行十进制调整的指令有两条，即 AAA 和 DAA。

(1) 非压缩型 BCD 码加法调整指令 AAA(ASCII Adjust for Addition)。指令格式如下：

    AAA

AAA 也称为加法的 ASCII 码调整指令。指令后面不写操作数，但实际上隐含累加器操作数 AL 和 AH。指令的操作为：

如果　(AL)∧0FH>9，或(AF)=1

则　　(AL)←(AL)+06H

      (AH)←(AH)+1

      (AF)←1

      (CF)←(AF)

      (AL)←((AL)∧0FH)

否则　(AL)←((AL)∧0FH)

由上可见，指令将影响 AF 和 CF 标志，但状态标志位 SF、ZF、PF 和 OF 的状态不确定。

在用 AAA 指令调整以前，先用指令 ADD(多字节加法时用 ADC)进行 8 位数的加法运算，相加结果放在 AL 中，用 AAA 指令调整后，非压缩型 BCD 码结果的低位在 AL 寄存器，高位在 AH 寄存器。例如，要求计算两个十进制数之和：7+8=?。可以先将被加数 7、加数 8 以非压缩型 BCD 码的形式分别存放在寄存器 AL 和 BL 中，且令 AH=0，然后进行加法，再用 AAA 指令调整。可用以下指令实现：

```
MOV   AX，0007H        ；(AL)=07H，(AH)=00H
MOV   BL，08H          ；(BL)=08H
ADD   AL，BL           ；(AL)=0FH
AAA                   ；(AL)=05H，(AH)=01H，(CF)=(AF)=1
```

以上指令的运行结果为 7+8=15，所得之和也以非压缩型 BCD 码的形式存放，个位在 AL，十位在 AH。

例 4.7　计算 4609+3875=?

本例要求实现十进制多位数的加法，假设被加数的每一位数都以 ASCII 码形式存放在内存中，低位在前，高位在后。另外留出 4 个存储单元，以便存放相加所得的结果，如图 4.25 所示。程序的流程图见图 4.26。

程序如下：

```
        LEA   SI，STRING1      ；(SI)←被加数地址指针
        LEA   BX，STRING2      ；(BX)←加数地址指针
        LEA   DI，SUM          ；(DI)←结果地址指针
        MOV   CX，4            ；(CX)←循环次数
        CLC                   ；清进位标志 CF
NEXT:   MOV   AL，[SI]         ；取一个字节被加数
        ADC   AL，[BX]         ；与加数相加
        AAA                   ；ASCII 码调整
```

MOV	[DI]，AL	；送存
INC	SI	；SI 加 1
INC	BX	；BX 加 1
INC	DI	；DI 加 1
DEC	CX	；循环次数减 1
JNZ	NEXT	；如不为零，转 NEXT
HLT		；停止

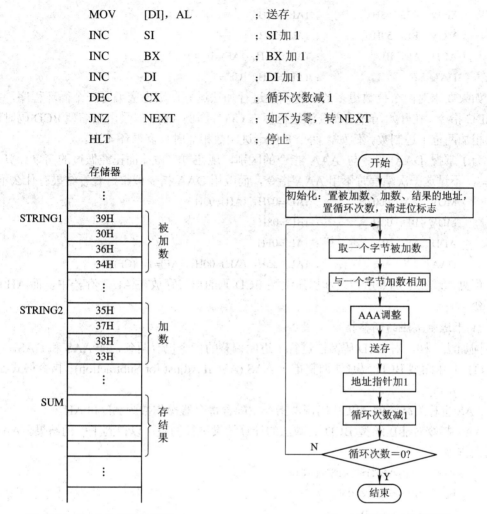

图 4.25　例 4.7 数据存放情况　　　　　　　　图 4.26　例 4.7 的流程图

(2) 压缩型 BCD 码加法调整指令 DAA(Decimal Adjust for Addition)。指令格式如下：

DAA

DAA 指令同样不带操作数，实际上隐含寄存器操作数 AL。指令的操作为：

如果　((AL)∧0FH)>9　或　(AF)=1

则　　(AL)←(AL)+06H

　　　(AF)←1

如果　(AL)>9FH　或　(CF)=1

则　　(AL)←(AL)+60H

　　　(CF)←1

与 AAA 指令不同，DAA 只对 AL 中的内容进行调整，任何时候都不会改变 AH 的内容。另外，DAA 指令将影响状态标志位，如 SF、ZF、AF、PF、CF，但不影响 OF。例如，要求计算两个 2 位的十进制数之和：68+59=?。调整之前，也应先用 ADD 指令进行 8 位数加法运算，相加结果放在 AL 中，然后用 DAA 指令进行调整。该例可用以下指令实现：

```
MOV    AL，68H           ；(AL)=68H
MOV    BL，59H           ；(BL)=59H
ADD    AL，BL            ；(AL)=C1H，(AF)=1
DAA                      ；(AL)=27H，(CF)=1
```

如果要求对两个位数更多的十进制数进行加法运算，则也应编写一个循环程序，并采用 ADC 指令，在开始循环之前要清进位标志 CF(参阅例 4.6)。但采用压缩型 BCD 码时每次可以相加两位十进制数。例如，两个 8 位十进制数相加时只需循环 4 次。

为了掌握 DAA 指令与 AAA 指令的区别，现在再来做前面已经做过的简单计算，即 7+8=?。不过这一次编程时不用 AAA 指令，而改用 DAA 指令调整，看看结果有什么不同。

```
MOV    AX，0007H         ；(AL)=07H，(AH)=00H
MOV    BL，08H           ；(BL)=08H
ADD    AL，BL            ；(AL)=0FH
DAA                      ；(AL)=15H，(AH)=00H，(AF)=1，(CF)=0
```

可见，现在 7 加 8 所得之和以压缩型 BCD 码的形式存放在 AL 寄存器中，而 AH 的内容不变。

2) 十进制减法的调整指令

同加法一样，对 BCD 码减法进行十进制调整的指令也有两条，即 AAS 和 DAS。

(1) 非压缩型 BCD 码减法调整指令 AAS (ASCII Adjust for Subtraction)。指令格式如下：

```
AAS
```

AAS 也称为减法的 ASCII 码调整指令。隐含寄存器操作数为 AL 和 AH。

AAS 指令对非压缩型 BCD 码减法的计算结果进行调整，以得到正确的结果。AAS 指令的操作为：

```
如果  (AL)∧0FH>9  或  (AF)=1
则    (AL)←(AL)−06H
      (AH)←(AH)−1
      (AF)←1
      (CF)←(AF)
      (AL)←((AL)∧0FH)
否则  (AL)←((AL)∧0FH)
```

可见，AAS 指令将影响状态标志位 AF 和 CF，但 SF、ZF、PF 和 OF 状态标志位不确定。

例如想要进行两位十进制数的减法运算：13−4=?，可用以下指令实现：

```
MOV    AX，0103H         ；(AH)=01H，(AL)=03H
MOV    BL，04H           ；(BL)=04H
SUB    AL，BL            ；(AL)=03H−04H=FFH
AAS                      ；(AL)=09H，(AH)=0
```

以上指令的执行结果为 13−4=9，此结果仍以非压缩型 BCD 码的形式存放，个位在 AL 寄存器，十位在 AH 寄存器。

(2) 压缩型 BCD 码减法调整指令 DAS(Decimal Adjust for Subtraction)。指令格式如下：

```
DAS
```

DAS 指令对减法进行十进制调整，指令隐含寄存器操作数 AL。

在减法运算时，DAS 指令对压缩型 BCD 码进行调整，其操作为：

如果　((AL)∧0FH)>9　或　(AF)=1

则　　(AL)←(AL)−06H

(AF)←1

如果　(AL)>9FH　或　(CF)=1

则　　(AL)←(AL)−60H

(CF)←1

与 DAA 指令类似，DAS 指令也只对 AL 寄存器中的内容进行调整，而不改变 AH 的内容。DAS 指令也将影响状态标志位 SF、ZF、AF、PF、CF，但不影响 OF。

例如，要求完成两个十进制数的减法运算：83−38=?。现在采用压缩型 BCD 码的形式来存放原始数据，则该减法运算可用下列几条指令实现：

MOV　AL，83H　　　；(AL)=83H

MOV　BL，38H　　　；(BL)=38H

SUB　AL，BL　　　；(AL)=4BH

DAS　　　　　　　；(AL)=45H

3) 十进制乘除法的调整指令

对于十进制数的乘除法运算，8086/8088 指令系统只提供了非压缩型 BCD 码的调整指令，而没有提供压缩型 BCD 码的调整指令。因此，8086/8088 CPU 不能直接进行压缩型 BCD 码的乘除法运算。

非压缩型 BCD 码的乘除法与加减法不同，加减法可以直接用 ASCII 码参加运算，而不管其高位上有无数字，只要在加减指令后用一条非压缩型 BCD 码的调整指令就能得到正确结果。而乘除法要求参加运算的两个数必须是高 4 位为 0 的非压缩型 BCD 码，低 4 位为一个十进制数。也就是说，如果用 ASCII 码进行非压缩型 BCD 码乘除法运算，在乘除法运算之前，必须将高 4 位清零。

(1) 非压缩型 BCD 码的乘法调整指令 AAM(ASCII Adjust for Multiply)。指令格式如下：

AAM

AAM 指令也是一个隐含了寄存器操作数 AL 和 AH 的指令。

在乘法运算时，调整之前，先用 MUL 指令将两个真正的非压缩型的 BCD 码相乘，结果放在 AX 中，然后用 AAM 指令对 AL 寄存器进行调整，于是在 AX 中即可得到正确的非压缩型 BCD 码的结果，其乘积的高位在 AH 中，乘积的低位在 AL 中。AAM 指令的操作为：

(AH)←(AL)/0AH 的商　　　　即 AL 除以 10，商送 AH

(AL)←(AL)/0AH 的余数　　　即 AL 除以 10，余数送 AL

AAM 指令的操作实质上是将 AL 寄存器中的二进制数(小于 100)转换成为非压缩型的 BCD 码，十位存放在 AH 寄存器，个位存放在 AL 寄存器。

AAM 指令执行以后，将根据 AL 中的结果影响状态标志位 SF、ZF 和 PF，但 AF、CF 和 OF 的值不定。

例如，要求进行两个十进制数的乘法运算：7×9=?，可编程序段如下：

```
MOV  AL，07H          ；(AL)=07H
MOV  BL，09H          ；(BL)=09H
MUL  BL              ；(AX)=07H×09H=003FH
AAM                  ；(AH)=06H，(AL)=03H
```

已知 7×9=63。以上指令执行以后，十进制乘积也是以非压缩型 BCD 码的形式存放在 AX 中。

(2) 非压缩型 BCD 码的除法调整指令 AAD(ASCII Adjust for Division)。指令格式如下：

```
AAD
```

AAD 指令也是一个隐含了寄存器操作数 AL 和 AH 的指令。它可对非压缩型 BCD 码进行调整，其操作为：

$$(AL) \leftarrow (AH) \times 0AH + (AL)$$

$$(AH) \leftarrow 0$$

即将 AH 寄存器的内容乘以 10 并加上 AL 寄存器的内容，结果送回 AL，同时将零送 AH。以上操作实质上是将 AX 寄存器中非压缩型 BCD 码转换成为真正的二进制数，并存放在 AL 寄存器中。

执行 AAD 指令以后，将根据 AL 中的结果影响状态标志位 SF、ZF 和 PF，但其余几个状态标志位如 AF、CF 和 OF 的值则不确定。

AAD 指令的用法与其他非压缩型 BCD 码调整指令(如 AAA、AAS、AAM)有所不同。AAD 指令不是在除法之后，而是在除法之前进行调整，然后用 DIV 指令进行除法运算，所得之商还需用 AAM 指令进行调整，方可得到正确的非压缩型 BCD 码的结果。

例如，想要进行两个十进制数的除法运算：73÷2=?，可先将被除数和除数以非压缩型 BCD 码的形式分别存放在 AX 和 BL 寄存器中，被除数的十位在 AH，个位在 AL，除数在 BL。先用 AAD 指令对 AX 中的被除数进行调整，之后进行除法运算，并对商进行再调整。可编程序段如下：

```
MOV  AX，0703H        ；(AH)=07H，(AL)=03H
MOV  BL，02H          ；(BL)=02H
AAD                  ；(AL)=49H(即十进制数 73)
DIV  BL              ；(AL)=24H(商)，(AH)=01H(余数)
AAM                  ；(AH)=03H，(AL)=06H
```

已知 73÷2=36…1。以上几条指令执行的结果为，在 AX 中得到非压缩型 BCD 码的商，但余数被丢失。如果需要保留余数，则应在 DIV 指令之后，用 AAM 指令调整之前，将余数暂存到一个寄存器。如果有必要，还应设法对余数也进行调整。

4.3.3 位操作指令

位操作指令是对 8 位或 16 位的寄存器或存储单元中的内容按位进行操作。这一类指令包括逻辑运算指令、移位指令和循环移位指令等三组，如表 4.6 所示。

表 4.6 位操作指令

指令类型	指令格式	操作功能	O	S	Z	A	P	C
逻辑运算指令	AND dst, src	(dst)←(dst)∧(src)	0	○	○	△	○	0
	OR dst, src	(dst)←(dst)∨(src)	0	○	○	△	○	0
	NOT dst	(dst)←0FFH−(dst) (dst)←0FFFFH−(dst)	×	×	×	×	×	×
	XOR dst, src	(dst)←(dst)∀(src)	0	○	○	△	○	0
	TEST dst, src	(dst)∧(src)	0	○	○	△	○	0
移位指令	SHL dst, 1 SHL dst, CL	CF ← [── dst ──] ← 0	○ △	○	○	△	○	○
	SAL dst, 1 SAL dst, CL	CF ← [── dst ──] ← 0	○ △	○	○	△	○	○
	SHR dst, 1 SHR dst, CL	0 → [── dst ──] → CF	○ △	○	○	△	○	○
	SAR dst, 1 SAR dst, CL	[── dst ──] → CF	○ △	○	○	△	○	○
循环移位指令	ROL dst, 1 ROL dst, CL	CF ← [── dst ──] ↺	○ △	○	○	△	○	○
	ROR dst, 1 ROR dst, CL	↻ [── dst ──] → CF	○ △	○	○	△	○	○
	RCL dst, 1 RCL dst, CL	CF ← [── dst ──] ↺	○ △	○	○	△	○	○
	RCR dst, 1 RCR dst, CL	↻ [── dst ──] → CF	○ △	○	○	△	○	○

注：○—运算结果影响标志位；×—运算结果不影响标志位；△—状态不定；0—标志位置 0；
dst—目的操作数；src—源操作数。

1. 逻辑运算指令

8086/8088 指令系统的逻辑运算指令有 AND(逻辑"与")、TEST(测试)、OR(逻辑"或")、XOR(逻辑"异或")和 NOT(逻辑"非")五条指令，这些指令对操作数中的各个位分别进行布尔运算。各种逻辑运算的结果如表 4.7 所示。

表 4.7 逻辑运算返回的值

X	Y	X AND Y	X OR Y	X XOR Y	NOT X
0	0	0	0	0	1
0	1	0	1	1	1
1	0	0	1	1	0
1	1	1	1	0	0

以上五条逻辑运算指令中，惟有 NOT 指令对状态标志位不产生影响，其余四条指令(即 AND、TEST、OR 和 XOR)对状态标志位均有影响。这些指令将根据各自逻辑运算的结果影响 SF、ZF 和 PF 状态标志位，同时将 CF 和 OF 置 "0"，但 AF 的值不确定。

1) 逻辑 "与" 指令 AND(logical AND)

指令格式及操作：

　　　AND dst，src　　　　　　　　; (dst)←(dst)∧(src)

AND 指令将目的操作数和源操作数按位进行逻辑 "与" 运算，并将结果送回目的操作数。

目的操作数可以是寄存器或存储器，源操作数可以是立即数、寄存器或存储器。但是指令的两个操作数不能同时是存储器，即不能将两个存储器的内容进行逻辑 "与" 操作。AND 指令操作对象的类型可以是字节，也可以是字。例如：

　　　AND AL，00001111H　　　　; 寄存器 "与" 立即数
　　　AND CX，DI　　　　　　　　; 寄存器 "与" 寄存器
　　　AND SI，MEM_NAME　　　　; 寄存器 "与" 存储器
　　　AND ALPHA[DI]，AX　　　　; 存储器 "与" 寄存器
　　　AND [BX][SI]，0FFFEH　　　; 存储器 "与" 立即数

AND 指令可以用于屏蔽某些不关心的位，而保留另一些感兴趣的位。为了做到这一点，只需将屏蔽的位和 "0" 进行逻辑 "与"，而将要求保留的位和 "1" 进行逻辑 "与" 即可。例如 AND AL，0FH 指令将 AL 寄存器的高 4 位屏蔽，保留低 4 位。该指令可将数字 0~9 的 ASCII 码转换成相应的非压缩型 BCD 码。例如：

　　　MOV AL，'6'　　　　　　　　; (AL)=00110110B
　　　AND AL，0FH　　　　　　　　; (AL)=00000110B

利用 AND AL，11011111B 指令可以将 AL 中的英文字母(用 ASCII 码表示)转换为大写字母。如果字母原来已经是大写，则以上 AND 指令不起作用，因为大写字母 ASCII 码的第 5 位总是 0；如果原来是小写字母，则将其第 5 位置 "0"，转换为相应的大写字母。大写和小写英文字母 ASCII 码的对比如表 4.8 所示。

表 4.8　大写和小写英文字母 ASCII 码的对比

大 写 字 母	小 写 字 母
'A'=41H=0100 0001B	'a'=61H=0110 0001B
'B'=42H=0100 0010B	'b'=62H=0110 0010B
...	...
'Z'=5AH=0101 1010B	'z'=7AH=0111 1010B

以下几条指令判断从键盘输入的字符是否为'Y'，但对键入的字符大写或小写不加区别，同样对待。

　　　MOV AH，1　　　　　　　　; 接收由键盘输入的一个字符
　　　INT   21H　　　　　　　　　; 字符的 ASCII 码存 AL
　　　AND AL，11011111B　　　　; 屏蔽第 5 位，转换为大写字母

```
        CMP AL, 'Y'                ; 字符是否为"Y"?
        JE    YES                  ; 如是, 转到 YES
        ⋮                          ; 否则, ···
      YES:  ...
```

以上程序中的前两条指令涉及 DOS 的功能调用, 将在本书第 5 章第 5.4 节中详细进行讨论。

2) 测试指令 TEST(TEST or non-destructive logical AND)

指令格式及操作:

```
        TEST   dst, src           ; (dst)∧(src)
```

TEST 指令的操作实质上与 AND 指令相同, 即把目的操作数和源操作数进行逻辑"与"运算。二者的区别在于 TEST 指令不把逻辑运算的结果送回目的操作数, 只将结果反映在状态标志位上, 例如, "与"的结果最高位是"0"还是"1", 结果是否为全"0", 结果中"1"的个数是奇数还是偶数等, 分别由 SF、ZF 和 PF 状态标志位体现。和 AND 指令一样, TEST 指令总是将 CF 和 OF 清零, 但 AF 的值不确定。

TEST 指令的例子如下:

```
        TEST   BH, 7              ; 寄存器"与"立即数(结果不回送, 下同)
        TEST   SI, BP             ; 寄存器"与"寄存器
        TEST   [SI], CH           ; 存储器"与"寄存器
        TEST   [BX][DI], 6ACEH    ; 存储器"与"立即数
```

TEST 指令常常用于位测试, 它与条件转移指令一起, 共同完成对特定位状态的判断, 并实现相应的程序转移。这样的作用与比较指令 CMP 有些类似, 不过 TEST 指令只比较某一个指定的位, 而 CMP 指令比较整个操作数(字节或字)。例如以下几条指令判断一个端口地址为 PORT 的外设端口输入的数据, 若输入数据的第 1、3、5 位中的任一位不等于零, 则转移到 NEXT。

```
        IN     AL, PORT           ; 从端口 PORT 输入数据
        TEST   AL, 00101010B      ; 测试第 1、3、5 位
        JNZ    NEXT               ; 任一位不为 0, 则转移到 NEXT
        ⋮
      NEXT:   ...
```

3) 逻辑"或"指令 OR(logical inclusive OR)

指令格式及操作:

```
        OR dst, src               ; (dst)←(dst)∨(src)
```

OR 指令将目的操作数和源操作数按位进行逻辑"或"运算, 并将结果送回目的操作数。

OR 指令操作数的类型与 AND 相同, 即目的操作数可以是寄存器或存储器, 源操作数可以是立即数、寄存器或存储器。但两个操作数不能同时都是存储器。例如:

```
        OR   BL, 0F6H            ; 寄存器"或"立即数
        OR   AX, BX             ; 寄存器"或"寄存器
        OR   CL, BETA[BX][DI]   ; 寄存器"或"存储器
        OR   GAMMA[SI], DX      ; 存储器"或"寄存器
```

OR MEM_BYTE, 80H   ; 存储器 "或" 立即数

OR 指令的一个常见的用途是将寄存器或存储器中某些特定的位设置成 "1", 而不管这些位原来的状态如何, 同时使其余位保持原来的状态不变。为此, 应将需置 "1" 的位和 "1" 进行逻辑 "或", 而将要求保持不变的位和 "0" 进行逻辑 "或"。例如, 以下指令可将 AH 寄存器及 AL 寄存器的最高位同时置 "1", 而 AX 中的其余位保持不变:

OR   AX, 8080H   ; (AX)∨(10000000 10000000B)

AND 指令和 OR 指令有一个共同的特性: 如果将一个寄存器的内容和该寄存器本身进行逻辑 "与" 操作或者逻辑 "或" 操作, 则寄存器原来的内容不会改变, 但寄存器中的内容将影响 SF、ZF 和 PF 状态标志位, 且将 OF 和 CF 清零。

利用这个特性, 可以在数据传送指令之后, 使该数据影响标志, 然后可以判断数据的正负。又如, 以下几条指令判断数据是否为零。

MOV AX, DATA   ; (AX)←DATA

OR   AX, AX   ; 影响标志(用 AND AX, AX 指令亦可)

JZ   ZERO   ; 如果为零, 则转移到 ZERO

⋮   ; 否则, …

ZERO: …

上述程序中如果不使用 OR AX, AX(或 AND AX, AX)指令, 则不能紧跟着进行条件判断和程序转移, 因为 MOV 指令不影响标志位。当然采用 CMP AX, 0 指令代替上述 AND 或 OR 指令也可以得到同样的效果, 但比较指令字节较多, 执行速度较慢。

4) 逻辑 "异或" 指令 XOR (logical eXclusive OR)

指令格式及操作:

XOR dst, src   ; (dst)←(dst)⊕(src)

XOR 指令将目的操作数和源操作数按位进行逻辑 "异或" 运算, 并将结果送回目的操作数。XOR 指令操作数的类型和 AND、OR 指令均相同, 此处不再赘述, 请看下面的例子:

XOR DI, 23F6H   ; 寄存器 "异或" 立即数

XOR SI, DX   ; 寄存器 "异或" 寄存器

XOR CL, BUFFER   ; 寄存器 "异或" 存储器

XOR MEM[BX], AX   ; 存储器 "异或" 寄存器

XOR TABLE[BP][SI], 3DH ; 存储器 "异或" 立即数

XOR 指令的一个用途是将寄存器或存储器中某些特定的位 "求反", 而使其余位保持不变。为此, 可将欲 "求反" 的位和 "1" 进行 "异或", 而将要求保持不变的位和 "0" 进行 "异或"。例如, 若要使 AL 寄存器中的第 1、3、5、7 位求反, 第 0、2、4、6 位保持不变, 则只需将 AL 和 10101010B(即 0AAH) "异或" 即可。

MOV AL, 0FH   ; (AL)=00001111B

XOR AL, 0AAH   ; (AL)=10100101B(0A5H)

XOR 指令的另一个用途是将寄存器的内容清零, 例如:

XOR AX, AX   ; AX 清零

XOR CX, CX   ; CX 清零

而且, 上述指令和 AND、OR 等指令一样, 也将进位标志 CF 清零。

XOR 指令的这种特性在多字节的累加程序中十分有用，它可以在循环程序开始前的初始化工作中将一个用作累加器的寄存器清零，并使进位标志 CF 清零。

例 4.8 从偏移地址 TABLE 开始的内存区中，存放着 100 个字节型数据，要求将这些数进行累加，并将累加和的低位存 SUM 单元，高位存 SUM+1 单元。程序如下：

```
        LEA  BX，TABLE   ;(BX)←数据表地址指针
        MOV  CL，100      ;(CL)←数据块长度
        XOR  AX，AX       ;清 AL、AH，并清进位 CF
LOOPER：ADD  AL，[BX]     ;加一个数到 AL
        JNC  GOON         ;如果(CF)=0，则转移到 GOON
        INC  AH           ;否则，AH 加 1
GOON：  INC  BX           ;地址指针加 1
        DEC  CL           ;计数值减 1
        JNZ  LOOPER       ;如果(CL)≠0，则转移到 LOOPER
        MOV  SUM，AX      ;否则，(SUM)←(AL)，(SUM+1)←(AH)
        HLT               ;停止
```

5) 逻辑"非"运算 NOT (logical NOT)

指令格式及操作：

```
NOT dst   ;(dst)←0FFH-(dst)   (字节求反)
          ;(dst)←0FFFFH-(dst)(字求反)
```

NOT 指令的操作数可以是 8 位或 16 位的寄存器或存储器，但不能对一个立即数执行逻辑"非"操作。以下是 NOT 指令的几个例子：

```
NOT  AH                 ;8 位寄存器操作数求反
NOT  CX                 ;16 位寄存器操作数求反
NOT  BYTE PTR[BP]       ;8 位存储器操作数求反
NOT  WORD PTR COUNT     ;16 位存储器操作数求反
```

2. 移位指令

8086/8088 指令系统的移位指令包括逻辑左移 SHL、算术左移 SAL、逻辑右移 SHR、算术右移 SAR 等指令，其中 SHL 和 SAL 指令的操作完全相同。移位指令的操作对象可以是一个 8 位或 16 位的寄存器或存储器，移位操作可以是向左或向右一次移一位，也可以一次移多位。当要求一次移多位时，指令规定移动位数必须放在 CL 寄存器中，即指令中规定的移位次数不允许是 1 以外的常数或 CL 以外的寄存器。移位指令都影响状态标志位，但影响的方式各条指令不尽相同。

1) 逻辑左移/算术左移指令 SHL/SAL(SHift logical Left/Shift Arithmetic Left)

指令格式：

```
        SHL dst，1/SAL dst，1
```

或

```
        SHL dst，CL/SAL dst，CL
```

这两条指令的操作是将目的操作数顺序向左移 1 位或移 CL 寄存器中指定的位数。左移 1 位时，操作数的最高位移入进位标志 CF，最低位补 0。左移一次可实现 dst 乘以 2 操作。

SHL/SAL 指令将影响 CF 和 OF 两个状态标志位，如果移位次数等于 1，且移位以后目的操作数新的最高位与 CF 不相等，则溢出标志 OF=1，否则 OF=0。因此 OF 的值表示移位操作是否改变了符号位。如果移位次数不等于 1，则 OF 的值不确定。以下是 SHL/SAL 指令的几个例子：

```
SHL  AH，1              ; 寄存器左移 1 位
SAL  SI，CL             ; 寄存器左移(CL)位
SAL  WORD PTR[BX+5]，1  ; 存储器左移 1 位
SHL  BYTE PTR DATA，CL  ; 存储器左移(CL)位
```

例 4.9　将一个 16 位无符号数乘以 10。该数原来存放在以 FACTOR 为首地址的两个连续的存储单元中(低位在前，高位在后)。

因为 FACTOR×10=(FACTOR×8)+(FACTOR×2)，故可用左移指令实现以上乘法运算。编程如下：

```
MOV AX，FACTOR          ; (AX)←被乘数
SHL  AX，1              ; (AX)=FACTOR×2
MOV BX，AX             ; 暂存 BX
SHL  AX，1              ; (AX)=FACTOR×4
SHL  AX，1              ; (AX)=FACTOR×8
ADD  AX，BX             ; (AX)=FACTOR×10
HLT
```

以上程序的执行时间大约需 26 个时钟。如用乘法指令编程，执行时间将超过 130 个时钟。

2) 逻辑右移指令 SHR(SHift logical Right)

指令格式：

```
SHR dst，1/CL
```

SHR 指令的操作是将目的操作数顺序向右移 1 位或由 CL 寄存器指定的位数。逻辑右移一位时，操作数的最低位移到进位标志 CF，最高位补 0。右移一次可实现 dst 除以 2 操作。

SHR 指令也将影响 CF 和 OF 状态标志位。如果移位次数等于 1，且移位以后新的最高位与次高位不相等，则 OF=1，否则 OF=0。实质上此时 OF 的值仍然表示符号位在移位前后是否改变。如果移位次数不等于 1，则 OF 的值不定。

下面是 SHR 指令的几个例子。

```
SHR  BL，1              ; 寄存器逻辑右移 1 位
SHR  AX，CL             ; 寄存器逻辑右移(CL)位
SHR  BYTE PTR[DI+BP]，1 ; 存储器逻辑右移 1 位
SHR  WORD PTR BLOCK，CL ; 存储器逻辑右移(CL)位
```

例 4.10　将一个 16 位无符号数除以 512。该数原来存放在以 DIVIDAND 为首地址的两个连续的存储单元中。

因为 512 为 2^9，故可通过将 DIVIDAND 逻辑右移 9 次来完成该除法运算，编程如下：

```
MOV AX，DIVIDAND        ; (AX)←被除数
MOV CL，9               ; 移位次数送 CL
```

```
      SHR    AX，CL
      HLT
```

3) 算术右移指令 SAR(Shift Arithmetic Right)

指令格式：

　　SAR dst，1/CL

SAR 指令的操作数与逻辑右移指令 SHR 有点类似，将目的操作数向右移 1 位或由 CL 寄存器指定的位数，操作数的最低位移到进位标志 CF。它与 SHR 指令的主要区别是，算术右移时，最高位保持不变。

算术右移指令对状态标志位 CF、OF、PF、SF 和 ZF 有影响，但使 AF 的值不确定。

算术右移指令 SAR 的例子如下：

```
      SAR    AL，1                    ；寄存器算术右移 1 位
      SAR    DI，CL                   ；寄存器算术右移(CL)位
      SAR    WORD PTR TABLE[SI]，1    ；存储器算术右移 1 位
      SAR    BYTE PTR STATUS，CL      ；存储器算术右移(CL)位
```

3. 循环移位指令

8086/8088 指令系统有四条循环移位指令，它们是不带进位标志 CF 的左循环移位指令 ROL 和右循环移位指令 ROR(也称小循环)，以及带进位标志 CF 的左循环移位指令 RCL 和右循环移位指令 RCR(也称大循环)。

循环移位指令的操作数类型与移位指令相同，可以是 8 位或 16 位的寄存器或存储器。指令中指定的左移或右移的位数也可以是 1 或由 CL 寄存器指定，但不能是 1 以外的常数或 CL 以外的其他寄存器。

所有循环移位指令都只影响进位标志 CF 和溢出标志 OF，但 OF 标志的含义对于左循环移位指令和右循环移位指令有所不同。

1) 循环左移指令 ROL(ROtate Left)

指令格式：

　　ROL dst，1/CL

ROL 指令将目的操作数向左循环移动 1 位或 CL 寄存器指定的位数。最高位移到进位标志 CF，同时，最高位移到最低位形成循环，进位标志 CF 不在循环回路之内。

ROL 指令将影响 CF 和 OF 两个状态标志位。如果循环移位次数等于 1，且移位以后目的操作数新的最高位与 CF 不相等，则(OF)=1，否则(OF)= 0。因此，OF 的值表示循环移位前后符号位是否有所变化。如果移位次数不等于 1，则 OF 的值不确定。

ROL 指令的例子如下：

```
      ROL    BH，1                    ；寄存器循环左移 1 位
      ROL    DX，CL                   ；寄存器循环左移(CL)位
      ROL    WORD PTR [DI]，1         ；存储器循环左移 1 位
      ROL    BYTE PTR ALPHA，CL       ；存储器循环左移(CL)位
```

2) 循环右移指令 ROR(ROtate Right)

指令格式：

　　　　ROR dst，1/CL

　　ROR 指令将目的操作数向右循环移动 1 位或 CL 寄存器指定的位数。最低位移到进位标志 CF，同时最低位移到最高位。

　　ROR 指令也将影响状态标志位 CF 和 OF。若循环移位次数等于 1 且移位后新的最高位和次高位不等，则(OF)=1，否则(OF)=0。若循环移位次数不等于 1，则 OF 的值不确定。

　　下面是 ROR 指令的几个例子。

ROR	CX，1	；寄存器循环右移 1 位
ROR	BH，CL	；寄存器循环右移(CL)位
ROR	BYTE PTR BETA，1	；存储器循环右移 1 位
ROR	WORD PTR ALPHA，CL	；存储器循环右移(CL)位

3) 带进位循环左移指令 RCL(Rotate Left through Carry)

指令格式：

　　　　RCL dst，1/CL

　　RCL 指令将目的操作数连同进位标志 CF 一起向左循环移动 1 位或由 CL 寄存器指定的位数。最高位移入 CF，而 CF 移入最低位。

　　RCL 指令对状态标志位的影响与 ROL 指令相同。

4) 带进位循环右移指令 RCR(Rotate Right through Carry)

指令格式：

　　　　RCR dst，1/CL

　　RCR 指令将目的操作数与进位标志 CF 一起向右循环移动 1 位，或由 CL 寄存器指定的位数。最低位移入进位标志 CF，CF 则移入最高位。

　　RCR 指令对状态标志位的影响与 ROR 指令相同。

　　这里介绍的四条循环移位指令与前面讨论过的移位指令有所不同，循环移位之后，操作数中原来各位的信息不会丢失，而只是移到了操作数中的其他位或进位标志上，必要时还可以恢复。

　　利用循环移位指令可以对寄存器或存储器中的任一位进行位测试。例如要求测试 AL 寄存器中第 5 位的状态是"0"还是"1"，则可利用以下指令实现：

MOV CL，3		；(CL)←移位次数
ROL	AL，CL	；(CF)←AL 的第 5 位
JNC	ZERO	；若(CF)=0，则转 ZERO
⋮		；否则 …
ZERO： …		

4.3.4　串操作指令

　　8086/8088 指令系统中有一组十分有用的串操作指令，这些指令的操作对象不只是单个的字节或字，而是内存中地址连续的字节串或字串。在每次基本操作后，能够自动修改地址，为下一次操作做好准备。串操作指令还可以加上重复前缀，此时指令规定的操作将一直重复下去，直到完成预定的重复次数。

　　串操作指令共有五条：串传送指令(MOVS)、串装入指令(LODS)、串送存指令(STOS)、串比较指令(CMPS)和串扫描指令(SCAS)，如表 4.9 所示。

表 4.9　串 操 作 指 令

指令类型	指令格式	操作功能	对标志位的影响					
			O	S	Z	A	P	C
串传送指令	MOVS Dstring, Sstring MOVSB MOVSW	((ES):(DI))←((DS):(SI)) (SI)←(SI)±1，(DI)←(DI)±1 (SI)←(SI)±2，(DI)←(DI)±2	×	×	×	×	×	×
串装入指令	LODS　Sstring LODSB LODSW	(AL)/(AX)←((DS):(SI)) (SI)←(SI)±1 (SI)←(SI)±2	×	×	×	×	×	×
串送存指令	STOS　Dstring STOSB STOSW	((ES):(DI))←(AL)/(AX) (DI)←(DI)±1 (DI)←(DI)±2	×	×	×	×	×	×
串比较指令	CMPS Sstring, Dstring CMPSB CMPSW	((DS):(SI))−((ES):(DI)) (SI)←(SI)±1，(DI)←(DI)±1 (SI)←(SI)±2，(DI)←(DI)±2	○	○	○	○	○	○
串扫描指令	SCAS　Dstring SCASB SCASW	(AL)/(AX)−((ES):(DI)) (DI)←(DI)±1 (DI)←(DI)±2	○	○	○	○	○	○
指令重复前缀	REP REPE/REPZ REPNE/REPNZ	(CX)≠0 时重复 (CX)≠0 且(ZF)=1 时重复 (CX)≠0 且(ZF)=0 时重复						

注：×—运算结果不影响标志位；○—运算结果影响标志位。

上述串操作指令的基本操作各不相同，但都具有以下几个共同特点：

(1) 总是用 SI 寄存器寻址源操作数，用 DI 寄存器寻址目的操作数。源操作数常存放在现行的数据段，隐含段寄存器 DS，但也允许段超越。目的操作数总是在现行的附加数据段，隐含段寄存器 ES，不允许段超越。

(2) 每一次操作以后修改地址指针，是增量还是减量取决于方向标志 DF。当(DF)=0 时，地址指针增量，即字节操作时地址指针加 1，字操作时地址指针加 2。当(DF)=1 时，地址指针减量，即字节操作时地址指针减 1，字操作时地址指针减 2。

(3) 有的串操作指令可加重复前缀，指令按规定的操作重复进行，重复操作的次数由 CX 寄存器决定。

(4) 若串操作指令的基本操作影响零标志 ZF(如 CMPS、SCAS)，则可加重复前缀 REPE/REPZ 或 REPNE/REPNZ，此时操作重复进行的条件不仅要求(CX)≠0，而且同时要求 ZF 的值满足重复前缀中的规定(REPE/REPZ 要求(ZF)=1，REPNE/REPNZ 要求(ZF)=0)。

如果在串操作指令前加上重复前缀，则 CPU 按图 4.27 所示的步骤执行。

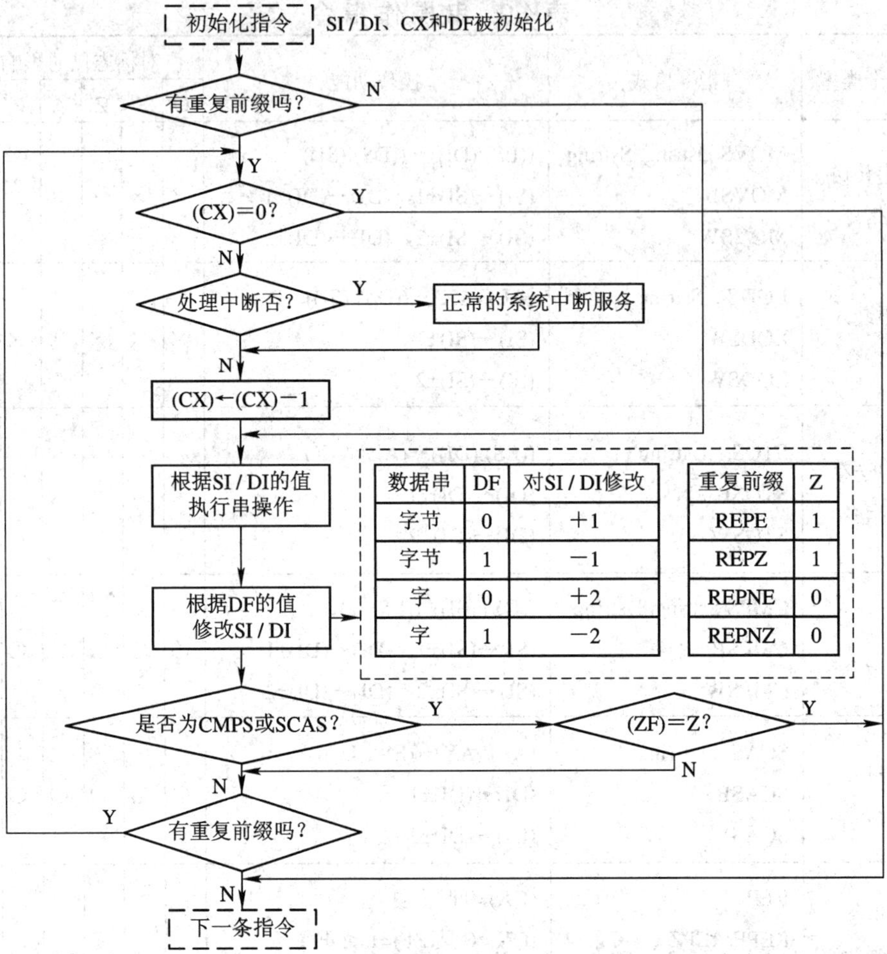

图 4.27　串操作的执行过程流程图

(5) 串操作汇编指令的格式可以写上操作数，也可以只在指令助记符后加上字母"B"(字节操作)或 "W"(字操作)。加上字母 "B" 或 "W" 后，指令助记符后面不允许再写操作数。下面分别进行介绍。

1. 串传送指令 MOVS (MOVe String)

指令格式：

　　[REP] MOVS [ES：]dst_string，[seg：]src_string

　　[REP] MOVSB

　　[REP] MOVSW

MOVS 指令也称为字符串传送指令，它将一个字节或字从存储器的某个区域传送到另一个区域，然后根据方向标志 DF 自动修改地址指针。其执行的操作为：

① ((ES)：(DI))←((DS):(SI))

② (SI)←(SI)± 1，(DI)←(DI) ± 1 (字节操作)

$(SI) \leftarrow (SI) \pm 2$，$(DI) \leftarrow (DI) \pm 2$ (字操作)

其中，当方向标志 DF=0 时用"+"，当方向标志 DF=1 时用"－"。

串传送指令不影响状态标志位。

以上各种格式中，凡是方括号中内容均表示任选项，即这些项可有可无。

在第一种格式中，串操作指令给出源操作数和目的操作数，此时指令执行字节操作还是字操作，取决于这两个操作数定义时的类型。列出源操作数和目的操作数的作用有二：首先，用以说明操作对象的类型(字节或字)；其次，明确指出涉及的段寄存器(seg)。指令执行时，实际仍用 SI 和 DI 寄存器寻址操作数。如果在指令中采用 SI 和 DI 来表示操作数，则必须用类型运算符 PTR 说明操作对象的类型。第一种格式的一个重要优点是可以对源字符串进行段重设(但目的字符串的段地址只能在 ES，不可进行段重设)，即可以段超越。

在第二种和第三种格式中，串操作指令字符的后面加上一个字母"B"或"W"，指出操作对象是字节串或字串。但要注意，在这两种情况下，指令后面不允许出现操作数。例如以下指令都是合法的：

REP MOVS	DATA2，DATA1	；操作数类型应预先定义
	MOVS BUFFER2，ES：BUFFER1	；源操作数进行段重设
REP MOVS	WORD PTR[DI]，[SI]	；用变址寄存器表示操作数
REP MOVSB		；字节串传送
	MOVSW	；字串传送

但以下表示方法是非法的：

  MOVSB DEST，ES：SRC

串操作指令常常与重复前缀联合使用，这样不仅可以简化程序，而且可提高运行速度。

例 4.11 将数据段中首地址为 BUFFER1 的 200 个字节传送到附加数据段首地址为 BUFFER2 的内存区中。使用字节串传送指令的程序段如下：

LEA	SI，BUFFER1	；(SI)←源串首地址指针
LEA	DI，BUFFER2	；(DI)←目的串首地址指针
MOV	CX，200	；(CX)←字节串长度
CLD		；清方向标志 DF
REP	MOVSB	；传送 200 个字节
HLT		；停止

2. 串装入指令 LODS(LOaD String)

指令格式：

  LODS [seg：]src_string

  LODSB

  LODSW

LODS 指令是将一个字符串(源串，缺省在数据段中)中的字节或字逐个装入累加器 AL 或 AX 中。指令的基本操作为：

  ① $(AL) \leftarrow ((DS):(SI))$ 或 $(AX) \leftarrow ((DS):(SI))$

②　(SI)←(SI) ±1 (字节操作)

　　(SI)←(SI) ±2 (字操作)

其中，当方向标志 DF=0 时用"+"，当方向标志 DF=1 时用"−"。

LODS 指令不影响状态标志位，而且一般不带重复前缀。因为将字符串的各个值重复地装入到累加器中没有什么意义。

例 4.12　内存中以 BUFFER 为首址的缓冲区内有 10 个非压缩型 BCD 码形式存放的十进制数，它们的值可能是 0～9 中的任意一个，将这些十进制数顺序显示在屏幕上。

在屏幕上显示一个字符的方法(详见本书第 5 章第 5.4 节的 DOS 系统功能调用部分)是：

```
MOV  AH，02H        ；(AH)←DOS 系统功能号(在屏幕上显示一个字符)
MOV  DL，'Y'        ；(DL)←待显示字符 Y 的 ASCII 码值
INT   21H          ；调用 DOS 的 21H 中断
```

根据题意可编程如下：

```
         LEA   SI，BUFFER   ；(SI)←缓冲区首址
         MOV   CX，10       ；(CX)←字符串长度
         CLD                ；清状态标志位 DF
         MOV   AH，02H      ；(AH)←功能号
GET：    LODSB              ；取一个 BCD 码到 AL
         OR    AL，30H      ；BCD 码转换为 ASCII 码
         MOV   DL，AL       ；(DL)←字符的 ASCII 码
         INT   21H          ；显示
         DEC   CX           ；(CX)←(CX)−1
         JNZ   GET          ；未完成 10 个字符则重复
         HLT
```

3. 串送存指令 STOS(STOre String)

指令格式：

```
[REP] STOS    [ES：]dst_string
[REP] STOSB
[REP] STOSW
```

STOS 指令是将累加器 AL 或 AX 的值送存到内存缓冲区(目的串，缺省在附加数据段中)的某个位置上。指令的基本操作为：

①　((ES):(DI))←(AL)　或　((ES):(DI))←(AX)

②　(DI)←(DI) ±1 (字节操作)

　　(DI)←(DI) ±2 (字操作)

其中，当方向标志 DF=0 时用"+"，当方向标志 DF=1 时用"−"。

STOS 指令对状态标志位没有影响。指令若加上重复前缀 REP，则操作将一直重复进行下去，直到(CX)=0。

例 4.13　将字符"#"装入以 AREA 为首址的 100 个字节中。

```
LEA      DI，AREA
MOV      AX，'##'
MOV      CX，50
CLD
REP      STOSW
HLT
```

程序采用了送存 50 个字('##')而不是送存 100 个字节('#')的方法。这两种方法程序执行的结果是相同的，但前者执行速度要更快一些。

例 4.14　一个数据块由大写或小写的英文字母、数字和各种其他符号组成，其结束符是回车符 CR(ASCII 码为 0DH)，数据块的首地址为 BLOCK1。将数据块传送到以 BLOCK2 为首地址的内存区，并将其中所用的英文小写字母(a~z)转换成相应的大写字母(A~Z)，其余不变。

前面已经讨论过英文小写字母与相应的大写字母的 ASCII 码之间有一定的关系，即只需将小写字母的 ASCII 码减 20H，即可得到相应大写字母的 ASCII 码。程序如下：

```
         LEA   SI，BLOCK1      ；(SI)←源地址指针
         LEA   DI，BLOCK2      ；(DI)←目标地址指针
         CLD                   ；清方向标志 DF
NEXT：   LODSB                 ；取一个字符到 AL
         CMP   AL，0DH         ；是否回车符
         JZ    DONE            ；是，则转 DONE
         CMP   AL，61H         ；否则，是否小于'a'
         JC    OK              ；是，则转 OK
         CMP   AL，7BH         ；是否大于'z'
         JNC   OK              ；是，转 OK
         SUB   AL，20H         ；否则，AL 减 20H
OK：     STOSB                 ；送存
         JMP   NEXT            ；转移到 NEXT
DONE：   HLT                   ；停止
```

4. 串比较指令 CMPS (CoMPare String)

指令格式：

[REPE/REPNE] CMPS [seg：]src_string，[ES：]dst_string

[REPE/REPNE] CMPSB

[REPE/REPNE] CMPSW

该指令是将两个字符串中相应的元素逐个进行比较(即相减)，但不将比较结果送回目的操作数，而反映在状态标志位上。CMPS 指令对状态标志位 SF、ZF、AF、PF、CF 和 OF 有影响。指令的基本操作为：

① $((DS):(SI))-((ES):(DI))$

② (SI)←(SI) ±1，(DI)←(DI) ±1 (字节操作)

(SI)←(SI) ±2，(DI)←(DI) ±2 (字操作)

CMPS 指令与其他指令有所不同，指令中的源操作数在前，而目的操作数在后。另外，CMPS 指令可以加重复前缀 REPE(也可以写成 REPZ)或 REPNE(也可以写成 REPNZ)，这是由于 CMPS 指令影响标志 ZF。如果两个被比较的字节或字相等，则(ZF)=1，否则(ZF)=0。REPE 或 REPZ 表示当(CX)≠0，且(ZF)=1 时继续进行比较。REPNE 或 REPNZ 表示当(CX)≠0，且(ZF)=0 时继续进行比较。

如果想在两个字符串中寻找第一个不相等的字符，则应使用重复前缀 REPE 或 REPZ，当遇到第一个不相等的字符时，就停止进行比较。但此时地址已被修改，即(DS:SI)和(ES:DI)已经指向下一个字节或字地址。应将 SI 和 DI 进行修正，使之指向所要寻找的不相等字符。同理，如果想要寻找两个字符串中第一个相等的字符，则应使用重复前缀 REPNE 或 REPNZ。

例 4.15　比较两个字符串，找出其中第一个不相等字符的地址。如果两个字符全部相同，则转到 ALLMATCH 进行处理。这两个字符串长度均为 20，首地址分别为 STRING1 和 STRING2。

```
          LEA      SI，STRING1     ; (SI)←字符串 1 首地址
          LEA      DI，STRING2     ; (DI)←字符串 2 首地址
          MOV      CX，20          ; (CX)←字符串长度
          CLD                      ; 清方向标志 DF
          REPE     CMPSB           ; 若相等，则重复进行比较
          JZ       ALLMATCH        ; 若(ZF)=0，则跳至 ALLMATCH
          DEC      SI              ; 否则(SI)−1
          DEC      DI              ; (DI)−1
          HLT                      ; 停止
ALLMATCH: MOV      SI，0
          MOV      DI，0
          HLT                      ; 停止
```

5. 串扫描指令 SCAS(SCAn String)

指令格式：

　　　　[REPE/REPNE] SCAS [ES:]dst_string

　　　　[REPE/REPNE] SCASB

　　　　[REPE/REPNE] SCASW

SCAS 指令是在一个字符串中搜索特定的关键字。字符串的起始地址只能放在(ES:DI)中，不允许段超越。待搜索的关键字必须放在累加器 AL 或 AX 中。SCAS 指令的基本操作为：

① (AL)−((ES):(DI))　或　(AX)−((ES):(DI))

② (DI)←(DI)±1 (字节操作)

(DI)←(DI) ±2 (字操作)

SCAS 指令将累加器的内容与字符串中的元素逐个进行比较，比较结果也反映在状态标志位上。SCAS 指令将影响状态标志位 SF、ZF、AF、PF、CF 和 OF。如果累加器的内容与字符串中的元素相等，则比较之后(ZF)=1，因此，指令可以加上重复前缀 REPE 或 REPNE。前缀 REPE(即 REPZ)表示当(CX)≠0，且(ZF)=1 时继续进行扫描。而 REPNE(即 REPNZ)表示当(CX)≠0，且(ZF)=0 时继续进行扫描。

例 4.16　在包含 100 个字符的字符串中寻找第一个回车符 CR(其 ASCII 码为 0DH)，找到后将其地址保留在(ES:DI)中，并在屏幕上显示字符"Y"。如果字符串中没有回车符，则在屏幕上显示字符"N"。该字符串的首地址为 STRING。根据要求可编程如下：

```
        LEA     DI, STRING     ; (DI)←字符串首址
        MOV     AL, 0DH        ; (AL)←回车符
        MOV     CX, 100        ; (CX)←字符串长度
        CLD                    ; 清状态标志位 DF
        REPNE   SCASB          ; 如未找到，重复扫描
        JZ      MATCH          ; 如找到转 MATCH
        MOV     DL, 'N'        ; 字符串中无回车，则(DL)←'N'
        JMP     DSPY           ; 转到 DSPY
MATCH:  DEC     DI             ; (DI)←(DI)−1
        MOV     DL, 'Y'        ; (DL)←'Y'
DSPY:   MOV     AH, 02H
        INT     21H            ; 显示字符
        HLT
```

关于串操作指令的重复前缀、操作数以及地址指针所用的寄存器等情况归纳于表 4.10。

表 4.10　串操作指令的重复前缀、操作数和地址指针

指　　令	重复前缀	操　作　数	地址指针寄存器
MOVS	REP	目的，源	ES:DI，DS:SI
LODS	无	源	DS:SI
STOS	REP	目的	ES:DI
CMPS	REPE/REPNE	源，目的	DS:SI，ES:DI
SCAS	REPE/REPNE	目的	ES:DI

4.3.5　控制转移指令

8086/8088 指令系统提供了大量指令用于控制程序的流程。这类指令包括转移指令(无条件转移指令和条件转移指令两类)、循环控制指令、过程调用与返回指令和中断指令等四类，如表 4.11 和表 4.12 所示。

表 4.11　程序控制指令(一)

指令类型	指令格式	操 作 功 能	说　明
无条件 转移指令	JMP disp8 JMP disp16	(IP)←(IP)+disp8/disp16	段内直接转移
	JMP mem/reg	(IP)←(EA)	段内间接转移
	JMP addr	(IP)←OFFSET addr (CS)←SEG addr	段间直接转移
	JMP mem	(IP)←(EA) (CS)←(EA+2)	段间间接转移
过程调用与 返回指令	CALL disp16	(SP)←(SP)−2 ((SP)+1:(SP))←(IP) (IP)←(IP)+disp16	段内直接调用
	CALL mem/reg	(SP)←(SP)−2 ((SP)+1:(SP))←(IP) (IP)←(EA)	段内间接调用
	CALL addr32	(SP)←(SP)−2 ((SP)+1:(SP))←(IP) (IP)←OFFSET addr 32 (SP)←(SP)−2 ((SP)+1:(SP))←(IP) (IP)←SEG addr 32	段间直接调用
	CALL mem	(SP)←(SP)−2 ((SP)+1:(SP))←(IP) (IP)←(EA) (SP)←(SP)−2 ((SP)+1:(SP))←(IP) (IP)←(EA+2)	段间间接调用
	RET	(IP)←((SP)+1:(SP)) (SP)←(SP)+2	段内过程返回
	RET disp16	(IP)←((SP)+1:(SP)) (SP)←(SP)+2 (SP)←(SP)+disp16	段内过程返回 并使(SP)加上 disp16
	RETF	(IP)←((SP)+1:(SP)) (SP)←(SP)+2 (CS)←((SP)+1:(SP)) (SP)←(SP)+2	段间过程返回
	RETF disp16	(IP)←((SP)+1:(SP)) (SP)←(SP)+2 (CS)←((SP)+1:(SP)) (SP)←(SP)+2 (SP)←(SP)+disp16	段间过程返回 并使(SP)加上 disp16

表 4.12 程序控制指令(二)

指令类型	指令格式	操作功能	测试条件	转移条件
条件转移指令	JE/JZ disp8	(IP)←(IP)+disp8	(ZF)=1	等于/零转移
	JNE/JNZ disp8	(IP)←(IP)+disp8	(ZF)=0	不等于/非零转移
	JS disp8	(IP)←(IP)+disp8	(SF)=1	负转移
	JNS disp8	(IP)←(IP)+disp8	(SF)=0	正转移
	JP/JPE disp8	(IP)←(IP)+disp8	(PF)=1	偶转移
	JNP/JPO disp8	(IP)←(IP)+disp8	(PF)=0	奇转移
	JO disp8	(IP)←(IP)+disp8	(OF)=1	溢出转移
	JNO disp8	(IP)←(IP)+disp8	(OF)=0	不溢出转移
	JC disp8	(IP)←(IP)+disp8	(CF)=1	进位转移
	JNC disp8	(IP)←(IP)+disp8	(CF)=0	不进位转移
	JA/JNBE disp8	(IP)←(IP)+disp8	(CF)=0 且(ZF)=0	高于/不低于或等于转移
	JAE/JNB disp8	(IP)←(IP)+disp8	(CF)=0 或(ZF)=1	高于或等于/不低于转移
	JB/JNAE disp8	(IP)←(IP)+disp8	(CF)=1 且(ZF)=0	低于/不高于或等于转移
	JBE/JNA disp8	(IP)←(IP)+disp8	(CF)=1 或(ZF)=1	低于或等于/不高于转移
	JG/JNLE disp8	(IP)←(IP)+disp8	(SF)=(OF)且(ZF)=0	大于/不小于或等于转移
	JGE/JNL disp8	(IP)←(IP)+disp8	(SF)=(OF)或(ZF)=1	大于或等于/不小于转移
	JL/JNGE disp8	(IP)←(IP)+disp8	(SF)≠(OF)且(ZF)=0	小于/不大于或等于转移
	JLE/JNG disp8	(IP)←(IP)+disp8	(SF)≠(OF)或(ZF)=1	小于或等于/不大于转移
	JCXZ disp8	(IP)←(IP)+disp8	(CX)=0	CX 等于零转移
循环控制指令	LOOP disp8	(IP)←(IP)+disp8	(CX)=(CX)−1 (CX)≠0	(CX)≠0 则转移
	LOOPE disp8 LOOPZ disp8	(IP)←(IP)+disp8	(CX)=(CX)−1 (CX)≠0 且(ZF)=1	为零/相等时转移
	LOOPNE disp8 LOOPNZ disp8	(IP)←(IP)+disp8	(CX)=(CX)−1 (CX)≠0 且(ZF)=0	非零/不相等时转移

说明:表中同一行内用斜杠隔开的几个助记符,实质上是同一条指令的不同表示。

1. 转移指令

转移是一种将程序控制从一处改换到另一处的最直接的方法。在 CPU 内部,转移是通过将目标地址传送给 CS 和 IP(段间转移)或 IP(段内转移)来实现的。

转移指令包括无条件转移指令和条件转移指令。

1) 无条件转移指令 JMP(Jump)

无条件转移指令的操作是无条件地将控制转移到指令中指定的目标地址。另外,目标地址可以用直接的方式给出,也可以用间接的方式给出。无条件转移指令对状态标志位没有影响。

(1) 段内直接转移。指令格式及操作:

```
JMP    near_label        ;(IP)←(IP)+disp(16 位)
```

指令的操作数是一个近标号,该标号在本段内。指令汇编以后,计算出 JMP 指令的下一条指令的地址到目标地址之间的 16 位相对位移量 disp。指令的操作是将指令指针寄存器 IP 的内容加上相对位移量 disp，代码段寄存器 CS 的内容不变，从而使控制转移到本代码段内的目标地址处。相对位移量可正可负，其范围为 −32 768～+32 767。例如：

```
        JMP      NEXT
        AND      AL，7FH
NEXT：  XOR      AL，7FH
```

其中，NEXT 是本段内的一个标号，汇编语言计算出下一条指令(即 AND AL，7FH)的地址与标号 NEXT 代表的地址之间的相对位移量，执行 JMP NEXT 指令时，将上述位移量加到 IP 上，于是执行 JMP 指令之后接着就执行 XOR AL，7FH 指令，实现了程序的转移。

(2) 段内直接短转移。指令格式及操作：

```
    JMP Short_label            ；(IP)←(IP)+disp(8 位)
```

段内直接短转移指令的操作数是一个短标号。此时，相对位移量 disp 的范围为 −128～+127。如果已知下一条指令到目标地址之间的相对位移量在 −128～+127 的范围内，则可在标号前写上运算符 SHORT，实现段内直接短转移。但是，对于一个段内直接转移指令，如果相对位移量的范围为 −128～+127，而且目标地址的标号已经定义(即标号先定义后引用，这种情况称为向后引用的符号)，那么即使在标号前没有写上运算符 SHORT，汇编程序也能自动生成一个 2 字节的短转移指令。这种情况属于隐含的短转移。如果向前引用标号(即标号先引用，后定义)，则在跳转指令的标号前写上运算符 SHORT(如 JMP SHORT target)，否则，即使位移量的范围不超过 −128～+127，汇编后仍会生成一个 3 字节的近转移指令。

例如：

```
    JMP SHORT ALPHA
```

该指令采用了段内直接寻址方式。符号地址 ALPHA 代表位移量。设 ALPHA=20H，开始执行该指令时，(CS)=1500H，(IP)=3200H。

该指令在存储器中的起始地址为：(CS)× 10H＋(IP)=15000H+3200H=18200H。当指令执行时，转移有效地址为：EA=当前(IP)+ALPHA=3202H+20H=3222H，因此转移的目标地址为：(CS)×10H+EA=15000H+3222H=18222H。执行完这条指令后，IP 的内容变成 3222H(不再是 3202H)，CPU 将转移到存储单元地址 18222H 中去取指令来执行。指令执行情况如图 4.28 所示。

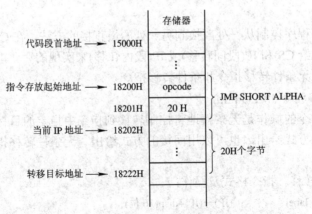

图 4.28　段内直接寻址方式的指令执行情况

(3) 段内间接转移。指令格式及操作：

  JMP reg16/mem16   ; $(IP) \leftarrow (reg16)/(IP) \leftarrow (mem16)$

  指令的操作是一个 16 位的寄存器(reg16)或存储器(mem16)地址。存储器可用各种寻址方式。指令的操作是用指定的寄存器或存储器中的内容取代当前 IP 的值，以实现程序的转移。由于是段内转移，故 CS 寄存器的内容不变。下面是几条段内间接转移指令。

  JMP AX

  JMP SI

  JMP TABEL[BX]

  JMP ALPHA_WORD

  JMP WORD PTR[BP][DI]

上面前两条指令的操作数是 16 位寄存器。第三、四条指令的操作数是已被定义成 16 位的存储器操作数。第五条指令利用运算符"PTR"将存储器操作数定义为 WORD(字，即 16 位)。

  例如：

  JMP WORD PTR BETA

本指令可使程序转移到根据 BETA 指示的内存单元中取出的偏移地址开始执行指令。指令采用的是段内间接寻址方式。指令的操作数地址是一个符号地址 BETA，所以可用数据寻址方式中的直接寻址方式得到存储转移偏移地址的内存单元地址。设当前(CS)=0120H，(IP)=2400H，BETA=0100H，(DS)=2000H，(20100H)=00H，(20101H)=27H，则存储转移偏移地址的内存单元地址为：(DS)×10H+BETA=20000H+0100H=20100H，又(20100H)=00H，(20101H)=27H，即转移物理地址为：PA=(DS)×10H+(20100H)=01200H+2700H=03900H。执行完这条指令后，IP 的内容变成 2700H，CPU 将转移到存储单元 03900H 去执行程序。指令执行情况如图 4.29 所示。

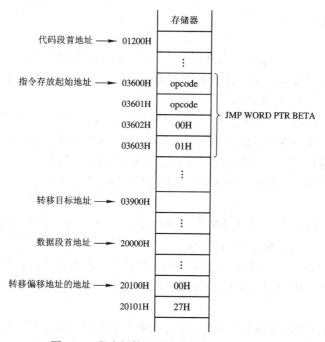

图 4.29　段内间接寻址方式的指令执行情况

(4) 段间直接转移。指令格式及操作:

  JMP far_label ; (IP)←OFFSET far_label

          ; (CS)←SEG far_label

指令的操作数是一个远标号,该标号在另一个代码段内。指令的操作是用标号的偏移地址取代指令指针寄存器 IP 的内容,同时用标号所在代码段的段地址取代当前 CS 的内容,结果使程序转移到另一代码段内指定的标号处。例如:

  JMP LABEL_DECLARED_FAR

  JMP FAR PTR LABEL_NAME

上面第一条指令中的 LABEL_DECLARED_FAR 应是一个在另一代码段内已定义的远标号。第二条指令利用运算符 PTR 将标号 LABEL_NAME 的属性指定为 FAR。

(5) 段间间接转移。指令格式及操作:

  JMP mem32 ; (IP)←(mem32)

       ; (CS)←(mem32+2)

指令的操作数是一个 32 位的存储器(mem32)地址,指令的操作是将存储器的前两个字节送给 IP,存储器的后两个字节送给 CS,以实现到另一个代码段的转移。

需注意一点,段间的间接转移指令的操作数不能是寄存器。

以下是段间间接转移指令的例子:

  JMP   VAR_DOUBLEWORD

  JMP   DWORD PTR[BP][DI]

上面第一条指令中,VAR_DOUBLEWORD 是一个已经定义成 32 位的存储器变量。第二条指令中,利用运算符 PTR 将存储器操作数的类型定义成 DWORD(双字,即 32 位)。

2) 条件转移指令

指令格式为:

  Jcc short_babel

其中"cc"表示条件。在汇编语言程序设计中,常利用条件转移指令来构成分支程序。这种指令的执行包括两个过程:第一步,测试规定的条件;第二步,如果条件满足,则转移到目标地址,否则,继续顺序执行。

条件转移指令也只有一个操作数,用以指明转移的目标地址。但是它与无条件转移指令 JMP 不同,条件转移指令的操作数必须是一个短标号,也就是说,所有的条件转移指令都是 2 字节指令,转移指令的下一条指令到目标地址之间的距离必须在 $-128 \sim +127$ 的范围内。如果指令规定的条件满足,则将这个位移量加到 IP 寄存器上,即(IP)←(IP)+disp,实现程序的转移。

绝大多数条件转移指令(除 JCXZ 指令外)将状态标志位的状态作为测试的条件。因此,首先应执行影响有关状态标志位的指令,然后才能用条件转移指令测试这些标志,以确定程序是否转移。CMP 和 TEST 指令常常与条件转移指令配合使用,因为这两条指令不改变目的操作数的内容,但可以影响状态标志位。其他如加法、减法及逻辑运算指令等也影响状态标志位。

8086/8088 的条件转移指令非常丰富,不仅可以测试一个状态标志位的状态,而且可以综合测试几个状态标志位;不仅可以测试无符号数的高/低(Above/Below),而且可以测试带符号数的大/小(Great/Less)，等等，编程时使用十分灵活、方便。所有条件转移指令的格式、功能、测试条件和转移条件如表 4.12 所示。

下面给出几个应用条件转移指令的例子。

例 4.17　在内存的数据段中存放了若干个 8 位带符号数，数据块的长度为 COUNT(不超过 255)，首地址为 TABLE，试统计其中正数、负数及零的个数，并分别将统计结果存入 PLUS、MINUS 和 ZERO 单元。

为了统计正数、负数和零的个数，可先将 PLUS、MINUS 和 ZERO 三个单元清零，然后将数据表中的带符号数逐个取入 AL 寄存器并使其影响状态标志位，再利用前面介绍的 JS、JZ 等条件转移指令测试该数是一个负数、零还是正数，然后分别在相应的单元中进行计数。程序如下：

```
            XOR     AL，AL        ; (AL)←0
            MOV     PLUS，AL      ; 清 PLUS 单元
            MOV     MINUS，AL     ; 清 MINUS 单元
            MOV     ZERO，AL      ; 清 ZERO 单元
            LEA     SI，TABLE     ; (SI)←数据表首址
            MOV     CX，COUNT     ; (CX)←数据表长度
            CLD                   ; 清控制标志位 DF
CHECK：     LODSB                 ; 取一个数据到 AL
            OR      AL，AL        ; 使数据影响状态标志位
            JS      X1           ; 如为负，转 X1
            JZ      X2           ; 如为零，转 X2
            INC     PLUS         ; 否则为正，PLUS 单元加 1
            JMP     NEXT
X1：        INC     MINUS        ; MINUS 单元加 1
            JMP     NEXT
X2：        INC     ZERO         ; ZERO 单元加 1
NEXT：      LOOP    CHECK        ; CX 减 1，如不为零，则转 CHECK
            HLT                   ; 停止
```

以上程序中的 LOOP CHECK 指令是一条循环控制指令，它的操作是将 CX 寄存器的内容减 1，如结果不等于零，则转移到短标号 CHECK。随后将讨论这条指令。

例 4.18　在以 DATA1 为首址的内存数据段中，存放了 200 个 16 位带符号数，试将其中最大和最小的带符号数找出来，分别存放到以 MAX 和 MIN 为首的内存单元中。

为了寻找最大和最小的元素，可先取出数据块中的一个数据作为标准，暂且将它同时存放到 MAX 和 MIN 单元中，然后将数据块中的其他数据逐个分别与 MAX 和 MIN 中的数相比较，凡大于 MAX 者，取代原来 MAX 中的内容，凡小于 MIN 者，取代原来 MIN 中的内容，最后即可得到数据块中最大和最小的带符号数。

必须注意，比较带符号数的大小时，应该采用 JG 和 JL 等条件转移指令，根据要求可编程如下：

```
            LEA     SI，DATA1     ; (SI)←数据块首址
```

```
                MOV      CX, 200      ; (CX)←数据块长度
                CLD                   ; 清方向标志 DF
                LODSW                 ; 取一个 16 位带符号数到 AX
                MOV      MAX, AX      ; 送 MAX 单元
                MOV      MIN, AX      ; 送 MIN 单元
                DEC      CX           ; (CX)←(CX)−1
       NEXT:    LODSW                 ; 取下一个 16 位带符号数
                CMP      AX, MAX      ; 与 MAX 单元内容比较
                JG       GREATER      ; 大于 MAX, 则转 GREATER
                CMP      AX, MIN      ; 否则, 与 MIN 单元内容比较
                JL       LESS         ; 小于 MIN, 则转 LESS
                JMP      GOON         ; 否则, 转 GOON
    GREATER: MOV        MAX, AX      ; (MAX)←(AX)
                JMP      GOON         ; 转 GOON
       LESS:    MOV      MIN, AX      ; (MIN)←(AX)
       GOON:    LOOP     NEXT         ; CX 减 1, 若不等于零, 转 NEXT
                HLT                   ; 停止
```

2. 循环控制指令

8086/8088 指令系统专门设计了几条循环控制指令。

1) LOOP

指令格式:

　　　LOOP short_label

LOOP 指令要求使用 CX 作为计数器, 指令的操作是先将 CX 的内容减 1, 如果结果不等于零, 则转到指令中指定的短标号处; 否则, 顺序执行下一条指令。因此, 在循环程序开始前, 应将循环次数送 CX 寄存器。指令的操作数只能是一个短标号, 即跳转距离不超过 −128～+127 的范围。LOOP 指令对状态标志位没有影响。LOOP 指令的应用可参阅前面的例 4.16 和例 4.17。

2) LOOPE/LOOPZ(Loop if equal/Loop if zero)

指令格式:

　　　LOOPE short_label/LOOPZ short_label

本指令的操作也是先将 CX 寄存器的内容减 1, 如结果不为零, 且零标志(ZF)=1, 则转移到指定的短标号。LOOPE/LOOPZ 指令对状态标志位也没有影响。

这条指令是有条件地形成循环, 即当规定的循环次数尚未完成时, 还必须满足"相等"或者"等于零"的条件, 才能继续循环。

3) LOOPNE/LOOPNZ(Loop if not equal/Loop if not zero)

指令格式:

　　　LOOPNE short_label/LOOPNZ short_label

指令的操作是将 CX 寄存器的内容减 1, 如结果不为零, 且零标志(ZF)=0(表示"不相等"或"不等于零"), 则转移到指定的短标号。这条指令对状态标志位也没有影响。

3. 过程调用与返回指令

如果有一些程序段需要在不同的地方多次反复地出现，则可以将这些程序段设计成为过程(相当于子程序)，每次需要时进行调用。过程结束后，再返回原来调用的地方。采用这种方法不仅可以使源程序的总长度大大缩短，而且有利于实现模块化的程序设计，使程序的编写、阅读和修改都比较方便。

被调用的过程可以在本段内(近过程)，也可在其他段(远过程)。调用的过程地址可以用直接的方式给出，也可用间接的方式给出。过程调用指令和返回指令对状态标志位都没有影响。

1) 过程调用指令 CALL(Call a procedure)

(1) 段内直接调用。指令格式及操作：

CALL   near_proc   ; (SP)←(SP)−2, ((SP)+1: (SP))←(IP)

; (IP)←(IP)+disp

指令的操作数是一个近过程，该过程在本段内。指令汇编以后，得到 CALL 的下一条指令与被调用的过程入口地址之间的 16 位相对位移量 disp。指令的操作是将指令指针 IP 压入堆栈，然后将相对位移量 disp 加到 IP 上，从而使程序转移到被调用的过程处执行。相对位移量 disp 的范围为−32 768～+32 767，占 2 个字节，段内直接调用指令为 3 字节指令。

(2) 段内间接调用。指令格式及操作：

CALL reg16/mem16   ; (SP)←(SP)−2, ((SP)+1: (SP))←(IP)

; (IP)←(reg16)/(mem16)

指令的操作数是一个 16 位的寄存器或存储器，其中的内容是一个近过程的入口地址。本指令将 IP 寄存器内容压入堆栈，然后将寄存器或存储器的内容传送到 IP。

(3) 段间直接调用。指令格式及操作：

CALL far_proc   ; (SP)←(SP)−2, ((SP)+1: (SP))←(CS)

; (CS)←SEG far_proc

; (SP)←(SP)−2, ((SP)+1: (SP))←(IP)

; (IP)←OFFSET far_proc

指令的操作数是一个远过程，该过程在另外的代码段内。段间直接调用指令先将 CS 中的段地址压入堆栈，并将远过程所在段的段地址 SEG far_proc 送 CS；再将 IP 中的偏移地址压入堆栈，然后将远过程的偏移地址 OFFSET far_proc 送 IP。

(4) 段间间接调用。指令格式及操作：

CALL   mem32   ; (SP)←(SP)−2, ((SP)+1: (SP))←(CS)

; (CS)←(mem32+2)

; (SP)←(SP)−2, ((SP)+1: (SP))←(IP)

; (IP)←(mem32)

指令的操作数是一个 32 位的存储器地址，指令的操作是先将 CS 压入堆栈，并将存储器操作数的后两个字节送 CS；再将 IP 压入堆栈，然后将存储器操作数的前两个字节送 IP，于是程序转到另一个代码段的远过程处执行。

2) 过程返回指令 RET(RETurn from procedure)

指令格式及操作：

① 从近过程返回：

RET   ; (IP)←((SP)+1: (SP)),   (SP)←(SP)+2

RET pop_value   ; (IP)←((SP)+1: (SP)),   (SP)←(SP)+2

                  ; (SP)←(SP)+pop_value

② 从远过程返回：

RET   ; (IP)←((SP)+1: (SP)),   (SP)←(SP)+2

                  ; (CS)←((SP)+1: (SP)),   (SP)←(SP)+2

RET pop_value   ; (IP)←((SP)+1: (SP)),   (SP)←(SP)+2

                  ; (CS)←((SP)+1: (SP)),   (SP)←(SP)+2

                  ; (SP)←(SP)+pop_value

过程体中一般总是包含返回指令 RET，它将堆栈中的断点弹出，控制程序返回到原来调用过程的地方。通常，RET 指令的类型是隐含的，它自动与过程定义时的类型匹配，如为近过程，返回时将栈顶的字弹出到 IP 寄存器；如为远过程，返回时先从栈顶弹出一个字到 IP，接着再弹出一个字到 CS。

此外，RET 指令还允许带一个弹出值(pop_value)，这是一个范围为 0~64 K 的立即数，通常是偶数。弹出值表示返回时从堆栈中舍弃的字节数。例如：RET 4，返回时舍弃堆栈中的 4 个字节。这些字节一般是调用前通过堆栈向过程传递的参数。

4. 中断指令

8086/8088 CPU 可以在程序中安排一条中断指令来引起一个中断过程，这种中断称为软件中断。有关中断的概念、中断的处理过程以及中断指令等的详细情况将在第 7 章进行讨论。

4.3.6　处理器控制指令

处理器控制指令用于对CPU进行控制，例如对CPU中某些状态标志位的状态进行操作，以及使 CPU 暂停、等待，等等。8086/8088 指令系统的处理器控制指令可分为三组，如表4.13 所示。

表 4.13　处理器控制指令

指令类型	指令格式	操作功能	对标志位的影响								
			O	D	I	T	S	Z	A	P	C
标志位 操作指令	CTC	清进位标志	×	×	×	×	×	×	×	×	0
	STC	置进位标志	×	×	×	×	×	×	×	×	1
	CMC	进位标志取反	×	×	×	×	×	×	×	×	$\overline{C}$
	CLD	清方向标志	×	0	×	×	×	×	×	×	×
	STD	置方向标志	×	1	×	×	×	×	×	×	×
	CLI	清中断标志	×	×	0	×	×	×	×	×	×
	STI	置中断标志	×	×	1	×	×	×	×	×	×
外部同步 指令	HLT	暂停	×	×	×	×	×	×	×	×	×
	WAIT	等待	×	×	×	×	×	×	×	×	×
	ESC	交权	×	×	×	×	×	×	×	×	×
	LOCK	封锁总线	×	×	×	×	×	×	×	×	×
其他指令	NOP	空操作	×	×	×	×	×	×	×	×	×

注：×—运算结果不影响标志位；0—标志位置 0；1—标志位置 1。

1. 标志位操作指令

标志位操作指令有以下七种。

- CLC(CLear Carry flag)：清进位标志。指令的操作为(CF)←0。
- STC(SeT Carry flag)：置进位标志。指令的操作为(CF)←1。
- CMC(CoMplement Carry flag)：对进位标志求反。指令的操作为(CF)←$\overline{(CF)}$。
- CLD(CLear Direction flag)：清方向标志。指令的操作为(DF)←0。
- STD(SeT Direction flag)：置方向标志。指令的操作为(DF)←1。
- CLI(CLear Interrupt flag)：清中断允许标志。指令的操作为(IF)←0。
- STI(SeT Interrupt flag)：置中断允许标志。指令的操作为(IF)←1。在执行这条指令后，CPU 将允许外部的可屏蔽中断请求。

这些指令仅对有关状态标志位执行操作，而对其他状态标志位则没有影响。

2. 外部同步指令

外部同步指令主要有以下四种。

1) HLT(HaLT)

指令格式：

　　HLT

执行 HLT 指令后，CPU 进入暂停状态。外部中断(当(IF)=1 时的可屏蔽中断请求 INTR 或非屏蔽中断请求 NMI)或复位信号 RESET 可使 CPU 退出暂停状态。HLT 指令对状态标志位没有影响。

2) WAIT

指令格式：

　　WAIT

如果 8086/8088 CPU 的 $\overline{\text{TEST}}$ 引脚上的信号无效(即高电平)，则 WAIT 指令使 CPU 进入等待状态。一个被允许的外部中断或 TEST 信号有效，可使 CPU 退出等待状态。

在允许中断的情况下，一个外部中断请求将使 CPU 离开等待状态，转向中断服务程序。此时被推入堆栈进行保护的断点地址即是 WAIT 指令的地址，因此从中断返回后又执行 WAIT 指令，CPU 再次进入等待状态。

如果 TEST 信号变低(有效)，则 CPU 不再处于等待状态，开始执行下面的指令。但是，在执行完下一条指令之前，不允许有外部中断。

本指令对状态标志位没有影响。WAIT 指令的用途是使 CPU 本身与外部的硬件同步工作。

3) ESC (ESCape)

指令格式：

　　ESC ext_op，src

ESC 指令使其他处理器使用 8086/8088 的寻址方式，并从 8086/8088 CPU 的指令队列中取得指令。以上指令格式中的 ext_op 是其他处理器的一个操作码(外操作码)，src 是一个存储器操作数。执行 ESC 指令时，8086/8088 CPU 访问一个存储器操作数，并将其放在数据总线上，供其他处理器使用。此外没有其他操作。例如协处理器 8087 的所有指令机器码的高五位都是 "11011"，而 8086/8088 的 ESC 指令机器码的第一个字节恰是 "11011XXX"，因此，对于这样的指令，8086/8088 CPU 将其视为 ESC 指令，它将存储器操作数置于总线上，然后由 8087 来执行该指令，并使用总线上的操作数。8087 的指令系统请参考有关资料。ESC 指令对状态标志位没有影响。

4) LOCK (LOCK bus)

指令格式：

　　　LOCK

这是一个特殊的可以放在任何指令前面的单字节前缀。这个指令前缀迫使 8086/8088 CPU 的总线锁定信号线 $\overline{\text{LOCK}}$ 维持低电平(有效)，直到执行完下一条指令。外部硬件可接收这个 $\overline{\text{LOCK}}$ 信号。在其有效期间，禁止其他处理器对总线进行访问。共享资源的多处理器系统中，必须提供一些手段对这些资源的存取进行控制，指令前缀 LOCK 就是一种手段。

3. 空操作指令 NOP(No OPeration)

指令格式：

　　　NOP

执行 NOP 指令时不进行任何操作，但占用 3 个时钟周期，然后继续执行下一条指令。NOP 指令对状态标志位没有影响，指令没有操作数。

4.4　80x86/Pentium 指令系统

前文已经对 8086/8088 的指令系统作了详尽的阐述，下面将介绍 16 位 CPU 80286，32 位 CPU 80386、80486 和 Pentium 的指令系统。由于 80x86/Pentium 系列 CPU 对 8086/8088 的指令是向上兼容的，因此本节仅介绍 80286、80386、80486 和 Pentium 新增的指令以及在 8086/8088 基础上增强的指令。

4.4.1　80x86 寻址方式

由于 80x86/Pentium 系列 CPU 对 8086/8088 的指令是向上兼容的，因此前一节介绍的寻址方式也适用于 80x86/Pentium。下面介绍的寻址方式都是针对存储器操作数的寻址方式，它们均与比例因子有关，这些寻址方式只能用在 80386 及其后继机型中，8086/80286 不支持这几种寻址方式。

1. 比例变址寻址方式(Scaled Indexed Addressing)

操作数的有效地址是变址寄存器的内容乘以指令中指定的比例因子再加上位移量之和，所以有效地址由三种成分组成。这种寻址方式与相对寄存器寻址相比，增加了比例因子，其优点在于：对于元素大小为 2，4，8 字节的数组，可以在变址寄存器中给出数组元素下标，而由寻址方式控制直接用比例因子把下标转换为变址值。例如：

  MOV EAX，COUNT[ESI*4]

如果要求把双字数组 COUNT 中的元素 3 送到 EAX(EAX 为 32 位累加器)中，用这种寻址方式可直接在 ESI 中放入 3，选择比例因子 4(数组元素为 4 字节长)就可以方便地达到目的(见图 4.30)，不必像在相对寄存器寻址方式中要把变址值直接装入寄存器中。

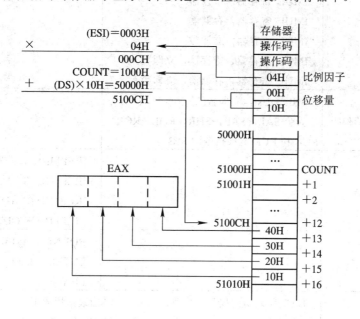

图 4.30 比例变址寻址方式的指令执行情况

2. 基址比例变址寻址方式(Based Scaled Indexed Addressing)

操作数的有效地址是变址寄存器的内容乘以比例因子再加上基址寄存器的内容之和，所以有效地址由三种成分组成。这种寻址方式与基址变址寻址方式相比，增加了比例因子，其优点是很明显的，读者可自行推断。例如：

  MOV ECX，[EAX][EDX*8]

3. 相对基址比例变址寻址方式(Relative Based Scaled Indexed Addressing)

操作数的有效地址是变址寄存器的内容乘以比例因子，加上基址寄存器的内容，再加上位移量之和，所以有效地址由四种成分组成。这种寻址方式比相对基址变址寻址方式增加了比例因子，便于对元素为 2，4，8 字节的二维数组的处理。例如：

  MOV EAX，TABLE[EBP][EDI*4]

4.4.2 80286 增强与增加的指令

80286 指令系统除了包括 8086/8088 的全部指令外，新增指令及增强功能的指令见表 4.14。其中保护模式的系统控制指令包含 80286 工作在保护模式下的一些特权方式指令，以及用于从实模式进入保护模式做准备的指令，它们常用于操作系统及其他的控制软件中，应用程序设计中用到的不多，故不做详细介绍。其余指令功能介绍如下。

表 4.14　80286 增强与增加的指令

类　　别	增　　强	增　　加
数据传送类	PUSH　立即数	PUSHA POPA
算术运算类	IMUL 寄存器，寄存器 IMUL 寄存器，存储器 IMUL 寄存器，立即数 IMUL 寄存器，寄存器，立即数 IMUL 寄存器，存储器，立即数	
逻辑运算与移位类	SHL　dest，立即数(1～31) 其余 SAL，SAR，SHR，ROL，ROR， RCL 和 RCR 七条指令同 SHL	
串操作类		[REP] INS　目的串，DX [REP] OUTS　　DX，源串 [REP] INSB/OUTSB [REP] INSW/OUTSW
高级语言类		BOUND　reg16，mem16 ENTER　data16，data8 LEAVE
保护模式的 系统控制指令类	LAR(装入访问权限)　　　　LSL(装入段界限) LGDT(装入全局描述符表)　SGDT(存储全局描述符表) LIDT(装入 8 字节中断描述符表)　SIDT(存储 8 字节中断描述符表) LLDT(装入局部描述符表)　SLDT(存储局部描述符表) LTR(装入任务寄存器)　　　STR(存储任务寄存器) LMSW(装入机器状态字)　　SMSW(存储机器状态字) VERR(存储器或寄存器读校验)　VERW(存储器或寄存器写校验) ARPL(调整已请求特权级别)　CLTS(清除任务转移标志)	

1. 堆栈操作指令 PUSH/PUSHA/POPA

指令格式：

　　PUSH imm16

　　PUSHA

　　POPA

PUSH 指令允许将字立即数压入堆栈，如果给出的数不够 16 位，它会在自动扩展后压入堆栈。

PUSHA，POPA 指令将所有通用寄存器的内容压入或弹出堆栈。压入的顺序是：AX，CX，DX，BX，SP，BP，SI，DI(SP 是执行该指令之前的值)，弹出的顺序与压入的相反。

2. 有符号数乘法指令 IMUL

在 80286 中允许该指令有两个或三个操作数。其指令格式有两种。

指令格式一：

IMUL　　OPRD1，OPRD2

　　　　　　　reg16，reg16　　　　　; reg16 为 16 位寄存器

　　　　　　　reg16，mem16　　　　; mem16 为 16 位存储器

　　　　　　　regl6，imm　　　　　; imm 为 8 位或 16 位立即数

功能：用 OPRD1 乘以 OPRD2，返回的积存放在 OPRD1 指定的寄存器中。

指令格式二：

IMUL　　OPRD1，OPRD2，OPRD3

　　　　　　　reg16，reg16，imm

　　　　　　　reg16，mem16，imm

功能：用 OPRD2 乘以 OPRD3，返回的积存放在 OPRD1 指定的寄存器中。

两种形式中，对乘积都限制其长度与 OPRD1 的要一致(为 16 位有符号数)，如果溢出，则溢出部分丢掉，并置 CF=OF=1。例如：

IMUL　BX，CX　　　　　　　　　; (BX)←(BX)×(CX)

IMUL　BX，50　　　　　　　　　; (BX)←(BX)×50

IMUL　AX，[BX+DI]，0342H　　; (AX)←0342H×(DS：[BX+DI])

IMUL　AX，BX，20　　　　　　; (AX)←20×(BX)

3. 移位和循环移位指令 SHL 等

指令格式：

SHL/SHR/SAL/SAR/ROL/ROR/RCL/RCR　OPRD1，OPRD2

　　　　　　　　　　　　　　　　　reg，imm8

　　　　　　　　　　　　　　　　　mem，imm8

在 8086/8088 中规定所有八条移位和循环移位指令中计数值部分或是常数 1 或是 CL 中所规定的次数。80286 扩充其功能为计数值可以是范围在 1～31 之间的常数。例如：

SAR　DX，3

ROL　BYTE PTR[BX]，10

4. 串输入/输出指令 INS/OUTS

(1) 串输入指令 INS。指令格式：

[REP] INS　[ES:]DI, DX

[REP] INSB

[REP] INSW

INS 指令从 DX 指出的外设端口输入一个字节或字到由 ES:DI 指定的存储器中,输入字节或字由 ES:DI 目的操作数的属性决定，且根据方向标志 DF 和目的操作数的属性来修改 DI 的值。若方向标志位 DF=0，则 DI 加 1 (字节操作)或加 2 (字操作)；否则 DI 减 1 或减 2。

INSB 和 INSW 分别从 DX 指出的端口输入一个字节或一个字到由 ES:DI 指定的存储单元，且根据方向标志 DF 和串操作的类型来修改 DI 的值。

这三种形式的指令都可在其前面加重复前缀 REP 来连续实现整个串的输入操作，这时 CX 寄存器中为重复操作的次数。

例 4.19　从端口 PORT 输入 100 个字节，存放到附加数据段以 TABLE 为首地址的内存单元中。程序段如下：

```
CLD
LEA    DI，TABLE
MOV   CX，100
MOV   DX，PORT
REP    INSB
```

(2) 串输出指令 OUTS。指令格式：

```
[REP] OUTS     DX，[段地址：]SI
[REP] OUTSB
[REP] OUTSW
```

串输出指令与串输入指令的操作相反，它将[段地址：]SI 指定的存储单元中的一个字节或字输出到 DX 指定的外设端口，且根据方向标志 DF 和源串的类型自动修改 SI 的值。在其前面加重复前缀 REP 可连续实现整个串的输出操作，直至 CX 寄存器的内容减至零。

5. 高级语言类指令

80286 提供了三条类似于高级语言的指令。

(1) 数组边界检查指令 BOUND。指令格式：

```
BOUND OPRD1，OPRD2
        reg16，mem16
```

BOUND 指令用于验证指定寄存器 OPRD1 中的操作数是否在 OPRD2(存储器操作数)所指向的两个界限内。若不在，则产生一个 5 号中断。指令中假定上、下界值(即数组的起始和结束地址)依次存放在相邻存储单元中。例如：

```
ARRAY    DW   0000H，0063H     ；定义数组的最小下标 0 及最大下标 99
NUMB     DW   0019H            ；
MOV      BX，NUMB             ；BX 中为被测下标值 25
BOUND    BX，ARRAY           ；检查被测下标值是否在规定的下标边界范围之内
```

(2) 进入和退出过程指令 ENTER/LEAVE。

在许多高级语言中，每个子程序(或函数)都有自己的局部变量。这些局部变量只有当它们所在的子程序执行时才有意义。为保存这些局部变量，当执行到这些子程序时，应为其局部变量建立起相应的堆栈框架，而在退出程序时，应撤除这个框架。80286 用 ENTER/LEAVE 两条指令来完成这些功能。

指令格式：

```
ENTER   OPRD1，OPRD2
          imm16，imm8
LEAVE
```

ENTER 指令为局部变量建立一个堆栈区，指令的 OPPD1 指出程序所要使用的堆栈字节数，OPRD2 指出子程序的嵌套层数：0～31。

LEAVE 指令用于撤消前面 ENTER 指令的动作，该指令无操作数。

上面两条指令使用如下：

```
TASK    PROC  NEAR
        ENTER  6, 0     ；建立堆栈区并保存 6 个字节长的局部变量
        LEAVE            ；撤消建立的栈空间
        RET
TASK    ENDP
```

4.4.3　80386/80486 增强与增加的指令

80386 对 8086/8088 和 80286 指令系统进行了扩充。这种扩充不仅体现在增加了指令的种类、增强了一些指令的功能，也体现在提供了 32 位寻址方式和对 32 位数据的直接操作方式。80486 是在 80386 体系结构的基础上进行了一些扩展，增加了一些相应的指令。因此，所有从 8086/8088 和 80286 延伸而来的指令均适用于 80386/80486 的 32 位寻址方式和 32 位操作方式，即所有 16 位指令都可以扩展为 32 位的指令。表 4.15 列出了 80386/80486 增强与增加的指令。限于篇幅，下面仅介绍新增指令的功能。

表 4.15　80386/80486 增强与增加的指令

类　别	80386		80486
	增　强	增　加	增　加
数据传送类	PUSHAD/POPAD PUSHFD/POPFD	MOVSX/MOVZX 寄存器，寄存器/存储器	BSWAP 寄存器 32
算术运算类	IMUL 寄存器，寄存器/存储器 CWDE CDQ		XADD 寄存器/存储器，寄存器 CMPXCHG 寄存器/存储器，寄存器
逻辑运算与移位类		SHLD/SHRD 寄存器/存储器，寄存器/存储器，CL/立即数	
串操作类	所有串操作指令后面扩展 D，如 MOVSD OUTD…		
位操作类		BT/BTC/BTS/BTR 寄存器/存储器，寄存器/立即数 BSF/BSR 寄存器，寄存器/存储器	
条件设置类		SET 条件 寄存器，寄存器	
Cache 管理类			INVD WBINVD INVLPG

1. 数据传送类

(1) 扩展传送指令 MOVSX/MOVZX。指令格式：

```
MOVSX/MOVZX    OPRD1，OPRD2
               reg16，reg8
               reg16，mem8
               reg32，reg8
               reg32，mem8
               reg32，reg16
               reg32，mem16
```

指令的目的操作数必须是 16 位或 32 位的通用寄存器，源操作数可以是 8 位或 16 位的寄存器或存储器操作数，且要求源操作数的长度小于目的操作数的长度。

MOVSX 用于传送有符号数，它将源操作数的符号位扩展后传送到目的操作数。MOVZX 用于传送无符号数，它将高位扩展相应位的 0 后传送到目的操作数。例如：

```
MOVSX   ECX，AL    ；将 AL 内容带符号扩展为 32 位送入 ECX
MOVZX   EAX，CL    ；将 CL 中 8 位数加 0 扩展为 32 位送入 EAX
```

这两条指令常用于作除法时对被除数位数的扩展。

(2) 字节交换指令 BSWAP。指令格式：

```
BSWAP   reg32
```

功能：将 32 位通用寄存器中的双字以字节为单位进行高、低字节交换，改变双字数据的存放方式。指令执行时，将字节 $0(b_0 \sim b_7)$ 与字节 $3(b_{24} \sim b_{31})$ 交换，字节 $1(b_8 \sim b_{15})$ 与字节 $2(b_{16} \sim b_{23})$ 交换。

2. 算术运算类

(1) 交换加法指令 XADD。指令格式：

```
XADD    OPRD1，OPRD2
        reg，reg
        mem，reg
```

XADD 指令将 OPRD1(8 位、16 位或 32 位寄存器或存储单元)中目的操作数与 OPRD2(8 位、16 位或 32 位寄存器)的值相加，结果送入 OPRD1，并将 OPRD1 的原值存于 OPRD2。

(2) 比较并交换指令 CMPXCHG。指令格式：

```
CMPXCHG    OPRD1，OPRD2
           reg，reg
           mem，reg
```

CMPXCHG 将存放在 OPRD1(8 位、16 位或 32 位寄存器或存储器)中的目的操作数与累加器 AL、AX 或 EAX 的内容进行比较，如果相等，则 ZF=1，并将源操作数 OPRD2 送入 OPRD1；否则 ZF=0，并将 OPRD1 送到相应的累加器。例如：

```
CMPXCHG   ECX，EDX  ；若 ECX=EAX，则 EDX→ECX，且 ZF=1
                    ；否则，ECX→EAX，且 ZF=0
```

3. 逻辑运算与移位指令

此类指令主要有一条，即双精度左移/右移指令 SHLD/SHRD。指令格式：

```
SHLD/SHRD    OPRD1，OPRD2，OPRD3
```

reg，reg，imm8

mem，reg，imm8

reg，reg，CL

mem，reg，CL

SHLD/SHRD 指令将 OPRD1 和 OPRD2 两个 16 位或 32 位操作数(寄存器或存储器)连接成双精度值(32 位或 64 位)，然后向左或向右移位，移位位数由计数操作 OPRD3 决定(CL 或立即数)。移位时，OPRD2 的内容移入 OPRD1，而 OPRD2 本身不变。进位 CF 中的值为 OPRD1 移出的最后一位。其操作示意图如图 4.31 所示。

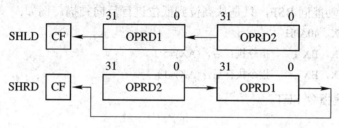

图 4.31 双精度位移示意图

例如：

  MOV AX，3AF2H

  MOV BX，9C00H

  SHLD AX，BX，7 ；指令执行后，AX=794EH，BX=9C00H

4．位操作类

(1) 测试与置位指令 BT/BTC/BTS/BTR。指令格式：

  BT/BTC/BTS/BTR OPRD1，OPRD2

        reg，reg

        mem，reg

        reg，imm

        mem，imm

这四条指令的功能是：对由 OPRD2 指定的目的操作数 OPRD1(16 位或 32 位)中的某一位(最低位为 b_0)进行测试操作并送入 CF，然后将该位按操作规定置 1、置 0 或变反。当 OPRD1 是 16 位操作数时，OPRD2 的取值范围为 0～15；当 OPRD1 是 32 位操作数时，OPRD2 的取值范围为 0～31。

① BT 指令只完成上述位测试并将该位送入 CF。

例 4.20

    MOV   CX，4

    BT   [BX]，CX ；检查由 BX 指向的数的 b_4 位，且将 b_4 位放入 CF 中

    JC   NEXT   ；b_4 位=1，转移至 NEXT

    ⋮

  NEXT：…

② BTC 指令在完成 BT 指令功能后，再将测试位变反。

③ BTS/BTR 完成 BT 指令功能后，再将测试位置 1 或置 0。

(2) 位扫描指令 BSF/BSR。指令格式：

    BSF/BSR OPPD1，OPRD2

          reg，reg

          reg，mem

BSF 用于对 16 位或 32 位源操作数 OPRD2 从低位 b_0 到高位(b_{15} 或 b_{31})进行扫描，并将扫描到的第一个 "1" 的位号送入 OPRD1 指定的目标寄存器。如果 OPRD2 所有位均为 0，则将 ZF 标志位置 1，OPRD1 中的结果无定义；否则(OPRD2$\neq$0)，将 ZF 清 0，OPRD1 中为位号。

BSR 指令的功能同 BSF，只是从高位到低位进行反向扫描。例如：

    MOV BX，40A0H

    BSF AX，BX ；   指令执行后，(AX)=5

    BSR AX，BX ；   指令执行后，(AX)=14

5．条件设置指令 SET

指令格式：

    SETcc   OPRD

          reg8

          mem8

SET 类指令共有 16 条。它们总的功能是，根据指令中给出的条件 "CC" 是否满足来设置 OPRD 指定的 8 位寄存器或存储器操作数：条件满足时，将 OPRD 操作数置为 1；条件不满足时置为 0。具体如表 4.16 所示。

表 4.16　条件设置指令表

指令助记符	设置条件	指令条件说明
SETO r/m	OF=1	溢出
SETNO r/m	OF=0	无溢出
SETC/SETB/SETNAE r/m	CF=1	有进位/低于/不高于或等于
SETNC/SETNB/SETAE r/m	CF=0	无进位/不低于/高于或等于
SETZ/SETE r/m	ZF=1	为零/等于
SETNZ/SETNE r/m	ZF=0	非零/不等于
SETS r/m	SF=1	为负数
SETNS r/m	SF=0	为正数
SETP/SETPE r/m	PF=1	检验为偶
SETNP/SETPO r/m	PF=0	检验为奇
SETA/SETNBE r/m	CF=ZF=0	高于/不低于或等于
SETNA/SETBE r/m	CF=1 或 ZF=1	不高于/低于或等于
SETG/SETNLE r/m	ZF=0 且 SF=OF	大于/不小于或等于
SETGE/SETNL r/m	ZF=1 或 SF=OF	大于或等于/不小于
SETL/SETNGE r/m	ZF=0 且 SF≠OF	小于/不大于或等于
SETLE/SETNG r/m	ZF=1 或 SF≠OF	小于或等于/不大于

6. Cache 管理类指令

80486 的系统控制指令集中增加了三条 Cache(高速缓存)管理指令 INVD、WBINVD 及 INVLPG，用于管理 CPU 内部的 8 KB Cache。

(1) 作废 Cache 指令 INVD。该指令用于将片内 Cache 的内容作废。其具体操作是：清除片内 Cache 的数据，并分配一个专用总线周期清除外部 Cache 子系统中的数据。执行该指令不会将外部 Cache 中的数据写回主存储器。

(2) 回写和作废 Cache 指令 WBINVD。WBINVD 先擦除内部 Cache，并分配一个专用总线周期将外部 Cache 的内容写回主存，在此后的一个总线周期将外部 Cache 刷新(清除数据)。

(3) 作废 TLB 项指令 INVLPG。该指令用于使页式管理机构内的高速缓冲器 TLB 中的某项作废。如果 TLB 中含有一个存储器操作数映像的有效项，则该 TLB 项被标记为无效。

4.4.4　Pentium 系列处理器增加的指令

Pentium 系列处理器的指令集是向上兼容的，它保留了 8086，8088，80286，80386 和 80486 微处理器系列的所有指令，因此，所有早期的软件可直接在奔腾机上运行。Pentium 处理器指令集中增加了三条专用指令和四条系统控制指令，如表 4.17 所示。

表 4.17　Pentium 增加的指令

类　别	指令格式	含　义	操　作
专用指令	CMPXCHG8B 存储器，寄存器	8 字节比较与交换	If(EDX：EAX=D)　　ZF←1，D←ECX：EBX Else　　ZF=0，EDX：EAX←D
	CPUID	CPU 标识	If(EAX=0H)　　EAX，EBX，ECX，EDX←厂商信息 If(EAX=1H)　　EAX，EBX，ECX，EDX←CPU 信息
	RDTSC	读时间标记计数器	EDX；EAX←时间标记计数器
系统控制指令	RDMSR	读模式专用寄存器	EDX；EAX←MSR ECX=0H，MSR 选择 MCA ECX=1H，MSR 选择 MCT
	WRMSR	写模式专用寄存器	MSR←EDX；EAX ECX=0H，MSR 选择 MCA ECX=1H，MSR 选择 MCT
	RSM	恢复系统管理模式	
	MOVCR4，寄存器 MOV 寄存器，CR4	与 CR4 传送	CR4←reg32 reg32←CR4

1. Pentium 专用指令

(1) 比较并交换指令 CMPXCHG8B。指令格式：

　　　　CMPXCHG8B　OPRD1，OPRD2

　　　　　　　　　　mem，reg

　　该指令由 80486 的 CMPXCHG 指令改进而来，它执行 64 位的比较和交换操作。执行时将存放在 OPRD1(64 位存储器)中的目的操作数与累加器 EDX:EAX 的内容进行比较，如果相等，则 ZF=1，并将源操作数 OPRD2(规定为 EDX:EAX)的内容送入 OPRD1；否则 ZF=0，并将 OPRD1 送到相应的累加器。例如：

　　　　CMPXCHG8B mem，ECX:EBX　；若 DX:EAX=[mem]，则 ECX:EBX→[mem]，且 ZF=1

　　　　　　　　　　　　　　　　　；否则，[mem]→EDX:EAX，且 ZF=0

　　(2) CPU 标识指令 CPUID。指令格式：

　　　　CPUID

　　使用该指令可以辨别微机中奔腾处理器的类型和特点。在执行 CPUID 指令前，EAX 寄存器必须设置为 0 或 1，根据 EAX 中设置值的不同，软件会得到不同的标志信息。

　　(3) 读时间标记计数器指令 RDTSC。指令格式：

　　　　RDTSC

　　奔腾处理器有一个片内 64 位计数器，称为时间标记计数器。计数器的值在每个时钟周期都递增，执行 RDTSC 指令可以读出计数器的值，并送入寄存器 EDX:EAX 中，EDX 保存 64 位计数器中的高 32 位，EAX 保存低 32 位。

　　一些应用软件需要确定某个事件已执行了多少个时钟周期，在执行该事件之前和之后分别读出时钟标志计数器的值，计算两次值的差就可得出时钟周期数。

2. Pentium 新增系统控制指令

　　(1) 读/写模式专用寄存器指令 RDMSR/WRMSR。RDMSR 和 WRMSR 指令使软件可访问模式专用寄存器的内容，这两个模式专用寄存器是机器地址检查寄存器(MCA)和机器类型检查寄存器(MCT)。若要访问 MCA，指令执行前需将 ECX 置为 0；而为了访问 MCT，需要将 ECX 置为 1。执行指令时在访问的模式专用寄存器与寄存器组 EDX:EAX 之间进行 64 位的读/写操作。

　　(2) 恢复系统管理模式指令 RSM。奔腾处理器有一种称为系统管理模式(SMM)的操作模式，这种模式主要用于执行系统电源管理功能。外部硬件的中断请求使系统进入 SMM 模式，执行 RSM 指令后返回原来的实模式或保护模式。

　　(3) 寄存器与 CR4 之间的传送命令。指令格式：

　　　　MOV　CR4，reg32

　　　　MOV　reg32，CR4

　　该指令实现 32 位寄存器与 CR4 间的数据传送。

本 章 小 结

　　本章详细介绍了 80x86 指令系统中全部指令的功能和应用。指令就是计算机能执行的、由人发布的命令。显然，指令一定要能为计算机所识别和接受，因而它必须具有一定的格式。指令中惟一不可缺少的是操作码，而指令中的操作数则是指令的操作对象。

操作数可以直接放在指令中，也可以放在别的地方如寄存器或存储单元中，只要在指令中指明该地方或提供获得该地方的"线索"即可，这就是指令的寻址方式，即寻找操作数的方法。本章详细介绍了 80x86 系统的两大类寻址方式，即数据寻址方式和地址寻址方式。数据寻址方式有四类 12 种寻址方式。这四类寻址方式是：立即数寻址方式、寄存器寻址方式、存储器寻址方式和输入/输出(I/O)端口寻址方式。其中存储器寻址方式包括：① 直接寻址方式；② 寄存器间接寻址方式；③ 寄存器相对寻址方式；④ 基址变址寻址方式；⑤ 基址变址相对寻址方式；⑥ 比例因子变址寻址方式；⑦ 基址比例变址寻址方式；⑧ 相对基址比例变址寻址方式。而输入/输出端口寻址方式有端口直接寻址和端口间接寻址两种。地址寻址方式是与转移地址有关的寻址方式，它有四种寻址方式，即段内直接寻址、段内间接寻址、段间直接寻址和段间间接寻址。这些寻址方式对于理解和记忆 80x86 指令系统有很大帮助，读者应很好掌握。

本章重点逐条解释了 8086 指令系统中六大类全部指令(包括指令前缀)。8086 指令系统共有指令助记符 115 个，如果按机器代码扩展开来可达 3000 条以上。这么多的指令要正确无误地记忆，显然并非易事。其难点在于：第一，指令之间只有很细小的差别，容易互相混淆；第二，初学时容易写出指令系统中不存在的非法指令，例如 "MOV　[BX]，[SI]" 就是一条非法指令。为此，读者应特别注意指令系统中指令的分类以及指令中操作数允许的寻址方式，使所有的指令能够有机地串在一条条的线上，不致于混乱。汇编语言是助记符语言，因此，在记忆指令时读者应尽可能地根据其英文含义来帮助记忆。

习题

1. 指出下列指令中源操作数的寻址方式。

(1) MOV　　BX，2000H　　　　　(2) MOV　　BX，[2000H]

(3) MOV　　BX，[SI]　　　　　　(4) MOV　　BX，[SI+2000H]

(5) MOV　　[BX+SI]，AL　　　　(6) ADD　　AX，[BX+DI+80]

(7) MUL　　BL　　　　　　　　　(8) SUB　　AX，BX

(9) IN　　　AL，DX　　　　　　　(10) PUSH　　WORD PTR[BP+10H]

(11) MOV　　CL，LENGTH VAR1　(12) MOV　　BL，OFFSET VAR1

2. 指出下列指令是否正确，若不正确请说明原因(所有存储器操作数均为字类型操作数)。

(1) MOV　　DS，0100H　　　　　(2) MOV　　BP，AL

(3) XCHG　　AH，AL　　　　　　(4) OUT　　310H，AL

(5) MOV　　BX，[BX]　　　　　　(6) MOV　　ES：[BX+DI]，AX

(7) MOV　　AX，[SI+DI]　　　　(8) MOV　　SS：[BX+SI+100H]，BX

(9) AND　　AX，BL　　　　　　　(10) MOV　　DX，DS：[BP]

(11) ADD　　[SI]，20H　　　　　(12) MOV　　30H，AL

(13) PUSH　　2000H　　　　　　(14) MOV　　[SI]，[2000H]

(15) MOV　　SI，AL　　　　　　　(16) ADD　　[2000H]，20H

(17) MOV　　CS，AX　　　　　　(18) INC　　　[DI]

(19) OUT　　BX，AL　　　　　　(20) SHL　　　BX，3

(21) XCHG　CX，DS　　　　　　(22) POP　　　AL

3. 写出下列指令中存储器操作数物理地址的计算表达式。

(1) MOV　　AL，[DI]　　　　　　(2) MOV　AX，[BX+SI]

(3) MOV　　5[BX+DI]，AL　　　　(4) ADD　AL，ES：[BX]

(5) SUB　　AX，[1000H]　　　　　(6) ADC　AX，[BX+DI+2000H]

(7) MOV　　CX，[BP+SI]　　　　　(8) INC　BYTE PTR[DI]

4. 若(DS)=3000H，(BX)=2000H，(SI)=0100H，(ES)=4000H，计算下列各指令中存储器操作数的物理地址。

(1) MOV　[BX]，AH　　　　　　(2) ADD　AL，[BX+SI+1000H]

(3) MOV　AL，[BX+SI]　　　　　(4) SUB　AL，ES：[BX]

5. 若(CS)=E000H，说明代码段可寻址物理存储空间的范围。

6. 设(SP)=2000H，(AX)=3000H，(BX)=5000H，执行下列程序片段后，问(SP)=？，(AX)=？，(BX)=？

　　　PUSH　　AX

　　　PUSH　　BX

　　　POP　　　AX

7. 试比较 SUB AL，09H 与 CMP AL，09H 这两条指令的异同，若(AL)=08H，分别执行上述两条指令后(AL)=？(CF)=？(OF)=？(ZF)=？

8. 分别执行下列指令后，试求 AL 的内容及各状态标志位的状态。

(1) MOV　　AL，19H　　　　　　(2) MOV　　　AL，19H

　　 ADD　　AL，61H　　　　　　　 SUB　　　AL，61H

(3) MOV　　AL，5DH　　　　　　(4) MOV　　　AL，7EH

　　 ADD　　AL，0C6H　　　　　　 SUB　　　AL，95H

9. 选用最少的指令，实现下述要求的功能。

(1) AH 的高 4 位清 0。

(2) AL 的高 4 位取反。

(3) AL 的高 4 位移到低 4 位，高 4 位清 0。

(4) AH 的低 4 位移到高 4 位，低 4 位清 0。

10. 设(BX)=6D16H，(AX)=1100H，写出下列三条指令执行后，AX 和 BX 寄存器中的内容。

　　　MOV　　CL，06H

　　　ROL　　AX，CL

　　　SHR　　BX，CL

11. 设初值(AX)=0119H，执行下列程序段后(AX)=？

　　　MOV　　CH，AH

　　　ADD　　AL，AH

　　　DAA

```
        XCHG    AL，CH
        ADC     AL，34H
        DAA
        MOV     AH，AL
        MOV     AL，CH
```

12. 指出下列程序段的功能。

```
(1) MOV    CX，10
    CLD
    LEA     SI，First
    LEA     DI，Second
    REP     MOVSB

(2) CLD
    LEA     DI，[0404H]
    MOV     CX，0080H
    XOR     AX，AX
    REP     STOSW
```

13. 设(BX)=6F30H，(BP)=0200H，(SI)=0046H，(SS)=2F00H，(2F246H)=4154H，试求执行 XCHG BX，[BP+SI]后，(BX)=?，(2F246H)=?

14. 设(BX)=0400H，(DI)=003CH，执行 LEA BX，[BX+DI+0F62H]后，(BX)=?

15. 设(DS)=C000H，(C0010H)=0180H，(C0012H)=2000H，执行 LDS SI，[10H]后，(SI)=?，(DS)=?

16. 已知(DS)=091DH，(SS)=1E4AH，(AX)=1234H，(BX)=0024H，(CX)=5678H，(BP)=0024H，(SI)=0012H，(DI)=0032H，(09226H)=00F6H，(09228H)=1E40H，(1EAF6H)=091DH，试求单独执行下列指令后的结果。

```
(1) MOV CL，20H[BX][SI]        ; (CL)=?
(2) MOV [BP][DI]，CX           ; (1E4F6H)=?
(3) LEA  BX，20H[BX][SI]       ; (BX)=?
    MOV  AX，2[BX]             ; (AX)=?
(4) LDS  SI，[BX][DI]          ;
    MOV  [SI]，BX              ; ((SI))=?
(5) XCHG  CX，32H[BX]
    XCHG  20[BX][SI]，AX       ; (AX)=?    (09226H)=?
```

17. 若 CPU 中各寄存器及 RAM 参数如图 4.32 所示，试求独立执行如下指令后，CPU 及 RAM 相应寄存器及存储单元的内容为多少。

```
(1) MOV    DX，[BX+2]      ; (DX)=?         (BX)=?
(2) PUSH   CX             ; (SP)=?         ((SP))=?
(3) MOV    CX，BX          ; (CX)=?         (BX)=?
(4) TEST   AX，01          ; (AX)=?         (CF)=?
(5) MOV    AL，[SI]        ; (AL)=?
```

(6) ADC　　　AL，[DI]　　　；(AL)=?　　　　(CF)=?

　　　DAA　　　　　　　　　；(AL)=?

(7) INC　　　SI　　　　　　 ；(SI)=?

(8) DEC　　　DI　　　　　　 ；(DI)=?

(9) MOV　　　[DI]，AL　　　 ；((DI))=?

(10) XCHG　　AX，DX　　　　；(AX)=?　　　　(DX)=?

(11) XOR　　　AH，BL　　　　；(AH)=?　　　　(BL)=?

(12) JMP　　　DX　　　　　　；(IP)=?

	CPU	CPU		RAM	执行前	执行后
CS	3000H	FFFFH	CX	20506H	06H	
DS	2050H	0004H	BX	20507H	00H	
SS	50A0H	1000H	SP	20508H	87H	
ES	0FFFH	17C6H	DX	20509H	15H	
IP	0000H	8094H	AX	2050AH	37H	
DI	000AH	1403H	BP	2050BH	C5H	
SI	0008H	1	CF	2050CH	2FH	

图 4.32　习题 17 图

18. 设(DS)=2000H，(BX)=1256H，(SI)=528FH，偏移量=20A1H，(232F7H)=3280H，(264E5H)=2450H，试求执行下述指令后的结果。

(1) JMP　BX　　　　　　　　；(IP)=?

(2) JMP　TABLE[BX]　　　　 ；(IP)=?

(3) JMP　[BX][SI]　　　　　 ；(IP)=?

19. 8086/8088 用什么途径来更新 CS 和 IP 的值？

20. 设当前(IP)=3D8FH，(CS)=4050H，(SP)=0F17CH，当执行 CALL 2000：0094H 后，试指出(IP)、(CS)、(SP)、((SP))、((SP)+1)、((SP)+2)和((SP)+3)的内容。

5

汇编语言程序设计

在掌握了计算机和微处理器的组成以及指令系统后，就具备了用汇编语言进行程序设计的基础。汇编语言是一种面向机器的程序设计语言，其基本特征是用一组字母、数字和符号来代替二进制编码的机器指令和数据。

本章以 Microsoft 公司的宏汇编程序 MASM 为背景，介绍面向 80x86 的汇编语言程序设计方法。内容主要包括汇编语言源程序的格式、伪指令、宏指令以及顺序结构、分支结构、循环结构、过程调用等程序设计方法。

5.1　汇编语言的基本概念

一般来说，可以选择三种不同层次的计算机语言来编写程序，即机器语言、汇编语言和高级语言。

1. 机器语言(Machine Language)

机器语言是一种用二进制表示指令和数据，能被机器直接识别的计算机语言。它的缺点是不直观，不易理解和记忆，因此编写、阅读和修改机器语言程序都比较烦琐。但机器语言程序是计算机惟一能够直接理解和执行的程序，具有执行速度快、占用内存少等特点。

2. 汇编语言(Assembly Language)

汇编语言是一种采用助记符表示的程序设计语言。即用助记符来表示指令的操作码和操作数，用标号或符号代表地址、常量或变量。助记符一般都是英文单词的缩写，因而方便人们记忆、阅读和检查。实际上，由汇编语言编写的汇编语言源程序就是机器语言程序的符号表示，汇编语言源程序与其经过汇编所产生的目标代码程序之间有明显的一一对应关系。

用汇编语言编写程序能够直接利用硬件系统的特性(如寄存器、标志、中断系统等)直接对位、字节或字寄存器或存储单元、I/O 端口进行处理，同时也能直接使用 CPU 指令系统和指令系统提供的各种寻址方式，编制出高质量的程序，这样的程序不但占用内存空间少，而且执行速度快。当然，由于源程序和所要解决的问题的数学模型之间的关系不够直观，使得汇编语言程序设计需要较多的软件开发时间，也增加了程序设计过程中出错的可能性。

用汇编语言编写的源程序在交付计算机执行前，也需要翻译成目标程序后机器方能执行。这个翻译过程称为汇编，完成汇编任务的程序称为汇编程序，见图5.1。

图 5.1　汇编程序的功能示意图

　　汇编程序是最早也是最成熟的一种系统软件。它除了能够将汇编语言源程序翻译成机器语言程序外，还能够根据用户的要求自动分配存储区域(包括程序区、数据区、暂存区等)；自动地把各种进位制数转换成二进制数，把字符转换成 ASCII 码，计算表达式的值等；自动对源程序进行检查，给出错误信息(如非法格式，未定义的助记符、标号，漏掉操作数等)等。

3. 高级语言(High Level Language)

　　如果说机器语言和汇编语言是面向机器的，那么高级语言则是面向用户的语言。使用高级语言编程，程序员可以完全不考虑机器的结构特点，不必了解和熟悉机器的指令系统，仅使用一些接近人们书写习惯的英语和数学表达式形式的语句去编制程序。这样编写的程序与问题本身的数学模型之间有着良好的对应关系，可在各种机器上通用。这种用高级语言编写的源程序并不能在机器上直接执行，需要被翻译成对应的目标程序(即机器语言程序)，机器才能运行。把这种翻译作用的程序称为解释程序或编译程序，见图 5.2。

图 5.2　编译程序的功能示意图

　　由于高级语言程序是在未考虑机器的结构特点的条件下编写的，因而它就不能充分利用某种具体 CPU 所具有的某些特性，且生成的目标程序往往比较冗长，占有较多的内存空间，执行时间也比较长，这就限制了它在某些场合下的运用。例如，实时的数据采集、检测和在线的实时控制等，往往要求程序的目标代码尽可能少占内存并有尽可能快的执行速度，在这些场合下，使用高级语言编写的程序常常不能满足要求。

5.1.1　汇编语言源程序的格式

　　在第 4 章介绍指令系统时曾给出若干程序举例，但是，它们仅仅是一些程序片段，并不是完整规范的汇编语言源程序。下面给出一个简单而规范的汇编语言源程序。

　　例 5.1　要求将两个 5 字节十六进制数相加，可以编写出以下汇编语言源程序。

```
DATA      SEGMENT                                    ; 定义数据段
          DATA1   DB 0F8H，60H，0ACH，74H，3BH        ; 被加数
          DATA2   DB 0C1H，36H，9EH，0D5H，20H         ; 加法
DATA      ENDS                                       ; 数据段结束
CODE      SEGMMENT                                   ; 定义代码段
          ASSUME  CS：CODE，DS：DATA
START：   MOV     AX，DATA
          MOV     DS，AX                              ; 初始化 DS
          MOV     CX，5                               ; 循环次数送 CX
          MOV     SI，0                               ; 置 SI 初值为 0
```

```
            CLC                                    ; 清 CF 标志
    LOOPER：MOV      AL，DATA2[SI]                   ; 取一个字节加数
            ADC      DATA1[SI]，AL                   ; 与被加数相加
            INC      SI                             ; SI 加 1
            DEC      CX                             ; CX 减 1
            JNZ      LOOPER                         ; 若不等于 0，转 LOOPER
            MOV      AH，4CH
            INT      21H                            ; 返回 DOS
    CODE    ENDS                                    ; 代码段结束
            END      START                          ; 源程序结束
```

1. 分段结构

由上面的例子可以看出，汇编语言源程序的结构是分段结构形式，一个汇编语言源程序由若干段(SEGMENT)组成，每个段以 SEGMENT 语句开始，以 ENDS 语句结束。整个源程序的结尾是 END 语句。

这里所说的汇编语言源程序中的段与前面讨论的 CPU 管理的存储器的段，既有联系，又在概念上有所区别。我们已经知道，微处理器对存储器的管理是分段的，因而，在汇编语言程序中也要求分段组织指令、数据和堆栈，以便将源程序汇编成为目标程序后，可以分别装入存储器的相应段中。但是，以 8086/8088 CPU 为例，它有四个段寄存器(CS，ES，SS 和 DS)，因此 CPU 对存储器按照四个物理段进行管理，即数据段、附加段、堆栈段和代码段。任何时候 CPU 只能访问四个物理段。而在汇编语言源程序中，设置段的自由度比较大。例如，一个源程序中可以有多个数据段或多个代码段等。一般来说，汇编语言源程序中段的数目可以根据实际需要而设定。为了和 CPU 管理的存储器物理段相区别，我们将汇编语言程序中的段称为逻辑段。在不致发生混淆的地方，有时简称为段。

在上面的简单源程序中只有两个逻辑段，一个逻辑段的名字是 DATA，其中存放着与程序有关的数据，称为逻辑数据段；另一个逻辑段的名字是 CODE，其中包含着程序的指令，称为逻辑代码段。每个段内均有若干行语句(STATEMENT)，因此，可以说一个汇编源程序是由一行一行的语句组成的。下面我们来讨论汇编语言语句的类型和组成。

2. 汇编语言语句的类型和格式

1) 语句的类型

汇编语言源程序中的语句可以分为三种类型：指令语句、伪指令语句和宏指令语句。

(1) 指令语句：它是能产生目标代码，CPU 可以执行并能完成特定功能的语句，80x86 CPU 的指令在第 4 章已做了详细介绍。

(2) 伪指令语句：它是一种不产生目标代码的语句，仅仅在汇编过程中告诉汇编程序应如何汇编。例如，告诉汇编程序已写出的汇编语言源程序有几个段，段的名字是什么；定义变量，定义过程，给变量分配存储单元，给数字或表达式命名等。所以伪指令语句是为汇编程序在汇编时使用的。伪指令是开发汇编程序时人为做出的一些规定，如本书使用微软的宏汇编程序 MASM 对编写的源程序进行汇编，所以，我们在编写源程序时就要遵循 MASM 的相关规定。

(3) 宏指令语句：它是一种用户利用伪指令语句自己定义的语句。

2) 语句的格式

宏指令语句有些特别，我们将在后面专门介绍。而指令语句与伪指令语句的格式是类似的。一般情况下，汇编语言的语句可以由1~4部分构成：

[名字] 助记符 [操作数] [；注释]

其中带方括号的部分表示任选项，既可以有，也可以没有。例5.1中有如下语句：

LOOPER： MOV AL，DATA2[SI] ；取一个字节加数

DATA1 DB 0F8H，60H，0ACH，74H，3BH ；被加数

第一条语句是指令语句，其中"LOOPER："是名字，"MOV"是指令助记符，"AL，DATA2[SI]"是操作数，"；"后面是注释部分；第二条语句是伪指令语句，其中"DATA1"是名字，"DB"是伪指令定义符，"0F8H，60H，0ACH，74H，3BH"是操作数，"；"后面是注释部分。下面对汇编语言语句的各个组成部分进行讨论。

(1) 名字。汇编语言语句的第一个组成部分是名字(Name)。在指令语句中，这个名字是一个标号。指令语句中的标号实质上是指令的符号地址。并非每条指令语句必须有标号，但如果一条指令前面有一标号，则程序中其他地方就可以引用这个标号。在例5.1中，START、LOOPER就是标号。标号后面通常有一个冒号。

标号有三种属性：段、偏移量和类型。

① 标号的段属性是定义标号在程序段的段地址，当程序中引用一个标号时，该标号的段值应在CS寄存器中。

② 标号的偏移量属性表示标号所在段的起始地址到定义该标号的地址之间的字节数。偏移量是一个16位无符号数。

③ 标号的类型属性有两种：NEAR和FAR。前一种标号可以在段内被引用，地址指针为2个字节；后一种标号可以在其他段被引用，地址指针为4字节。如果定义一个标号时后跟冒号，则汇编程序确认其类型为NEAR。

伪指令语句中的名字可以是变量名、段名、过程名。与指令语句中的标号不同，这些伪指令语句中的名字并不总是任选的，有些伪指令规定前面必须有名字，有些则不允许有名字，也有一些伪指令的名字是任选的。即不同的伪指令对于是否有名字有不同的规定。伪指令语句的名字后面通常不跟冒号，这是它和标号的一个明显区别。

很多情况下伪指令语句中的名字是变量名，变量名代表存储器中一个数据区的名字，例如，例5.1中的DATA1、DATA2就是变量名。

变量也有三种属性：段、偏移量和类型。

① 变量的段属性是变量所代表的数据区所在段的段地址。由于数据区一般在存储器的数据段中，因此变量的段地址常常在DS和ES寄存器中。

② 变量的偏移量属性是该变量所在段的起始地址与变量的地址之间的字节数。

③ 变量的类型属性有BYTE(字节)、WORD(字)、DWORD(双字)、QWORD(四字)、TBYTE(十字节)等，表示数据区中存取操作对象的大小。

(2) 助记符。汇编语言语句中的第二个组成部分是助记符(Memonic)。

在指令语句中的第二部分是CPU指令系统中指令的助记符，如MOV ADC等。助记符约有90多种，在第4章中已经进行了详细的讨论。

在伪指令语句中的第二部分是伪指令的定义符，如 DB、SEGMENT、ENDS、END 等都是伪指令定义符。它们在程序中的作用是定义变量的类型、定义段以及告诉汇编程序结束汇编等。关于伪指令的作用和使用方法，将在本章 5.2 节中进行讨论。

(3) 操作数。汇编语言语句中的第三个组成部分是操作数。在指令语句中是指令的操作数，可能有单操作数或双操作数，也可能无操作数；而在伪指令中可能有更多个操作数。当操作数不止一个时，相互之间应该用逗号隔开。

可以作为操作数的有常数、寄存器、标号、变量和表达式等。

① 常数。常数就是指令中出现的那些固定值，可以分为数值常数和字符串常数两类。例如，立即数寻址时所有的立即数、直接寻址时所有的地址、ASCII 字符串等都是常数。常数是除了自身的值以外，没有其他属性的数值。在源程序中，数值常数按其基数的不同，可有二进制数、八进制数、十进制数、十六进制数等几种不同表示形式。汇编语言用不同的后缀加以区别。

还应指出，汇编语言中的数值常数的第一位必须是数字，否则汇编时将被看成是标识符，如常数 B7H 应写成 0B7H，FFH 应写成 0FFH。字符串常数是由单引号括起来的一串字符。例如'ABCDEFG'和'179'。单引号内的字符在汇编时都以 ASCII 的代码形式存放在存储单元中。如上述两字符串的 ASCII 代码为 41H，42H，43H，44H，…，48H 和 31H，37H，39H。字符串最长允许有 255 个字符。

② 寄存器。8086/8088 CPU 的寄存器可以作为指令的操作数。

③ 标号。由于标号代表一条指令的符号地址，因此可以作为转移(无条件转移或条件转移)、过程调用 CALL 以及循环控制 LOOP 指令的操作数。

④ 变量。因为变量是存储器中某个数据区的名字，所以在指令中可以作为存储器操作数。

⑤ 表达式。汇编语言语句中的表达式，按其性质可分为两种：数值表达式和地址表达式。数值表达式产生一个数值结果，只有大小，没有属性。地址表达式的结果不是一个单纯的数值，而是一个表示存储器地址的变量或标号，它有三种属性：段、偏移量和类型。

表达式中常用的运算符有以下几种：

a. 算术运算符。常用的算术运算符有：+(加)，−(减)，*(乘)，/(除)和 MOD(模除，即两个整数相除后取余数)等。

以上算术运算符可用于数值表达式，运算结果是一个数值。在地址表达式中通常只使用其中的+和−(加和减)两种运算符。

b. 逻辑运算符。逻辑运算符有：AND(逻辑"与")，OR(逻辑"或")，XOR(逻辑"异或")和 NOT(逻辑"非")。

逻辑运算符只用于数值表达式中对数值进行按位逻辑运算，并得到一个数值结果。对地址进行逻辑运算是没有意义的。

c. 关系运算符。关系运算符有：EQ(等于)，NE(不等)，LT(小于)，GT(大于)，LE(小于或等于)，GE(大于或等于)等。

参与关系运算的必须是两个数值或同一段中的两个存储单元地址，但运算结果只可能是两个特定的数值之一：当关系不成立(假)时，结果为 0(全 0)；当关系成立(真)时，结果为 0FFFFH(全 1)。例如：

```
MOV    AX，4 EQ 3    ；关系不成立，故(AX)←0
MOV    AX，4 NE 3    ；关系成立，故(AX)←0FFFFH
```

　　d. 分析运算符。分析运算符用于分析一个存储器操作数的属性，如段值、偏移量和类型等，或取得它所定义的存储空间的大小。分析运算符有 SEG、OFFSET、TYPE、SIZE 和 LENGTH 等。

　　• SEG 运算符。利用运算符 SEG 可以得到一个标号或变量所在段的段地址。例如，下面两条指令将变量 ARRAY 所在段的段地址送 DS 寄存器。

```
MOV    AX，SEG ARRAY
MOV    DS，AX
```

　　• OFFSET 运算符。利用运算符 OFFSET 可以得到一个标号或变量的偏移地址。例如：

```
MOV    DI，OFFSET DATA1
```

　　• TYPE 运算符。运算符 TYPE 的运算结果是一个数值，这个数值与存储器操作数类型属性的对应关系见表 5.1。

表 5.1　TYPE 返回值与类型的关系

TYPE 返回值	存储器操作数的类型
1	BYTE
2	WORD
4	DWORD
6	FWORD
8	QWORD
10	TBYTE
−1	NEAR
−2	FAR

下面是使用 TYPE 运算符的例子：

```
VAR      DW   ?                    ；变量 VAR 的类型为字
ARRAY    DD   10 DUP(?)            ；变量 ARRAY 的类型为双字
STR      DB   'THIS IS TEST'       ；变量 STR 的类型为字节
         …
MOV      AX，TYPE VAR              ；(AX)←2
MOV      BX，TYPE ARRAY            ；(BX)←4
MOV      CX，TYPE STR              ；(CX)←1
         …
```

其中的 DW、DD、DB 等为伪指令定义符，这将在 5.2 节中介绍。

　　• LENGTH 运算符。如果一个变量已用重复操作符 DUP 说明其元素的个数，则利用 LENGTH 运算符可得到这个变量中元素的个数。如果未用 DUP 说明，则得到的结果总是 1。

　　例如，上面的例子中已经用"10 DUP(?)"说明变量 ARRAY 的个数，则 LENGTH ARRAY 的结果为 10。

　　• SIZE 运算符。如果一个变量已用重复操作符 DUP 说明，则利用 SIZE 运算符可得到分配给该变量的字节总数。如果未用 DUP 说明，则得到的结果是 TYPE 运算的结果。

例如，上面例子中变量 ARRAY 的元素个数为 10，类型为 DWORD(双字)，因此，SIZE ARRAY 的结果为 $10 \times 4 = 40$。由此可知，SIZE 的运算结果等于 LENGTH 的运算结果乘以 TYPE 的运算结果。

e. 合成运算符。合成运算符可以用来建立或临时改变变量或标号的类型或存储器操作数的类型。合成运算符有 PTR、THIS、SHORT 等。

● PTR 运算符。PTR 运算符可以指定或修改存储器操作数的类型。例如：

　　　INC　BYTE　PTR[BX][SI]

指令中利用 PTR 运算符明确规定了存储器操作数的类型是 BYTE(字节)，因此，本指令将一个字节型存储器操作数加 1。

利用 PTR 运算符可以建立一个新的存储器操作数，它与原来的同名操作数具有相同的段和偏移量，但可以有不同的类型。不过这个新类型只在当前语句中有效。例如：

　　　STUFF　　DD　　?　　　　　　　　　　　　　　　；定义 STUFF 为双字类型变量
　　　　　　⋮
　　　MOV　　BX，WORD PTR STUFF　　　　；从 STUFF 中取一个字到 BX
　　　　　　⋮

● THIS 运算符。运算符 THIS 也可指定存储器操作数的类型。使用 THIS 运算符可以使标号或变量更具灵活性。例如，要求对同一个数据区，既可以字节为单位，又可以字为单位进行存取，则可用以下语句：

　　　TAB1　　EQU　　THIS WORD
　　　TAB2　　DB　　100 DUP(?)

上面 TAB1 和 TAB2 实际上代表同一个数据区，其中共有 100 个字节，但 TAB1 的类型为 WORD(字类型)，而 TAB2 的类型为 BYTE(字节类型)。

● SHORT 运算符。运算符 SHORT 指定一个标号的类型为 SHORT(短标号)，即标号到引用该标号指令之间的距离在 $-128 \sim +127$ 个字节的范围内。短标号可以被用于无条件转移指令中。使用短标号的指令比使用缺省的近标号的指令少一个字节。

f. 其他运算符。

● 段超越运算符 "："。运算符 "："(冒号)跟在段寄存器名(DS，ES，SS 和 CS)之后，表示段超越，用以给一个存储器操作数指定一个段属性，而不管其原来隐含的段是什么。例如：

　　　MOV AX，ES:[DI]

● 字节分离运算符 LOW 和 HIGH。运算符 LOW 和 HIGH 分别得到一个数值或地址表达式的低位和高位字节。例如：

　　　STUFF　　EQU　　　0ABCDH
　　　　　　MOV　　AH，HIGH STUFF　　　　　；(AH)←0ABH
　　　　　　MOV　　AL，LOW STUFF　　　　　；(AL)←0CDH

以上介绍了表达式中使用的各种运算符，如果一个表达式同时具有多个运算符，则按以下规则运算：

① 优先级高的先运算，优先级低的后运算。

② 优先级相同时按表达式中从左到右的顺序运算。

③ 括号可以提高运算的优先级，括号内的运算总是在相邻的运算之前进行。

各种运算符的优先级顺序见表 5.2。表中同一行的运算符具有相同的优先级。

表 5.2　运算符的优先级

优先级	运　算　符
高	
1	LENGTH，SIZE，WIDTH，MASK，( )，[ ]，< >
2	: (段超越运算符)
3	PTR，OFFSET，SEG，TYPE，THIS
4	HIGH，LOW
5	*，/，MOD，SHL，SHR
6	+，−
7	EQ，NE，LT，LE，GT，GE
8	NOT
9	AND
10	OR，XOR
11	SHORT
低	

(4) 注释。汇编语言语句的最后一个组成部分是注释。对于一个汇编语言语句来说，注释部分并不是必要的，但是加上适当的注释以后，可以增加源程序的可读性。一个较长的实用程序，如果从头到尾没有任何注释，可能很难读懂。因此，最好在重要的程序段前面以及关键处加上简明扼要的注释。

注释前面要求加上分号(;)。如果注释的内容较多，超过一行，则换行以后前面还要加上分号。注释也可以从一行的最前面开始，以表示对一个程序段的说明。

汇编程序对于注释不予理会，即注释对汇编后产生的目标程序没有任何影响。

5.1.2　汇编语言上机过程

首先要用编辑程序(如全屏幕编辑程序 EDIT)建立汇编语言源程序(其扩展名必须为 .ASM)，源程序就是用汇编语言的语句编写的程序。汇编语言源程序是不能被计算机所识别和运行的，必须经过汇编程序(MASM)加以汇编(翻译)，把源程序文件转换为机器码(二进制代码)表示的目标程序文件(其扩展名为 .OBJ)。若在汇编过程中没有出现语法错误，则汇编结束，否则，应返回对源程序文件的修改，然后再进行汇编，直到没有错误为止。生成目标文件后，还必须经过连接程序(LINK)把目标程序文件与库文件或其他目标文件连接在一起形成可执行文件(其扩展名为 .EXE 文件)。这时就可以在 DOS 下直接键入文件名运行此程序。

总之，在计算机上进行汇编语言程序设计的步骤如下：

(1) 用编辑程序(EDIT)建立 ASM 源程序文件。

(2) 用汇编程序(MASM)把 ASM 文件汇编成 OBJ 文件。

(3) 用连接程序(LINK)把 OBJ 文件转换成 EXE 文件。

(4) 在 DOS 命令行直接键入文件名执行该文件。

上述上机过程可用图 5.3 表示。下面我们将说明这一过程的具体操作方法。具体上机过程读者可观看第 2 章微视频"DOSBox 环境下汇编语言上机环境演示"。

汇编语言程序开发过程

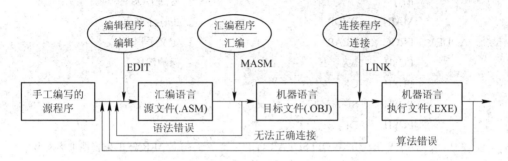

图 5.3　汇编语言程序上机过程

1. 用编辑程序建立汇编语言源程序文件(ASM 文件)

例如，我们要建立一个多字节相加的汇编语言源程序，可以用编辑程序 EDIT.EXE 建立一个名为 MBA.ASM 的汇编语言源程序文件：

　　　　C:\> EDIT　MBA.ASM

进入 EDIT 的程序编辑界面，输入汇编语言源程序如下：

```
DATA      SEGMENT                          ;定义数据段
          ARRY1   DB   10，21，32，53，64，75，96，10，11
          ARRY2   DB   21，17，35，15，50，26，41，42，28
          ARRY3   DB   9   DUP(?)
          N       DW   9
DATA      ENDS                             ;数据段结束
STACK     SEGMENT PARA STACK 'STACK'       ;定义堆栈段
          DW   100   DUP(?)
STACK     ENDS                             ;堆栈段结束
CODE      SEGMENT                          ;定义代码段
          ASSUME CS：CODE，DS：DATA，SS：STACK
MAIN      PROC    FAR                      ;主程序部分
START：   PUSH    DS                       ;将 DS 压入堆栈保存
          MOV     AX，0
          PUSH    AX                       ;将 0 压入堆栈保存
          MOV     AX，DATA                  ;把数据段地址送 AX
          MOV     DS，AX                    ;然后通过 AX 送入 DS
          MOV     AX，STACK                 ;把堆栈段地址送 AX
          MOV     SS，AX                    ;然后通过 AX 送入 SS
```

	MOV	SI，OFFSET ARRY1	; 把 ARRY1 的偏移地址送入 SI
	MOV	DI，OFFSET ARRY2	; 把 ARRY2 的偏移地址送入 DI
	MOV	CX，N	
	CLC		; 进位标志清零
	CALL	ADDFA	; 调用子程序(过程)ADDFA
	RET		; 返回 DOS
MAIN	ENDP		; 主程序结束
ADDFA	PROC	NEAR	; 定义子程序
	PUSH	AX	; 保护现场
	PUSH	CX	
	PUSH	SI	
	PUSH	DI	
	MOV	BX，OFFSET ARRY3	; 把 ARRY3 的偏移地址送入 BX
LOOP1:	MOV	AL，[SI]	; 取一个字节加数
	ADD	AL，[DI]	; 与另一个字节加数相加
	MOV	[BX]，AL	; 结果送存
	INC	SI	; ARRY1 的偏移地址加 1
	INC	DI	; ARRY2 的偏移地址加 1
	INC	BX	; ARRY3 的偏移地址加 1
	LOOP	LOOP1	; 未加完转 LOOP1
	POP	DI	; 恢复现场
	POP	SI	
	POP	CX	
	POP	AX	
	RET		; 返回主程序
ADDFA	ENDP		; 子程序结束
CODE	ENDS		; 代码段结束
	END	START	; 源程序结束

EDIT 的使用方法可查阅相关资料。也可使用其他字处理程序生成源程序文件。

2. 用汇编程序 MASM 将 ASM 文件汇编成目标程序文件(OBJ 文件)

在对源程序文件(简称 ASM 文件)汇编时，汇编程序将对 ASM 文件进行两遍扫描，若程序文件中有语法错误，则结束汇编后，汇编程序将指出源程序中存在的错误，这时应返回编辑环境修改源程序中的错误，直到无错误后生成目标程序，即 OBJ 文件。

汇编过程如下：

当源程序建立以后，仍以 MBA.ASM 程序为例，我们用汇编程序 MASM 对 MBA.ASM 源程序文件进行汇编，其操作步骤如下：

C:\>MASM MBA

Microsoft (R) Macro Assembler Version 5.00

Copyright (C) Microsoft Corp 1981~1985，1987，All rights reserved.

Object filename [MBA.OBJ]:

Source listing [NUL.LET]：MBA

Cross-reference [NUL.CRF]：MBA

50468 + 303948 Bytes symbol space free

0 Warning Errors

0 Severe　Errors

由此可知，汇编程序调入后，首先显示版本号，然后出现三个提示行。

第一个提示行为：

Object filename [MBA.OBJ]:

这是询问目标程序文件名，方括号内为机器规定的默认的文件名，通常直接按回车，表示采用默认的文件名(如上所示)，这是我们汇编的主要目的。

第二个提示行为：

Source listing [NUL.LST]:

这是询问是否建立列表文件，若不建立，直接回车；若要建立，则输入文件名再回车(如上所示，表示要建立名为 MBA 的列表文件)。列表文件中同时列出源程序和机器语言程序清单，并给出符号表，有利于程序调试。

第三个提示行为：

Cross-reference [NUL.CRF]:

这是询问是否要建立交叉索引文件，若不要建立，则直接回车；若要建立，则应输入文件名(如上所示，表示要建立 MBA.CRF 文件)。

当我们回答了上述各提示行的询问之后，汇编程序就对源程序进行汇编。若汇编过程中发现源程序有语法错误，则列出错误的有关信息。错误分警告错误(Wraning Errors)和严重错误(Severe　Errors)。警告错误是指汇编程序认为的一般性错误；严重错误是指汇编程序认为无法进行正确汇编的错误，并给出错误所在的行号、错误的性质等。这时，就要对错误进行分析，找出问题和原因，然后再调用编辑程序加以修改，修改后重新汇编，直到汇编后无错误为止。

3. 用连接程序 LINK 生成可执行程序文件(EXE 文件)

经汇编后产生的二进制的目标程序文件(OBJ 文件)并不是可执行程序文件(EXE 文件)，必须经连接以后，才能成为可执行文件。连接程序并不是专为汇编语言程序设计的，如果一个程序是由若干个模块组成的，也可通过连接程序 LINK 把它们连接在一起，这些模块可以是汇编程序产生的目标文件，也可以是高级语言编译程序产生的目标文件。

连接过程如下：

C:\>LINK MBA

Microsoft (R) Overlay Linker Version 3.60

Run File [MBA.EXE]:

List File [NUL.MAP]：MBA

Libraries [.LIB]:

由此可知，在连接程序调入后，首先显示版本号，然后出现三个提示行。

第一个提示行为：

Run File [MBA.EXE]:

这是询问要产生的可执行文件的文件名，一般直接回车采用方括号内给出的缺省文件名。

第二个提示行为：

List File [NUL.MAP]:

这是询问是否要建立连接映像文件。若不要建立，则直接回车；若要建立，则输入文件名再回车。我们这里是要建立该文件，则输入文件名 MBA。

第三个提示行为：

Libraries [.LIB]:

这是询问是否用到库文件，若无特殊需要，则直接回车即可。

上述提示行回答后，连接程序开始连接。若连接过程中有错，则显示错误信息，错误分析清楚后，要重新调入编辑程序进行修改，然后重新汇编，再经过连接，直至无错为止。连接以后，便产生了可执行程序文件(.EXE 文件)。

4. 程序的执行

当我们生成了可执行文件 MBA.EXE 后，就可直接在 DOS 下执行该程序：

C:\>MBA

C:\>

程序运行结束并返回 DOS。这里我们并未看到运行结果，怎么知道程序运行已经结束？又怎么知道程序已返回 DOS？下面我们来讨论这些问题。

5.1.3　汇编语言程序和 DOS 操作系统的接口

当我们编写的汇编语言程序是在 DOS 环境下运行时，必须了解汇编语言程序是如何同 DOS 操作系统接口的，即程序是如何返回 DOS 的。

当我们用编辑程序把源程序输入到机器中，用汇编程序把它转换为目标程序，用连接程序对其进行连接和定位时，操作系统为每一个用户程序建立了一个程序段前缀区 PSP，其长度为 256 个字节，主要用于存放所要执行程序的有关信息，同时也提供了程序和操作系统的接口。操作系统在程序段前缀的开始处(偏移地址 0000H)安排了一条 INT 20H 软中断指令，INT 20H 中断服务程序由 DOS 提供，执行该服务程序后，控制就转移到 DOS，即返回到 DOS 管理的状态。因此，用户在组织程序时，必须使程序执行完后能去执行存放于 PSP 开始处的 INT 20H 指令，这样便返回到 DOS，否则就无法继续键入命令和运行程序。

DOS 在建立了程序段前缀区 PSP 之后，就将要执行的程序从磁盘装入内存。在定位程序时，DOS 一般将数据段置于 PSP 下方，数据段之后是附加数据段，附加数据段之后是代码段，最后放置堆栈段。内存分配好之后，DOS 就设置段寄存器 DS 和 ES 的值，以使它们指向 PSP 的开始处，即 INT 20H 的存放地址，同时将 CS 设置为代码段的段地址，IP 设置为指向代码段中要执行的第一条指令位置，把 SS 设置为指向堆栈的段地址，让 SP 指向堆栈段的栈底(取决于堆栈的长度)，如图 5.4 所示。

　　如果编写的汇编语言源程序中没有定义堆栈段，在程序装入存储器时，系统会自动给程序定义一个堆栈段，但其定位与程序中的数据段重叠，而且长度为 64 KB，如图 5.5 所示。

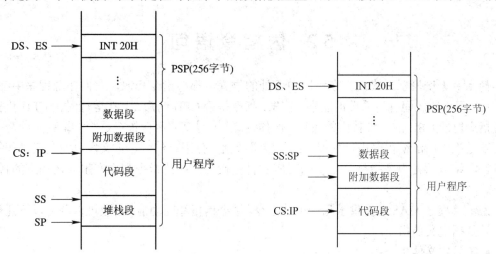

　　　图 5.4　用户程序装入情况　　　　　　图 5.5　没有堆栈段的用户程序装入情况

为了保证用户程序执行完后能回到 DOS 状态，可使用如下两种方法。

1. 标准方法

首先将用户程序的主程序定义成一个 FAR 过程，其最后一条指令为 RET。然后在代码段的主程序(即 FAR 过程)的开始部分用如下三条指令将 PSP 中 INT 20H 指令的段地址及偏移地址压入堆栈：

```
PUSH    DS              ；保护 PSP 段地址
MOV     AX，0           ；保护偏移地址 0
PUSH    AX
```

这样，当程序执行到主程序的最后一条指令 RET 时，由于该过程具有 FAR 属性，故存在堆栈内的两个字就分别弹出到 CS 和 IP，从而执行 INT 20H 指令，使控制返回到 DOS 状态。例如上面我们的多字节相加程序就是采用这种方法使控制返回到 DOS 状态的。

2. 非标准方法

非标准方法是通过在代码段结束之前执行语句

```
MOV     AH，4CH
INT     21H
```

通过 DOS 功能调用使程序返回 DOS 的。为了统一起见，本书后续汇编语言源程序都使用非标准方法返回 DOS。

　　需要注意的是，由于 DOS 操作系统在把程序调入内存时，需要建立程序段前缀区 PSP

并为程序分配内存，同时设置段寄存器 DS 和 ES 的值使其指向 PSP 开始处。因此，不论是使用标准返回 DOS，还是非标准返回 DOS 方法，开始执行用户程序时，DS 并不设置在用户的数据段的起始处，ES 同样也不设置在用户的附加段起始处，因而在程序开始处(或在保护了 PSP 段地址和偏移地址 0 以后)，应该使用以下方法重新装填 DS 和 ES 的值使其指向用户的数据段和附加数据段：

```
        MOV   AX，段名
        MOV   段寄存器名，AX              ；段寄存器名可以是 DS、ES 之一
```

5.2　伪指令语句

伪指令无论表示形式或其在程序中所处的位置，都与指令相似，它们在源程序中都占据一行。但二者之间有着重要的区别。首先，指令是给 CPU 的命令，在运行时由 CPU 执行，每条指令对应 CPU 的一种特定的操作，例如传送、加法等；而伪指令是给汇编程序的命令，在汇编过程中由汇编程序进行处理，例如定义数据、分配存储区、定义段以及定义过程等。其次，汇编以后，每条指令产生一一对应的目标代码；而伪指令则不产生与之相应的目标代码。

宏汇编程序 MASM 提供了几十种伪指令，根据伪指令的功能，大致可以分为以下几类：

- 数据定义伪指令；
- 符号定义伪指令；
- 段定义伪指令；
- 过程定义伪指令；
- 宏处理伪指令；
- 模块定义与连接伪指令；
- 处理器选择伪指令；
- 条件伪指令；
- 列表伪指令；
- 其他伪指令。

限于篇幅，不能对所有的伪指令逐一进行详细说明，本节主要介绍一些较常用的伪指令。宏定义伪指令将在 5.3 节介绍。

5.2.1　数据定义伪指令

数据定义伪指令的用途是定义变量并给变量赋初值，或者仅仅定义变量(分配存储单元)，而不赋予特定的值。数据定义伪指令有 DB，DW，DD，DQ，DT 等，而常用的是前三种。

数据定义伪指令的一般格式为：

```
        [变量名]　伪指令定义符　操作数[，操作数…]
```

其中，方括号中的变量名为任选项，可以有，也可以没有。变量名后面不跟冒号。伪指令定义符后面的操作数可以不止一个。如有多个操作数，相互之间应该用逗号分开。

1．DB(Define Byte)

定义变量的类型为字节(BYTE)。DB 伪指令定义符后面的操作数每个占有 1 个字节。

2．DW(Define Word)

定义变量的类型为字(WORD)。DW 伪指令定义符后面的操作数每个占有 1 个字，即 2 个字节。在内存中存放时，低位字节在前，高位字节在后。

3．DD(Define Double word)

定义变量的类型为双字(DWORD)。DD 后面的操作数每个占有 2 个字，即 4 个字节。在内存中存放时，低位字在前，高位字在后。

数据定义伪指令定义符后面的操作数可以是常数、表达式或字符串，但每项操作数的值不能超过由伪指令定义符所定义的数据类型限定的范围。例如，DB 伪指令定义数据的类型为字节，则其范围为无符号数：0~255；带符号数：−128~+127，等等。字符串必须放在单引号中。另外，超过两个字符的字符串只能用 DB 伪指令定义。请看下列语句：

DATA	DB	101, 0F0H	; 存入 65H, F0H
EXPR	DB	2*8+7	; 存入 17H
STR	DB	'WELCOME!'	; 存入 8 个字符的 ASCII 码值
AB	DB	'AB'	; 存入 41H, 42H
BA	DW	'AB'	; 存入 42H, 41H
ABDD	DD	'AB'	; 存入 42H, 41H, 00, 00
OFFAB	DW	AB	; 存入变量 AB 的偏移地址
ADRS	DW	STR, STR+3, STR+5	; 存入 3 个偏移地址
TOTAL	DD	DATA	; 先存 DATA 的偏移地址，再存段地址

以上第一和第二语句中，分别将常数和表达式的值赋予一个变量。第三句的操作数是包含 8 个字符的字符串(当字符串中字符个数超过 2 个时只能用 DB 定义)。在第四、五、六句，注意伪指令 DB、DW 和 DD 的区别，虽然操作数均为'AB'两个字符，但存入变量的内容各不相同。第七句的操作数是变量 AB，而不是字符串，此句将 AB 的 16 位偏移地址存入变量 OFFAB。第八句存入三个偏移地址，共占 6 个字节。第九句 DATA 的偏移地址和段地址顺序存入变量 TOTAL，共占 2 个字。假设当前数据段的段地址是 1000H，上述变量在存储器中的存储情况如图 5.6 所示。

除了常数、表达式和字符串外，问号"？"也可以作为数据定义伪指令的操作数，此时仅给变量保留相应的存储单元，而不赋予变量某个确定的初值。

当同样的操作数重复多次时，可用重复操作符"DUP"表示，其形式为：

　　　　n DUP(初值 [，初值，…])

其中圆括号中为重复的内容，n 为重复次数。如果用"n　DUP(?)"作为数据定义伪指令定义符的惟一操作数，则汇编程序产生一个相应的数据区，但不赋任何初值。重复操作符"DUP"可以嵌套。下面是用问号或"DUP"表示操作数的几个例子：

FILLER	DB	?
SUM	DW	?
	DB	?, ?, ?

```
BUFFER   DB    10 DUP(?)
ZERO     DW    30 DUP(0)
MASK     DB    5 DUP('OK!')
ARRAY    DB    100 DUP(3 DUP(8)，6)
```

DATA	65H	1000H：	0000H
	F0H		0001H
EXPR	17H		0002H
STR	57H（"W"）		0003H
	45H（"E"）		0004H
	4CH（"L"）		0005H
	43H（"C"）		0006H
	4FH（"O"）		0007H
	4DH（"M"）		0008H
	45H（"E"）		0009H
	21H（"!"）		000AH
AB	41H（"A"）		000BH
	42H（"B"）		000CH
BA	42H（"B"）		000DH
	41H（"A"）		000EH
ABDD	42H（"B"）		000FH
	41H（"A"）		0010H
	00H		0011H
	00H		0012H
OFFAB	0BH		0013H
	00H		0014H
ADRS	03H		0015H
	00H		0016H
	06H		0017H
	00H		0018H
	08H		0019H
	00H		001AH
TOTAL	00H		001BH
	00H		001CH
	00H		001DH
	10H		001EH

图 5.6　变量在存储器中的存储情况

其中第一、第二句分别给字节变量 FILLER 和字变量 SUM 分配存储单元，但不赋予特定的值。第三句给一个没有名称的字节变量赋予 3 个不确定的值。第四句给变量 BUFFER

分配 10 个字节的存储空间，但不赋任何初值。第五句给变量 ZERO 分配一个数据区，共 30 个字(即 60 个字节)，每个字的内容均为零。第六句定义一个数据区，其中有 5 个重复的字符串'OK!'。共占 15 个存储单元。最后一句为变量 ARRAY 定义一个数据区，其中包含重复 100 次的内容：8，8，8，6，共占 400 个存储单元。

下面列出几个错误的数据定义伪指令语句。

```
ERROR1:   DW 99          ；变量名后有冒号
ERROR2    DB 25*90       ；字节型变量的操作数超过 255
ERROR3    DD '1234'      ；超过 2 个字符的字符串变量只能用 DB 定义
```

5.2.2 符号定义伪指令

符号定义伪指令的用途是给一个符号重新命名，或定义新的类型属性等。符号包括汇编语言的变量名、标号名、过程名、寄存器名以及指令助记符等。

常用的符号定义伪指令有：EQU、=(等号)和 LABEL。

1．EQU

格式：

　　名字 EQU 表达式

EQU 伪指令将表达式的值赋予一个名字。以后可用这个名字来代替上述表达式。格式中的表达式可以是一个常数、符号、数值表达式或地址表达式等。例如：

```
CR   EQU   0DH                   ；常数
LF   EQU   0AH
A    EQU   ASCII_TABLE           ；变量
STR  EQU   64*1024               ；数值表达式
ADR  EQU   ES：[BP+DI+5]         ；地址表达式
CBD  EQU   AAM                   ；指令助记符
```

利用 EQU 伪指令，可以用一个名字代表一个数值，或用一个较简短的名字来代替一个较长的名字。

如果源程序中需要多次引用某一表达式，则可以利用 EQU 伪指令定义符给其赋一个名字，以代替程序中的表达式，从而使程序更加简洁，便于阅读。将来如果改变表达式的值，也只需修改一处，使程序易于维护。需要注意一个问题，EQU 伪指令不允许对同一符号重复定义。

2．=(等号)

格式：

　　名字=表达式

"="(等号)伪指令的功能与 EQU 伪指令基本相同，主要区别在于它可以对同一个名字重复定义。例如

```
COUNT=100
MOV      CX，COUNT               ；(CX)←100
    ⋮
```

```
      COUNT=COUNT-10
      MOV      BX，COUNT                    ；(BX)←90
      ⋮
```

3. LABEL

格式：

　　名字　LABEL　类型

LABEL 伪指令的用途是定义标号或变量的类型。变量的类型可以是 BYTE、WORD、DWORD 等；标号的类型可以是 NEAR 或 FAR。

利用 LABEL 伪指令可以使同一个数据区兼有 BYTE 和 WORD 两种属性，这样，在以后的程序中可根据不同的需要分别以字节为单位，或以字为单位存取其中的数据，例如：

```
      AREAW  LABEL  WORD              ；变量 AREAW 类型为 WORD
      AREAB    DB  100  DUP(?)        ；变量 AREAB 类型为 BYTE
      ⋮
      MOV  AREAW，AX                  ；AX 送第 1 和第 2 字节中
      ⋮
      MOVAREAB[49]，AL               ；AL 送第 50 字节中
```

LABEL 伪指令也可以将一个属性已经定义为 NEAR 或者后面跟有冒号(隐含属性为NEAR)的标号再定义为 FAR。例如：

```
      AGAINF  LABEL  FAR              ；定义标号 AGAINF 的属性为 FAR
      AGAIN：PUSH  AX                 ；标号 AGAIN 的属性为 NEAR
```

既可以用标号 AGAIN 在本段内访问，也可以利用标号 AGAINF 从其他段访问。

5.2.3　段定义伪指令

段定义伪指令的用途是在汇编语言源程序中定义逻辑段。常用的段定义伪指令有SEGMENT/ENDS 和 ASSUME 等。

1. SEGMENT/ENDS

格式：

　　段名　SEGMENT　[定位类型]　[组合类型]　['类别']

　　　⋮

　　段名　ENDS

SEGMENT 伪指令用于定义一个逻辑段，给逻辑段赋予一个段名，并以后面的任选项(定位类型、组合类型、'类别')规定该逻辑段的其他特性。SEGMENT 伪指令位于一个逻辑段的开始部分，而 ENDS 伪指令则表示一个逻辑段的结束。在汇编语言源程序中，这两个伪指令定义符总是成对出现，二者前面的段名必须一致。两个语句之间的部分即是该逻辑段的内容。

SEGMENT 伪指令后面还有三个任选项：定位类型、组合类型和 '类别'。在上面的格式中，它们都放在方括号内，表示可有可无。如果有，三者的顺序必须符合格式中的规定。这些任选项是给汇编程序(MASM)和连接程序(LINK)的命令，告诉汇编程序和连接程序，如

何确定段的边界，以及如何组合几个不同的段等。下面分别进行讨论。

1) 定位类型(Align)

定位类型任选项告诉汇编程序如何确定逻辑段的边界在存储器中的位置。定位类型共有以下四种：

● BYTE(边界起始地址=×××× ×××× ×××× ×××× ××××B)

该类型表示逻辑段从一个字节的边界开始，即可以从任何地址开始。此时本段的起始地址紧接在前一个段的后面。

● WORD(边界起始地址=×××× ×××× ×××× ×××× ×××0B)

该类型表示逻辑段从字的边界开始。此时本段的起始地址必须是偶数。

● PARA(边界起始地址=×××× ×××× ×××× ×××× 0000B)

该类型表示逻辑段从一个节(Paragraph)的边界开始(一节等于 16 个字节)，也即段的起始地址能被 16 整除。故本段的开始地址(十六进制)应为×××0H。如果省略定位类型任选项，则默认其为 PARA。

● PAGE(边界起始地址=×××× ×××× ×××× 0000　0000B)

该类型表示逻辑段从页边界开始(一页等于 256 个字节)，也即段的起始地址能被 256 整除。故本段的起始地址(十六进制)应为×××00H。

例 5.2　SEGMENT 伪指令定义符的定位类型应用举例。

```
        STACK    SEGMENT STACK              ; STACK 段，定位类型缺省
                 DB 100 DUP(?)              ; 长度为 100 字节
        STACK    ENDS                       ; STACK 段结束
        DATA1    SEGMENT BYTE               ; DATA1 段，定位类型 BYTE
                 STRING   DB 'This is an example!'  ; 长度为 19 字节
        DATA1    ENDS                       ; DTAT1 段结束
        DATA2    SEGMENT WORD               ; DATA2 段，定位类型 WORD
                 BUFFER   DW 40 DUP(0)       ; 长度为 40 个字，即 80 字节
        DATA2    ENDS                       ; DATA2 段结束
        CODE1    SEGMENT PAGE               ; CODE1 段，定位类型 PAGE
                   ⋮                        ; 假设 CODE2 段长度为 13 字节
        CODE1    ENDS                       ; CODE1 段结束
        CODE2    SEGMENT                    ; CODE2 段，定位类型缺省
                   ⋮
        START:   MOV AX，STACK
                 MOV SS，AX
                   ⋮                        ; 假设 CODE2 段长度为 52 字节
        CODE2    ENDS                       ; CODE2 段结束
                 END      START             ; 源程序结束
```

本例的源程序中共有五个逻辑段，它们的段名和定位类型分别为：

```
        STACK 段              PARA
        DATA1 段              BYTE
```

DATA2 段	WORD
CODE1 段	PAGE
CODE2 段	PARA

已经知道其中 STACK 段的长度为 100 字节(64H)，DATA1 段的长度为 19 字节(13H)，DATA2 段的长度为 40 个字，即 80 字节(50H)。假设 CODE1 段占用 13 字节(0DH)，CODE2 段占用 52 字节(34H)。

如果将以上逻辑段进行汇编和连接，然后再来观察各逻辑段的目标代码或数据装入存储器的情况。由表 5.3 可清楚地看出，当 SEGMENT 伪指令的定位类型不同时，对段起始边界的规定也不相同。

表 5.3　例 5.2 各逻辑段的起始地址和结束地址

段　名	定位类型	字节数	起始地址	结束地址
STACK	PARA	100(64H)	00000H	00063H
DATA1	BYTE	19(13H)	00064H	00076H
DATA2	WORD	80(50H)	00078H	000C7H
CODE1	PAGE	13(0DH)	00100H	0010CH
CODE2	PARA	52(34H)	00110H	00143H

2) 组合类型(Combine)

SEGMENT 伪指令的第二个任选项是组合类型，它告诉汇编程序当装入存储器时各个逻辑段如何进行组合。组合类型共有以下六种。

(1) 不组合。如果 SEGMENT 伪指令的组合类型任选项缺省，则汇编程序认为这个逻辑段是不组合的。也就是说，不同程序中的逻辑段，即使具有相同的段名，也分别作为不同的逻辑段装入内存，不进行组合。

但是，对于组合类型任选项缺省的同名逻辑段，如果属于同一个程序模块，则被集中成为一个逻辑段。

(2) PUBLIC。连接时，对于不同程序模块中的逻辑段，只要具有相同的段名，就把这些段集中成为一个逻辑段装入内存。

(3) STACK。组合类型为 STACK 时，其含意与 PUBLIC 基本一样，即不同程序中的逻辑段，如果段名相同，则集中成为一个逻辑段。不过组合类型 STACK 仅限于作为堆栈区域的逻辑段使用。顺便提一下，在执行程序(.EXE)中，堆栈指针 SP 设置在这个集中以后的堆栈段的栈底(最终地址+1)处。

(4) COMMON。连接时，对于不同程序中的逻辑段，如果具有相同的段名，则都从同一个地址开始装入，因而各个逻辑段将发生重叠。最后，连接以后的段的长度等于原来最长的逻辑段的长度，重叠部分的内容是最后一个逻辑段的内容。

(5) MEMORY。这种组合类型表示当几个逻辑段连接时，本逻辑段定位在地址最高的地方。如果被连接的逻辑段中有多个段的组合类型都是 MEMORY，则汇编程序只将首先遇到的段作为 MEMORY 段，而其余的段均当做 COMMON 段处理。

(6) AT 表达式。这种组合类型表示本逻辑段根据表达式的值定位段地址。例如 AT 8A00H，表示本段的段地址为 8A00H，则本段从存储器的物理地址 8A000H 开始装入。

3) '类别'('Class')

SEGMENT 伪指令的第三个任选项是'类别'，类别必须放在单引号内。'类别'的作用是在连接时决定各逻辑段的装入顺序。当几个程序模块进行连接时，其中具有相同类别名的逻辑段被装入连续的内存区，类别名相同的逻辑段，按出现的先后顺序排列。没有类别名的逻辑段，与其他无类别名的逻辑段一起连续装入内存。

例如，假设一个主程序中有五个逻辑段，段名和类别名分别为：

```
STK1 段    'STACK'
CODE1 段   无
DATA1 段   'BUFFER'
DATA2 段   'TABLE'
DATA3 段   'BUFFER'
```

还有一个子程序，包括四个逻辑段，段名和类型名分别为：

```
DATA4 段   'TABLE'
DATA5 段   'BUFFER'
STK2 段    'STACK'
CODE2 段   无
```

当将上述主程序和子程序进行连接时，两个程序模块中各逻辑段装入内存的顺序见图 5.6。

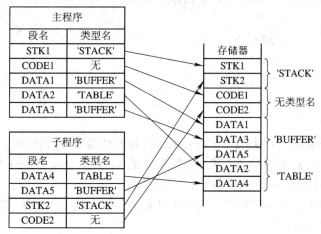

图 5.7　逻辑段按类别装入内存的示意图

2. ASSUME

格式：

ASSUME　段寄存器名：段名[，段寄存器名：段名，…]

ASSUME 伪指令告诉汇编程序，将某一个段寄存器设置为存放某一个逻辑段的段地址，即明确指出源程序中的逻辑段与物理段之间的关系。当汇编程序汇编一个逻辑段时，即可利用相应的段寄存器寻址该逻辑段中的指令或数据。在一个源程序中，ASSUME 伪指令定义符应该放在可执行程序开始位置的前面。还需指出一点，ASSUME 伪指令只是通知汇编程序有关段寄存器与逻辑段的关系，并没有给段寄存器赋予实际的初值。用户需要通过指令给有关段寄存器赋值，例如：

```
CODE     SEGMENT
         ASSUME CS: CODE, DS: DATA1, SS: STACK
         MOV     AX, DATA1
         MOV     DS, AX              ; 给 DS 赋值
         MOV     AX, STACK
         MOV     SS, AX              ; 给 SS 赋值
          ⋮
CODE     ENDS
```

3. ORG

格式：

　　ORG 表达式

ORG 伪指令用来指出其后的程序段或数据块存放的起始地址的偏移量。汇编程序把语句中表达式值作为起始地址，连续存放程序或数据，直到出现新的 ORG 指令。若省略 ORG，则从本段起始地址连续存放。

5.2.4　过程定义伪指令

过程也就是子程序，所以过程定义伪指令也就是子程序定义伪指令。

格式：

```
过程名  PROC［NEAR/FAR］
          ⋮
        RET
          ⋮
过程名  ENDP
```

其中 PROC 伪指令定义一个过程(子程序)，赋予过程一个名字，并指出该过程的属性为 NEAR 或 FAR。如果没有特别指明类型，则过程的类型是 NEAR。伪指令 ENDP 标志过程的结束。上述两个伪指令前面的过程名必须一致，且成对出现。

当一个程序段被定义为过程后，程序中其他地方就可以用 CALL 指令调用这个过程。调用一个过程的格式为：

　　CALL 过程名

过程名实质上是过程入口的符号地址，它和标号一样，也有三种属性：段、偏移量和类型。过程的类型属性可以是 NEAR 或 FAR。

一般来说，被定义为过程的程序段中应该有返回指令 RET，但不一定是最后一条指令，也可以有不止一条 RET 指令。执行 RET 指令后，控制返回到原来调用指令的下一条指令。

过程的定义和调用均可嵌套。例如：

```
NAME1   PROC FAR
          ⋮
```

```
            CALL    NAME2
              ⋮
            RET
            NAME2    PROC   NEAR
              ⋮
              RET
            NANE2    ENDP
      NAME1    ENDP
```

上面过程 NAME1 的定义中包含着另一个过程 NAME2 的定义。NAME1 本身是一个可以被调用的过程，而它也可以再调用其他的过程。

5.2.5　模块定义与连接伪指令

在编写规模比较大的汇编语言程序时，可以将整个程序划分成为几个独立的源程序(或称模块)，然后将各个模块分别进行汇编，生成各自的目标程序，最后将它们连接成为一个完整的可执行程序。各个模块之间可以相互进行符号访问。也就是说，在一个模块中定义的符号可以被另一个模块引用，通常称这类符号为外部符号。而将那些在一个模块中定义，只在同一模块中引用的符号称为局部符号。

为了进行连接以及在这些将要连接在一起的模块之间实现互相的符号访问，以便进行变量传送，常常使用伪指令 NAME、END、PUBLIC 和 EXTRN。

1. NAME

NAME 伪指令用于给源程序汇编以后得到的目标程序指定一个模块名，连接时需要使用这个目标程序的模块名。其格式为：

　　　NAME 模块名

NAME 的前面不允许再加上标号，例如下面的表示方式是非法的：

　　　BEGIN: NAME MODNAME

如果程序中没有 NAME 伪指令，则汇编程序将 TITLE 伪指令(TITLE 属于列表伪指令)后面"标题名"中的前六个字符作为模块名。如果源程序中既没有使用 NAME，也没有使用 TITLE 伪指令，则汇编程序将源程序的文件名作为目标程序的模块名。

2. END

END 伪指令表示源程序到此结束，指示汇编程序停止汇编，对于 END 后面的语句不予理会。其格式为：

　　　END [标号]

END 伪指令后面的标号表示程序执行的开始地址。END 伪指令将标号的段地址和偏移地址分别提供给 CS 和 IP 寄存器。方括号中的标号是任选项。如果有多个模块连接在一起，则只有主模块的 END 语句使用标号。

3. PUBLIC

PUBLIC 伪指令说明本模块中的某些符号是公共的，即这些符号可以提供给将被连接在一起的其他模块使用。其格式为：

　　　　　PUBLIC　符号[, …]

其中的符号可以是本模块中定义的变量、标号或数值的名字，包括用 PROC 伪指令定义的
过程名等。PUBLIC 伪指令可以安排在源程序的任何地方。

　　4. EXTRN

　　EXTRN 伪指令说明本模块中所用的某些符号是外部的，即这些符号在将被连接在一起
的其他模块中定义(在定义这些符号的模块中还必须用 PUBLIC 伪指令说明)。其格式为：

　　　　　EXTRN　名字：类型[, …]

其中的名字必须是其他模块中定义的符号；类型必须与定义这些符号的模块中的类型说明
一致。如为变量，类型可以是 BYTE、WORD 或 DWORD 等；如为标号和过程，类型可以
是 NEAR 或 FAR；如果是初值，类型可以是 ABS，等等。

5.2.6　处理器选择伪指令

　　由于 80x86 的所有处理器都支持 8086/8088 指令系统，但每一种高档的机型又都增加了
一些新的指令，因此在编写程序时要对所用处理器有一个确定的选择。也就是说，要告诉
汇编程序应该选择哪一种指令系统。这一组伪指令的功能就是做这件事的。此类伪指令主
要有以下几种：

　　.8086　　　　　　选择 8086 指令系统

　　.286　　　　　　 选择 80286 指令系统

　　.286 P　　　　　 选择保护方式下的 80286 指令系统

　　.386　　　　　　 选择 80386 指令系统

　　.386 P　　　　　 选择保护方式下的 80386 指令系统

　　.486　　　　　　 选择 80486 指令系统

　　.486 P　　　　　 选择保护方式下的 80486 指令系统

　　.586　　　　　　 选择 Pentium 指令系统

　　.586 P　　　　　 选择保护方式下的 Pentium 指令系统

　　有关"选择保护方式下的××××指令系统"的含义是指包括特权指令在内的指令系
统。此外，上述伪指令均支持相应的协处理器指令。

　　这类伪指令一般放在整个程序的最前面。如不给出，则汇编程序认为其默认值为 .8086。
它们也可放在程序中，如程序中使用了一条 80486 所增加的指令，则可在该指令的上一行
加上 .486。

5.3　宏指令语句

　　如果在汇编语言源程序中需要多次使用同一个程序段，可以将这个程序段定义为一个
宏指令，然后每次需要时，即可简单地用宏指令名来代替(称为宏调用)，从而避免了重复书
写，使源程序更加简洁、易读。

5.3.1　宏处理伪指令

1.　宏定义伪指令(MACRO/ENDM)

格式：

　　　宏指令名　MACRO

　　　　　⋮　(宏定义体)

　　　　ENDM

　　MACRO 是宏定义符，它将一个宏指令名定义为宏定义体中包含的程序段。ENDM 表示宏定义结束，前面不需要有宏指令名。进行一次宏定义，以后就可以多次用宏指令名进行宏调用。但是必须先定义，后调用。

　　当汇编时，MASM 对每个宏指令名自动用相应宏定义体中的程序段代替，这个过程称为宏扩展。宏定义允许嵌套，即宏定义体中可以包含另一个宏定义，而且宏定义体中也可以有宏调用，但是也必须先定义后调用。

　　例 5.3　若源程序中多处需要将 BL 和 CL 寄存器中两个压缩的 BCD 数相加，并将和送回 BL 寄存器，则可如下定义宏指令，然后在需要的地方进行调用。

```
BCDADD      MACRO
            MOV   AL, BL
            ADD   AL, CL
            DAA
            MOV   BL, AL
            ENDM
```

　　宏定义允许带参数，从而使定义的宏指令具有更强的通用性。带参数的宏定义格式如下所示：

　　　宏指令名　MACRO　参数[, …]

　　　　　⋮　　　(宏定义体)

　　　　ENDM

　　以上宏定义中的参数称为形式参数(dummy parameter)，或称哑元。当形式参数不止一个时，相互之间要用逗号分开。以后宏调用时，应在宏指令名后面写上相应的实际参数(actual parameter)，或称实元。一般情况下，实际参数与形式参数的个数和顺序均为一一对应的。但是，汇编程序允许二者的个数不等。当实际参数多于形式参数时，多余的实际参数被忽略；当形式参数多于实际参数时，认为多余的形式参数为空。

　　例 5.4

```
DECADD1      MACRO   OPR1, OPR2
             MOV     AL, OPR1
             ADD     AL, OPR2
             DAA
             MOV     OPR1, AL
             ENDM
```

利用本例中的宏定义可对分别存放在任何 8 位寄存器或存储单元中的两个压缩 BCD 数进行加法运算。例如有以下宏调用：

  DECADD1 DL，BUFFER

  DECADD1 AREA1，AREA2

汇编时进行宏扩展，得到以下指令：

  DECADD1 DL，BUFFER 扩展为：

    + MOV AL，DL

    + ADD AL，BUFFER

    + DAA

    + MOV DL，AL

  DECADD1 AREA1，AREA2 扩展为：

    + MOV AL，AREA1

    + ADD AL，AREA2

    + DAA

    + MOV AREA1，AL

宏扩展后，原来宏定义体中的指令前面加上了符号"+"，以示区别。

2．声明宏体内局部标号的伪指令(LOCAL)

LOCAL 的作用是声明宏体中的局部标号，以免在宏扩展时，同一个标号在源程序中多次出现，从而产生标号多重定义的错误。LOCAL 伪指令必须位于宏体内其他所有语句(包括注释)之前，其格式为：

  LOCAL 局部标号[，…]

例如，下面的宏指令完成将寄存器中的一位十六进制数转换为相应的 ASCII 码，由于宏体中出现局部标号，因此必须使用 LOCAL 伪指令对宏体中的局部标号进行声明。

  HEXTOASC MACRO REG

       LOCAL NUM

       CMP REG，0AH

       JC   NUM

       ADD REG，07H

  NUM：   ADD REG，30H

       ENDM

5.3.2 宏指令与子程序的区别

宏指令是用一条指令来代替一段程序以简化源程序的设计，子程序(过程)也有类似的功能。宏指令与子程序的区别主要表现在以下几方面：

(1) 宏指令由宏汇编程序 MASM 在汇编过程中进行处理，在每个宏调用处，将相应的宏体插入；而子程序调用指令 CALL 则是 CPU 指令，执行 CALL 指令时，CPU 使程序的控制转移到子程序的入口地址。

(2) 宏指令简化了源程序，但不能简化目标程序。汇编以后，在宏定义处不产生机器代码，但在每个宏调用处，通过宏扩展，宏体中指令的机器代码被插入到宏调用处，因此不节省内存单元;对于子程序来说,在目标程序中定义子程序的地方将产生相应的机器代码,但每次调用时,只需用 CALL 指令,不再重复出现子程序的机器代码,一般来说可以节省内存单元。

(3) 从执行时间来看,调用子程序和从子程序返回需要保护断点、恢复断点等等,都将额外占用 CPU 的时间,而宏指令则不需要,因此相对来说,它的执行速度较快。

5.4 常用系统功能调用和 BIOS 中断调用

微型计算机系统为汇编用户提供了两个程序接口,一个是 DOS 系统功能调用,另一个是 ROM 中的 BIOS(Basic Input/Output System)。系统功能调用和 BIOS 由一系列的服务子程序构成,但调用与返回不是使用子程序调用指令 CALL 和返回指令 RET,而是通过软中断指令 INT n 和中断返回指令 IRET 调用和返回的。

DOS 系统功能调用和 BIOS 的服务子程序,使得程序设计人员不必涉及硬件就可以使用系统的硬件,尤其是 I/O 的使用与管理。

5.4.1 系统功能调用

系统功能调用是微机的磁盘操作系统 DOS 为用户提供的一组例行子程序,因而又称为 DOS 系统功能调用。这些子程序可分为以下四个主要方面:

(1) 磁盘的读/写及控制管理;

(2) 内存管理;

(3) 基本输入/输出管理(如键盘、打印机、显示器等);

(4) 其他管理(如时间、日期等)。

为了使用方便,系统已将所有子程序按顺序编号,称为调用号。其调用号为 0～75H,如表 5.4 所示。表中只列出了基本输入/输出管理中部分的键盘和显示器的 DOS 功能调用。

表 5.4 键盘和显示器的 DOS 调用

调用号	功　　能	入口参数	出口参数
1	键入并显示一个字符		键入字符的 ASCII 码在 AL 中
2	显示器显示一个字符	DL 中置输出字符的 ASCII 码	
5	打印机打印一个字符	DL 中置输出字符的 ASCII 码	
8	键盘输入一个字符		键入字符的 ASCII 码在 AL 中
9	显示器显示一个字符串	DS:DX 置字符串首址,字符串以 "$" 结束	
10(0AH)	键入并显示字符串	DS: DX 置字符串首址,第 1 单元置允许键入的字符数(含一个回车符)	键入的实际字符数(不包括回车键)在第 2 单元中,键入的字符从第 3 单元开始存放
11(0BH)	检测有无键入		有键入 AL=FFH,无键入 AL=0

对于所有的功能调用，使用时一般需要经过以下三个步骤：

① 子程序的入口参数送相应的寄存器(有些子程序调用不需要入口参数，此步可略)。

② 子程序编号送 AH。

③ 发出中断请求：INT 21H(系统功能调用指令)。

这里我们仅介绍常用的 1、2、9、10 等 4 个系统调用。

1. 1 号功能调用

调用格式：

```
    MOV   AH，1
    INT   21H
```

系统执行该功能时将扫描键盘，等待键入。一旦有键按下，就将键值(相应字符的 ASCII 码值)读入，先检查是否是 Ctrl-Break，若是，则退出命令执行；否则将键值送入 AL 寄存器，同时将这个字符显示在屏幕上。

2. 2 号功能调用

调用格式：

```
    MOV   DL，待显示字符的 ASCII 码
    MOV   AH，2
    INT   21H
```

本调用执行后，显示器显示其 ASCII 码值放入 DL 中的字符。

3. 9 号功能调用

调用格式：

```
    MOV   DX，待显示字符串首字符的偏移地址
    MOV   AH，9
    INT   21H
```

本调用执行后，显示器显示待显示的字符串。调用时，要求 DS:DX 必须指向内存中一个以 "$" 作为结束标志的字符串。例如：

```
    DATA    SEGMENT
            BUF     DB 'HOW DO YOU DO? $'
    DATA    ENDS
    CODE    SEGMENT
            ⋮
            MOV     AX, DATA
            MOV     DS, AX
            ⋮
            MOV     DX, OFFSET BUF
            MOV     AH，9
            INT     21H
            ⋮
```

```
CODE    ENDS
```

执行本程序，屏幕上将显示：HOW DO YOU DO?。

4. 10 号功能调用

调用格式：

```
MOV    DX，数据区的首偏移地址
MOV    AH，10
INT    21H
```

该功能调用将从键盘接收字符串到内存数据区。要求事先定义一个数据区，数据区内第一个单元指出数据区能容纳的字符个数，不能为零。第二个单元保留，以用作填写实际输入的字符个数。从第三个单元开始存放从键盘上接收的字符串。实际输入的字符数若少于定义的字符数，数据区内剩余单元填零，若多于定义的字节数，则后来输入的字符丢掉，且响铃。调用时，要求 DS:DX 指向数据区首地址。例如：

```
DATA    SEGMENT
BUF     DB 50      ; 定义包括回车符在内允许键入的字符最大个数
        DB ?       ; 保留，调用结束后填入实际输入的字符个数(不包括回车符)
        DB 50 DUP(?)  ; 存储包括回车符在内的键入字符的 ASCII 码值
DATA    ENDS
CODE    SEGMENT
        ⋮
        MOV    DX，OFFSET BUF
        MOV    AH，10
        INT    21H
        ⋮
CODE    ENDS
```

5.4.2　常用系统功能调用应用举例

例 5.5　利用 DOS 系统功能调用在屏幕上显示一行提示信息，然后接收用户从键盘输入的信息并将其存入内存数据区。

```
DATA    SEGMENT
PARS    DB 100                          ; 定义输入缓冲区
        DB ?
        DB 100 DUP(?)
MESG    DB 'WHAT IS YOUR NAME ?$'       ; 要显示的提示信息
DATA    ENDS
CODE    SEGMENT
        ASSUME CS：CODE，DS：DATA
START:  MOV    AX，DATA
```

```
            MOV      DS，AX
DISP：      MOV      DX，OFFSET MESG
            MOV      AH，9                  ；利用 9 号功能调用显示提示
            INT  21H
            MOV      DX，OFFSET PARS
            MOV      AH，10                 ；利用 10 号功能调用接收键盘输入
            INT      21H
            MOV      AH，4CH
            INT      21H
CODE        ENDS
            END BEGIN
```

例 5.6 编写程序实现将键入的 4 位十进制数(如 5，则键入 0005)以压缩 BCD 数形式存入字变量 SW 中。

该程序首先接收键入的 4 位十进制数，然后拼合为压缩 BCD 数，存入字变量 SW。为了接收键入的 4 位十进制数，需要在数据段中定义一变量数据区。该数据区应有 7 个存储单元，其中第 1 个单元定义为 5，即可接收 5 个字符，第 2 个单元预留给 10 号功能调用装载实际键入字符数，第 3 个单元到第 7 个单元预留给 10 号功能调用装载实际键入的字符，即 4 字节十进制数的 ASCII 码和 1 字节回车的 ASCII 码。程序如下：

```
DATA     SEGMENT
BUF      DB    5，0，5 DUP (?)
SW       DW   ?
DATA     ENDS
CODE     SEGMENT
         ASSUME   CS：CODE，DS：DATA
START：  MOV      AX，DATA
         MOV      DS，AX
         MOV      DX，OFFSET BUF        ；10 号功能调用，键入 4 位十进制数
         MOV      AH，10
         INT      21H
         MOV      AX，WORD PTR BUF+4    ；键入数的个位和十位送 AX
         AND      AX，0F0FH             ；将两个 ASCII 码转为非压缩 BCD 数
         MOV      CL，4
         SHL      AL，CL                ；将十位移至 AL 的高 4 位
         OR       AL，AH                ；十位和个位拼合在 AL 中
         MOV      BYTE PTR SW，AL       ；存 BCD 数的十位和个位
         MOV      AX，WORD PTR BUF+2    ；键入数百位和千位送 AX
         AND      AX，0F0FH             ；将两个 ASCII 码转为非压缩 BCD 数
         SHL      AL，CL                ；将千位移至 AL 的高 4 位
```

```
        OR      AL，AH              ; 千位和百位拼合在 AL 中
        MOV     BYTE PTR SW+1，AL   ; 存 BCD 数的千位和百位
        MOV     AH, 4CH
        INT     21H
CODE    ENDS
        END  START
```

5.4.3 BIOS 中断调用

BIOS 是固化在 ROM 中的一组 I/O 驱动程序，它为系统各主要部件提供设备级控制，还为汇编语言程序设计者提供了字符 I/O 操作。与 DOS 功能调用相比，BIOS 有如下特点：

① 调用 BIOS 中断程序虽然比调用 DOS 中断程序要复杂一些，但运行速度快，功能更强；

② DOS 的中断功能只是在 DOS 的环境下适用，而 BIOS 功能调用不受任何操作系统的约束；

③ 某些功能只有 BIOS 具有。

BIOS 中断功能依功能分为两种，一种为系统服务程序，另一种为设备驱动程序。这里我们仅介绍设备驱动程序中中断类型号为 10H、16H 和 17H 的显示器、键盘和打印机的服务程序。调用 BIOS 程序类同于 DOS 系统调用，先将功能号送 AH，并按约定设置入口参数，然后用软中断指令 INT n 实现调用。

1. 键盘服务程序

键盘服务程序的中断类型号为 16H，用 INT 16H 调用。软中断 INT 16H 服务程序有三个功能，功能号分别为 0、1、2，功能号及出口参数如表 5.5 所示。

表 5.5 INT 16H 的功能

功能号	功　　能	出　口　参　数
0	从键盘读字符	键入字符的 ASCII 码在 AL 中
1	检测键盘是否键入字符	键入了字符 ZF=0，未键入字符 ZF=1
2	读键盘各转换键的当前状态	各转换键的状态在 AL 中

2. 打印机服务程序

打印机服务程序的中断类型号为 17H，用 INT 17H 调用。软中断 INT 17H 服务程序有三个功能，功能号为 0、1、2，其中打印一字符的功能号为 0，入口参数是将打印字符的 ASCII 码送 AL，打印机号(0～2)送 DX。

3. 显示器服务程序

显示器服务程序的中断类型号为 10H，用 INT 10H 调用。软中断 INT 10H 服务程序有 16 个功能，功能号为 0～15。常用功能如表 5.6 所示。

表 5.6 中的"显示方式"有 7 种，如表 5.7 所示。表 5.6 中的显示属性是字符方式下字符的显示属性，由一个字节定义，由它来设置字符和背景的颜色。显示属性字节如图 5.8 所示。其中背景颜色和字符颜色如表 5.8 所示。

表 5.6　INT 10H 的功能

功能号	功 　 能	入口参数或出口参数
0	设置显示方式	AL=显示方式
2	设置光标位置	DH=光标行
		DL=光标列
		BH=页号
6(7)	屏幕上(下)滚动	AL=上(下)滚动行数(0 为清屏幕)
		CH、CL=滚动区域左上角行、列
		DH、CL=滚动区域右下角行、列
		BH=上(下)滚动后空留区的显示属性
9	在当前光标位置写字符和属性	AL=要写字符的 ASCII 码
		BH=页号
		BL=字符的显示属性
		CX=重复次数
10	在当前光标位置写字符	除无显示属性外，其他同 9
11	图形方式设置彩色组或背景色	BH=1(设置彩色组)或 0(设置背景色)
		BL=0～1(彩色组)或 0～15(背景色)
12	图形方式写像点	DX=行号
		CX=列号
		AL=彩色值(1～3)
14	写字符到光标位置，光标进一	AL=欲写字符
		BL=前台彩色(图形方式)
15	读取当前显示状态	AL=显示方式
		BH=显示页号
		AH=屏幕上字符列数

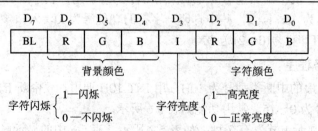

图 5.8　显示属性字节

表5.7 显示方式	
AL 值	显示方式
0	40×25 黑白字符方式
1	40×25 彩色字符方式
2	80×25 黑白字符方式
3	80×25 彩色字符方式
4	320×200 黑白图形方式
5	320×200 彩色图形方式
6	640×200 黑白图形方式
7	80×25 单色字符方式

表5.8 字符颜色		
RGB	背景色或正常亮度字符色	高亮度字符色
000	黑	灰
001	蓝	浅蓝
010	绿	浅绿
011	青蓝	浅青蓝
100	红	浅红
101	品红	浅品红
110	棕	黄
111	白	高亮度白

黑白字符方式下字符的显示属性仅为黑或白(灰或高亮度白)。

图形方式的颜色设置与字符方式不同，其颜色不用显式属性字节来设置。设置的方法是用功能号 11 设置背景颜色，用功能号 11 和 12 设置像点颜色。背景颜色有 16 种，编号为 0～15，其颜色是彩色字符方式下正常亮度和高亮度字符颜色的组合，即 0 为黑色，1 为蓝色，……，15 为高强度白色。像点的颜色只有 6 种，由彩色组和彩色值来选择，如表 5.9 所示。

表5.9 像 点 颜 色

彩色值	彩色组 0	彩色组 1
1	绿	青
2	红	品红
3	黄	白

调用 BIOS 程序可以编写各种有趣的程序，这里仅举一例说明其调用方法。

例 5.7　在屏幕的 13 行 40 列位置显示高亮度闪动的"太阳"。程序如下：

```
STACK     SEGMENT   STACK 'STACK'
          DW 32 DUP(?)
STACK     ENDS
CODE      SEGMENT
          ASSUME SS：STACK，CS：CODE
START:    MOV     AX，STACK
          MOV     SS，AX
          MOV     AH，7          ；80x25 单色字符方式
          MOV     AL，2
          INT     10H
          MOV     AH，15         ；读取显示页号
```

```
          INT      10H
          MOV      AH, 2              ; 设置光标位置
          MOV      DX, 0D28H
          INT      10H
          MOV      AH, 9              ; 高亮度白闪烁的太阳
          MOV      AL, 0FH
          MOV      BL, 8FH
          MOV      CX, 1
          INT      10H
          MOV      AH, 4CH            ; 返回DOS
          INT      21H
  CODE    ENDS
          END  START
```

5.5　汇编语言程序设计的基本方法

　　在汇编语言程序中，最常见的形式有顺序程序、分支程序、循环程序和子程序。这几种程序的设计方法是汇编程序设计的基础。本节将结合实例详细介绍这些程序的设计技术。

5.5.1　顺序程序设计

顺序程序设计

　　顺序程序是一种最简单的程序，它的执行自始至终按照语句出现的先后顺序进行。

　　例 5.8　求两个数的平均值。这两个数分别放在 x 单元和 y 单元中，而平均值放在 z 单元中。编制程序如下：

```
  DATA    SEGMENT
      x   DB 95
      y   DB 87
      z   DB ?
  DATA    ENDS
  CODE    SEGMENT
          ASSUME  CS: CODE, DS: DATA
  START:  MOV      AX, DATA           ; 装填数据段寄存器DS
          MOV      DS, AX
          MOV      AL, x              ; 第一个数送入AL
          ADD      AL, y              ; 两数相加，结果送AL
          MOV      AH, 0
          ADC      AH, 0              ; 带进位加法，进位送AH
```

```
        MOV     BL，2              ；除数 2 送 BL
        DIV     BL                ；求平均值送 AL
        MOV     z，AL             ；结果送入 z 单元
        MOV     AH，4CH
        INT     21H


CODE    ENDS
        END     START
```

例 5.9　在内存中自 tab 开始的 16 个单元连续存放着 0～15 的平方值(平方表)，任给一个数 x(0≤x≤15)在 x 单元中，如 13，查表求 x 的平方值，并把结果送入 y 单元中。

根据给出的平方表，分析表的存放规律，可知表的起始地址与数 x 之和，正是 x 的平方值所在单元的地址，由此编制程序如下：

```
DATA    SEGMENT
        tab DB  0，1，4，9，16，25，36，49，64，81
            DB  100，121，144，169，196，225
        x   DB  13
        y   DB  ?
DATA    ENDS
CODE    SEGMENT
        ASSUME  CS：CODE，DS：DATA
START： MOV     AX，DATA
        MOV     DS，AX
        LEA     BX，tab
        MOV     AH，0
        MOV     AL，x
        ADD     BX，AX
        MOV     AL，[BX]
        MOV     y，AL
        MOV     AH，4CH
        INT     21H
CODE    ENDS
        END     START
```

5.5.2　分支程序设计

分支程序设计

顺序程序的特点是从程序的第一条指令开始，按顺序执行，直到执行完最后一条指令。然而，许多实际问题并不能设计成顺序程序，需要根据不同的条件作出不同的处理。把不同的处理方法编制成各自的处理程序段，运行时由机器根据不同的条件自动作出选择判断，绕过某些指令，仅执行相应的处理程序段。按这种方式编制的程序，执行的顺序与指令存储的顺序失去了完全的一致性，称之为分支程序。

例 5.10 给定以下符号函数：

$$y = \begin{cases} 1 & x > 0 \\ 0 & x = 0 \\ -1 & x < 0 \end{cases}$$

任意给定 x 值，假定为 −25，且存放在 x 单元，函数值 y 存放在 y 单元，则根据 x 的值确定函数 y 的值。程序流程图如图 5.9 所示。

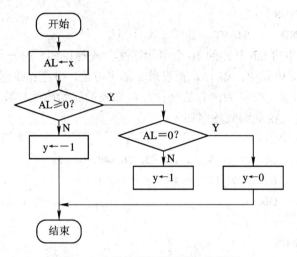

图 5.9 实现符号函数程序的流程图

程序如下：

```
        DATAX   SEGMENT
            x   DB −25
            y   DB ?
        DATAX   ENDS
        CODEX   SEGMENT
                ASSUME  CS：CODEX，DS：DATAX
        START： MOV     AX，DATAX
                MOV     DS，AX
                MOV     AL，x            ；AL←x
                CMP     AL，0
                JGE     LOOP1           ；x≥0 时转 LOOP1
                MOV     AL，0FFH         ；否则将−1 送入 y 单元
                MOV     y，AL
                JMP     LOOP3
        LOOP1： JE      LOOP2           ；x=0 时转 LOOP2
                MOV     AL，1            ；否则将 1 送入 y 单元
                MOV     y，AL
                JMP     LOOP3
        LOOP2： MOV     AL，0            ；将 0 送入 y 单元
```

```
              MOV      y，AL
LOOP3：       MOV      AH，4CH
              INT      21H
CODEX  ENDS
              END      START
```

例 5.11 设有首地址为 arry 的字数组，已按升序排好，数组长度为 n(假设 n=15)，且数据段与附加段占同一段，在该数组中查找数 number(假设等于 83)。若找到它，则从数组中删掉；若找不到，则把它插入正确位置，且变化后的数组长度在 DX 中。

程序如下：

```
DATAJ  SEGMENT
                      DW ?
              n        DW 15
              number   DW 83
              arry     DW  5，10，17，21，28，32，41，50，56，67，72
                      DW  88，95，125，150
DATAJ  ENDS
CODMA  SEGMENT
              ASSUME CS：CODMA，DS：DATAJ，ES：DATAJ
START：       MOV      AX，DATAJ
              MOV      DS，AX
              MOV      ES，AX
              MOV      AX，number       ；待查找的数放入 AX
              MOV      DX，n            ；初始化 DX
              MOV      CX，n            ；设置计数器 CX
              MOV      DI，OFFSET arry  ；arry 的有效地址放入 DI
              CLD                       ；建立方向标志
              REPNE    SCASW           ；用重复串扫描指令进行查找
              JE       DELETE
              DEC      DX
              MOV      SI，DX
              ADD      SI，DX
TT3：         CMP      AX，arry[SI]
              JL       TT1
              MOV      arry[SI+2]，AX   ；功能是：若没有查到，
              JMP      TT2             ；则将此数插入正确位置
TT1：         MOV      BX，arry[SI]
              MOV      arry[SI+2]，BX
              SUB      SI，2
              JMP      TT3
```

```
TT2:     ADD     DX, 2            ; 修改数组长度
         JMP     FAN
DELETE: JCXZ     NEXT
LOOPT:   MOV     BX, [DI]         ; 此程序段的功能是：若查找到，
         MOV     [DI-2], BX       ; 则从数组中删除该数
         ADD     DI, 2
         LOOP    LOOPT
NEXT:    DEC     DX               ; 修改数组长度
FAN:
         MOV     AH, 4CH
         INT     21H
         CODMA   ENDS
         END     START
```

5.5.3 循环程序设计

　　顺序程序和分支程序中的指令最多只执行一次。在实际问题中重复地做某些事的情况是很多的，用计算机来做这些事就要重复地执行某些指令。重复地执行某些指令，最好用循环程序实现。

1. 循环程序的结构

　　一个循环程序通常由以下五个部分组成，如图 5.10 所示。

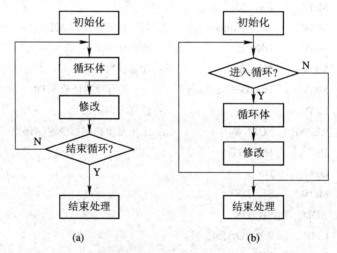

图 5.10　循环程序的基本结构

(a) 先执行后判断；(b) 先判断后执行

　　(1) 初始化部分：建立循环初值。如设置地址指针、计数器、其他循环参数的起始值等。

　　(2) 工作部分：在循环过程中所要完成的具体操作，是循环程序的主要部分。这部分视具体情况而定。它可以是一个顺序程序、一个分支程序或另一个循环程序。

(3) 修改部分：为执行下一个循环而修改某些参数。如修改地址指针、其他循环参数等。

(4) 控制部分：判断循环结束条件是否成立。通常判断循环是否结束的办法有两种：

- 用计数控制循环：循环是否已进行预定次数(适合已知循环次数的循环)；
- 用条件控制循环：循环终止条件是否已成立(适合未知循环次数的循环)。

(5) 结束处理部分：对循环结束进行适当处理，如存储结果等。有的循环程序可以没有这部分。

图 5.9(a)给出的循环程序框图是"先执行后判断"的结构；另有一种结构形式是"先判断后执行"的形式，如图 5.9(b)所示，这种结构仍由五个部分组成，但是重新安排了中间三个部分的顺序。从框图可以看出它的最大特点是可以一次也不执行循环。

2. 循环控制方法

(1) 用计数控制循环。这种方法直观、方便，易于程序设计。只要在编制程序时，循环次数已知，就可以使用这种方法设计循环程序。

例 5.12 从 xx 单元开始的 30 个连续单元中存放有 30 个无符号数，从中找出最大者送入 yy 单元中。

根据题意，我们把第一个数先送入 AL 寄存器，将 AL 中的数与后面的 29 个数逐个进行比较，如果 AL 中的数较小，则两数交换位置；如果 AL 中的数大于等于相比较的数，则两数不交换位置。在比较过程中，AL 中始终保持较大的数，比较 29 次，则最大者必在 AL 中，最后把 AL 中的数(最大者)送入 yy 单元。

这个问题的特点是循环比较的次数是已知的，因此可以用计数器控制循环，程序的流程图如图 5.11 所示。

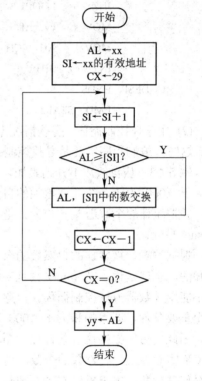

图 5.11 从一批数中求最大者的程序流程图

程序如下：

```
DATASP   SEGMENT
         xx  DB 73，59，61，45，81，107，37，25，14，64
             DB 3，17，9，23，55，97，115，78，121，67
             DB 215，137，99，241，36，58，87，100，74，62
         yy  DB ?
DATASP   ENDS
CODESP   SEGMENT
         ASSUME  CS：CODESP，DS：DATASP
START：   MOV     AX，DATASP
         MOV     DS，AX
```

```
            MOV     AL，xx
            MOV     SI，OFFSET xx
            MOV     CX，29
    LOOP1：  INC     SI
            CMP     AL，[SI]
            JAE     LOOP2
            XCHG    AL，[SI]
    LOOP2：  DEC     CX
            JNZ     LOOP1
            MOV     yy，AL
            MOV     AH，4CH
            INT     21H
    CODESP  ENDS
            EMD   START
```

(2) 用条件控制循环。有些情况无法确定循环次数，但可用某种条件来确定是否结束循环。这时，编制程序主要是寻找控制条件以及对控制条件的检测。

例 5.13 从自然数 1 开始累加，直到累加和大于 1000 为止，统计被累加的自然数的个数，并把统计的个数送入 n 单元，把累加和送入 sum 单元。

根据题意，被累加的自然数的个数事先是未知的，也就是说，循环的次数是未知的，因此不能用计数器方法控制循环。但题目中给定一个重要条件，即累加和大于 1000 则停止累加，因此，可以根据这一条件控制循环。我们用 CX 寄存器统计自然数的个数，用 AX 寄存器存放累加和，用 BX 寄存器存放每次取得的自然数。程序的流程图如图 5.12 所示。

程序如下：

```
    DATAS   SEGMENT
        n   DW ？
        sum DW ？
    DATAS   ENDS
    CODES   SEGMENT
            ASSUME CS：CODES，DS：DATAS
    START： MOV     AX，DATAS
            MOV     DS，AX
            MOV     AX，0
            MOV     BX，0
```

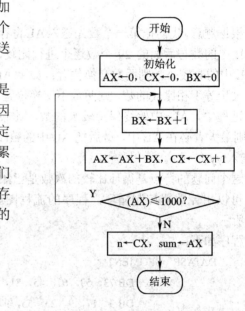

图 5.12　利用条件控制循环的程序流程图

```
          MOV      CX，0
LOOPT：   INC      BX
          ADD      AX，BX
          INC      CX
          CMP      AX，1000
          JBE      LOOPT
          MOV      n，CX
          MOV      sum，AX
          MOV      AH，4CH
          INT      21H
CODES     ENDS
          END  START
```

5.5.4　子程序设计

1. 子程序的概念

如果在一个程序中的多处需要用到同一段程序，或者说在一个程序中需要多次执行某一连串的指令时，那么我们可以把这段要执行或这一连串的指令抽取出来，写成一个相对独立的程序段，每当我们想要执行这段程序或这一连串的指令时，就调用这段程序，执行完这段程序后再返回原来调用它的程序。这样我们每次执行这段程序时，就不必重写这一连串的指令了，这样的程序段称为子程序或过程。而调用子程序的程序称为主程序或调用程序。

2. 子程序的定义

子程序是用过程定义伪指令 PROC 和 ENDP 来定义的，而且还应指出过程的类型属性。在 PROC 和 ENDP 之间是为完成某一特定功能的一连串指令，其最后一条指令是返回指令RET。过程通常以一个过程名(标号)后跟 PROC 开始，　而以过程名后跟 ENDP 结束。其格式如下：

```
过程名    PROC    ［NEAR/FAR］
            ⋮
          RET
过程名    ENDP
```

其中，"过程名"是子程序入口的符号地址；NEAR 或 FAR 是过程的类型属性，它指出该过程可以被段内调用还是段间调用。NEAR 用于段内调用，而 FAR 用于段间调用。

过程属性的确定原则为：

① 调用程序和过程若在同一代码段中，则使用 NEAR 属性；

② 调用程序和过程若不在同一代码段中，则使用 FAR 属性；

③ 主程序应定义为 FAR 属性(使用标准方式返回 DOS 时)。因为我们把程序的主过程看做 DOS 调用的一个子程序，而 DOS 对主过程的调用和返回都是 FAR 属性。

另外，过程定义允许嵌套，即在一个过程定义中允许包含多个过程定义。

例 5.14　调用程序和子程序在同一代码段中。

```
CODE    SEGMENT
          ⋮
    MAIN    PROC  FAR
              ⋮
        CALL  PPP1
              ⋮
        RET
        PPP1    PROC  NEAR
                  ⋮
            CALL  PPP2
                  ⋮
            RET
            PPP2    PROC NEAR
                      ⋮
                RET
                PPP2  ENDP
            PPP1  ENDP
        MAIN    ENDP
    CODE    ENDS
```

　　在本例中过程定义相当于三层嵌套，即主过程 MAIN 嵌套子过程 PPP1，而子过程 PPP1 又嵌套子过程 PPP2。因为主过程和两个子过程均在同一代码段，因此，除主过程使用 FAR 属性外，其他两个子过程均使用 NEAR 属性。

例 5.15　调用程序和子程序不在同一代码段。

```
CODE1   SEGMENT
          ⋮

        CALL RRR
          ⋮
    CODE1   ENDS
    CODE2   SEGMENT
              ⋮
        RRR    PROC  FAR
                 ⋮
            RET
        RRR   ENDP
    CODE2   ENDS
```

　　本例中，因为子程序 RRR 和调用程序不在同一代码段，因此子程序 RRR 应定义为 FAR

属性，这样调用指令 CALL 和返回指令 RET 都是 FAR 属性的。应当指出，在一个过程中可以有一个以上的 RET 指令。这完全是根据需要而设置的。

3. 调用程序与子程序之间的参数传递

调用程序在调用子程序时，往往需要向子程序传递一些参数；同样，子程序运行后也经常要把一些结果参数传回给调用程序。调用程序与子程序之间的这种信息传递称为参数传递。参数传递有以下三种主要方式：

(1) 通过寄存器传递参数；

(2) 通过地址表传递参数；

(3) 通过堆栈传递参数。

本节通过一个具体例子介绍寄存器参数传递的方法，其他两种不做介绍，有兴趣的读者可参阅有关参考资料。

例5.16 把一个 2 位十进制数表示成的压缩型 BCD 数转换成其对应的二进制数。

在调用子程序前，首先把待转换的压缩型 BCD 数放在寄存器 AL 中，然后由主程序传递给子程序 BCD_BINARY，子程序结束时把转换的二进制结果传递回调用程序，并保存在 VALUE 单元中。在子程序一开始，把标志寄存器及其他在程序中用到的寄存器压入堆栈，但 AX 寄存器不需要压入和弹出堆栈，因为我们是用 AX 把一个值传递到子程序中，同时子程序把另一个不同的值放在 AX 中，从而传回给主程序。程序如下：

```
DATA_BIN    SEGMENT
            BCD_IN   DB ?                    ; 存放 BCD 值
            VALUE    DB ?                    ; 存放二进制值
DATA_BIN    ENDS
CODE   SEGMENT
       ASSUME  CS：CODE，DS：DATA_BIN
START： MOV     AX，DATA_BIN
        MOV     DS，AX
        MOV     AL，BCD_IN
        CALL    BCD_BINARY
        MOV     VALUE，AL
        MOV     AH，4CH
        INT     21H
BCD_BINARY     PROC    NEAR
        PUSHF                    ; 保存标志寄存器 FLAGS
        PUSH    BX               ; 保存 BX 和 CX
        PUSH    CX
        MOV     AH，AL            ; 把 BCD 数送入 AH
        AND     AH，0FH           ; 分出和保存 BCD 数的低位数字
        MOV     BL，AH
```

```
        AND      AL，0F0H        ; 分出 BCD 数的高位数字
        MOV      CL，04
        ROR      AL，CL          ; 把 BCD 数高位数字移到低位
        MOV      BH，0AH         ; 把转换因子送入 BH
        MUL      BH             ; AL 中 BCD 数的高位数字乘以 BH 中
                                ; 的 0AH，结果在 AX 中
        ADD      AL，BL
        POP      CX             ; 把相乘结果与 BCD 码的低位数字相
                                ; 加，最终结果送入 AL 中
        POP      BX
        POPF                    ; 恢复被保护的寄存器
        RET
    BCD_BINARY      ENDP
    CODE    ENDS
        END    START
```

4. 子程序的嵌套

一个子程序可以作为调用程序去调用别的子程序，这种结构称为子程序的嵌套。只要有足够的堆栈空间，嵌套的层数是不受限制的。嵌套层数称为嵌套深度。

当调用程序去调用子程序时，将产生中断点，而子程序执行完后返回到调用程序的断点处，使调用程序继续往下执行。因此，对于嵌套结构，中断点的个数等于嵌套的深度。如图 5.13 所示。

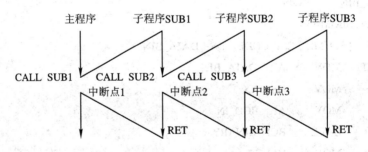

图 5.13　子程序嵌套示意图

图 5.13 所示的嵌套结构其嵌套深度为 3，所以中断点个数也为 3。由此可见，嵌套结构是一种层次结构。

例 5.17　设有两个无符号数 125 和 378，其首地址为 x，求它们的和，将结果存放在 SUM 单元；并将其和转换为十六进制数且在屏幕上显示出来。

根据题意，我们设计一个主程序 MAIN 和两个子程序 PROCEDP 和 PROCEDX。在主程序中完成必要的初始化，然后调用子程序。在子程序 PROCEDP 中完成两个数的求和，并把求和结果送入指定单元。然后在子程序 PROCEDP 中再去调用子程序 PROCEDX，把和数转化为十六进制数并在屏幕上显示出来。显然这是一个嵌套结构，其嵌套深度为 2。程序

编写如下：

```
        DATAP    SEGMENT
                 x    DW 125，378
                 sum  DW ?
        DATAP    ENDS
        CODEP    SEGMENT
                 ASSUME CS：CODEP，DS：DATAP
        START：  MOV    AX，DATAP
                 MOV    DS，AX
                 MOV    SI，OFFSET x   ；把 x 的有效地址送入 SI
                 CALL   PROCDP
                 MOV    AH，4CH
                 INT    21H
        ；求和子程序
        PROCDP  PROC  NEAR
                 PUSH   DX                      ；寄存器保护
                 PUSH   BX
                 PUSH   AX
                 PUSH   SI
                 PUSH   CX
                 MOV    AX，[SI]                 ；把第一个数送入 AX
                 ADD    AX，[SI+2]               ；两个数相加
                 MOV    sum，AX                  ；把和送入指定单元
                 CALL   PROCDX
                 POP    CX                       ；寄存器恢复
                 POP    SI
                 POP    AX
                 POP    BX
                 POP    DX
                 RET
        PROCDP  ENDP
        ；十六进制转换子程序
        PROCDX  PROC  NEAR
                 MOV    BX，sum
                 MOV    CH，4
        T1：     MOV    CL，4
                 ROL    BX，CL                   ；循环左移 4 次
                 MOV    AL，BL                   ；屏蔽高 4 位
                 AND    AL，0FH
```

```
            ADD      AL，30H              ; 化为 ASCII 码
            CMP      AL，3AH              ; ASCII 码与 3AH 比较
            JL       T2
            ADD      AL，07H              ; ASCII 码在 A～F
    T2：    MOV      DL，AL              ; ASCII 码在 0～9
            MOV      AH，2
            NT       21H                 ; DOS 系统功能调用，显示一个字符
            DEC      CH
            JNZ T1
            RET
    PROCDX ENDP
    CODEP  ENDS
            END   START
```

5.6　发挥 80386 及其后继机型的优势

在前面几节中给出的都是基于 8086/8088 的程序，由于 80x86 的兼容性，这些程序都可以在任何一种 80x86 机型下运行。386 及其后继机型不仅提供了更大容量、更高速度和保护模式的支持，还提供了一些新增或增强指令，如能在程序设计中充分利用这些指令，将有利于提高编程质量。在这一节里，将就这方面的问题加以讨论。

5.6.1　充分利用高档机的 32 位字长特性

80x86 系列从 80386 起就把机器字长从 16 位增加到 32 位。字长的增加除有利于提高运算精度外，也能提高编程效率。例如，在第 4 章 4.4.3 小节中，例 4.1 所讨论的多字节(如双字长)数的加法，在 8086 中必须用 ADD 或 ADC 指令序列来完成；而在 386 及其后继机型中可只用一条 ADD 指令就可完成双字长加法操作。因此，不论在空间方面还是时间方面都有利于程序效率的提高。为了更进一步说明问题，下面举一个例子。

例 5.18　如有两个 4 字长(64 位)数分别存放在 datal 和 data2 中，请用 8086 指令编写一程序求出它们的和，并把结果存放于 data3 中。

为了得到 4 字长数的和，在 8086 中需要分 4 段计算，每段一个字长(16 位)，用 4 次循环可得到 4 字长数的和。考虑到每次求和可能有进位值，要用 ADC(而不是 ADD)指令求和，而且在进入循环前应先清除 CF 位。在循环中修改地址指针时用 INC 指令而不用 ADD 指令，以免影响求和时得到的进位值(INC 指令不影响 CF 位)。

用 8086 指令编写程序如下：

```
    DATA    SEGMENT
            data1   DQ   123456789ABCDEFH
            data2   DQ   0FEDCBA987654321H
```

```
            data3  DQ   ?
DATA    ENDS
CODE    SEGMENT
START：  MOV     AX，DATA
        MOV     DS，AX
        CLC
        LEA     SI，data1              ；data1 偏移地址送 SI
        LEA     DI，data2              ；data2 偏移地址送 DI
        LEA     BX，data3              ；data3 偏移地址送 BX
        MOV     CX，4
BACK：   MOV     AX，WORD PTR [SI]      ；第一个加数送 AX
        ADC     AX，WORD PTR [DI]      ；和第二个加数相加，并送到 AX
        MOV     WORD PTR [BX]，AX      ；存和值
        INC     SI
        INC     SI
        INC     DI
        INC     DI
        INC     BX
        INC     BX
        LOOP    BACK
        MOV     AX，4C00H                ；返回 DOS
        INT     21H
CODE    ENDS
        END   START
```

例 5.19　编制 80386 及其后继机型的程序，实现例 5.18 的要求。

在 386 及其后继机型中可以充分利用其 32 位字长的特点，每次可对双字求和，这样循环 2 次就可得到 4 字长数之和，程序如下。由于循环次数的减少，速度上要优于例 5.18 的程序。

```
.386
DATA    SEGMENT
            data1  DQ   123456789ABCDEFH
            data2  DQ   0FEDCBA987654321H
            data3  DQ   ?
DATA    ENDS
CODE    SEGMENT
START：  MOV     AX，DATA
        MOV     DS，AX
        CLC
        LEA     SI，data1                          ；data1 偏移地址送 SI
```

```
        LEA     DI，data2                    ; data2 偏移地址送 DI
        LEA     BX，data3                    ; data3 偏移地址送 BX
        MOV     CX，2                        ; 设置循环次数 CX=2
BACK:   MOV     EAX，DWORD PTR [SI]          ; 第一个加数送 EAX
        ADC     EAX，DWORD PTR [DI]          ; 和第二个加数相加，并送到 EAX
        MOV     DWORD PTR [BX]，EAX          ; 存和值
        PUSHF                               ; 保存 CF
        ADD     SI，4
        ADD     DI，4
        ADD     BX，4
        POPF                                ; 恢复 CF
        LOOP    BACK
        MOV     AX，4C00H                    ; 返回 DOS
        INT     21H
CODE    ENDS
        END     START
```

分析以上两例程序实现所需要的时钟周期数，可以得出这样的结论：用 386 或 486 运行上述程序，用 32 位字长计算可获得比用 16 位字长计算快 5～7 倍的效果。可见，尽可能利用高档机的 32 位字长特性是很有意义的。

这里只是以加法运算为例，说明利用高档机 32 位字长特性的重要性。实际上，对于其他指令也有类似的效果。对乘/除法等更复杂的指令，收到的效果会更好。

上面所说的充分利用高档机的 32 位字长的特性，当然也包括对其提供的 32 位寄存器在内。386 及其后继机型除可访问 8086、80286 所提供的 8 位和 16 位寄存器外，还提供了 8 个 32 位通用寄存器，所有这些寄存器在实模式下都可以被访问。此外，除 8086、80286 提供的 4 个段寄存器外，还增加 2 个附加数据段寄存器 FS 和 GS，在实模式下也都可以使用。只有指令指针寄存器 EIP 和标志寄存器 EFLAGS 在实模式下只有低 16 位可用。在实模式下，段的大小最大为 64 KB，EIP 的高 16 位应为 0。

5.6.2　通用寄存器可作为指针寄存器

在第 3 章的 3.4.1 节中，已经说明 386 及其后继机型除提供 16 位寻址外，还提供了 32 位寻址。在实模式下，这两种寻址方式可同时使用。在使用 32 位寻址时，32 位通用寄存器可以作为基址或变址寄存器使用。也就是说，允许 32 位通用寄存器作指针寄存器用。在实模式下，段的大小被限制于 64 KB，这样段内的偏移地址范围应为 0000～FFFFH，所以在把 32 位通用寄存器用做指针寄存器时，应该注意它们的高 16 位应为 0。

提示：32 位通用寄存器可用做指针寄存器，但 16 位通用寄存器中仍然只有 BX、BP 和 SI、DI 可用做指针寄存器。所以，下列指令是合法的：

```
MOV     EAX，[BX]
MOV     EAX，[EDX]
MOV     AX，WORD PTR[ECX)
```

而下列指令是非法的：

```
MOV    AX，[DX]
MOV    EAX，[CX]
```

在 386 及其后继机型中，允许同一寄存器既用于基址寄存器，也用于变址寄存器。因此，下列指令也是合法的：

```
MOV    AX，[EBX][EBX]
```

5.6.3　与比例因子有关的寻址方式

在第 4 章 4.4.1 节中，已经给出了 80386 及其后继机型所提供的与比例因子有关的三种寻址方式：比例变址寻址方式、基址比例变址寻址方式和相对基址比例变址寻址方式。这些寻址方式为表格处理和多维数组处理提供了有力的工具。

例 5.20　用比例变址寻址方式编写一程序，要求把 5 个双字相加并保存其结果。下面给出了所编写的程序。从程序中可以清楚地看出，采用比例变址寻址方式可以直接把数组的元素下标存入变址寄存器中，而比例因子 1、2、4 和 8 正好对应于数组元素为字节、字、双字和 4 字的不同情况。因此，这类寻址方式为数组处理提供了极大的方便。

```
        .386
STACK   SEGMENT  STACK  'stack'
        DW 200 DUP (?)
STACK   ENDS
DATA    SEGMENT
            array    DD   234556H，0F983F5H，6754AE2H
                     DD   0C5231239H，0AF34ABC4H
            result   DQ   ?
DATA    ENDS
CODE    SEGMENT
START:  MOV      AX，DATA
        MOV      DS，AX
        MOV      AX，STACK
        MOV      SS，AX
        SUB      EBX，EBX              ；EBX 寄存器清零
        MOV      EDX，EBX              ；EDX 寄存器清零
        MOV      EAX，EBX              ；EAX 寄存器清零
        MOV      CX，5                 ；设置循环次数为 5
BACK:   ADD      EAX，array[EBX*4]     ；做 32 位加法
        ADC      EDX，0                ；保存进位到 EDX
        INC      EBX
        DEC      CX
        JNZ      BACK
        MOV      DWORD PTR result，EAX ；存低 32 位
```

```
            MOV     DWORD PTR result+4，EDX      ；存高 32 位
            MOV     AX，4C00H                    ；返回 DOS
            INT     21H
    CODE    ENDS
            END    START
```

本 章 小 结

本章主要介绍了微软开发的宏汇编程序 MASM 提供的伪指令、宏指令以及 8086 汇编语言程序的设计方法，并阐述了汇编语言上机的步骤和方法，同时还介绍了如何发挥 80x86 新增加或增强的指令在程序设计中的优势。

汇编程序在对源程序进行汇编的过程中，需要有一些命令告诉汇编程序如何对汇编语言源程序进行汇编，编程者也要借助一些命令说明并初始化数据区、堆栈区和代码区，以便更好地组织代码。这正是伪指令的作用。在本章中所介绍的伪指令都是最为常用的，读者应加以掌握。

掌握汇编语言程序的设计，主要是靠设计者对所要解决问题的深入理解，对计算机指令的熟练掌握，以及在实践中获得的经验、技巧与逻辑思维能力。

在本章中，分别介绍了顺序程序、分支程序、循环程序和子程序等的设计方法，并列举了一些例子，从中给出解决问题的思路。读者应对每个例子的思路详加推敲，才能获得一些方法或技巧。

在程序的设计中，应充分利用 80386 以及后继机型的 32 位字长和 32 位寄存器可作为指针寄存器以及比例因子寻址方式的特点，提高程序在空间和时间方面的效率。

习题

1. 画图说明下列语句所分配的存储空间及初始化的数据值。
(1) BYTE_VAR　DB　'BYTE'，12，−12H，3 DUP(0，7，2 DUP(1，2)，7)
(2) WORD_VAR　DW　5 DUP(0，1，2)，7，−5，'BY'，'TE'，256H
2. 假设程序中的数据定义如下：
```
    PARTNO  DW  ?
    PNAME   DB  16 DUP(?)
    COUNT   DD  ?
    PLENTH  EQU  $−PARTNO
```
则 PLENTH 的值为多少？它表示什么意义？
3. 有符号定义语句如下：
```
    BUFF  DB  1，2，3，'123'
    EBUFF DB  0
       L  EQU  EBUFF−BUFF
```

则 L 的值是多少?

4. 假设程序中的数据定义如下:

```
LNAME       DB      30 DUP(?)
ADDRESS     DB      30 DUP(?)
CITY        DB      15 DUP(?)
CODE_LIST   DB      1, 7, 8, 3, 2
```

(1) 用一条 MOV 指令将 LNAME 的偏移地址放入 BX。

(2) 用一条指令将 CODE_LIST 的头两个字节的内容放入 SI。

(3) 写一条伪指令定义符使 CODE_LENGHT 的值等于 CODE_LIST 域的实际长度。

5. 对于下面的数据定义, 试说明三条 MOV 指令的执行结果。

```
TABLEA  DW   10 DUP(?)
TABLEB  DB   10 DUP(?)
TABLEC  DB   '1234'
MOV   AX, LENGTH  TABLEA      ; (AX)=
MOV   BL, LENGTH  TABLEB      ; (BL)=
MOV   CL, LENGTH  TABLEC      ; (CL)=
```

6. 对于下面的数据定义, 各条 MOV 指令单独执行后, 有关寄存器的内容是什么?

```
FLDB    DB   ?
TABLEA  DW   20  DUP(?)
TABLEB  DB   'ABCD'
```

(1) MOV   AX, TYPE FLDB   ; (AX)=

(2) MOV   AX, TYPE TABLEA   ; (AX)=

(3) MOV   CX, LENGTH TABLEA   ; (CX)=

(4) MOV   DX, SIZE TABLEA   ; (DX)=

(5) MOV   CX, LENGTH TABLEB   ; (CX)=

7. 试说明下述指令中哪些需要加上 PTR 伪指令定义符:

```
BVAL  DB   10H, 20H
WVAL  DW   1000H
```

(1) MOV AL, BVAL

(2) MOV DL, [BX]

(3) SUB   [BX], 2

(4) MOV CL, WVAL

8. 编写一宏定义 BXCHG, 将一字节的高 4 位与低 4 位交换。

9. 已知宏定义如下:

```
XCHG0   MACRO   A, B
        MOV     AL, A
        XCHG    AL, B
        MOV     A, AL
        ENDM
```

```
OPP     MACRO  P1，P2，P3，P4
        XCHG0  P1，P4
        XCHG0  P2，P3
        ENDM
```

展开宏调用：OPP BH，BL，CH，CL。

10. 将 AX 寄存器中的 16 位数分成 4 组，每组 4 位，然后把这四组数分别放在 AL、BL、CL 和 DL 中。

11. 试编写一程序，要求比较两个字符串 STRING1 和 STRING2 所含字符是否相同，若相同则显示 "MATCH"，若不相同则显示 "NOMATCH"。

12. 试编写一程序，要求能从键盘接收一个个位数 N，然后响铃 N 次(响铃的 ASCII 码为 07H)。

13. 编写程序，将一个包含有 20 个数据的数组 M 分成两个数组：正数数组 P 和负数数组 N，并分别把这两个数组中数据的个数显示出来。

14. 试编制一个汇编语言程序，求出首地址为 DATA 的 100DH 字数组中的最小偶数，并把它存放在 AX 中。

15. 试编写一汇编语言程序，要求从键盘接收一个 4 位的十六进制数，并在终端上显示与它等值的二进制数。

16. 数据段中已定义了一个有 n 个字数据的数组 M，试编写一程序求出 M 中绝对值最大的数，把它放在数据段的 M+2n 单元中，并将该数的偏移地址存放在 M+2(n+1)单元中。

17. 在首地址为 DATA 的字数组中，存放了 100H 个 16 位补码数，试编写一程序，求出它们的平均值，放在 AX 寄存器中；并求出数组中有多少个数小于此平均值，将结果放在 BX 寄存器中。

18. 已知数组 A 包含 15 个互不相等的整数，数组 B 包含 20 个互不相等的整数。试编制一程序，把既在 A 中又在 B 中出现的整数存放于数组 C 中。

19. 从键盘输入一系列字符(以回车符结束)，并按字母、数字及其他字符分类计数，最后显示出这三类的计数结果。

20. 编写程序，将字节变量 BVAR 中的压缩型 BCD 数转换为二进制数，并存入原变量中。

21. 编写程序，求字变量 W1 和 W2 中的非压缩 BCD 数之差(W1−W2、W1≥W2)，将差存到字节变量 B3 中。

22. 编写求两个 4 位非压缩 BCD 数之和，将和送显示器显示的程序。

23. 编写程序，将字节变量 BVAR 中的无符号二进制数(0～FFH)转换为 BCD 数，在屏幕上显示结果。

24. 设有字无符号数 X、Y，试编制求 Z=|X−Y|的程序。

25. 从键盘输入一字符串(字符数＞1)，然后在下一行以相反的次序显示出来(采用 9 号和 10 号系统功能调用)。

26. 已知 BUF1 中有 N1 个按从小到大的顺序排列互不相等的字符号数，BUF2 中有 N2 个从小到大的顺序排列互不相等的字符号数。试编写程序将 BUF1 和 BUF2 中的数合并到 BUF3 中，使在 BUF3 中存放的数互不相等且按从小到大的顺序排列。

27. 编制计算 N 个(N＜50)偶数之和(2+4+6+…)的子程序和接收键入 N 及将结果送显示

的主程序。要求用以下 3 种方法编写：(1) 主程序和子程序在同一代码段；(2) 主程序和子程序在同一模块但不在同一代码段；(3) 主程序和子程序各自独立成模块。

28. 假设已编制好 5 个歌曲程序，它们的段地址和偏移地址存放在数据段的跳跃表 SINGLIST 中。试编制一程序，根据从键盘输入的歌曲编号 1～5，转去执行 5 个歌曲程序中的某一个。

6

半导体存储器

存储器是计算机的重要组成部分，计算机要执行的指令以及待处理的数据等都要事先存储在存储器中，以实现计算机自动的、连续的工作。计算机中使用的存储器有内存和外存之分，CPU 能直接访问的是内存，外存信息必须先调入内存方可被 CPU 使用。本章主要讨论作为内存的半导体存储器。在简要介绍半导体存储器的分类和基本存储元电路的基础上，重点介绍了常用的几种典型存储器芯片及其与 CPU 之间的连接与扩展问题，并简要介绍了目前广泛应用的几种新型存储器。

6.1　概　　述

6.1.1　存储器的分类

存储器是计算机用来存储信息的部件。按存取速度和用途可把存储器分为两大类：内存储器和外存储器。把通过系统总线直接与 CPU 相连、具有一定容量、存取速度快的存储器称为内存储器，简称内存。内存是计算机的重要组成部分，CPU 可直接对它进行访问，计算机要执行的程序和要处理的数据等都必须事先调入内存后方可被 CPU 读取并执行。把通过接口电路与系统相连、存储容量大而速度较慢的存储器称为外存储器，简称外存，如硬盘、软盘和光盘等。外存用来存放当前暂不被 CPU 处理的程序或数据，以及一些需要永久性保存的信息。通常将外存归入计算机外部设备，外存中存放的信息必须调入内存后才能被 CPU 使用。

早期的内存使用磁芯。随着大规模集成电路的发展，半导体存储器集成度大大提高，成本迅速下降，存取速度大大加快，所以在微型计算机中，目前内存一般都使用半导体存储器。

6.1.2　半导体存储器的分类

从应用角度可将半导体存储器分为两大类：随机读写存储器 RAM(Random Access Memory)和只读存储器 ROM(Read Only Memory)。RAM 是可读、可写的存储器，CPU 可以对 RAM 的内容随机地读写访问，RAM 中的信息断电后即丢失。ROM 的内容只能随机读出而不能写入，断电后信息不会丢失，常用来存放不需要改变的信息(如某些系统程序)，信息一旦写入就固定不变了。

根据制造工艺的不同，随机读写存储器 RAM 主要有双极型和 MOS 型两类。双极型存储器具有存取速度快、集成度较低、功耗较大、成本较高等特点，适用于对速度要求较高的高速缓冲存储器；MOS 型存储器具有集成度高、功耗低、价格便宜等特点，适用于内存储器。

MOS 型存储器按信息存放方式又可分为静态 RAM(Static RAM，简称 SRAM)和动态 RAM(Dynamic RAM，简称 DRAM)。SRAM 存储电路以双稳态触发器为基础，状态稳定，只要不掉电，信息不会丢失。其优点是不需要刷新，控制电路简单，但集成度较低，适用于不需要大存储容量的计算机系统。DRAM 存储单元以电容为基础，电路简单，集成度高，但也存在问题，即电容中的电荷由于漏电会逐渐丢失，因此 DRAM 需要定时刷新，它适用于大存储容量的计算机系统。

只读存储器 ROM 在使用过程中，只能读出存储的信息而不能用通常的方法将信息写入存储器。目前常见的有：掩膜式 ROM，用户不可对其编程，其内容已由厂家设定好，不能更改；可编程 ROM(Programmable ROM，简称 PROM)，用户只能对其进行一次编程，写入后不能更改；可擦除的 PROM(Erasable PROM，简称 EPROM)，其内容可用紫外线擦除，用户可对其进行多次编程；电擦除的 PROM(Electrically Erasable PROM，简称 EEPROM 或 E^2PROM)，能以字节为单位擦除和改写。

半导体存储器的分类如图 6.1 所示。

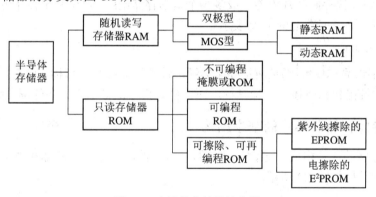

图 6.1　半导体存储器的分类

6.1.3　半导体存储器的主要技术指标

1. 存储容量

存储器可以存储的二进制信息总量称为存储容量。存储容量有下面两种表示方法：

(1) 用字数×位数表示，以位为单位。常用来表示存储芯片的容量，如 1 K×4 位，表示该芯片有 1 K 个单元(1 K=1024)，每个存储单元的长度为 4 位。

(2) 用字节数表示容量，以字节为单位，如 128 B，表示该存储器容量是 128 个字节。现代计算机存储容量很大，常用 KB、MB、GB 和 TB 为单位表示存储容量的大小。其中，1 KB=2^{10}B=1024 B；1 MB=2^{20}B=1024 KB；1 GB=2^{30}B=1024 MB；1 TB=2^{40}B=1024 GB。显然，存储容量越大，所能存储的信息越多，计算机系统的功能便越强。

2．存取时间

存取时间是指从启动一次存储器操作到完成该操作所经历的时间。例如，读出时间是指从 CPU 向存储器发出有效地址和读命令开始，直到将被选单元的内容读出为止所用的时间。显然，存取时间越小，存取速度越快。

3．存储周期

连续启动两次独立的存储器操作(如连续两次读操作)所需要的最短间隔时间称为存储周期。它是衡量主存储器工作速度的重要指标。一般情况下，存储周期略大于存取时间。

4．功耗

功耗反映了存储器耗电的多少，同时也反映了其发热的程度。半导体存储器属于大规模集成电路，集成度高，体积小，不易散热，因此在保证速度的前提下应尽量减小功耗。

5．可靠性

可靠性一般指存储器对外界电磁场及温度等变化的抗干扰能力。存储器的可靠性用平均故障间隔时间 MTBF(Mean Time Between Failures)来衡量。MTBF 可以理解为两次故障之间的平均时间间隔。MTBF 越长，可靠性越高，存储器正常工作能力越强。

6．集成度

集成度指在一块存储芯片内能集成多少个基本存储电路，每个基本存储电路存放一位二进制信息，所以集成度常用位/片来表示。

7．性能/价格比

性能/价格比(简称性价比)是衡量存储器经济性能好坏的综合指标，它关系到存储器的实用价值。其中性能包括前述的各项指标，而价格是指存储单元本身和外围电路的总价格。

6.1.4　半导体存储器芯片的基本结构

半导体存储芯片是构成半导体存储器的基本元件，一般由存储体和外围电路两大部分组成，其基本结构如图 6.2 所示。

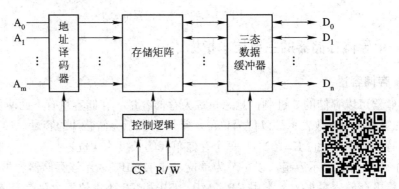

图 6.2　半导体存储器组成框图　　　半导体存储器芯片组成

1．存储体

存储体是存储器中存储信息的部分，由大量的基本存储电路组成。每个基本存储电路存放一位二进制信息，这些基本存储电路有规则地组织起来(一般为矩阵结构)就构成了存储体(存储矩阵)，如图 6.3 所示。

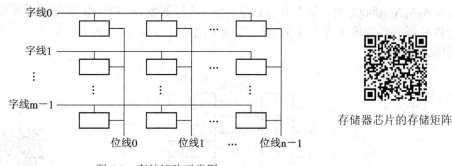

存储器芯片的存储矩阵

图 6.3　存储矩阵示意图

存储体中，可以由 n 个基本存储电路构成一个并行存取 n 位二进制代码的存储单元(n 的取值一般为 1、4、8 等)。为了便于信息的存取，给同一存储体内的每个存储单元赋予一个惟一的编号，该编号就是存储单元的地址。这样，对于容量为 2^m 个存储单元的存储体，需要 m 条地址线对其编址，若每个单元存放 n 位信息，则需要 n 条数据线传送数据，芯片的存储容量就可以表示为 $2^m \times n$ 位。

2. 外围电路

外围电路主要包括地址译码电路和由三态缓冲器、控制逻辑两部分组成的读/写控制电路。

1) 地址译码电路

存储芯片中的地址译码电路对 CPU 从地址总线发来的 n 位地址信号进行译码，经译码产生的选择信号可以惟一地选中片内某一存储单元，在读/写控制电路的控制下可对该单元进行读/写操作。

芯片内部的地址译码主要有两种方式，即单译码方式和双译码方式。单译码方式适于小容量的存储芯片，对于容量较大的存储器芯片则应采用双译码方式。

(1) 单译码方式。单译码方式只用一个译码电路对所有地址信息进行译码，译码输出的选择线直接选中对应的单元。由于在单译码方式下一根译码输出选择线对应一个存储单元，故在存储容量较大、存储单元较多的情况下，这种方法就不适用了。

以一个简单的 16 字 ×4 位的存储芯片为例，如图 6.4 所示。将所有基本存储电路排成 16 行 ×4 列(图中未详细画出)，每一行对应一个字，每一列对应其中的一位。每一行的选择线和每一列的数据线是公共的。图中，$A_0 \sim A_3$ 4 根地址线经译码输出 16 根选择线，用于选择 16 个单元。例如，当 $A_3 A_2 A_1 A_0 = 0000$，而片选信号为 $\overline{CS} = 0$，$WR = 1$ 时，将 0 号单元中的信息读出。

(2) 双译码方式。双译码方式把 n 位地址线分成两部分，分别进行译码，产生一组行选择线 X 和一组列选择线 Y，每一根 X 线选中存储矩阵中位于同一行的所有单元，每一根 Y 线选中存储矩阵中位于同一列的所有单元，当某一单元的 X 线和 Y 线同时有效时，相应的存储单元被选中。图 6.5 给出了一个容量为 1 K 字(单元) ×1 位的存储芯片的双译码电路。1 K(1024) 个基本存储电路排成 32×32 的矩阵，10 根地址线分成 $A_0 \sim A_4$ 和 $A_5 \sim A_9$ 两组。

$A_0 \sim A_4$ 经 X 译码输出 32 条行选择线，$A_5 \sim A_9$ 经 Y 译码输出 32 条列选择线。行、列选择线组合可以方便地找到 1024 个存储元中的任何一个。例如，当 $A_4A_3A_2A_1A_0 = 00000$，$A_9A_8A_7A_6A_5 = 00000$ 时，第 0 号单元被选中，通过数据线 I/O 实现数据的输入或输出。图中，X 和 Y 译码器的输出线各有 32 根，总输出线数仅为 64 根。若采用单译码方式，将有 1024 根译码输出线。

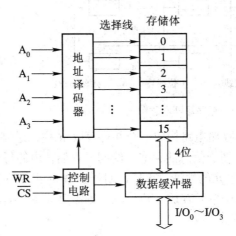

存储器芯片单译码方式

图 6.4　单译码方式

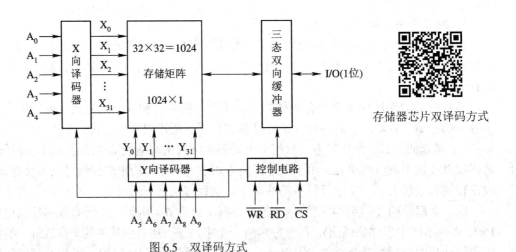

存储器芯片双译码方式

图 6.5　双译码方式

2) 读/写控制电路

读/写控制电路接收 CPU 发来的相关控制信号，经过组合变换后，对存储矩阵、地址译码器及三态数据缓冲器进行控制，实现数据的输入/输出。三态数据缓冲器是数据输入/输出的通道，数据传输的方向取决于控制逻辑对三态门的控制。CPU 发往存储芯片的控制信号主要有读/写信号(R/$\overline{W}$)、片选信号($\overline{CS}$)等。值得注意的是，不同性质的半导体存储芯片其外围电路部分也各有不同，如在动态 RAM 中还要有预充、刷新等方面的控制电路，而对于 ROM 芯片在正常工作状态下只有输出控制逻辑等。

6.2　典型半导体存储器介绍

6.2.1　静态随机读写存储器(SRAM)

1. SRAM 的基本存储电路

SRAM 的基本存储电路通常由 6 个 MOS 管组成，如图 6.6 所示。电路中 V_1、V_2 为工作管，V_3、V_4 为负载管，V_5、V_6 为控制管。其中，由 V_1、V_2、V_3 及 V_4 管组成了双稳态触发器电路，V_1 和 V_2 的工作状态始终为一个导通，另一个截止。V_1 截止、V_2 导通时，A 点为高电平，B 点为低电平；V_1 导通、V_2 截止时，A 点为低电平，B 点为高电平。所以，可用 A 点电平的高低来表示"0"和"1"两种信息。

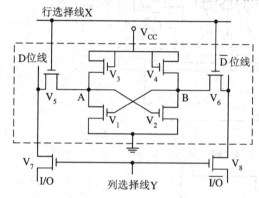

静态 RAM 的六管基本存储元电路

图 6.6　六管 SRAM 存储电路

V_7、V_8 管为列选通管，配合 V_5、V_6 两个行选通管，可使该基本存储电路用于双译码电路。当行线 X 和列线 Y 都为高电平时，该基本存储电路被选中，V_5、V_6、V_7、V_8 管都导通，于是 A、B 两点与 I/O、$\overline{I/O}$ 分别连通，从而可以进行读/写操作。

写操作时，如果要写入"1"，则在 I/O 线上加上高电平，在 $\overline{I/O}$ 线上加上低电平，并通过导通的 V_5、V_6、V_7、V_8 4 个晶体管，把高、低电平分别加在 A、B 点，即 A="1"，B="0"，使 V_1 管截止，V_2 管导通。当输入信号和地址选择信号(即行、列选通信号)消失以后，V_5、V_6、V_7、V_8 管都截止，V_1 和 V_2 管就保持被强迫写入的状态不变，从而将"1"写入存储电路。此时，各种干扰信号不能进入 V_1 和 V_2 管。所以，只要不掉电，写入的信息不会丢失。写入"0"的操作与其类似，只是在 I/O 线上加上低电平，在 $\overline{I/O}$ 线上加上高电平。

读操作时，若该基本存储电路被选中，则 V_5、V_6、V_7、V_8 管均导通，于是 A、B 两点与位线 D 和 $\overline{D}$ 相连，存储的信息被送到 I/O 与 $\overline{I/O}$ 线上。读出信息后，原存储信息不会被改变。

由于 SRAM 的基本存储电路中管子数目较多，故集成度较低。此外，V_1 和 V_2 管始终有一个处于导通状态，使得 SRAM 的功耗比较大。但是 SRAM 不需要刷新电路，所以简化了外围电路。

2. Intel 2114 SRAM 芯片

Intel 2114 SRAM 芯片的容量为 1 K×4 位，18 脚封装，+5 V 电源，芯片内部结构及芯片引脚图和逻辑符号分别如图 6.7 和图 6.8 所示。

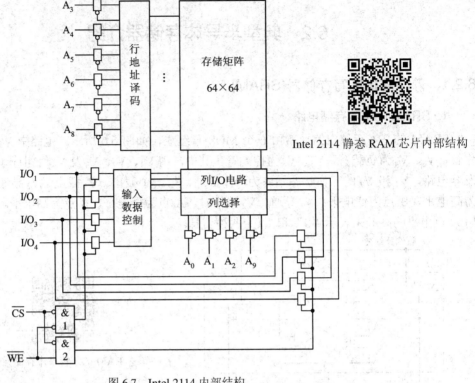

Intel 2114 静态 RAM 芯片内部结构

图 6.7　Intel 2114 内部结构

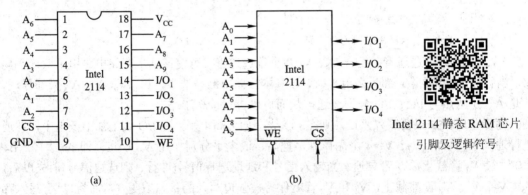

Intel 2114 静态 RAM 芯片
引脚及逻辑符号

(a)　　　　　　　　　　　(b)

图 6.8　Intel 2114 引脚及逻辑符号

(a) 引脚；(b) 逻辑符号

　　由于 $1K \times 4 = 4096$，因此 Intel 2114 SRAM 芯片有 4096 个基本存储电路，将 4096 个基本存储电路排成 64 行 × 64 列的存储矩阵，每根列选择线同时连接 4 位列线，对应于并行的 4 位(位于同一行的 4 位应作为同一单元的内容被同时选中)，从而构成了 64 行 × 16 列 = 1K 个存储单元，每个单元有 4 位。1K 个存储单元应有 $A_0 \sim A_9$ 10 个地址输入端，2114 片内地址译码采用双译码方式，$A_3 \sim A_8$ 6 根用于行地址译码输入，经行译码产生 64 根行选择线，A_0、A_1、A_2 和 A_9 4 根用于列地址译码输入，经过列译码产生 16 根列选择线。

　　地址输入线 $A_0 \sim A_9$ 送来的地址信号分别送到行、列地址译码器，经译码后选中一个存储单元(有 4 个存储位)。当片选信号 $\overline{CS} = 0$ 且 $\overline{WE} = 0$ 时，数据输入三态门打开，I/O 电路对被选中单元的 4 位进行写入；当 $\overline{CS}=0$ 且 $\overline{WE}=1$ 时，数据输入三态门关闭，而数据输出三态门打开，I/O 电路将被选中单元的 4 位信息读出送数据线；当 $\overline{CS}=1$ 即 $\overline{CS}$ 无效时，不论 $\overline{WE}$ 为何种状态，各三态门均为高阻状态，芯片不工作。

6.2.2　动态随机读写存储器(DRAM)

1．DRAM 的基本存储电路

动态存储器和静态存储器不同，DRAM 的基本存储电路利用电容存储电荷的原理来保存信息，由于电容上的电荷会逐渐泄漏，因而对 DRAM 必须定时进行刷新，使泄漏的电荷得到补充。DRAM 的基本存储电路主要有六管、四管、三管和单管等几种形式，在这里我们介绍四管和单管 DRAM 基本存储电路。

1) 四管 DRAM 基本存储电路

图 6.6 所示的六管 DRAM 基本存储电路依靠 V_1 和 V_2 管来存储信息，电源 V_{CC} 通过 V_3、V_4 管向 V_1、V_2 管补充电荷，所以 V_1 和 V_2 管上存储的信息可以保持不变。实际上，由于 MOS 管的栅极电阻很高，泄漏电流很小，即使去掉 V_3、V_4 管和电源 V_{CC}，V_1 和 V_2 管栅极上的电荷也能维持一定的时间，于是可以由 V_1、V_2、V_5、V_6 构成四管 DRAM 基本存储电路，如图 6.9 所示。

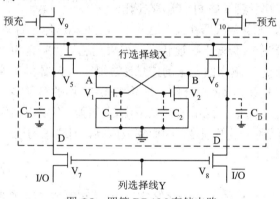

动态 RAM 的四管
基本存储元电路

图 6.9　四管 DRAM 存储电路

电路中，V_5、V_6、V_7、V_8 管仍为控制管，当行选择线 X 和列选择线 Y 都为高电平时，该基本存储电路被选中，V_5、V_6、V_7、V_8 管都导通，则 A、B 点与位线 D、$\overline{D}$ 分别相连，再通过 V_7、V_8 管与外部数据线 I/O、$\overline{I/O}$ 相通，可以进行读/写操作。同时，在列选择线上还接有两个公共的预充管 V_9 和 V_{10}。

写操作时，如果要写入"1"，则在 I/O 线上加上高电平，在 $\overline{I/O}$ 线上加上低电平，并通过导通的 V_5、V_6、V_7、V_8 4 个晶体管，把高、低电平分别加在 A、B 点，将信息存储在 V_1 和 V_2 管栅极电容上。行、列选通信号消失以后，V_5、V_6 管截止，靠 V_1、V_2 管栅极电容的存储作用，在一定时间内可保留所写入的信息。

读操作时，先给出预充信号使 V_9、V_{10} 导通，由电源对电容 C_D 和 $C_{\overline{D}}$ 进行预充电，使它们达到电源电压。行、列选择线上为高电平，使 V_5、V_6、V_7、V_8 导通，存储在 V_1 和 V_2 上的信息经 A、B 点向 I/O、$\overline{I/O}$ 线输出。若原来的信息为"1"，即电容 C_2 上存有电荷，V_2 导通，V_1 截止，则电容 C_D 上的预充电荷通过 V_6 经 V_2 泄漏，于是，$\overline{I/O}$ 线输出 0，I/O 线输出 1。同时，电容 C_D 上的电荷通过 V_5 向 C_2 补充电荷，所以，读出过程也是刷新的过程。

2) 单管 DRAM 基本存储电路

单管 DRAM 基本存储电路只有一个电容和一个 MOS 管，是最简单的存储元件结构，如图 6.10 所示。在这样一个基本存储电路中，存放的信息到底是"1"还是"0"，取决于电容中有没有电荷。在保持状态下，行选择线为低电平，V 管截止，使电容 C 基本没有放电回路(当然还有一定的泄漏)，其上的电荷可暂存数毫秒或者维持无电荷的"0"状态。

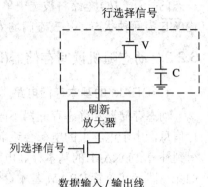

对由这样的基本存储电路组成的存储矩阵进行读操作时，若某一行选择线为高电平，则位于同一行的所有基本存储电路中的 V 管都导通，于是刷新放大器读取对应电容 C 上的电压值，但只有列选择信号有效的基本存储电路才受到驱动，从而可以输出信息。刷新放大器的灵敏度很高，放大倍数很大，并且能将读得的电容上的电压值转换为逻辑"0"或者逻辑"1"。在读出过程中，选中行上所有基本存储电路中的电容都受到了影响，为了在读出

图 6.10　单管 DRAM 存储电路

动态 RAM 的单管基本存储元电路

信息之后仍能保持原有的信息，刷新放大器在读取这些电容上的电压值之后又立即进行重写。

在写操作时，行选择信号使 V 管处于导通状态，如果列选择信号也为"1"，则此基本存储电路被选中，于是由数据输入/输出线送来的信息通过刷新放大器和 T 管送到电容 C。

上面介绍的两种动态 RAM 基本存储电路中，四管 DRAM 用的管子多，从而使芯片的集成度较低，但其外围电路比较简单，读出过程就是刷新过程，不用为刷新另加外部逻辑电路。单管 DRAM 将结构简化到了最低程度，因而集成度高，但要求的读/写外围电路较复杂一些，适用于大容量存储器。

3) DRAM 的刷新

动态 RAM 是利用电容 C 上充积的电荷来存储信息的。当电容 C 有电荷时，为逻辑"1"，没有电荷时，为逻辑"0"。但由于任何电容都存在漏电，因此，当电容 C 存有电荷时，过一段时间由于电容的放电过程导致电荷流失，信息也就丢失。因此，需要周期性地对电容进行充电，以补充泄漏的电荷，通常把这种补充电荷的过程叫刷新或再生。随着器件工作温度的增高，放电速度会变快。刷新时间间隔一般要求在 1～100 ms。工作温度为 70℃时，典型的刷新时间间隔为 2 ms，因此 2 ms 内必须对存储的信息刷新一遍。尽管对各个基本存储电路在读出或写入时都进行了刷新，但对存储器中各单元的访问具有随机性，无法保证一个存储器中的每一个存储单元都能在 2 ms 内进行一次刷新，所以需要系统地对存储器进行定时刷新。

对整个存储器系统来说，各存储器芯片可以同时刷新。对每块 DRAM 芯片来说，则是按行刷新，每次刷新一行，所需时间为一个刷新周期。如果某存储器有若干块 DRAM 芯片，其中容量最大的一种芯片的行数为 128，则在 2 ms 之中至少应安排 128 个刷新周期。

在存储器刷新周期中，将一个刷新地址计数器提供的行地址发送给存储器，然后执行一次读操作，便可完成对选中行的各基本存储电路的刷新。每刷新一行，计数器加 1，所以

它可以顺序提供所有的行地址。因为每一行中各个基本存储电路的刷新是同时进行的，故不需要列地址，此时芯片内各基本存储电路的数据线为高阻状态，与外部数据总线完全隔离，所以，尽管刷新进行的是读操作，但读出数据不会送到数据总线上。

2．Intel 2164A DRAM 芯片

Intel 2164A 芯片的存储容量为 64 K×1 位，采用单管动态基本存储电路，每个单元只有一位数据，其内部结构如图 6.11 所示。2164A 芯片的存储体本应构成一个 256×256 的存储矩阵，为提高工作速度(需减少行列线上的分布电容)，将存储矩阵分为 4 个 128×128 矩阵，每个 128×128 矩阵配有 128 个读出放大器，各有一套 I/O 控制(读/写控制)电路。

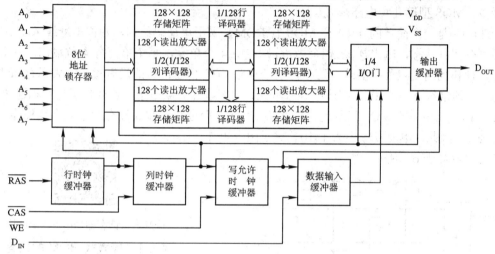

图 6.11　Intel 2164A 内部结构示意图

64 K 容量本需 16 位地址，但芯片引脚(见图 6.12)只有 8 根地址线，$A_0 \sim A_7$ 需分时复用。在行地址选通信号 $\overline{\text{RAS}}$ 控制下先将 8 位行地址送入行地址锁存器，锁存器提供 8 位行地址 $RA_7 \sim RA_0$，译码后产生两组行选择线，每组 128 根。然后在列地址选通信号 $\overline{\text{CAS}}$ 控制下将 8 位列地址送入列地址锁存器，锁存器提供 8 位列地址 $CA_7 \sim CA_0$，译码后产生两组列选择线，每组 128 根。行地址 RA_7 与列地址 CA_7 选择 4 个 128×128 矩阵之一。因此，16 位地址是分成两次送入芯片的，对于某一地址码，只有一个 128×128 矩阵和它的 I/O 控制电路被选中。$A_0 \sim A_7$ 这 8 根地址线还用于在刷新时提供行地址，因为刷新是一行一行进行的。

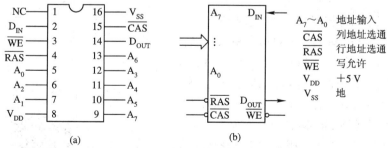

图 6.12　Intel 2164A 引脚与逻辑符号

(a) 引脚；(b) 逻辑符号

2164A 的读/写操作由 $\overline{\text{WE}}$ 信号来控制，读操作时，$\overline{\text{WE}}$ 为高电平，选中单元的内容经三态输出缓冲器从 D_{OUT} 引脚输出；写操作时，$\overline{\text{WE}}$ 为低电平，D_{IN} 引脚上的信息经数据输入

缓冲器写入选中单元。2164A 没有片选信号，实际上用行地址和列地址选通信号 $\overline{RAS}$ 和 $\overline{CAS}$ 作为片选信号，可见，片选信号已分解为行选信号与列选信号两部分。

6.2.3 掩膜式只读存储器(MROM)

MROM 的内容是由生产厂家按用户要求在芯片的生产过程中写入的，写入后不能修改。MROM 采用二次光刻掩膜工艺制成，首先要制作一个掩膜板，然后通过掩膜板曝光，在硅片上刻出图形。制作掩膜板工艺较复杂，生产周期长，因此生产第一片 MROM 的费用很大，而复制同样的 ROM 就很便宜了，所以适合于大批量生产，不适用于科学研究。MROM 有双极型、MOS 型等几种电路形式。

图 6.13 是一个简单的 4×4 位 MOS 管 ROM，采用单译码结构，两位地址线 A_1、A_0 译码后可有四种状态，输出 4 条选择线，分别选中 4 个单元，每个单元有 4 位输出。在此矩阵中，行和列的交点处有的连有管子，表示存储"0"信息；有的没有管子，表示存储"1"信息。若地址线 $A_1A_0 = 00$，则选中 0 号单元，即字线 0 为高电平，若有管子与其相连(如位线 2 和 0)，其相应的 MOS 管导通，位线输出为 0，而位线 1 和 3 没有管子与字线相连，则输出为 1。因此，单元 0 输出为 1010。对于图中矩阵，各单元内容如表 6.1 所示。

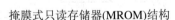

掩膜式只读存储器(MROM)结构

表 6.1　掩膜式 ROM 的内容

位 单元	D_3	D_2	D_1	D_0
0	1	0	1	0
1	1	1	0	1
2	0	1	0	1
3	0	1	1	0

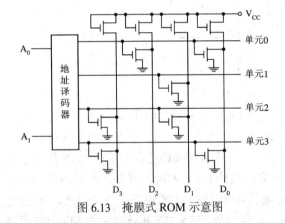

图 6.13　掩膜式 ROM 示意图

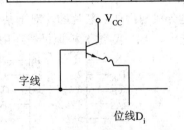

图 6.14　PROM 存储电路示意图

6.2.4 可编程只读存储器(PROM)

可编程只读存储器出厂时各单元内容全为 0，用户可用专门的 PROM 写入器将信息写入，这种写入是破坏性的，即某个存储位一旦写入 1，就不能再变为 0，因此对这种存储器只能进行一次编程。根据写入原理 PROM 可分为两类：结破坏型和熔丝型。图 6.14 是熔丝型 PROM 的一个存储元示意图。

基本存储电路由 1 个三极管和 1 根熔丝组成，可存储一位信息。出厂时，每一根熔丝都与位线相连，存储的都是"0"信息。如果用户在使用前根据程序的需要，利用编程写入器对选中的基本存储

可一次编程只读存储器(PROM)结构

电路通以 20～50 mA 的电流，将熔丝烧断，则该存储元将存储信息改写为"1"。由于熔丝烧断后无法再接通，因而 PROM 只能一次编程。编程后不能再修改。

写入时，按给定地址译码后，选通字线，根据要写入信息的不同，在位线上加不同的电位，若 D_i 位要写"0"，则对应位线 D_i 悬空(或接较大电阻)而使流经被选中基本存储电路的电流很小，不足以烧断熔丝，该位仍保持"0"状态；若要写"1"，则位线 D_i 加负电位(−2 V)，瞬间通过被选基本存储电路的电流很大，致使熔丝烧断，即改写为"1"。在正常只读状态工作时，加到字线上的是比较低的脉冲电位，但足以开通存储元中的晶体管。这样，被选中单元的信息就一并读出了。是"0"，则对应位线有电流；是"1"，则对应位线无电流。在只读状态，工作电流将很小，不会造成熔丝烧断，即不会破坏原存信息。

6.2.5 可擦除的可编程只读存储器(EPROM、E²PROM)

PROM 虽然可供用户进行一次编程，但仍有局限性。为了便于研究工作，实验各种 ROM 程序方案，可擦除可编程 ROM 在实际中得到了广泛应用。这种存储器利用编程器写入信息，此后便可作为只读存储器来使用。

目前，根据擦除芯片内已有信息的方法不同，可擦除可编程 ROM 可分为两种类型：紫外线擦除 PROM(简称 EPROM)和电擦除 PROM(简称 EEPROM 或 E²PROM)。

1. EPROM 和 E²PROM 简介

初期的 EPROM 元件用的是浮栅雪崩注入 MOS，记为 FAMOS。它的集成度低，用户使用不方便，速度慢，因此很快被性能和结构更好的叠栅注入 MOS 即 SIMOS 取代。

SIMOS 管结构如图 6.15(a)所示。它属于 NMOS，与普通 NMOS 不同的是有两个栅极，一个是控制栅 CG，另一个是浮栅 FG。FG 在 CG 的下面，被 SiO_2 所包围，与四周绝缘。单个 SIMOS 管构成一个 EPROM 存储元件，如图 6.15(b)所示。与 CG 连接的线 W 称为字线，读出和编程时作选址用。漏极与位线 D 相连接，读出或编程时输出、输入信息。源极接 V_{SS}(接地)。当 FG 上没有电子驻留时，CG 开启电压为正常值 V_{CC}，若 W 线上加高电平，源、漏间也加高电平，SIMOS 形成沟道并导通，称此状态为"1"。当 FG 上有电子驻留，CG 开启电压升高超过 V_{CC}，这时若 W 线加高电平，源、漏间仍加高电平，SIMOS 不导通，称此状态为"0"。人们就是利用 SIMOS 管 FG 上有无电子驻留来存储信息的。因 FG 上电子被绝缘材料包围，不获得足够能量很难跑掉，所以可以长期保存信息，即使断电也不会丢失。

SIMOS EPROM 芯片出厂时 FG 上是没有电子的，即都是"1"信息。对它编程，就是在 CG 和漏极都加高电压，向某些元件的 FG 注入一定数量的电子，把它们写为"0"。EPROM 封装方法与一般集成电路不同，需要有一个能通过紫外线的石英窗口。擦除时，将芯片放入擦除器的小盒中，用紫外灯照射约 20 分钟，若读出各单元内容均为 FFH，说明原信息已被全部擦除，恢复到出厂状态。写好信息的 EPROM 为了防止因光线长期照射而引起的信息破坏，常用遮光胶纸贴于石英窗口上。

EPROM 的擦除是对整个芯片进行的，不能只擦除个别单元或个别位，擦除时间较长，且擦写均需离线操作，使用起来不方便，因此，能够在线擦写的 E²PROM 芯片近年来得到广泛应用。

E²PROM 是一种采用金属—氮—氧化硅(MNOS)工艺生产的可擦除可再编程的只读存储器。擦除时只需加高压对指定单元产生电流，形成"电子隧道"，将该单元信息擦除，其他未通电流的单元内容保持不变。E^2PROM 具有对单个存储单元在线擦除与编程的能力，而且芯片封装简单，对硬件线路没有特殊要求，操作简便，信息存储时间长，因此，E^2PROM 给需要经常修改程序和参数的应用领域带来了极大的方便。但与 EPROM 相比，E^2PROM 具有集成度低、存取速度较慢、完成程序在线改写需要较复杂的设备等缺点。

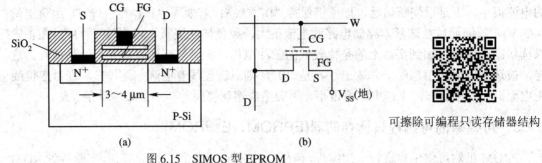

图 6.15　SIMOS 型 EPROM

(a) SIMOS 管结构；(b) SIMOS EPROM 元件电路

可擦除可编程只读存储器结构

2．Intel 2716 EPROM 芯片

EPROM 芯片有多种型号，常用的有 2716(2 K×8)、2732(4 K×8)、2764(8 K×8)、27128(16 K×8)、27256(32 K×8)等。下面以 2716 为例，对其性能及工作方式作一介绍。

1) 2716 的内部结构和外部引脚

2716 EPROM 芯片采用 NMOS 工艺制造，双列直插式 24 引脚封装。其引脚、逻辑符号及内部结构如图 6.16 所示。

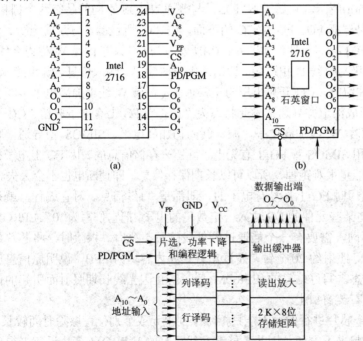

Intel 2716 紫外光擦除的
EPROM 芯片

图 6.16　Intel 2716 的引脚、逻辑符号及内部结构

(a) 引脚；(b) 逻辑符号；(c) 内部结构

$A_0 \sim A_{10}$：11 条地址输入线。其中 7 条用于行译码，4 条用于列译码。

$O_0 \sim O_7$：8 位数据线。编程写入时是输入线，正常读出时是输出线。

$\overline{CS}$：片选信号。当 $\overline{CS}=0$ 时，允许2716读出。

PD/PGM：待机/编程控制信号，输入。

V_{PP}：编程电源。在编程写入时，$V_{PP}=+25\ V$；正常读出时，$V_{PP}=+5\ V$。

V_{CC}：工作电源，为 +5 V。

2) 2716 的工作方式

2716 的工作方式见表 6.2。

表 6.2　2716 的工作方式

方式 \ 引脚	PD/PGM	$\overline{CS}$	V_{PP}/V	数据总线状态
读出	0	0	+5	输出
未选中	×	1	+5	高阻
待机	1	×	+5	高阻
编程输入	宽 52 ms 的正脉冲	1	+25	输入
校验编程内容	0	0	+25	输出
禁止编程	0	1	+25	高阻

(1) 读出方式：当 $\overline{CS}=0$ 时，此方式可以将选中存储单元的内容读出。

(2) 未选中：当 $\overline{CS}=1$ 时，不论 PD/PGM 的状态如何，2716 均未被选中，数据线呈高阻态。

(3) 待机(备用)方式：当 PD/PGM=1 时，2716 处于待机方式。这种方式和未选中方式类似，但其功耗由 525 mW 下降到 132 mW，下降了 75%，所以又称为功率下降方式。这时数据线呈高阻态。

(4) 编程方式：当 $V_{PP}=+25\ V$，$\overline{CS}=1$，并在 PD/PGM 端加上 52 ms 宽的正脉冲时，可以将数据线上的信息写入指定的地址单元。数据线为输入状态。

(5) 校验编程内容方式：此方式与读出方式基本相同，只是 $V_{PP}=+25\ V$。在编程后，可将 2716 中的信息读出，与写入的内容进行比较，以验证写入内容是否正确。数据线为输出状态。

(6) 禁止编程方式：此方式禁止将数据总线上的信息写入 2716。

表 6.3 给出了一些常用的 EPROM 芯片。

表 6.3　常用的 EPROM 芯片

型　号	容量结构	最大读出时间/ns	制造工艺	需用电源/V	管脚数/个
2708	1 K×8 bit	350～450	NMOS	±5，+12	24
2716	2 K×8 bit	300～450	NMOS	+5	24
2732A	4 K×8 bit	200～450	NMOS	+5	24
2764	8 K×8 bit	200～450	HMOS	+5	28
27128	16 K×8 bit	250～450	HMOS	+5	28
27256	32 K×8 bit	200～450	HMOS	+5	28
27512	64 K×8 bit	250～450	HMOS	+5	28
27513	4×64 K×8 bit	250～450	HMOS	+5	28

3. Intel 2816 E²PROM 芯片

Intel 2816 是 2 K×8 位的 E²PROM 芯片，有 24 条引脚，单一+5 V 电源。其引脚配置见图 6.17。

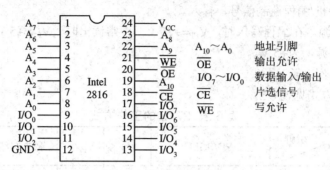

图 6.17　Intel 2816 的引脚

2816 有 6 种工作方式，见表 6.4。

表 6.4　2816 的工作方式

方式＼引脚	CE	OE	V_{PP}/V	数据线状态
读出	0	0	+4～+6	输出
待机(备用)	1	×	+4～+6	高阻
字节擦除	0	1	+21	输入为全 1
字节写入	0	1	+21	输入
整片擦除	0	+9～+15 V	+21	输入为全 1
擦写禁止	1	×	+4～+22	高阻

(1) 读出方式。当 $\overline{CE}$=0，$\overline{OE}$=0，并且 V_{PP} 端加+4～+6 V 电压时，2816 处于正常的读工作方式，此时数据线为输出状态。

(2) 待机(备用)方式。当 $\overline{CE}$=1，$\overline{OE}$ 为任意状态，且 V_{PP} 端加+4～+6 V 电压时，2816 处于待机状态。与 2716 芯片一样，待机状态下芯片的功耗将下降。

(3) 字节擦除方式。当 $\overline{CE}$=0，$\overline{OE}$=1，数据线($I/O_0 \sim I/O_7$)都加高电平且 V_{PP} 加幅度为 +21 V、宽度为 9～15 ms 的脉冲时，2816 处于以字节为单位的擦除方式。

(4) 整片擦除方式。当 $\overline{CE}$=0，数据线($I/O_0 \sim I/O_7$)都为高电平，$\overline{OE}$ 端加+9～+15 V 电压及 V_{PP} 加 21 V、9～15 ms 的脉冲时，约经 10 ms 可擦除整片的内容。

(5) 字节写入方式。当 $\overline{CE}$=0，$\overline{OE}$=1，V_{PP} 加幅度为+2l V、宽度为 9～15 ms 的脉冲时，来自数据线($I/O_0 \sim I/O_7$)的数据字可写入 2816 的存储单元中。可见，字节写入和字节擦除方式实际是同一种操作，只是在字节擦除方式中，写入的信息为全"1"而已。

(6) 禁止方式。当 $\overline{CE}$=1，V_{PP} 为+4～+22 V 时，不管 $\overline{OE}$ 是高电平还是低电平，2816 都将进入禁止状态，其数据线($I/O_0 \sim I/O_7$)呈高阻态，内部存储单元与外界隔离。

注意：在单字节改写前，必须先进行单字节擦除，不能直接将改写的数据送入未经擦除的字节单元。

表 6.5 给出了常用的 E^2PROM 芯片。

表 6.5　常用的 E^2PROM 芯片

参数　　　　型号	2816	2816A	2817	2817A	2864A
取数时间/ns	250	200～250	250	200～250	250
读电压 V_{PP}/V	5	5	5	5	5
写/擦电压 V_{PP}/V	21	5	21	5	5
字节擦写时间/ms	10	9～15	10	10	10
写入时间/ms	10	9～15	10	10	10
封装	DIP24	DIP24	DIP28	DIP28	DIP28

6.2.6　闪速存储器(Flash Memory)

闪速存储器(Flash Memory)即闪存，是 1983 年由 Intel 公司首先推出的，其商品化于 1988 年。就其本质而言，Flash 存储器属于 E^2PROM 类型，在不加电的情况下能长期保持存储的信息。Flash 存储器之所以被称为闪速存储器，是因为用电擦除且能通过公共源极或公共衬底加高压实现擦除整个存储矩阵或部分存储矩阵，速度很快，与 E^2PROM 擦除一个地址(一个字节或 16 位字)的时间相同。

Flash 存储器既有 MROM 和 RAM 两者的性能，又有 MROM 和 DRAM 一样的高密度、低成本和小体积。它是目前唯一具有大容量、非易失性、低价格、可在线改写和较高速度几个特性共存的存储器。同 DRAM 比较，Flash 存储器有两个缺点：可擦写次数有限和速度较慢。所以从目前看，它还无望取代 DRAM，但它是一种理想的文件存储介质，特别适用于在线编程的大容量、高密度存储领域。

由于 Flash 存储器的独特优点，在主板上采用 Flash ROM BIOS，会使得 BIOS 升级非常方便，在 Pentium 微机中已把 BIOS 系统驻留在 Flash 存储器中。Flash 存储器亦可用做固态大容量存储器。由于 Flash 存储器集成度不断提高，价格降低，使其在便携机上取代小容量硬盘已成为可能。

6.3　存储器系统设计

每一个存储器芯片的容量都是有限的，而且其字长有时也不能正好满足计算机系统对字长的要求，因此，微机系统的存储器总是由多个存储器芯片共同构成的。对存储芯片进行扩展与连接时要考虑两方面的问题：一是如何用容量较小、字长较短的芯片，组成满足系统容量要求的存储器；另一个是存储器如何与 CPU 连接。

6.3.1　存储芯片的扩展

存储芯片的扩展包括位扩展、字扩展和字位同时扩展等三种情况。

1. 位扩展

位扩展是指存储芯片的字(单元)数满足要求而位数不够，需对每个存储单元的位数进行扩展。图 6.18 给出了使用 8 片 8 K×1 的 RAM 芯片通过位扩展构成 8 K×8 的存储器系统的连线图。

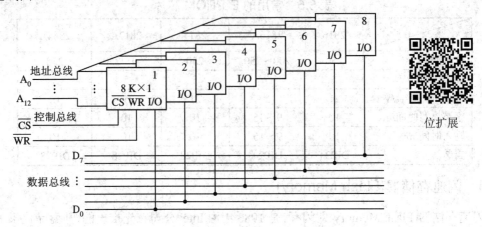

图 6.18 用 8 K×1 位芯片组成 8 K×8 位的存储器

由于存储器的字数与存储器芯片的字数一致，8 K=2^{13}，故只需 13 根地址线(A_{12}～A_0)对各芯片内的存储单元寻址，每一芯片只有一条数据线，所以需要 8 片这样的芯片，将它们的数据线分别接到数据总线(D_7～D_0)的相应位。在此连接方法中，每一条地址线有 8 个负载，每一条数据线有一个负载。位扩展法中，所有芯片都应同时被选中，各芯片 $\overline{CS}$ 端可直接接地，也可并联在一起，根据地址范围的要求，与高位地址线译码产生的片选信号相连。对于此例，若地址线 A_0～A_{12} 上的信号为全 0，即选中了存储器 0 号单元，则该单元的 8 位信息是由各芯片 0 号单元的 1 位信息共同构成的。

可以看出，位扩展的连接方式是将各芯片的地址线、片选 $\overline{CS}$、读/写控制线相应并联，而数据线要分别引出。

2. 字扩展

字扩展用于存储芯片的位数满足要求而字数不够的情况，是对存储单元数量的扩展。图 6.19 给出了用 4 个 16 K×8 芯片经字扩展构成一个 64 K×8 存储器系统的连接方法。

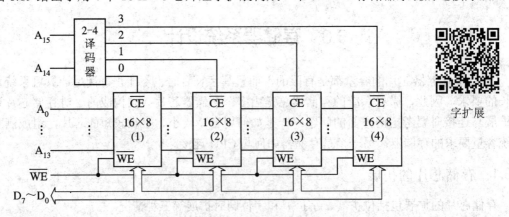

图 6.19 用 16 K×8 位芯片组成 64 K×8 位的存储器

图中 4 个芯片的数据端与数据总线 D_7～D_0 相连；地址总线低位地址 A_{13}～A_0 与各芯片

的 14 位地址线连接，用于进行片内寻址；为了区分 4 个芯片的地址范围，还需要两根高位地址线 A_{14}、A_{15} 经 2-4 译码器译出 4 根片选信号线，分别和 4 个芯片的片选端相连。各芯片的地址范围见表 6.6。

表 6.6　图 6.19 中各芯片地址空间分配表

片号　地址	$A_{15}A_{14}$	$A_{13} \sim A_0$	地址范围
1	00	全 0～全 1	0000H～3FFFH
2	01	全 0～全 1	4000H～7FFFH
3	10	全 0～全 1	8000H～BFFFH
4	11	全 0～全 1	C000H～FFFFH

可以看出，字扩展的连接方式是将各芯片的地址线、数据线、读/写控制线并联，而由片选信号来区分各片地址。也就是将低位地址线直接与各芯片地址线相连，以选择片内的某个单元；用高位地址线经译码器产生若干不同片选信号，连接到各芯片的片选端，以确定各芯片在整个存储空间中所属的地址范围。

3.　字位同时扩展

在实际应用中，往往会遇到字数和位数都需要扩展的情况。

若使用 $1 \times k$ 位存储器芯片构成一个容量为 $M \times N$ 位($M > 1$，$N > k$)的存储器，那么这个存储器共需要$(M/l) \times (N/k)$个存储器芯片。连接时可将这些芯片分成(M/l)个组，每组有(N/k)个芯片，组内采用位扩展法，组间采用字扩展法。

图 6.20 给出了用 8 个 256×4 芯片构成 $1K \times 8$ 存储器系统的连接方法。

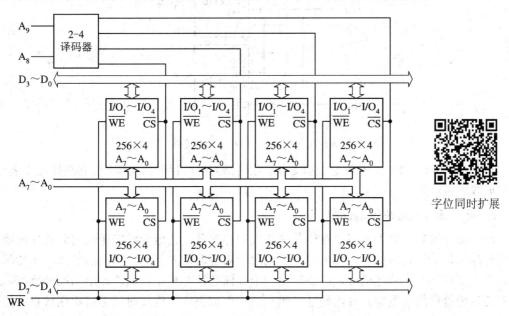

字位同时扩展

图 6.20　字位同时扩展连接图

由 256×4 芯片构成 $1K \times 8$ 存储器共需$(1K/256) \times (8/4) = 8$ 个芯片，图中将 8 片 256×4 芯片分成了 4 组，每组上下共 2 片。组内用位扩展法构成 256×8 的存储模块，4 个这样的

存储模块用字扩展法连接便构成了 1 K × 8 的存储器。用 $A_0 \sim A_7$ 8 根地址线对每组芯片进行片内寻址，同组芯片应被同时选中，故同组芯片的片选端应并联在一起。本例用 2-4 译码器对两根高位地址线 $A_8 \sim A_9$ 译码，产生 4 根片选信号线，分别与各组芯片的片选端相连。

6.3.2　存储器与 CPU 的连接

CPU 对存储器进行访问时，首先要在地址总线上发地址信号，选择要访问的存储单元，还要向存储器发出读/写控制信号，最后在数据总线上进行信息交换。因此，存储器与 CPU 的连接实际上就是存储器与三总线中相关信号线的连接。

1. 存储器与控制总线的连接

在控制总线中，与存储器相连的信号线为数不多，如 8086/8088 最小方式下的 M/$\overline{\text{IO}}$(8088 为 $\overline{\text{M}}$/IO)、$\overline{\text{RD}}$ 和 $\overline{\text{WR}}$，最大方式下的 MRDC、MWTC、IORC 和 IOWC 等，连接也非常简单，有时这些控制线(如 M/$\overline{\text{IO}}$)也与地址线一同参与地址译码，生成片选信号。

2. 存储器与数据总线的连接

对于不同型号的 CPU，数据总线的数目不一定相同，连接时要特别注意。

8086 CPU 的数据总线有 16 根，其中高 8 位数据线 $D_{15} \sim D_8$ 接存储器的高位库(奇地址库)，低 8 位数据线 $D_7 \sim D_0$ 接存储器的低位库(偶地址库)，根据 $\overline{\text{BHE}}$(选择奇地址库)和 A_0(选择偶地址库)的不同状态组合决定对存储器做字操作还是字节操作。图 6.21 给出了由两片 6116(2 K × 8)构成的 2 K 字(4 KB)的存储器与 8086 系统的连接方法。详见 6.3.3 节中例 6.5。

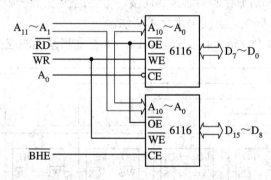

图 6.21　6116 与 8086 系统的连接

8 位机和 8088 CPU 的数据总线有 8 根，存储器为单一存储体组织，没有高低位库之分，故数据线连接较简单。

3. 存储器与地址总线的连接

前面已经提到，对于由多个存储芯片构成的存储器，其地址线的译码被分成片内地址译码和片间地址译码两部分。片内地址译码用于对各芯片内某存储单元的选择，而片间地址译码主要用于产生片选信号，以决定每一个存储芯片在整个存储单元中的地址范围，避免各芯片地址空间的重叠。片内地址译码在芯片内部完成，连接时只需将相应数目的低位地址总线与芯片的地址线引脚相连。片选信号通常要由高位地址总线经译码电路生成。地址译码电路可以根据具体情况选用各种门电路构成，也可使用现成的译码器，如 74LS138(3-8 译码器)等。图 6.22 给出了 74LS138 的引脚图，表 6.7 为 74LS138 译码器的真值表。

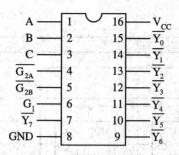

图 6.22　74LS138 引脚

表 6.7　74LS138 译码器真值表

G_1	$\overline{G_{2A}}$	$\overline{G_{2B}}$	C	B	A	译码器输出
1	0	0	0	0	0	$\overline{Y_0} = 0$，其余为 1
1	0	0	0	0	1	$\overline{Y_1} = 0$，其余为 1
1	0	0	0	1	0	$\overline{Y_2} = 0$，其余为 1
1	0	0	0	1	1	$\overline{Y_3} = 0$，其余为 1
1	0	0	1	0	0	$\overline{Y_4} = 0$，其余为 1
1	0	0	1	0	1	$\overline{Y_5} = 0$，其余为 1
1	0	0	1	1	0	$\overline{Y_6} = 0$，其余为 1
1	0	0	1	1	1	$\overline{Y_7} = 0$，其余为 1
不是上述情况			×	×	×	$\overline{Y_0} \sim \overline{Y_7}$，全为 1

　　片间地址译码一般有线选法、部分译码和全译码等方法。线选法是直接将某高位地址线接某存储芯片片选端，该地址线信号为 0 时选中所连芯片，然后再由低位地址对该芯片进行片内寻址。线选法不需外加逻辑电路，线路简单，但不能充分利用系统的存储空间，会出现地址重叠或地址空间不连续，可用于小型微机系统或芯片较少时。全译码是除了地址总线中参与片内寻址的低位地址线外，其余所有高位地址线全部参与片间地址译码。全译码法不会产生地址码重叠的存储区域，每个存储单元的地址都是唯一的，但是对译码电路要求较高。部分译码是线选法和全译码相结合的方法，即利用高位地址线译码产生片选信号时，有的地址线未参加译码。这些空闲地址线在需要时还可以对其他芯片进行线选。较全译码方式而言，部分译码可以简化译码电路的设计，但是会产生地址码重叠的存储区域，也会出现地址空间的不连续。

　　下面以 2114(1 K×4)RAM 芯片构成 4 K×8 存储器为例，片间地址译码分别采用线译码、部分译码和全译码方式与某 8 位机(数据线 $D_7 \sim D_0$，地址线 $A_{15} \sim A_0$)相连，连接方法分别如图 6.23、图 6.24 和图 6.25 所示。

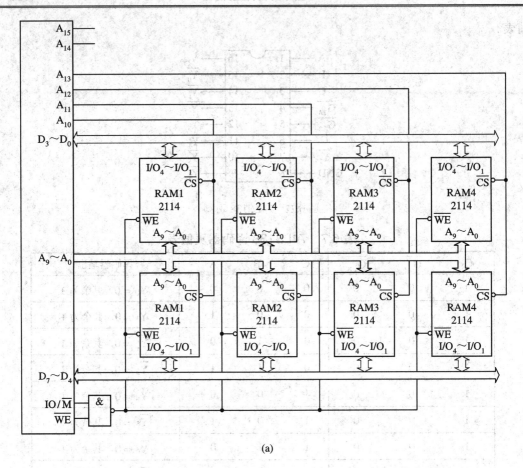

(a)

地址 组号	$A_{15}A_{14}$	$A_{13}A_{12}A_{11}A_{10}$	$A_9 \sim A_0$	一个可用地址空间
1	× ×	0 0 0 1	全0～全1	0400H～07FFH
2	× ×	0 0 1 0	全0～全1	0800H～0BFFH
3	× ×	0 1 0 0	全0～全1	1000H～13FFH
4	× ×	1 0 0 0	全0～全1	2000H～23FFH

(b)

图 6.23 线选法

(a) 线选法连接图；(b) 线选法地址空间

线选法产生片选信号

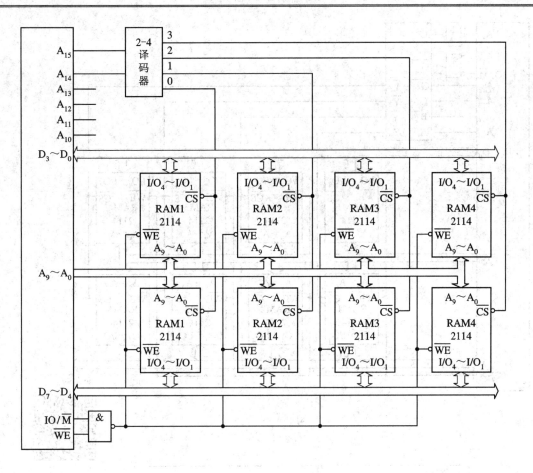

(a)

地址 组号	$A_{15}A_{14}$	$A_{13}A_{12}A_{11}A_{10}$	$A_9 \sim A_0$	一个可用地址空间
1	0　0	× × × ×	全0～全1	0000H～03FFH
2	0　1	× × × ×	全0～全1	4000H～43FFH
3	1　0	× × × ×	全0～全1	8000H～83FFH
4	1　1	× × × ×	全0～全1	C000H～C3FFH

(b)

图 6.24　部分译码

(a) 部分译码连接图；(b) 部分译码地址空间

部分译码产生片选信号

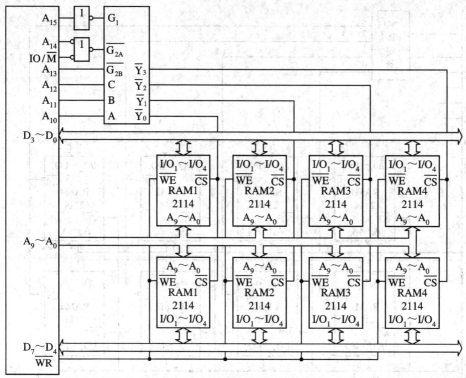

(a)

地址组号	$A_{15}A_{14}A_{13}A_{12}A_{11}A_{10}$	$A_9 \sim A_0$	地址空间
1	0　0　0　0　0　0	全0～全1	0000H～03FFH
2	0　0　0　0　0　1	全0～全1	0400H～07FFH
3	0　0　0　0　1　0	全0～全1	0800H～0BFFH
4	0　0　0　0　1　1	全0～全1	0C00H～0FFFH

全译码法产生片选信号

(b)

图 6.25　全译码

(a) 全译码连接图；(b) 全译码地址空间

6.3.3　基于 8086/8088 CPU 的存储器连接举例

下列各例中 8086/8088 CPU 均工作于最小方式。

1. EPROM 与 8088 CPU 的连接

例 6.1　设某 8088 微机系统需装 6 KB 的 ROM，地址范围安排在 00000H～017FFH。请画出使用 EPROM 芯片 2716 构成的存储器连接图。

【分析】 2716 的容量为 2 K × 8，需用 3 片进行字扩展。2716 有 8 条数据线($O_7 \sim O_0$)正好与 CPU 的数据总线($D_7 \sim D_0$)连接；11 条地址线($A_{10} \sim A_0$)与地址总线的低位地址线($A_{10} \sim A_0$)连接。2716 选片信号($\overline{CS}$)的连接是一个难点，需要考虑两个问题：一是与 CPU 高位地址线($A_{19} \sim A_{11}$)和控制信号($IO/\overline{M}$、$\overline{RD}$)如何连接；二是根据给定的地址范围如何连接译码电路。若采用全译码法，可列出 3 片 EPROM 的地址范围如表 6.8 所示。

表 6.8 EPROM 芯片地址范围

芯 片	$A_{19} A_{18} A_{17} A_{16} A_{15} A_{14}$	A_{13}	A_{12}	A_{11}	$A_{10} \sim A_0$	地址范围
EPROM1	0 0 0 0 0 0	0	0	0	全0～全1	00000H～007FFH
EPROM2	0 0 0 0 0 0	0	0	1	全0～全1	00800H～00FFFH
EPROM3	0 0 0 0 0 0	0	1	0	全0～全1	01000H～017FFH

其中，地址总线的 A_{11}、A_{12}、A_{13} 分别与 74LS138 的输入端 A、B、C 连接，$A_{14} \sim A_{19}$ 与使能端 G_1 连接，控制信号 $IO/\overline{M}$ 与使能端 $\overline{G_{2A}}$ 连接，RD 与使能端 $\overline{G_{2B}}$ 连接。

【解】 根据表 6.8，EPROM 2716 与 8088 CPU 的连接如图 6.26 所示。

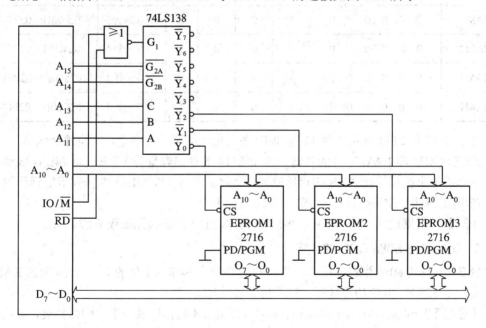

图 6.26 EPROM 2716 与 8088 CPU 的连接

2. EPROM、SRAM 与 8088 CPU 的连接

例 6.2 有一 8088 微机系统,其内存地址空间中 00000H～01FFFH 的 8 KB 为 EPROM, 02000H～02FFFH 的 4 KB 为静态 RAM, 03000H～03FFFH 的 4 KB 为待扩存储空间。要求 EPROM 用 Intel 2716, RAM 用 Intel 2114, 用 74LS138 译码器作片选控制, 试画出其连接图。

【分析】 2716 的容量为 2 K × 8, 需用 4 片进行字扩展。2716 有 8 条数据线($O_7 \sim O_0$)

正好与 CPU 的数据总线($D_7 \sim D_0$)连接；11 条地址线($A_{10} \sim A_0$)与地址总线的低位地址线($A_{10} \sim A_0$)连接。2114 的结构是 $1 K \times 4$ 位，要用此芯片构成 $4 K \times 8$ 位的存储器需进行字位同时扩展，需用芯片数为 $4/1 \times 8/4 = 8$。可先用两片 2114 按位扩展方法组成 $1 K \times 8$ 的芯片组，再用 4 个芯片组构成 $1 K \times 8$ 位的存储器。$1 K$ 芯片有 10 根地址线，可接地址总线 $A_9 \sim A_0$，每组中的两片 2114 的数据线 $I/O_4 \sim I/O_1$ 分别接数据总线的高 4 位 $D_7 \sim D_4$ 和低 4 位 $D_3 \sim D_0$。根据给定的地址范围，可列出每组 2114 芯片组的地址范围和 4 片 2716 芯片的地址范围如表 6.9 所示。

表 6.9　EPROM、RAM 芯片组地址范围

芯　片	$A_{19} A_{18} A_{17} A_{16} A_{15} A_{14}$	A_{13}	A_{12}	A_{11}	A_{10}	$A_9 \sim A_0$	地址范围
EPROM1	0　0　0　0　0　0	0	0	0		全0～全1	00000H～007FFH
EPROM2	0　0　0　0　0　0	0	0	1		全0～全1	00800H～00FFFH
EPROM3	0　0　0　0　0　0	0	1	0		全0～全1	01000H～017FFH
EPROM4	0　0　0　0　0　0	0	1	1		全0～全1	01800H～01FFFH
RAM1	0　0　0　0　0　0	1	0	0	0	全0～全1	02000H～023FFH
RAM2	0　0　0　0　0　0	1	0	0	1	全0～全1	02400H～027FFH
RAM3	0　0　0　0　0　0	1	0	1	0	全0～全1	02800H～02BFFH
RAM4	0　0　0　0　0　0	1	0	1	1	全0～全1	02C00H～02FFFH

对于 2716 和 2114 分别需要 11 条和 10 条地址线实现片内字选。高位地址线 A_{13}、A_{12}、A_{11} 用于 EPROM 和 RAM 芯片的片选。由于 2114 的存储容量为 $1 KB$，而 74LS138 译码器的每条译码输出线可寻址 $2 KB$ 的存储空间，因此需用 A_{10} 与 74LS138 译码器的译码输出端进行逻辑组合(即二次译码)后，才能对 2114 进行片选。

【解】　根据地址范围表 6.9 可画出 2716 和 2114 的连接图如图 6.27 所示。

3. DRAM 与 8088 CPU 的连接

例 6.3　设某 8088 微机系统需用单片存储容量为 $64 K \times 1$ 位的 Intel 2164 动态 RAM 芯片组成一个 $128 K \times 8$ 位的存储器，试画出其连接图。

【分析】2164 是 $64 K \times 1$ 位结构，构成 $128 K \times 8$ 的存储器需字位同时扩展，需用芯片数为 $128/64 \times 8/1 = 16$，即每 8 片可组成 $64 KB$ 的芯片组，共需两个芯片组。

在与系统总线相连构成 DRAM 存储器系统时，有两方面必须考虑：DRAM 芯片的地址是分行、列分时输入的；DRAM 有刷新的要求。因此应将 2164 内部的行地址和列地址分别锁存，分时送出，行/列多路器可以完成此功能。又由于 2164 需要刷新，所以用刷新多路器对 CPU 正常读/写的行地址和刷新用的行地址进行选择。刷新行地址是由刷新时钟对刷新计数器计数产生的。至于 RAS 和 CAS 信号，和 SRAM 的片选信号类似，由高位地址进行译码产生，但要考虑 $\overline{RAS}$ 和 $\overline{CAS}$ 的时序配合问题。

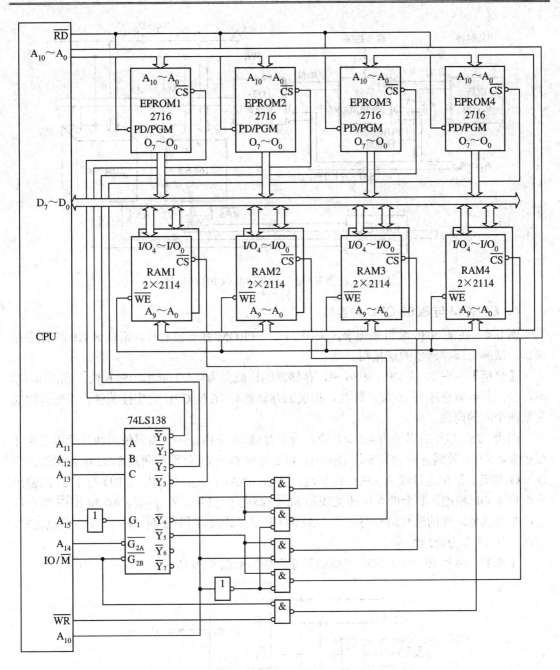

图 6.27 EPROM、RAM 与 8088 CPU 的连接

【解】   DRAM 存储芯片 2164 与 8088 CPU 的连接如图 6.28 所示。

图 6.28 给出了和 DRAM 相连从原理上需要外加的电路。实际上，这些电路可以由动态 RAM 控制器实现。例如，Intel 8203 就是用来支持 8086/8088 CPU 与 2164、2116(16 K×1 位) 等 DRAM 相连的控制器。该 DRAM 控制器提供地址多路传输、选通信号和刷新定时/计数器，提供刷新/寻址判断，提供系统识别和转换器识别信号，刷新周期可在内部或外部加以控制。在现代微型计算机中，DRAM 控制器包含在超大规模集成电路制作的控制芯片组中。

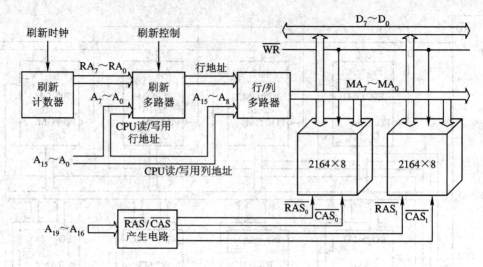

图 6.28　动态 RAM 2164 与 8088 CPU 的连接

4. EPROM 与 8086 CPU 的连接

例 6.4　在某 8086 微机系统中，采用 2732 EPROM 存储器芯片，形成 8 KB 的程序存储器，试画出该存储器的连接图。

【分析】　在 16 位 CPU 8086 中，存储器的构成分为高位(奇地址)库和低位(偶地址)库两部分，其数据总线为 16 位。因此，扩展的存储器与 16 位 CPU 的连接关键在于如何构成高低两个库的问题。

因为 2732 芯片的容量为 4 K × 8 位，为了存储 16 位指令字，需要使用两片此类芯片并联组成。其中，数据总线的高 8 位 $D_{15} \sim D_8$ 和低 8 位 $D_7 \sim D_0$ 分别与两片 2732 的数据输出线 $O_7 \sim O_0$ 相连；低位地址线 $A_{12} \sim A_1$ 接至两片 2716 的 $A_{11} \sim A_0$；控制信号 $\overline{RD}$ 与 2732 的输出允许信号 $\overline{OE}$ 相连；其余的高位地址线和 $M/\overline{IO}$(高电平)控制信号分别与 A0 和 $\overline{BHE}$ 组合用来产生奇偶地址库的选片信号与两片 2732 的 CE 信号连接，图中上面一片 2732 为偶地址库，下面一片 2732 为奇地址库。

【解】　两片 EPROM 2732 组成的程序存储器如图 6.29 所示。

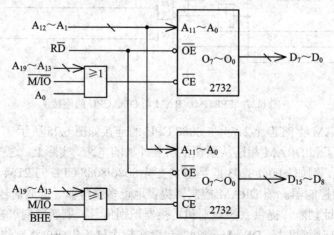

图 6.29　两片 EPROM 2732 组成的程序存储器

5. SRAM 与 8086 CPU 的连接

例 6.5　请用 Intel 6116 RAM 存储器芯片构成 2 K 字的存储器，画出其电路连接图。

【分析】　因为 6116 芯片的容量为 2 K×8 位，要构成 2 K 字存储器，需要使用两片此类芯片并联组成。其中，CPU 的数据总线的高 8 位 D_{15}～D_8 和低 8 位 D_7～D_0 分别与两片 6116 的数据输入/输出线 I/O_7～I/O_0 相连；CPU 的低位地址线 A_{11}～A_1 接至两片 6116 的 A_{10}～A_0；地址信号 A_0 和控制信号 $\overline{BHE}$ 分别与两片 6116 的选片信号 $\overline{CE}$ 相连，用于选择偶数地址的低位库和奇数地址的高位库；控制信号 $\overline{RD}$ 和 $\overline{WR}$ 分别与 6116 的 $\overline{OE}$ 和 $\overline{WE}$ 相连。

【解】　两片 6116 组成的 2 K 字存储器如图 6.30 所示。

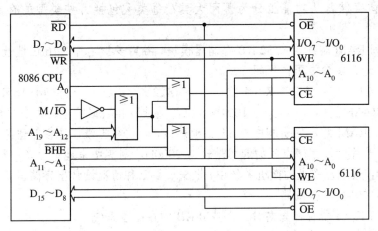

图 6.30　两片静态 RAM 6116 组成的数据存储器

本 章 小 结

本章主要介绍了用作内存的半导体存储器的分类、工作原理、常用芯片以及它们与 CPU 的连接与容量扩展等。

半导体存储器主要分为随机读写存储器 RAM 和只读存储器 ROM 两大类。RAM 又可分为静态 RAM(SRAM) 和动态 RAM(DRAM)。RAM 的内容在断电后会丢失，动态 RAM 的内容需要定时刷新。对于 ROM，断电后信息不会丢失，常见的有掩膜式 ROM(MROM)、可编程 ROM(PROM)、可擦除可编程 ROM(EPROM) 和电擦除可编程 ROM(E^2PROM)。本章对上述各种类型半导体存储器的基本存储电路和典型芯片都做了介绍。

半导体存储器的技术指标主要有存储容量、存取时间、存储周期、功耗、可靠性、集成度和性价比等。

半导体存储器芯片一般由存储体和外围电路两大部分组成。外围电路主要包括地址译码电路和读/写控制电路。芯片内部的地址译码主要有两种方式，即单译码方式和双译码方式。单译码方式适用于小容量的存储器芯片；双译码方式适用于较大容量的存储器芯片。

微机系统的存储器是由多个存储芯片共同构成的。对存储芯片的扩展主要有位扩展、字扩展和字位同时扩展三种方法。位扩展法用于存储芯片的字数满足要求而位数不够的情况；字扩展法用于存储芯片的位数满足要求而字数不够的情况；字数和位数都需要扩展时，就要采用字位同时扩展法。扩展后的存储器通过三总线接入系统，存储器与数据、控制总线的连接较简单，与地址总线连接时要注意一般把地址总线分为高位地址线和低位地址线两部分。低位地址线用于片内地址译码；高位地址线用于片间地址译码，产生片选信号。

习题

1. 半导体存储器从功能上分为哪两大类？每类又包括哪些类型的存储器？各有何特点？

2. 用下列 RAM 芯片构成 32 KB 存储器模块，各需多少芯片？16 位地址总线中有多少位参与片内寻址？多少位用作片间寻址？

(1) 1 K×4 位　　　　(2) 2 K×1 位　　　　(3) 2 K×8 位　　　　(4) 16 K×8 位

3. 某一 RAM 芯片，其容量为 1024×8 位，地址线和数据线分别为多少根？

4. 已知某 RAM 芯片的引脚中有 11 根地址线，8 位数据线，该存储器芯片的容量为多少字节？若该芯片所占存储空间的起始地址为 2000H，则其结束地址为多少？

5. 在有 16 根地址总线的微机系统中，根据下面三种情况设计出存储器片选的译码电路及其与存储器芯片的连接电路。

(1) 采用 1 K×1 位存储器芯片，形成 4 KB 的存储器系统。

(2) 采用 8 K×4 位存储器芯片，形成 32 KB 的存储器系统。

(3) 采用 8 K×8 位存储器芯片，形成 64 KB 的存储器系统。

6. 某 8 位微机的地址总线为 16 位，设计 12 KB 的存储器系统，其中 ROM 占用从 0000H 开始的 8 KB，RAM 占用从 2000H 开始的 4 KB，存储器芯片分别选用 Intel 2716 和 2114，画出存储器系统连线图。

7. 现有 Intel 6264(8 K×8)静态 RAM 存储器芯片若干，要求设计一个 64 K×8 的存储器系统，其地址总线为 16 位($A_0 \sim A_{15}$)，地址范围为 0000~FFFFH。

8. 某一微机系统的 CPU 字长为 8 位，地址信号线为 16 根。上电复位后，程序计数器 PC 指向 0000H 地址的存储单元。要求使用 2716 EPROM 芯片(2 K×8)组成 4 KB 的 ROM 存放系统监控程序，并预留 4 KB 的用户 ROM 空间；使用 2114 SRAM 芯片(1 K×4)组成 8 KB 系统及用户 RAM。试设计该机的存储器系统。

9. 由 8088 CPU 组成一个小型计算机系统，有 32 KB ROM，其地址范围为 00000~07FFFH，有 8 KB RAM，其地址范围为 08000~09FFFH，如果 ROM 选用芯片 2764(8 K×8)，RAM 选用 2114(1 K×4)，试画出存储器系统连线图。

10. 在 8088 系统中设计一个 256 K×8 位的存储器系统，其中数据区为 128 K×8 位，选用芯片 628128(128 K×8 位)，置于 CPU 寻址空间的最低端，程序区为 128 K×8 位，选用 27256(32 K×8 位)，置于寻址空间的最高端，写出地址分配关系，画出所设计的原理电路图。

7 第·····章 输入/输出与中断

前面已经介绍了组成计算机系统的核心部件 CPU 及存储器，它们被称为主机。但仅有主机，系统仍无法正常工作。从本章开始将介绍微型计算机的另一重要组成部分——输入/输出(I/O)系统。

本章首先说明输入/输出接口的基本概念并介绍几种 CPU 与外设间的数据传送方式，在此基础上，讨论了中断传送方式及相关技术，重点介绍了 8086/8088 中断系统的组成、工作原理以及中断服务程序的设计，最后对可编程中断控制器 8259A 的结构及编程方法作一介绍。

7.1　I/O 接口概述

7.1.1　I/O 接口的作用

主机与外界交换信息称为输入/输出(I/O)。主机与外界的信息交换是通过输入/输出设备进行的。一般的输入/输出设备都是机械的或机电相结合的产物，比如常规的外设有键盘、显示器、打印机、扫描仪、磁盘机、鼠标器等，它们相对于高速的中央处理器来说，速度要慢得多。此外，不同外设的信号形式、数据格式也各不相同。因此，外部设备不能与 CPU 直接相连，需要通过相应的电路来完成它们之间的速度匹配、信号转换，并完成某些控制功能。通常把介于主机和外设之间的一种缓冲电路称为 I/O 接口电路，简称 I/O 接口(Interface)，如图 7.1 所示。对于主机，I/O 接口提供了外部设备的工作状态及数据；对于外部设备，I/O 接口记忆了主机送给外设的一切命令和数据，从而使主机与外设之间协调一致地工作。

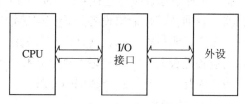

图 7.1　主机与外设的连接

对于微型计算机来说，设计微处理器 CPU 时，并不设计它与外设之间的接口部分，而是将输入/输出设备的接口电路设计成相对独立的部件，通过它们将各种类型的外设与 CPU 连接起来，从而构成完整的微型计算机硬件系统。

因此，一台微型计算机的输入/输出系统应该包括 I/O 接口、I/O 设备及相关的控制软件。一个微机系统的综合处理能力，系统的可靠性、兼容性、性价比，甚至在某个场合能否使用都和 I/O 系统有着密切的关系。输入/输出系统是计算机系统的重要组成部分之一，任何一台高性能计算机，如果没有高质量的输入/输出系统与之配合工作，计算机的高性能便无法发挥出来。

7.1.2　CPU 与外设交换的信息

主机与 I/O 设备之间交换的信息可分为数据信息、状态信息和控制信息三类。

1．数据信息

数据信息又分为数字量、模拟量和开关量三种形式。

1) 数字量

数字量是计算机可以直接发送、接收和处理的数据。例如，由键盘、显示器、打印机及磁盘等 I/O 外设与 CPU 交换的信息，它们是以二进制形式表示的数或以 ASCII 码表示的数符。

2) 模拟量

当计算机应用于控制系统中时，输入的信息一般为来自现场的连续变化的物理量，如温度、压力、流量、位移、湿度等，这些物理量通过传感器并经放大处理得到模拟电压或电流，这些模拟量必须先经过模拟量向数字量的转换(A/D 转换)后才能输入计算机。反过来，计算机输出的控制信号都是数字量，也必须先经过数字量向模拟量的转换(D/A 转换)，把数字量转换成模拟量才能去控制现场。

3) 开关量

开关量可表示两个状态，如开关的断开和闭合，机器的运转与停止，阀门的打开与关闭等。这些开关量通常要经过相应的电平转换才能与计算机连接。开关量只要用一位二进制数即可表示。

2．状态信息

状态信息作为 CPU 与外设之间交换数据时的联络信息，反映了当前外设所处的工作状态，是外设通过接口送往 CPU 的。CPU 通过对外设状态信号的读取，可得知输入设备的数据是否准备好、输出设备是否空闲等情况。对于输入设备，一般用准备好(READY)信号的高低来表明待输入的数据是否准备就绪；对于输出设备，则用忙(BUSY)信号的高低表示输出设备是否处于空闲状态，如为空闲状态，则可接收 CPU 输出的信息，否则 CPU 要暂停送数。因此，状态信息能够保障 CPU 与外设正确地进行数据交换。

3．控制信息

控制信息是 CPU 通过接口传送给外设的，CPU 通过发送控制信息设置外设(包括接口)的工作模式、控制外设的工作。如外设的启动信号和停止信号就是常见的控制信息。实际上，控制信息往往随着外设的具体工作原理不同而含义不同。

虽然数据信息、状态信息和控制信息含义各不相同，但在微型计算机系统中，CPU 通过接口和外设交换信息时，只能用输入指令(IN)和输出指令(OUT)传送数据，所以状态信息、控制信息也是被作为数据信息来传送的，即把状态信息作为一种输入数据，而把控制信息作为一种输出数据，这样，状态信息和控制信息也通过数据总线来传送。但在接口中，这三种信息是在不同的寄存器中分别存放的。

7.1.3　I/O 接口的基本结构

　　I/O 接口的基本结构如图 7.2 所示。每个接口电路中都包含一组寄存器，CPU 与外设进行信息交换时，各类信息在接口中存入不同的寄存器，一般称这些寄存器为 I/O 端口，简称为口(Port)。用来保存 CPU 和外设之间传送的数据(如数字、字符及某种特定的编码等)、对输入/输出数据起缓冲作用的数据寄存器称为数据端口；用来存放外设或者接口部件本身状态的状态寄存器称为状态端口；用来存放 CPU 发往外设的控制命令的控制寄存器称为控制端口。

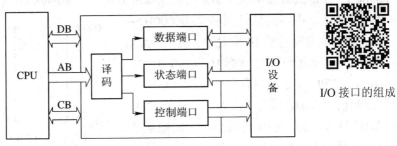

图 7.2　一个典型的 I/O 接口

　　正如每个存储单元都有一个物理地址一样，每个端口也有一个地址与之相对应，该地址称为端口地址。有了端口地址，CPU 对外设的输入/输出操作实际上就是对 I/O 接口中各端口的读/写操作。数据端口一般是双向的，数据是输入还是输出，取决于对该端口地址进行操作时 CPU 发往接口电路的读/写控制信号。由于状态端口只做输入操作，控制端口只做输出操作，因此，有时为了节省系统地址空间，在设计接口时往往将这两个端口共用一个端口地址，再用读/写信号来分别选择访问。

　　应该指出，输入/输出操作所用到的地址总是对端口而言，而不是对接口而言的。接口和端口是两个不同的概念，若干个端口加上相应的控制电路才构成接口。

7.1.4　I/O 端口的编址

　　微型计算机系统中 I/O 端口编址方式有两种：I/O 端口与内存单元统一编址和 I/O 端口与内存单元独立编址。

1. I/O 端口与内存单元统一编址

　　这种编址方式是对 I/O 端口和存储单元按照存储单元的编址方法统一编排地址号，由 I/O 端口地址和存储单元地址共同构成一个统一的地址空间。例如，对于一个有 16 根地址线的微机系统，若采用统一编址方式，其地址空间的结构如图 7.3 所示。

　　采用统一编址方式后，CPU 对 I/O 端口的输入/输出操作如同对存储单元的读/写操作一样，所有访问内存的指令同样都可用于访问 I/O 端口，因此无需

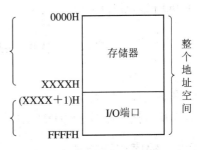

图 7.3　I/O 端口与内存单元统一编址

专门的 I/O 指令，从而简化了指令系统的设计；同时，对存储器的各种寻址方式也同样适用于对 I/O 端口的访问，给使用者提供了很大的方便。但由于 I/O 端口占用了一部分存储器地址空间，因而相对减少了内存的地址可用范围。

2．I/O 端口与内存单元独立编址

在这种编址方式中，建立了两个地址空间，一个为内存地址空间，一个为 I/O 地址空间。内存地址空间和 I/O 地址空间是相对独立的，通过控制总线来确定 CPU 到底要访问内存还是 I/O 端口。为确保控制总线发出正确的信号，除了要有访问内存的指令之外，系统还要提供用于 CPU 与 I/O 端口之间进行数据传输的输入/输出指令。

80x86 CPU 组成的微机系统都采用独立编址方式。在 8086/8088 系统中，共有 20 根地址线对内存寻址，内存的地址范围是 00000H～FFFFFH；用地址总线的低 16 位对 I/O 端口寻址，所以 I/O 端口的地址范围是 0000H～FFFFH，如图 7.4 所示。CPU 在访问内存和外设时，使用了不同的控制信号来加以区分。例如，当 8086 CPU 的 M/$\overline{\text{IO}}$ 信号为 1 时，表示地址总线上的地址是一个内存地址；为 0 时，则表示地址总线上的地址是一个端口地址。

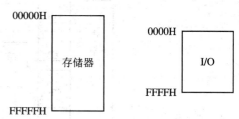

图 7.4　I/O 端口与内存单元独立编址

采用独立编址方式后，存储器地址空间不受 I/O 端口地址空间的影响，专用的输入/输出指令与访问存储器指令有明显区别，便于理解和检查。但是，专用 I/O 指令增加了指令系统的复杂性，且 I/O 指令类型少，程序设计灵活性较差；此外，还要求 CPU 提供专门的控制信号以区分对存储器和 I/O 端口的操作，增加了控制逻辑的复杂性。

3．I/O 端口的地址译码

微机系统常用的 I/O 接口电路一般都被设计成通用的 I/O 接口芯片，一个接口芯片内部可以有若干可寻址的端口。因此，所有接口芯片都有片选信号线和用于片内端口寻址的地址线。例如，某接口芯片内有四个端口，则该芯片外就会有两根地址线。本书第 8 章中将详细介绍几种常用的 I/O 接口芯片。

I/O 端口地址译码的方法有多种，一般的原则是把 CPU 用于 I/O 端口寻址的地址线分为高位地址线和低位地址线两部分，将低位地址线直接连到 I/O 接口芯片的相应地址引脚，实现片内寻址，即选中片内的端口；将高位地址线与 CPU 的控制信号组合，经地址译码电路产生 I/O 接口芯片的片选信号。

7.2　CPU 与外设之间数据传送的方式

在微型计算机系统中，CPU 与外设之间的数据传送方式主要有程序传送方式、中断传送方式和直接存储器存取(DMA)传送方式，下面分别介绍。

7.2.1　程序传送方式

程序传送方式是指直接在程序控制下进行数据的输入/输出操作。程序传送方式分为无

条件传送方式和查询传送方式(条件传送方式)两种。

1．无条件传送方式

微机系统中的一些简单的外设，如开关、继电器、数码管、发光二极管等，在它们工作时,可以认为输入设备已随时准备好向 CPU 提供数据,而输出设备也随时准备好接收 CPU 送来的数据，这样，在 CPU 需要同外设交换信息时，就能够用 IN 或 OUT 指令直接对这些外设进行输入/输出操作。由于在这种方式下 CPU 对外设进行输入/输出操作时无需考虑外设的状态，故称之为无条件传送方式。

对于简单外设，若采用无条件传送方式，其接口电路也很简单。如简单外设作为输入设备时，输入数据保持时间相对于 CPU 的处理时间要长得多，所以可直接使用三态缓冲器和数据总线相连，如图 7.5(a)所示。当执行输入的指令时，读信号 $\overline{RD}$ 有效，选择信号 M/$\overline{IO}$ 处于低电平，因而三态缓冲器被选通，使其中早已准备好的输入数据送到数据总线上，再到达 CPU。所以要求 CPU 在执行输入指令时，外设的数据是准备好的，即数据已经存入三态缓冲器中。

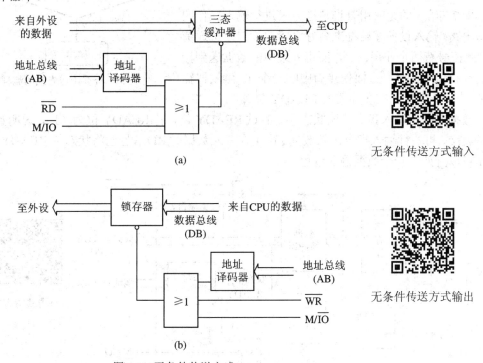

图 7.5　无条件传送方式

(a) 无条件传送数据输入；(b) 无条件传送数据输出

简单外设为输出设备时，由于外设取数的速度比较慢，要求 CPU 送出的数据在接口电路的输出端保持一段时间，因而一般都需要锁存器，如图 7.5(b)所示。CPU 执行输出指令时，M/$\overline{IO}$ 和 $\overline{WR}$ 信号有效，于是，接口中的输出锁存器被选中，CPU 输出的信息经过数据总线送入输出锁存器中，输出锁存器保持这个数据，直到外设取走。

无条件传送方式下，程序设计和接口电路都很简单，但是为了保证每一次数据传送时外设都能处于就绪状态，传送不能太频繁。对少量的数据传送来说，无条件传送方式是最经济实用的一种传送方法。

2. 查询传送方式

查询传送也称为条件传送，是指在执行输入指令(IN)或输出指令(OUT)前，要先查询相应设备的状态，当输入设备处于准备好状态，输出设备处于空闲状态时，CPU 才执行输入/输出指令与外设交换信息。为此，接口电路中既要有数据端口，还要有状态端口。

查询传送方式的流程图见图 7.6。从图中可以看出，采用查询方式完成一次数据传送要经历如下过程：

(1) CPU 从接口中读取状态字。

(2) CPU 检测相应的状态位是否满足"就绪"条件。

(3) 如果不满足，则重复(1)、(2)步；若外设已处于"就绪"状态，则传送数据。

图 7.7 给出的是采用查询传送方式进行输入操作的接口电路。输入设备在数据准备好之后向接口发选通信号，此信号有两个作用：一方面将外设中的数据送到接口的锁存器中；另一方面使接口中的一个 D 触发器输出为"1"，从而使三态缓冲器的 READY 位置"1"。CPU

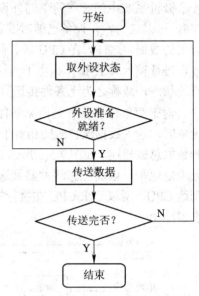

图 7.6　查询传送方式的流程图

输入数据前先用输入指令读取状态字，测试 READY 位，若 READY 位为"1"，说明数据已准备就绪，再执行输入指令读入数据。由于在读入数据时 $\overline{\text{RD}}$ 信号已将状态位 READY 清 0，于是可以开始下一个数据输入过程。

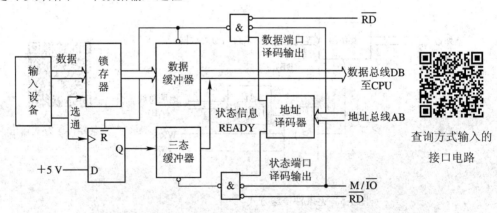

图 7.7　查询式输入的接口电路

查询方式输入的接口电路

设接口电路中数据输入口地址为 DATA，状态口地址为 STATUS，传送的数据字节数为 N，则查询数据输入的程序如下：

```
        MOV     SI, 0           ;地址指针初始化为 0
        MOV     CX, N           ;传送的字节数送 CX
CHECK:  IN      AL, STATUS      ;读状态口信息
        TEST    AL, 80H         ;设 READY 信息在 D7 位，检查是否准备就绪
```

JZ	CHECK	；数据未准备好，READY=0，则循环
IN	AL，DATA	；数据准备好，则从数据口读数据
MOV	[SI]，AL	；保存数据
INC	SI	；修改地址指针
LOOP	CHECK	；未传送完，继续传送；传送完成，则向下执行

图 7.8 给出的是采用查询传送方式进行输出操作的接口电路。CPU 输出数据时，先用输入指令读取接口中的状态字，测试 BUSY 位，若 BUSY 位为 0，表明外设空闲，此时 CPU 才执行输出指令，否则 CPU 必须等待。执行输出指令时由端口选择信号、M/$\overline{\text{IO}}$ 信号和写信号共同产生的选通信号将数据总线上的数据打入接口中的数据锁存器，同时将 D 触发器置 1。D 触发器的输出信号一方面为外设提供一个联络信号，通知外设将锁存器锁存的数据取走；另一方面使状态寄存器的 BUSY 位置 1，告诉 CPU 当前外设处于忙状态，从而阻止 CPU 输出新的数据。输出设备从接口中取走数据后，会送一个回答信号 $\overline{\text{ACK}}$，该信号使接口中的 D 触发器置 0，从而使状态寄存器中的 BUSY 位清 0，以便开始下一个数据输出过程。

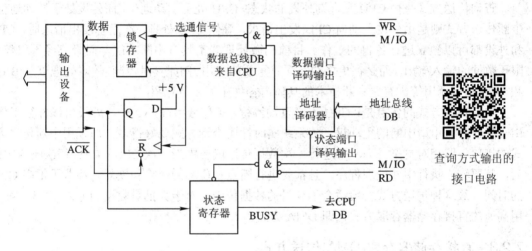

图 7.8　查询式输出的接口电路

设接口电路中状态端口的地址为 STATUS，数据端口的地址为 DATA，则 CPU 将内存 STORE 单元的内容送至输出设备应执行下列程序段：

CHECK：	IN	AL，STATUS	；读状态口信息
	TEST	AL，01H	；设 BUSY 信息在 D_0 位，检查设备是否空闲
	JNZ	CHECK	；设备忙，BUSY=1，则循环
	MOV	AL，STORE	；设备空闲，从内存读数据
	OUT	DATA，AL	；数据输出到 DATA 端口

前面介绍的都是对单个外设进行的查询式输入/输出，实际上，一个微机系统中往往会有多个外设与 CPU 交换信息，对于多个外设，如何利用查询方式实现输入/输出呢？通常采用的是轮流查询法对各个外设依次进行查询，并进行信息交换。此处不再详述。

查询传送方式的主要优点是能保证主机与外设之间协调同步地工作，且硬件线路比较简单，程序也容易实现。但是，在这种方式下，CPU 花费了很多时间查询外设是否准备就绪，在这些时间里 CPU 不能进行其他的操作；此外，在实时控制系统中，若采用查询传送方式，由于一个外设的输入/输出操作未处理完毕就不能处理下一个外设的输入/输出，故不能达到实时处理的要求。因此，查询传送方式有两个突出的缺点：浪费 CPU 时间，实时性差。所以，查询传送方式适用于数据输入/输出不太频繁且外设较少、对实时性要求不高的情况。

不论是无条件传送方式还是查询传送方式，都不能发现和处理预先无法估计的错误和异常情况。为了提高 CPU 的效率、增强系统的实时性，并且能对随机出现的各种异常情况做出及时反应，通常采用中断传送方式。

7.2.2　中断传送方式

中断传送方式是指当外设需要与 CPU 进行信息交换时，由外设向 CPU 发出请求信号，使 CPU 暂停正在执行的程序，转去执行数据的输入/输出操作，数据传送结束后，CPU 再继续执行被暂停的程序。

查询传送方式是由 CPU 来查询外设的状态，CPU 处于主动地位，而外设处于被动地位。中断传送方式则是由外设主动向 CPU 发出请求，等候 CPU 处理，在没有发出请求时，CPU 和外设都可以独立进行各自的工作。目前的微处理器都具有中断功能，而且已经不仅仅局限于数据的输入/输出，而是在更多的方面有重要的应用。例如实时控制、故障处理以及 BIOS 和 DOS 功能调用等。有关中断技术的具体内容将在下一节介绍。

中断传送方式的优点是：CPU 不必查询等待，工作效率高，CPU 与外设可以并行工作；由于外设具有申请中断的主动权，故系统实时性比查询方式要好得多。但采用中断传送方式的接口电路相对复杂，而且每进行一次数据传送就要中断一次 CPU，CPU 每次响应中断后，都要转去执行中断处理程序，且都要进行断点和现场的保护和恢复，浪费了很多 CPU 的时间。故这种传送方式一般适合于少量的数据传送。对于大批量数据的输入/输出，可采用高速的直接存储器存取方式，即 DMA 方式。

7.2.3　直接存储器存取(DMA)传送方式

1．DMA 传送方式简介

DMA 传送方式是在存储器和外设之间、存储器和存储器之间直接进行数据传送(如磁盘与内存间交换数据、高速数据采集、内存和内存间的高速数据块传送等)，传送过程无需 CPU 介入，这样，在传送时就不必进行保护现场等一系列额外操作，传输速度基本取决于存储器和外设的速度。DMA 传送方式需要一个专用接口芯片 DMA 控制器(DMAC)对传送过程加以控制和管理。在进行 DMA 传送期间，CPU 放弃总线控制权，将系统总线交由 DMAC 控制，由 DMAC 发出地址及读/写信号来实现高速数据传输。传送结束后 DMAC 再将总线控制权交还给 CPU。一般微处理器都设有用于 DMA 传送的联络线。

DMAC 中主要包括一个控制状态寄存器、一个地址寄存器和一个字节计数器，在传送开始前先要对这些寄存器进行初始化，一旦传送开始，整个过程便全部由硬件实现，所以数据传送速率非常高。DMAC 的基本结构及其与系统的连接如图 7.9 所示。

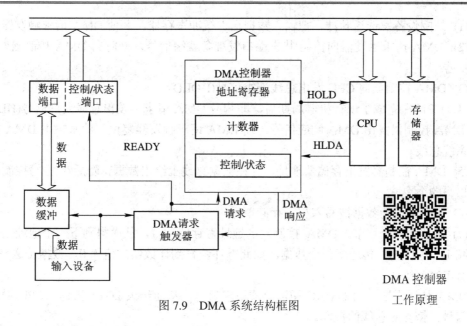

图 7.9　DMA 系统结构框图

2. DMA 控制器的工作方式

DMAC 一般有如下几种工作方式。

1) 单字节传输方式

在该方式下，DMAC 每次控制总线后只传输一个字节，传输完后即释放总线控制权。这样 CPU 至少可以得到一个总线周期，并进行有关操作。

2) 成组传输方式(块传输方式)

采用这种方式，DMAC 每次控制总线后都连续传送一组数据，待所有数据全部传送完后再释放总线控制权。显然，成组传输方式的数据传输率要比单字节传输方式高。但是，成组传输期间 CPU 无法进行任何需要使用系统总线的操作。

3) 请求传输方式

在该方式下，每传输完一个字节，DMAC 都要检测 I/O 接口发来的 DMA 请求信号是否有效。若有效，则继续进行 DMA 传输；否则就暂停传输，将总线控制权交还给 CPU，直至 DMA 请求信号再次变为有效，再从刚才暂停的那一点继续传输。

下面以成组传输方式为例介绍 DMA 操作的基本过程。

3. DMA 操作的基本过程

1) DMAC 的初始化

DMAC 的初始化主要做如下几方面工作：

(1) 指定数据的传送方向。即指定外设对存储器是做读操作还是写操作，这就要对控制/状态寄存器中的相应控制位置数。

(2) 指定地址寄存器的初值。即给出存储器中用于 DMA 传送的数据区的首地址。

(3) 指定计数器的初值。即明确有多少数据需要传送。

2) DMA 数据传送

DMA 数据传送(以数据输入为例)按以下步骤进行：

(1) 外围设备发选通脉冲，把输入数据送入缓冲寄存器，并使 DMA 请求触发器置 1。

(2) DMA 请求触发器向控制/状态端口发准备就绪信号，同时向 DMA 控制器发 DMA 请求信号。

(3) DMA 控制器向 CPU 发出总线请求信号(HOLD)。

(4) CPU 在完成了现行机器周期后，即响应 DMA 请求，发出总线允许信号(HLDA)，并由 DMA 控制器发出 DMA 响应信号，使 DMA 请求触发器复位。此时，由 DMA 控制器接管系统总线。

(5) DMA 控制器发出存储器地址，并在数据总线上给出数据，随后在读/写控制信号线上发出写的命令。

(6) 来自外设的数据被写入相应存储单元。

(7) 每传送一个字节，DMA 控制器的地址寄存器加 1，从而得到下一个地址，字节计数器减 1。返回(5)，传送下一个数据。如此循环，直到计数器的值为 0，数据传送完毕。

3) DMA 结束

DMA 传送完毕，由 DMAC 撤消总线请求信号，从而结束 DMA 操作。CPU 撤消总线允许信号，恢复对总线的控制。

前面介绍的三种传送方式各有利弊，在实际使用时，要根据具体情况选择既能满足要求，又尽可能简单的方式。

7.3　中　断　技　术

7.3.1　中断的基本概念

中断的概念及
处理过程

1. 中断的定义

在 CPU 执行程序的过程中，出现了某种紧急或异常的事件(中断请求)，CPU 需暂停正在执行的程序，转去处理该事件(执行中断服务程序)，并在处理完毕后返回断点处继续执行被暂停的程序，这一过程称为中断。断点处是指返回主程序时执行的第一条指令的地址。中断过程如图 7.10 所示。为实现中断功能而设置的硬件电路和与之相应的软件，称为中断系统。

中断技术主要应用于保证外设与 CPU 同步、实时控制以及故障处理等方面。目前的微处理器系统支持来自外设的硬件中断请求和来自系统软件指令产生的软件中断请求。

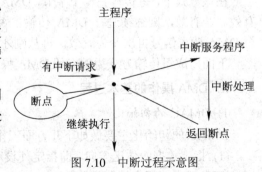

图 7.10　中断过程示意图

2. 中断源

任何能够引发中断的事件都称为中断源，可分为硬件中断源和软件中断源两类。硬件中断源主要包括外设(如键盘、打印机等)、数据通道(如磁盘机、磁带机等)、时钟电路(如定时计数器 8253)和故障源(如电源掉电)等；软件中断源主要包括为调试程序设置的中断(如断点、单步执行等)、中断指令(如 INT 21H 等)以及指令执行过程出错(如除法运算时除数为零)等。

3．中断处理过程

对于一个中断源的中断处理过程应包括以下几个步骤，即中断请求、中断响应、保护断点、中断处理和中断返回。

1）中断请求

中断请求是中断源向 CPU 发出的请求中断的要求。软件中断源是在 CPU 内部由中断指令或程序出错直接引发中断；而硬件中断源必须通过专门的电路将中断请求信号传送给 CPU，CPU 也有专门的引脚接收中断请求信号。例如，8086/8088 CPU 用 INTR 引脚(可屏蔽中断请求)和 NMI 引脚(非屏蔽中断请求)接收硬件中断请求信号。一般外设发出的都是可屏蔽中断请求。

图 7.11 给出了一个采用可屏蔽中断方式进行数据输入的接口电路。

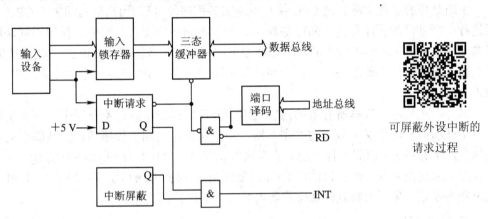

可屏蔽外设中断的
请求过程

图 7.11 中断请求与屏蔽接口电路

当外设准备好一个数据时，便发出选通信号，该信号一方面把数据存入接口的锁存器中，另一方面使中断请求触发器置 1。此时，如果中断屏蔽触发器 Q 端的状态为 1，则产生了一个发往 CPU 的中断请求信号 INT。中断屏蔽触发器的状态决定了系统是否允许该接口发出中断请求。可见，要想产生一个中断请求信号，需满足两个条件：一是要由外设将接口中的中断请求触发器置 1，二是要由 CPU 将接口中的中断屏蔽触发器 Q 端置 1。

2）中断响应

CPU 在每条指令执行的最后一个时钟周期检测其中断请求输入端，判断有无中断请求，若 CPU 接收到了中断请求信号，且此时 CPU 内部的中断允许触发器的状态为 1，则 CPU 在现行指令执行完后，发出 INTA 信号响应中断。从图 7.11 中可以看到，一旦进入中断处理，立即清除中断请求信号。这样可以避免一个中断请求被 CPU 多次响应。

图 7.12 给出了 CPU 内部产生中断响应信号的逻辑电路。对于 8086/8088 CPU 可以用开中断(STI)或关中断(CLI)指令来改变中断允许触发器(即 IF 标志位)的状态。

3）保护断点

CPU 一旦响应中断，需要对其正在执行程序的断点信息进行保护，以便在中断处理结束后仍能回到该断点处继续执行。对于 8086/8088 CPU，保护断点的过程由硬件自动完成，主要工作是关中断、将标志寄存器内容入栈保存以及将 CS 和 IP 内容入栈保存。

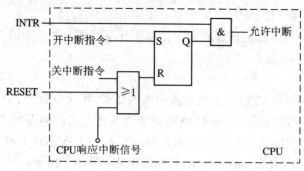

图 7.12　CPU 内部设置中断允许触发器

4) 中断处理

中断处理的过程实际就是 CPU 执行中断服务程序的过程。用户编写的用于 CPU 为中断源进行中断处理的程序称为中断服务程序。由于不同中断源在系统中的作用不同，所要完成的功能不同，因此，不同中断源的中断服务程序内容也各不相同。例如，对于图 7.11 所示的输入设备，其中断服务程序的主要任务是用输入指令(IN)从接口中的数据端口向 CPU输入数据。

另外，主程序中有些寄存器的内容在中断前后需保持一致，不能因中断而发生变化，但在中断服务程序中又用到了这些寄存器，为了保证在返回主程序后仍能从断点处继续正确执行，还需要在中断服务程序的开头对这些寄存器内容进行保护(即保护现场)，在中断服务程序的末尾恢复这些寄存器的内容(即恢复现场)。保护现场和恢复现场一般用 PUSH 和POP 指令实现，所以要特别注意寄存器内容入栈和出栈的次序。

5) 中断返回

执行完中断服务程序，返回到原先被中断的程序，此过程称为中断返回。为了能正确返回到原来程序的断点处，在中断服务程序的最后应专门放置一条中断返回指令(如 8086/8088 的 IRET 指令)。中断返回指令的作用实际上是恢复断点，也就是保护断点的逆过程。

7.3.2　中断优先级和中断的嵌套

1．中断优先级

中断请求是随机发生的，当系统具有多个中断源时，有时会同时出现多个中断请求，CPU 只能按一定的次序予以响应和处理，这个响应的次序称为中断优先级。对于不同级别的中断请求，一般的处理原则是：

(1) 不同优先级的多个中断源同时发出中断请求，按优先级由高到低依次处理。

(2) 低优先级中断正在处理，出现高优先级请求，应转去处理高优先级请求，服务结束后再返回原优先级较低的中断服务程序继续执行。

(3) 高优先级中断正在处理，出现低优先级请求，可暂不响应。

(4) 中断处理时，出现同级别请求，应在当前中断处理结束以后再处理新的请求。

2．中断优先级的确定

在微机系统中通常用三种方法来确定中断源的优先级别，即软件查询法、硬件排队电

路法和专用中断控制芯片法。本节简要介绍前两种方法，第三种方法将在本章的最后一节
详细介绍。

1) 软件查询法

软件查询法需要简单的硬件电路支持。以 8 个中断源为例，其硬件电路如图 7.13 所示，
将 8 个外设的中断请求组合起来作为一个端口(中断请求寄存器)，并将各个外设的中断请求
信号相或，产生一个总的 IRQ 信号。

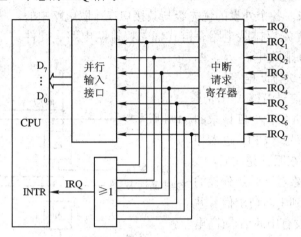

通过软件查询确定
中断优先级的
硬件电路与过程

图 7.13 软件查询法的硬件电路

任一个外设有中断请求，该电路都
可向 CPU 发中断请求信号(IRQ)，CPU
响应后进入中断处理程序，在中断处理
程序的开始先把中断寄存器的内容读入
CPU，再对寄存器内容进行逐位查询，
查到某位状态为 1，表示与该位相连的
外设有中断请求，于是转到与其相应的
中断服务程序，同时该外设撤销其中断
请求信号。软件查询方式的流程图如图
7.14 所示。

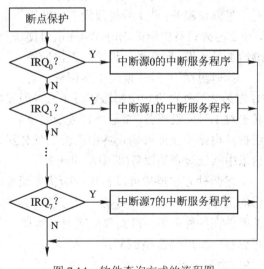

图 7.14 软件查询方式的流程图

对于图 7.13 所示电路，设中断寄存
器端口号为 n，则软件查询的程序段
如下：

```
IN      AL, n
TEST    AL, 80H    ; 0 号中断源有请求?
JNZ     II0        ; 有, 转 0 号中断服务程序
TEST    AL, 40H    ; 1 号外设有请求?
JNZ     II1        ; 有, 转 1 号中断服务程序
        ⋮
```

可以看出，采用软件查询方式，各中断源的优先级是由查询顺序决定的，最先查询的设备，其优先级最高，最后查询的设备，其优先级最低。采用软件查询方式的优点是节省硬件。但是，由于 CPU 每次响应中断时都要对各中断源进行逐一查询，因此其响应速度较慢。对于优先级较低的中断源来说，该缺点更为明显。

链式中断优先级
硬件排队电路

2) 硬件排队电路

采用硬件排队电路法，各个外设的优先级与其接口在排队电路中的位置有关。常用的硬件优先权排队电路有链式优先权排队电路、硬件优先级编码加比较器的排队电路等。图 7.15 给出了一个链式优先级排队电路。

图 7.15 中，当响应信号沿链式电路进行传递时，最靠近 CPU 并发出中断请求的接口将首先拦截住响应信号，CPU 进入相应外设的中断处理程序，在服务完成后，该外设撤销其中断请求，解除对下一级外设的封锁。例如，当 CPU 收到中断请求信号并响应中断时，若 1 号外设有中断请求(高电平)，则立即向 1 号外设接口发出应答信号，同时封锁 2 号、3 号等外设的中断请求，转去对 1 号外设服务；若 1 号外设没有中断请求，而 2 号外设有中断请求时，响应信号便传递给 2 号外设，向 2 号外设接口发出应答信号，同时封锁 3 号外设的中断请求；若

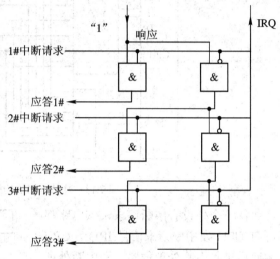

图 7.15　链式中断优先级电路

CPU 在为 2 号外设进行中断服务时 1 号外设发出了中断请求，CPU 会挂起对 2 号外设的服务转去对 1 号外设服务，1 号外设处理结束后，再继续为 2 号外设服务。可以看出，链式优先级排队电路不仅能够确定各中断源的优先级，而且在相应软件的配合下，可实现高级别的请求中断低级别的服务(即中断的嵌套)。

上述两种方法虽然可以解决中断优先级控制问题，但实现起来在硬件和软件上都要做大量的工作，十分麻烦。目前，最方便的办法就是利用厂家提供的可编程中断控制器，这样的器件在各种微机中得到普遍应用。本章后面将介绍广泛应用于 80x86 微机系统中的专用可编程中断控制芯片 8259A。

3. 中断嵌套

CPU 在执行低级别中断服务程序时，又收到较高级别的中断请求，CPU 暂停执行低级别中断服务程序，转去处理这个高级别的中断，处理完后再返回低级别中断服务程序，这个过程称为中断嵌套，如图 7.16 所示。

一般 CPU 响应中断请求后，在进入中断服务程序前，硬件会自动实现关中断，这样，CPU 在执行中断服务程序时将不能再响应其他中断请求。为了实现中断嵌套，应在低级别中断服务程序的开始处加一条开中断指令 STI。能够实现中断嵌套的中断系统，其软、硬件设计都非常复杂，如果采用了可编程中断控制器，就会方便很多。

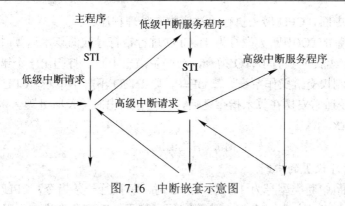

图 7.16　中断嵌套示意图

7.4　8086/8088 中断系统

7.4.1　8086/8088 的中断源类型

8086/8088 CPU 可以处理 256 种不同类型的中断，每一种中断都给定一个编号(0～255)，称为中断类型号，CPU 根据中断类型号来识别不同的中断源。8086/8088 的中断源如图 7.17 所示。从图中可以看出 8086/8088 的中断源可分为两大类：一类来自 CPU 的外部，由外设的请求引起，称为硬件中断(又称外部中断)；另一类来自 CPU 的内部，由执行指令时引起，称为软件中断(又称内部中断)。

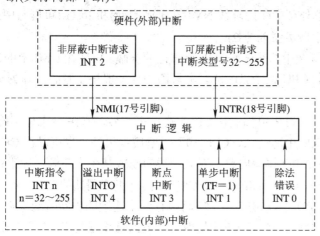

8086/8088 中断源类型

图 7.17　8086/8088 中断源

1. 软件中断(内部中断)

8086/8088 的软件中断主要有五种，分为三类。

1) 处理运算过程中某些错误的中断

执行程序时，为及时处理运算中的某些错误，CPU 以中断方式中止正在运行的程序，提醒程序员改错。

(1) 除法错中断(中断类型号为 0)。在 8086/8088 CPU 执行除法指令(DIV/IDIV)时，若发现除数为 0，或所得的商超过了 CPU 中有关寄存器所能表示的最大值，则立即产生一个类型号为 0 的内部中断，CPU 转去执行除法错中断处理程序。

(2) 溢出中断 INTO(中断类型号为 4)。CPU 进行带符号数的算术运算时,若发生了溢出,则标志位 OF=1,若此时执行 INTO 指令,会产生溢出中断,打印出一个错误信息,结束时不返回,而把控制权交给操作系统。若 OF=0,则 INTO 不产生中断,CPU 继续执行下一条指令。INTO 指令通常安排在算术指令之后,以便在溢出时能及时处理。例如:

　　　　ADD　AX，BX

　　　　INTO　　　　　　　　　　　　　　;测试加法的溢出

2) 为调试程序设置的中断

(1) 单步中断(中断类型号为 1)。当 TF=1 时,每执行一条指令,CPU 会自动产生一个单步中断。单步中断可一条一条指令地跟踪程序流程,观察各个寄存器及存储单元内容的变化,帮助分析错误原因。单步中断又称为陷阱中断,主要用于程序调试。

(2) 断点中断(中断类型号为 3)。调试程序时可以在一些关键性的地方设置断点,它相当于把一条 INT 3 指令插入到程序中,CPU 每执行到断点处,INT 3 指令便产生一个中断,使 CPU 转向相应的中断服务程序。

3) 中断指令 INT n 引起的中断(中断类型号为 n)

程序设计时,可以用 INT n 指令来产生软件中断,中断指令的操作数 n 给出了中断类型号,CPU 执行 INT n 指令后,会立即产生一个类型号为 n 的中断,转入相应的中断处理程序来完成中断功能。

2. 硬件中断(外部中断)

8086/8088 CPU 有两条外部中断请求线 NMI(非屏蔽中断)和 INTR(可屏蔽中断)。

1) 非屏蔽中断 NMI(中断类型号为 2)

整个系统只有一个非屏蔽中断,它不受 IF 标志位的屏蔽。出现在 NMI 上的请求信号是上升沿触发的,一旦出现,CPU 将予以响应。非屏蔽中断一般用于紧急故障处理。

2) 可屏蔽中断 INTR

可屏蔽中断请求信号从 INTR 引脚送往 CPU,高电平有效,受 IF 标志位屏蔽,IF=0 时,对于所有从 INTR 引脚进入的中断请求,CPU 均不予响应;另外,也可以在 CPU 外部的中断控制器(8259A)中以及各个 I/O 接口电路中对某一级中断或某个中断源单独进行屏蔽。

当外设的中断请求未被屏蔽,且 IF=1,则 CPU 在当前指令周期的最后一个 T 状态去采样 INTR 引脚,若有效,CPU 予以响应。CPU 将执行两个连续的中断响应周期,送出两个中断响应信号 $\overline{\text{INTA}}$。第一个响应周期,CPU 将地址及数据总线置高阻;在第二个响应周期,外设向数据总线输送一个字节的中断类型号,CPU 读入后,就可在中断向量表中找到该类型号的中断服务程序的入口地址,转入中断处理。

值得注意的是,对于非屏蔽中断和软件中断,其中断类型号由 CPU 内部自动提供,不需去执行中断响应周期读取中断类型号。

3. 8086/8088 中断源的优先级

8086/8088 中断源的优先级顺序由高到低依次为:软件中断(除单步中断外)、非屏蔽中断、可屏蔽中断、单步中断。

在 PC 机系统中,外设的中断请求通过中断控制器 8259A 连接到 CPU 的 INTR 引脚,外设中断源的优先级别由 8259A 进行管理。

7.4.2　中断向量表

中断向量表是存放中断向量的一个特定的内存区域。所谓中断向量，就是中断服务程序的入口地址。对于 8086/8088 系统，所有中断服务程序的入口地址都存放在中断向量表中。

8086/8088 可以处理 256 种中断，每种中断对应一个中断类型号，每个中断类型号与一个中断服务程序的入口地址相对应。每个中断服务程序的入口地址占 4 个存储单元，其中低地址的两个单元存放中断服务程序入口地址的偏移量(IP)；高地址的两个单元存放中断服务程序入口地址的段地址(CS)。256 个中断向量要占 256×4=1024 个单元，即中断向量表长度为 1 K 个单元。8086/8088 系统的中断向量表位于内存的前 1 KB，地址范围为 00000H～003FFH。8086/8088 的中断向量表如图 7.18 所示。

图 7.18 所示的中断向量表中有 5 个专用中断(类型 0～类型 4)，它们已经有固定用途；27 个系统保留的中断(类型 5～类型 31)供系统使用，不允许用户自行定义；224 个用户自定义中断(类型 32～类型 255)，这些中断类型号可供软中断 INT n 或可屏蔽中断 INTR 使用，使用时，要由用户自行填入相应的中断服务程序入口地址。(其中有些中断类型已经有了固定用途，例如，类型 21H 的中断已用作 DOS 的系统功能调用。)

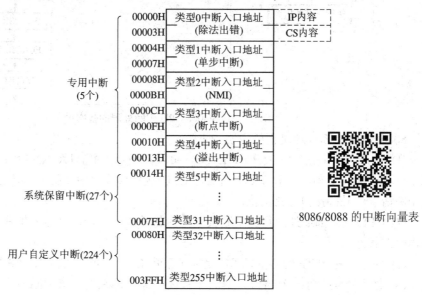

图 7.18　8086/8088 的中断向量表

由于中断服务程序入口地址在中断向量表中是按中断类型号顺序存放的，因此每个中断服务程序入口地址在中断向量表中的位置可由"中断类型号×4"计算出来。CPU 响应中断时，把中断类型号 n 乘以 4，得到对应地址 4n(该中断服务程序入口地址所占 4 个单元的第一个单元的地址)，然后把由此地址开始的两个低字节单元(4n，4n+1)的内容装入 IP 寄存器，再把两个高字节单元(4n+2，4n+3)的内容装入 CS 寄存器，于是 CPU 转入中断类型号为 N 的中断服务程序。

这种采用向量中断的方法，CPU 可直接通过向量表转向相应的处理程序，而不需要去逐个检测和确定中断源，因而可以大大加快中断响应的速度。

7.4.3 8086/8088 的中断处理过程

8086/8088 的中断处理过程可以用图 7.19 所示的流程图来表示。

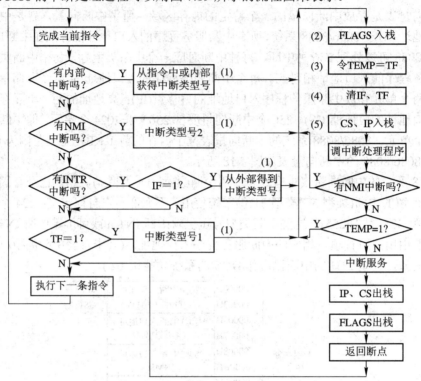

图 7.19 8086/8088 CPU 中断处理的基本过程

8086/8088 中断处理过程的说明如下：

(1) 内部中断(除法错、INT n、INTO、单步和断点中断)以及 NMI 中断不需要从数据总线上读取中断类型码，而 INTR 中断需由 CPU 从外部读取中断类型码，该中断类型码由发出中断请求信号的接口电路提供。

(2) CPU 从内部或外部得到中断类型号后将标志寄存器内容压入堆栈，以保护中断时各标志位的状态。

(3) 将单步标志 TF 暂存后清 0，是为了禁止 CPU 以单步方式执行中断服务子程序。

(4) 将中断允许标志 IF 清 0，是为了关闭中断，即在响应该中断后不再响应别的中断。注意：由于 CPU 在中断响应时自动关闭了 IF 标志，因此如要允许中断嵌套，必须在随后的中断服务子程序中用开中断指令 STI 重新将 IF 置 1。

(5) 将当前的 CS 和 IP 的内容入栈保存即保护主程序的断点，以便在中断服务程序执行后正确地返回主程序。

(6) 调中断处理程序是指根据取到的中断类型码，在中断向量表中找出相应的中断服务程序入口地址，将其装入 IP 和 CS，即自动转向中断服务子程序。

(7) 在执行中断服务子程序之前再次检测是否有 NMI 中断，以保证 NMI 中断有着实质上的最高优先级。

(8) 执行中断服务子程序。

(9) 中断服务子程序的最后一条指令 IRET 实现原 IP 和 CS 内容出栈、标志寄存器内容出栈，即恢复断点返回到主程序。

(10) 在图 7.19 所示的流程中，(1)～(5)是 CPU 的内部处理，由硬件自动完成。

7.4.4　中断服务程序的设计

中断服务程序的一般结构如图 7.20 所示。如前所述，若该中断处理能被更高级别的中断源中断，则需加入开中断指令。在中断服务程序的最后，一定要有中断返回指令，以保证断点的恢复。

用户在设计中断服务程序时要预先确定一个中断类型号，不论是采用软件中断还是硬件中断，都只能在系统预留给用户的类型号中选择。例如，IBM PC 机中留给用户自定义的中断类型号为 60H～7FH 和 F1H～FFH。

确定了中断类型号，还要把中断服务程序入口地址置入中断向量表，以保证在中断响应时 CPU 能自动转入与该类型号相对应的中断服务程序。

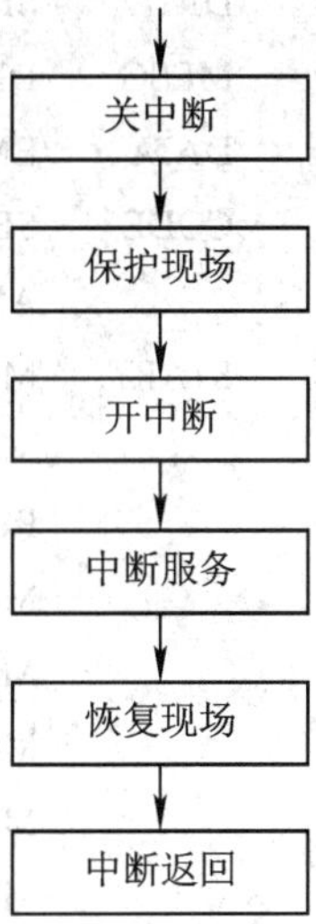

1．中断向量表的建立

设用户定义的中断类型号为 60H，可以采用如下两种方法将中断服务程序入口地址置入中断向量表。

1) DOS 系统功能调用法

功能号：(AH)=25H。

入口参数：(AL)=中断类型号；

　　　　　(DS)=中断服务程序入口地址的段地址；

　　　　　(DX)=中断服务程序入口地址的偏移地址。

图 7.20　中断服务程序的
一般结构

下面程序段完成中断类型号为 60H 的中断服务程序入口地址的置入。

```
PUSH    DS                      ; 保护 DS
MOV     DX，OFFSET INT_60       ; 取中断服务程序 INT_60 的偏移地址
MOV     AX，SEG INT_60          ; 取中断服务程序 INT_60 的段地址
MOV     DS，AX
MOV     AH，25H                 ; 送功能号
MOV     AL，60H                 ; 送中断类型号
INT     21H                     ; DOS 功能调用
POP     DS                      ; 恢复 DS
```

2) 直接装入法

用传送指令直接将中断服务程序入口地址置入中断向量表中。设中断类型号为 60H，此类型号对应的中断服务程序的入口地址应存放在中断向量表 00180H 开始的四个连续存储单元中。采用直接装入法的程序段如下：

```
XOR     AX，AX
MOV     DS，AX
MOV     AX，OFFSET INT_60
```

```
        MOV       DS：[0180H]，AX              ；置中断服务程序 INT_60 的偏移地址
        MOV       AX，SEG INT_60
        MOV       DS：[0180H+2]，AX           ；置中断服务程序 INT_60 的段地址
```

2．编程举例

编写中断服务程序实现在屏幕上显示字符串"This is a Interruption Service Program！"。设中断类型号为 60H，采用 DOS 功能调用法置中断服务程序入口地址，通过软中断指令 INT 60H 实现中断服务程序的调用。程序设计如下：

```
    DATA      SEGMENT
    MESG      DB 'This is a Interruption Service Program！ $'
    DATA      ENDS
    CODE      SEGMENT
              ASSUME CS：CODE，DS：DATA
    START：   MOV AX，DATA
              MOV DS，AX
              PUSH      DS
              MOV       DX，OFFSET DISP60      ；取中断服务程序 DISP60 的偏移地址
              MOV       AX，SEG DISP60         ；取中断服务程序 DISP60 的段地址
              MOV       DS，AX
              MOV       AH，25H
              MOV       AL，60H
              INT       21H
              POP       DS
              INT       60H
              MOV       AH，4CH
              INT       21H
    DISP60    PROC      FAR                    ；中断服务程序 DISP60
              MOV       DX，OFFSET MESG
              MOV       AH，09H
              INT       21H
              IRET
    DISP60    ENDP
    CODE      ENDS
              END       START
```

在本例的中断服务程序中无须保护现场和恢复现场。

7.5 可编程中断控制器 Intel 8259A

对于简单系统，可采用前面介绍的软件查询法或硬件排队电路来决定外设的中断优先

级。但对于比较复杂的系统，一般采用专用芯片来实现中断优先级的管理。本节将介绍广泛应用于 80x86 微机系统的专用中断控制芯片 8259A。

7.5.1 8259A 的功能

8259A 是可编程中断控制器(Programmable Interrupt Controller)芯片，用于管理和控制 80x86 的外部中断请求，可实现中断优先级判定，提供中断类型号，屏蔽中断输入等功能。单片 8259A 可管理 8 级中断，若采用级联方式，最多可以用 9 片 8259A 构成两级中断机构，管理 64 级中断。8259A 是可编程器件，它所具有的多种中断优先级管理方式可以通过主程序在任何时候进行改变或重新组织。

7.5.2 8259A 的内部结构及外部引脚

1. 8259A 的内部结构

8259A 的内部结构如图 7.21 所示。

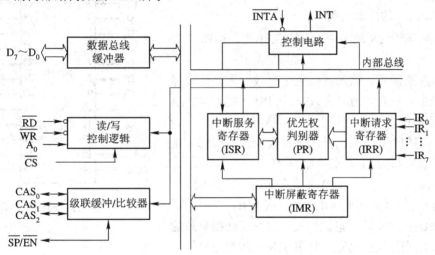

图 7.21 8259A 内部结构框图

中断请求寄存器 IRR(Interrupt Request Register)为 8 位，它接受并锁存来自 $IR_0 \sim IR_7$ 的中断请求信号，当 $IR_0 \sim IR_7$ 上出现某一中断请求信号时，IRR 对应位被置 1；中断屏蔽寄存器 IMR(Interrupt Mask Register)为 8 位，若 IRR 中记录的各级中断中有任何一级需要屏蔽，只要将 IMR 的相应位置 1 即可，未被屏蔽的中断请求进入优先权判别器；中断服务寄存器 ISR(In-Service Register)为 8 位，它保存当前正在处理的中断请求，例如，如果 ISR 的 $D_2=1$，表示 CPU 正在为来自 IR_2 的中断请求服务；优先权判别器 PR(Priority Resolver)能够将各中断请求中优先级最高者选中，并将 ISR 中相应位置 1。若某中断请求正在被处理，8259A 外部又有新的中断请求，则由优先权判别器将新进入的中断请求和当前正在处理的中断进行比较，以决定哪一个优先级更高。若新的中断请求比正在处理的中断级别高，则正在处理的中断自动被禁止，先处理级别高的中断，由 PR 通过控制逻辑向 CPU 发出中断申请 INT。

CPU 收到中断请求后，若 IF=1，则 CPU 完成当前指令后，响应中断，即执行两个中断响应总线周期，在 $\overline{INTA}$ 引脚上发出两个负脉冲。8259A 收到第一个负脉冲后，使 IRR 锁存功能失效，不接受 $IR_0 \sim IR_7$ 上的中断请求信号；直到第二个负脉冲结束后，才又使 IRR 锁存功能有效，并清除 IRR 的相应位，使 ISR 的对应位置 1，以便为优先级裁决器以后的裁决提供依据。收到第二个负脉冲后，8259A 把当前中断的中断类型号送到 $D_7 \sim D_0$，CPU 根据此类型号进入相应的中断服务程序。在中断服务程序结束时向 8259A 发中断结束命令，该命令将 ISR 寄存器的相应位清 0，中断处理结束。

数据总线缓冲器是 8259A 与系统之间传送信息的数据通道。

读/写控制逻辑包含了初始化命令字寄存器和操作命令字寄存器。其功能是确定数据总线缓冲器中数据的传输方向，选择内部的各命令字寄存器。当 CPU 发读信号时将 8259A 的状态信息放到数据总线上；当 CPU 发写信号时，将 CPU 发来的命令字信息送入指定的命令字寄存器中。

级联缓冲/比较器用来存放和比较在系统中用到的所有 8259A 的级联地址。主控 8259A 通过 CAS_0、CAS_1 和 CAS_2 发送级联地址，选中从控 8259A。

2．8259A 的外部引脚

8259A 采用 28 脚双列直插封装形式，如图 7.22 所示。

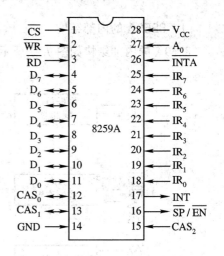

图 7.22　8259A 引脚

$\overline{CS}$：片选信号，输入，低电平有效，来自地址译码器的输出。只有该信号有效时，CPU 才能对 8259A 进行读/写操作。

$\overline{WR}$：写信号，输入，低电平有效，通知 8259A 接收 CPU 从数据总线上送来的命令字。

$\overline{RD}$：读信号，输入，低电平有效，用于读取 8259A 中某些寄存器的内容(如 IMR、ISR 或 IRR)。

$D_7 \sim D_0$：双向、三态数据线，接系统数据总线的 $D_7 \sim D_0$，用来传送控制字、状态字和中断类型号等。

$IR_7 \sim IR_0$：中断请求信号，输入，从 I/O 接口或其他 8259A(从控制器)上接收中断请求信号。在边沿触发方式中，IR 输入应由低到高，此后保持为高，直到被响应。在电平触发方式中，IR 输入应保持高电平。

INT：8259A 向 CPU 发出的中断请求信号，高电平有效，该引脚接 CPU 的 INTR 引脚。

$\overline{INTA}$：中断响应信号，输入，接收 CPU 发来的中断响应脉冲以通知 8259A 中断请求已被响应，使其将中断类型号送到数据总线上。

$CAS_0 \sim CAS_2$：级联总线，输入或输出，用于区分特定的从控制器件。8259A 作为主控制器时，该总线为输出，作为从控制器时，为输入。

$\overline{SP}/\overline{EN}$：从片/允许缓冲信号，输入或输出，该引脚为双功能引脚。在缓冲方式中(即 8259A 通过一个数据总线收发器与系统总线相连)，该引脚被用作输出线，控制收发器的接收或发送；在非缓冲方式中，该引脚作为输入线，确定该 8259A 是主控制器($\overline{SP}/\overline{EN}$=1)还是从控制器($\overline{SP}/\overline{EN}$=0)。8259A 的级联方式如图 7.23 所示。

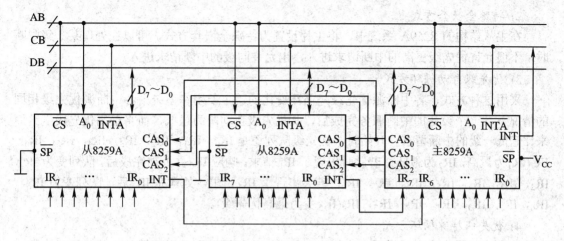

图 7.23 8259A 级联电路图

A_0 为地址输入信号，用于对 8259A 内部寄存器端口的寻址。每片 8259A 对应两个端口地址，一个为偶地址，一个为奇地址，且偶地址小于奇地址。在与 8088 系统相连时，可直接将该引脚与地址总线的 A_0 连接；与 8086 系统连接时要特别注意，因为 8259A 只有 8 根数据线，8086 有 16 根，8086 与 8259A 的所有数据传送都用 16 位数据总线的低 8 位进行。要保证所有传送都用总线的低 8 位，最简单的方法是将 8086 地址总线的 A_1 和 8259A 的 A_0 端相连，这样，就可以用两个相邻的偶地址作为 8259A 的端口地址，从而保证用数据总线的低 8 位和 8259A 交换数据。在这种情况下，从 CPU 的角度来看，对两个端口寻址时，使 A_0 总是为 0，而 A_1 为 1 或者为 0，即这两个端口用的是相邻的两个偶地址；从 8259A 的角度来看，只有地址总线的 A_1 和 8259A 的 A_0 端相连，地址总线的 A_0 未与 8259A 相连，所以，当地址总线的 A_1 为 0 时，8259A 认为是对偶地址端口进行访问，当地址总线的 A_1 为 1 时，8259A 认为是对奇地址端口进行访问，从而将两个本来相邻的偶地址看成是一奇一偶两个相邻地址。这样，又正好符合了 8259A 对端口地址的要求。因此，在实际的 8086 系统中，总是给 8259A 分配两个相邻的偶地址，其中，一个为 4 的倍数，对应于 $A_1=0$，$A_0=0$，并使这个地址较低；另一个为 2 的倍数，对应于 $A_1=1$，$A_0=0$，并使这个地址较高。

7.5.3 8259A 的工作方式

1. 中断优先级管理方式

1）全嵌套方式

全嵌套方式也称固定优先级方式。在这种方式下，由 IR 端引入的中断请求具有固定的优先级，IR_0 最高，IR_7 最低。在对 8259A 初始化后若没有设置其他优先级方式，则默认为全嵌套方式。

当一个中断请求被响应时，ISR 中的对应位 IS_n 被置 1，8259A 把中断类型号放到数据总线上，然后进入中断服务程序。一般情况下(除中断自动结束方式外)，在 CPU 发出中断结束命令(EOI)前，此对应位一直保持为 1，以封锁同级或低级的中断请求，但并不禁止比本级优先级高的中断请求，以实现中断嵌套。

2) 特殊全嵌套方式

在主从结构的 8259A 系统中，将主片设置为特殊全嵌套方式，可以在处理某一级中断时，不但允许优先级更高的中断请求进入，也允许同级的中断请求进入。

3) 优先级自动循环方式

采用这种方式，各中断源优先级是循环变化的，主要用在系统中各中断源优先级相同的情况下。一个设备的中断服务完成后，其优先级自动降为最低，而将最高优先级赋给原来比它低一级的中断请求。开始时，优先级队列还是 IR_0，IR_1，IR_2，IR_3，IR_4，IR_5，IR_6，IR_7(IR_0 为最高，IR_7 为最低)；若此时出现了 IR_0 请求，响应 IR_0 并处理完成后，队列变为 IR_1，IR_2，IR_3，IR_4，IR_5，IR_6，IR_7，IR_0；若又出现了 IR_4 请求，处理完 IR_4 后，队列变为 IR_5，IR_6，IR_7，IR_0，IR_1，IR_2，IR_3，IR_4(IR_5 变为最高优先级)。

4) 优先级特殊循环方式

该方式与优先级自动循环方式相比，只有一点不同，即可以设置开始的最低优先级。例如，最初设定 IR_4 为最低优先级，那么 IR_5 就是最高优先级，而优先级自动循环方式中，最初的最高优先级一定是 IR_0。

5) 查询方式

这种方式下，CPU 的 IF 位为 0，禁止外部的中断请求。外设仍然向 8259A 发中断请求信号，要求 CPU 服务，此时，CPU 需要用软件查询方法来确认中断源，从而实现对外设的服务。CPU 首先向 8259A 发查询命令，紧接着执行一条输入指令(IN)，从 8259A 的偶地址读出一个字节的查询字，由该指令产生的 RD 信号使 ISR 的相应位置 1。CPU 读入查询字后，判断其最高位，若最高位为 1，说明 8259A 的 IR 端已有中断请求输入，此时该查询字的最低三位组成的代码表示了当前中断请求的最高优先级，CPU 据此转入相应的中断服务程序。

2. 中断屏蔽方式

1) 普通屏蔽方式

通过对中断屏蔽寄存器(IMR)的设定，实现对中断请求的屏蔽。中断屏蔽寄存器的每一位对应了一个级别的中断请求，当某一位为 1 时，与之相应的某一级别的中断请求被屏蔽。CPU 在响应某一中断请求时，还可以在主程序或中断服务程序中对 IMR 的某些位置 1，以禁止高级别中断的进入。

2) 特殊屏蔽方式

当一个优先级较高的中断请求正在被处理时，若设置了特殊屏蔽方式，则允许优先级较低的中断进入正在处理的高级别中断。

3. 中断结束方式

1) 中断自动结束方式

该方式在第二个 $\overline{INTA}$ 负脉冲的后沿即完成对应的 ISR 位的复位。注意，该方式是在中断响应后，而不是在中断处理结束后将 ISR 位清 0。这样，在中断处理过程中，8259A 中就没有"正在处理"的标识。此时，若有中断请求出现，且 IF=1，则无论其优先级如何，都将得到响应。尤其是当某一中断请求信号被 CPU 响应后，如不及时撤消，就会再次被响应(即二次中断)。所以，中断自动结束方式适合于中断请求信号的持续时间有一定限制以及不出现中断嵌套的场合。

2) 一般中断结束方式

该方式用于全嵌套方式下的中断结束。CPU 在中断服务程序结束时，向 8259A 发常规中断结束命令，将 8259A 的中断服务寄存器中最高优先级的 IS 位清 0。在全嵌套方式下，ISR 中最高优先级的 IS 位，对应于当前正在处理的中断(即最后一次被响应和处理的中断)，将其清 0，就相当于结束了当前正在处理的中断。

3) 特殊中断结束方式(SEOI)

在非全嵌套方式下，根据 ISR 的内容无法确定最后所响应和处理的是哪一级中断。这种情况下，就必须用特殊的中断结束方式，即在程序中要发一条特殊中断结束命令，该命令指出了要清除 ISR 中的哪一位。另外，还要注意在级联方式下，一般不用中断自动结束方式，而是用一般结束方式或特殊结束方式。在中断处理程序结束时，必须发两次中断结束命令，一次是发往主片，另一次发往从片。

4．中断触发方式

1) 电平触发方式

该方式以 IR 端上出现的高电平作为中断请求信号。请求一旦被响应，该高电平信号应及时撤除。

2) 边沿触发方式

该方式以 IR 端上出现由低电平向高电平的跳变作为中断请求信号，跳变后高电平一直保持，直到被响应。

5．与系统总线的连接方式

1) 缓冲方式

缓冲方式主要用于多片 8259A 级联的大系统中。在缓冲方式下，8259A 通过总线收发器(如 8286)和数据总线相连。8259A 的 $\overline{SP}/\overline{EN}$ 作为输出($\overline{EN}$ 有效)。

2) 非缓冲方式

非缓冲方式主要用于单片 8259A 或片数不多的 8259A 级联的系统中。该方式下，8259A 直接与数据总线相连，8259A 的 $\overline{SP}/\overline{EN}$ 作为输入($\overline{SP}$ 有效)。只有单片 8259A 时，$\overline{SP}/\overline{EN}$ 端必须接高电平；有多片 8259A 时，主片的 $\overline{SP}/\overline{EN}$ 端接高电平，从片的该引脚接低电平。

7.5.4　8259A 的编程

8259A 是可编程的中断控制器，它的工作状态和操作方式是由 CPU 通过命令字进行控制的。8259A 有两类命令字——初始化命令字 ICW(Initialization Command Words)和操作命令字 OCW(Operation Command Words)。相应地，在 8259A 的控制部分有 7 个 CPU 可访问的寄存器，这些寄存器分成两组：一组用作存 ICW，另一组存 OCW。当计算机刚启动时，用初始化程序设定 ICW，即由 CPU 按次序发送 2~4 个不同格式的 ICW，用来建立起 8259A 操作的初始状态，此后的整个工作过程中该状态保持不变。相反，操作命令字(OCW)用于动态控制中断处理，是在需要改变或控制 8259A 操作时随时发送的。每片 8259A 有 2 个片内地址 $A_0=0$ 和 $A_0=1$，所有的命令字都是通过这两个端口来发送的。注意，当发出 ICW 或 OCW 时，CPU 中断申请引脚 INTR 应关闭(使用 CLI 指令)。

1. 初始化命令字

1) ICW_1

ICW_1 主要用于设置工作方式，其格式及各位的定义如图 7.24 所示。

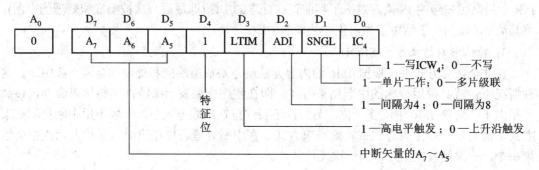

图 7.24　ICW_1 的作用

对 $A_0=0$ 的端口写入一个 $D_4=1$ 的数据，表示初始化编程开始。

D_4：特征位，必须为 1。

D_3：LTIM 位，设置中断请求信号的触发方式，0 为边沿触发，1 为高电平触发。

D_1：SGNL 位，是否工作在单片方式，0 为多片级联，1 为单片。

D_0：IC_4 位，是否有 ICW_4，0 表示后面不需设置命令字 ICW_4，1 表示后面还需要设置 ICW_4。

D_2 和 $D_7 \sim D_5$ 这 4 位在仅对 8080/8085 系统有意义，8086/8088 系统中这 4 位不用，通常置为 0。

2) ICW_2

ICW_2 用于设置中断类型号，写入 $A_0=1$ 的端口，其格式如图 7.25 所示。

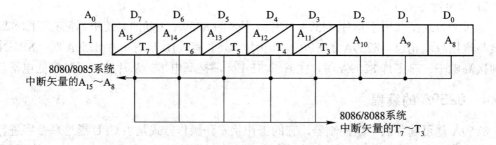

图 7.25　ICW_2 的作用

在 8086/8088 系统中，只设置 $D_7 \sim D_3$，即只需设置中断类型号的高 5 位，编程时 $D_2 \sim D_0$ 的值可任意设定(通常设为 0)，$D_2 \sim D_0$ 的实际内容由 8259A 根据中断请求来自 $IR_0 \sim IR_7$ 的哪一个输入端，自动填充为 000～111 中的某一组编码，与高 5 位一同构成 8 位的中断类型号。例如，在 PC/XT 中 ICW_2 为 00001000B，则对于从 IR_0、IR_1、IR_2、IR_3、IR_4、IR_5、IR_6 和 IR_7 上引入的各中断请求，其相应的中断类型号为 08H、09H、0AH、0BH、0CH、0DH、0EH 和 0FH。

3) ICW$_3$

ICW$_3$ 用于设置级联，写入 A$_0$=1 的端口，格式如图 7.26 所示。

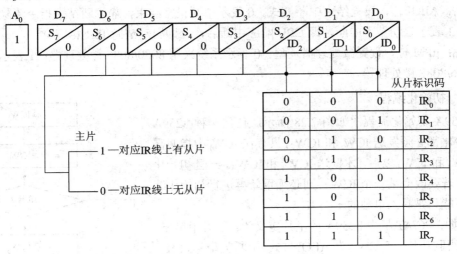

图 7.26 ICW$_3$ 的作用

只有当系统中有级联(ICW$_1$ 的 SNGL 位为 0)时，才写入 ICW$_3$。

对于主片，ICW$_3$ 的 S$_0$~S$_7$ 指明了 IR$_0$~IR$_7$ 各引脚连接从片的情况，置 1 的位表示对应的引脚有从片级联。例如，若主片 ICW$_3$ 的内容为 07H(00000111B)时，说明主片的 IR$_0$、IR$_1$、IR$_2$ 上连有从片。

对于从片，ICW$_3$ 的 D$_7$~D$_3$ 不用，置 0 即可；用 D$_2$~D$_0$ 表示与主片的对应引脚级联，例如，若某从片 ICW$_3$ 的内容为 07H，说明该从片的 INT 引脚与主片的 IR$_7$ 相连。

4) ICW$_4$

ICW$_4$ 用于设置 8259A 的工作方式，写入 A$_0$=1 的端口，格式如图 7.27 所示。ICW$_1$ 的 IC$_4$ 位为 1 时，才写入 ICW$_4$。

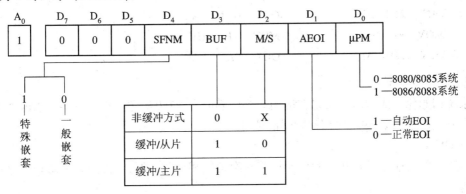

图 7.27 ICW$_4$ 的作用

D$_4$：SFNM 位，设置中断的嵌套方式，0 为一般嵌套方式，1 为特殊的全嵌套方式。

D$_3$：BUF 位，若该位为 1，则 8259A 工作于缓冲方式，8259A 通过数据总线收发器和总线相连，$\overline{SP/EN}$ 引脚为输出；该位为 0，8259A 工作于非缓冲方式，$\overline{SP/EN}$ 引脚为输入，用做主片、从片选择端。

D_2：M/S 位，当 D_3 即 BUF 位为 1 时，该位才有效，用于主片/从片选择，0 表示本片 8259A 为从片，1 表示本片 8259A 为主片；当 BUF 位为 0 时，该位无效，可设为任意值。

D_1：AEOI 位，设置结束中断方式。0 表示中断正常结束，靠中断结束指令清除 ISR 相应位；1 表示自动结束中断，即 CPU 响应中断后，立即自动清除 ISR 相应位。

D_0：μPM 位，设置微处理器类型。0 表示系统采用 8080/8085 微处理器；1 表示系统采用 8086/8088 微处理器。

2．初始化编程

8259A 初始化流程图如图 7.28 所示。任何一种 8259A 的初始化都必须发送 ICW_1 和 ICW_2，只有在 ICW_1 中指明需要 ICW_3 和 ICW_4 以后，才发送 ICW_3 和 ICW_4。一旦初始化以后，若要改变某一个 ICW，则必须重新再进行初始化编程，不能只是写入单独的一个 ICW。

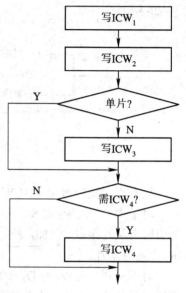

图 7.28　8259A 初始化顺序

例如，PC/AT 机中 8259A 的主片定义为：上升沿触发、在 IR_2 级联从片、有 ICW_4、非 AEOI 方式、中断类型号 08H～0FH、一般的中断嵌套方式、端口地址是 20H、21H；从片定义为：上升沿触发、级联到主片的 IR_2、有 ICW_4、非 AEOI 方式、中断类型号为 70H～78H、一般的中断嵌套方式、端口地址是 A0H、A1H。初始化过程如下：

初始化主片	初始化从片
MOV　AL，11H	MOV　AL，11H
OUT　20H，AL	OUT　0A0H，AL
MOV　AL，08H	MOV　AL，70H
OUT　21H，AL	OUT　0A1H，AL
MOV　AL，04H	MOV　AL，02H
OUT　21H，AL	OUT　0A1H，AL
MOV　AL，01H	MOV　AL，01H
OUT　21H，AL	OUT　0A1H，AL

3．操作命令字

系统初始化完成以后，可以在应用程序中随时向 8259A 送操作命令字，以改变 8259A 的工作方式，读出 8259A 内部寄存器的值等。

1）OCW_1

OCW_1 的功能是设置和清除中断屏蔽寄存器的相应位，写入 $A_0 = 1$ 的端口，格式如图 7.29 所示。

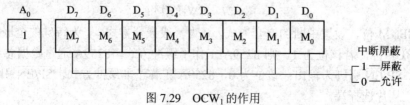

图 7.29　OCW_1 的作用

$M_X=1$ 表示屏蔽中断源 IR_X；$M_X=0$ 表示来自 IR_X 的中断请求得到允许。例如，若 $OCW_1=03H$，说明 IR_0 和 IR_1 上的中断请求被屏蔽。

2) OCW_2

OCW_2 用于设置优先级循环方式和中断结束方式，写入 $A_0=0$ 的端口，格式如图 7.30 所示。

D_4 和 D_3 位是特征位，$D_4D_3=00$ 表示写入的是 OCW_2。

D_7：R 位，表示优先级是否循环。为 1，采用优先级循环方式；为 0，则为非循环方式。

D_6：SL 位，表示 $L_2\sim L_0$ 是否有效。为 1，$L_2\sim L_0$ 位有效；为 0，则 $L_2\sim L_0$ 位无效。

D_5：EOI 位，中断结束命令位。为 1 时，OCW_2 用作结束中断命令；为 0 时，OCW_2 用做设定优先级循环方式的命令字。

D_7、D_6、D_5 三位的组合意义见图 7.30。

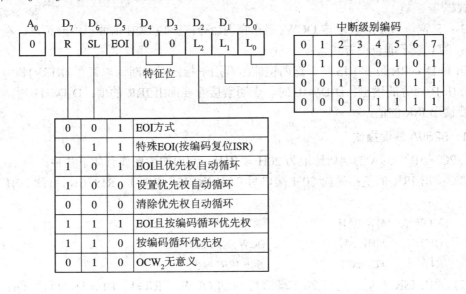

图 7.30 OCW_2 的作用

D_2、D_1、D_0：$L_2\sim L_0$ 位，只有 SL 位为 1 时，这三位才有意义。$L_2\sim L_0$ 位有三个作用：一是当 OCW_2 给出特殊中断结束命令时，L_2、L_1 和 L_0 三位的编码指出了要清除中断服务寄存器 ISR 中的哪一位；二是当 OCW_2 给出结束中断且指定新的最低优先级命令时，将 ISR 中与 L_2、L_1 和 L_0 编码值对应的位清 0，并将当前系统最低优先级设为 L_2、L_1 和 L_0 指定的值；三是当 OCW_2 给出优先级特殊循环命令时，由 L_2、L_1 和 L_0 的编码指定循环开始的最低优先级。

3) OCW_3

OCW_3 的功能有三个方面：设置和撤消特殊屏蔽方式、设置中断查询方式以及设置对 8259A 内部寄存器的读出。OCW_3 写入 $A_0=0$ 的端口，格式如图 7.31 所示。

D_4 和 D_3 位是特征位，$D_4D_3=01$ 表示写入的是 OCW_3。

D_7：无关位，可设为任意值。

D_6：ESMM 位，即允许特殊屏蔽方式位。该位为 1 时 SMM 位才有意义。

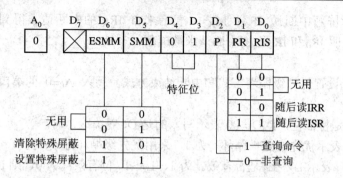

图 7.31 OCW₃ 的作用

D₅：SMM 即特殊屏蔽方式位。为 1，表示设置特殊屏蔽方式；为 0，表示清除特殊屏蔽方式。

D₂：P 位，为 1 时表示该 OCW₃ 用作查询命令(查询方式在前面已经介绍过，在此不再赘述)；为 0 表示非查询方式。

D₁ 和 D₀：RR 位和 RIS 位。这两位的组合用于指定对中断请求寄存器(IRR)和中断服务寄存器(ISR)内容的读出。D₁D₀=10 时，表明紧接着要读出 IRR 的值；D₁D₀=11 时，表明紧接着要读出 ISR 的值。

4．8259A 的读操作

在 PC 机中 8259A 的端口地址为 20H 和 21H。常用的读操作有如下几种。

(1) 读出 IRR 的值：先向 20H 端口写 0AH(OCW₃ RR=1、RIS=0)，再读 20H 端口。例如：

MOV	AL，0AH	；OCW₃=0AH
OUT	20H，AL	；OCW₃ 写入 8259A
IN	AL，20H	；读出 IRR 内容

(2) 读出 ISR 的值：先向 20H 端口写 0BH(OCW₃ RR=1、RIS=1)，再读 20H 端口。例如：

MOV	AL，0BH	；OCW₃=0BH
OUT	20H，AL	；OCW₃ 写入 8259A
IN	AL，20H	；读出 ISR 内容

(3) 读查询字(读出最高级别的中断请求 IR)：先向 20H 端口写 0CH(OCW₃ P=1)，再读 20H 端口。例如：

MOV	AL，0CH	；OCW₃=0CH
OUT	20H，AL	；OCW₃ 写入 8259A
IN	AL，20H	；读出查询字内容

(4) 读 IMR 的值。随时可用奇地址读 IMR 的值，并对其作修改。

例 1：

IN	AL，21H	；读 IMR
AND	AL，7FH	；开放 IR₇ 中断
OUT	21H，AL	；修改 IMR

例 2：

```
IN      AL，21H        ；读 IMR
OR      AL，80H        ；关闭 IR₇中断
OUT     21H，AL        ；修改 IMR
```

5．8259A 应用举例

图 7.32 给出了 IBM PC/XT 系统中 8259A 的连接情况。

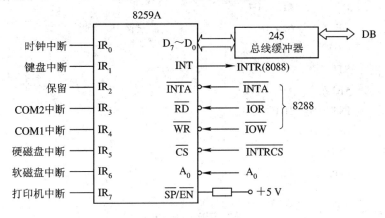

图 7.32　8259A 在 PC/XT 机中的连接

从图中可以看出 8259A 的 IR₂ 端是保留端，其余都已被占用。现假设某外设的中断请求信号由 IR₂ 端引入，要求编程实现 CPU 每次响应该中断时屏幕显示字符串"WELCOME！"。

已知主机启动时 8259A 中断类型号的高 5 位已初始化为 00001，故 IR₂ 的类型号为 0AH(00001010B)；8259A 的中断结束方式初始化为非自动结束，即要在服务程序中发 EOI 命令；8259A 的端口地址为 20H 和 21H。程序如下：

```
DATA    SEGMENT
        MESS    DB 'WELCOME！'，0AH，0DH，'$'
DATA    ENDS
CODE    SEGMENT
        ASSUME CS:CODE，DS:DATA
START:  MOV     AX，SEG INT2
        MOV     DS，AX
        MOV     DX，OFFSET INT2
        MOV     AX，250AH
        INT     21H             ；置中断矢量表
        IN      AL，21H          ；读中断屏蔽寄存器
        AND     AL，0FBH         ；开放 IR₂中断
        OUT     21H，AL
        STI
LL:     JMP     LL              ；等待中断
INT2:   MOV     AX，DATA         ；中断服务程序
```

```
        MOV     DS, AX
        MOV     DX, OFFSET MESS
        MOV     AH, 09
        INT     21H                    ;显示每次中断的提示信息
        MOV     AL, 20H
        OUT     20H, AL                ;发出 EOI 结束中断
        IN      AL, 21H
        OR      AL, 04H                ;屏蔽 IR₂ 中断
        OUT     21H, AL
        STI
        MOV     AH, 4CH
        INT     21H
        IRET
CODE    ENDS
        END     START
```

本 章 小 结

    I/O 接口是介于主机和外设之间的一种缓冲电路。主机与 I/O 设备之间交换的信息可分为数据信息、状态信息和控制信息三类。在接口中,这三种信息是在不同的寄存器中分别存放的。一般称这些寄存器为 I/O 端口,每个端口有一个端口地址。在微型计算机系统中常用两种 I/O 端口编址方式:一种是 I/O 端口与内存单元统一编址,即由 I/O 端口地址和存储单元地址共同构成一个统一的地址空间;一种是 I/O 端口与内存单元独立编址,即内存地址空间和 I/O 地址空间相对独立。80x86 CPU 组成的微机系统采用独立编址方式。在 8086(8088) 系统中,有 20 根地址线对内存寻址,内存的地址范围是 00000H~FFFFFH;用低 16 位地址线对 I/O 端口寻址,I/O 端口的地址范围是 0000H~FFFFH,I/O 端口地址译码的一般原则是把用于 I/O 端口寻址的地址线分为高位地址线和低位地址线两部分,将低位地址线直接连到 I/O 接口芯片的相应地址线,用于选中片内的端口;将高位地址线与 CPU 的控制信号组合,经地址译码电路产生 I/O 接口芯片的片选信号。

    在微型计算机系统中,CPU 与外设之间的数据传送方式主要有程序传送方式(无条件传送方式和查询传送方式)、中断传送方式和直接存储器存取(DMA)传送方式,本章重点介绍了中断方式。

    在 CPU 执行程序的过程中,出现了某种紧急或异常的事件,CPU 需暂停正在执行的程序,转去处理该事件,并在处理完毕后返回断点处继续执行被暂停的程序,这一过程称为中断。引发中断的事件称为中断源。当有多个中断源同时发出中断请求时,CPU 要按中断优先级顺序予以响应和处理,通常用软件查询、硬件排队电路和专用中断控制芯片三种方法来确定中断源的优先级别。高级别的中断请求打断正在进行的低级别中断服务的过程称为中断嵌套。

8086/8088 的中断源分为两大类，即硬件中断(外部中断)和软件中断(内部中断)。软件中断主要有除法错中断、溢出中断、单步中断、断点中断和由中断指令 INT n 引起的中断；硬件中断有非屏蔽中断和可屏蔽中断两种。优先级顺序由高到低依次为：软件中断(除单步中断外)、非屏蔽中断、可屏蔽中断和单步中断

中断的过程主要包括中断请求、中断响应、保护断点、中断处理和中断返回。CPU 响应中断后，根据中断类型号在中断向量表中找到相应的中断服务程序的入口地址，转入中断处理。对于 8086/8088 系统的所有软件中断及硬件非屏蔽中断，其中断类型号由 CPU 内部自动提供，对其响应不受标志寄存器 FLAGS 中中断允许标志位 IF 的影响，硬件可屏蔽中断的中断类型号由外设在第二个中断响应周期提供。本章还介绍了中断服务程序的基本结构以及将中断服务程序入口地址置入中断向量表的方法。

8259A 是可编程中断控制器芯片，用于管理和控制 80x86 的外部中断请求。单片 8259A 可管理 8 级中断，采用级联方式最多可以管理 64 级中断。本章对 8259A 的结构、各种工作方式以及编程方法都做了介绍。

习题

1. 输入/输出接口是位于 CPU 和外设之间的一个缓冲电路，试简述其组成及作用。

2. CPU 与外设交换数据的传送方式有哪几种？各有何特点？

3. 当接口电路与系统总线相连时，为什么要遵循"输入要经三态，输出要锁存"的原则？

4. 接口电路中的端口有哪几类？试分别说明它们的作用。

5. I/O 端口与存储单元是 CPU 启动总线周期对外部进行访问的两种外部资源，试问 I/O 端口和存储单元编址有哪两种类型？各有哪些优缺点？8086/8088 CPU 是使用哪种编址方式的？

6. 8086/8088 CPU 中断管理系统能管理多少个中断源？这些中断源产生中断请求时，CPU 是如何找到这些中断源的中断服务程序的入口地址的？

7. 简述 8086/8088 CPU 中断向量表的作用？DOS 功能调用的中断类型号为 21H，试问该中断的中断服务程序入口地址存放在中断向量表的哪四个单元？该四个单元中的内容是何时由谁负责放入的？

8. 8086/8088 CPU 上有两个接收外部硬件中断请求的引脚：非屏蔽硬件中断请求引脚 NMI(第 17 引脚)和可屏蔽硬件中断请求引脚 INTR(第 18 引脚)。试简要说明这两个引脚各自的功能。若计算机系统有多个外设都是通过可屏蔽的中断方式实现与 CPU 交换数据，试问有哪些方法可用来对这些外设的中断请求进行管理？

9. 编写一个中断服务程序，其功能为在屏幕上显示"This is an interrupt service routine！"，中断类型号设为 68H，试分别用 DOS 功能调用和直接写入两种方法把中断服务程序的入口地址写入中断向量表。

10. 8259A 是一个对硬件可屏蔽中断源进行管理的可编程中断控制器，试简述其主要功能。单片 8259A 可以管理多少个中断源？若采用级联方式，最多可以管理多少个中断源。

11. 何谓初始化命令字？8259A 有哪几个初始化命令字？各命令字的主要功能是什么？

12. 何谓操作命令字？8259A 有哪几个操作命令字？各命令字的主要功能是什么？

13. 初始化时设置为非自动结束方式，那么在中断服务程序结束时必须设置什么操作命令？如果不设置这种命令会发生什么现象？

14. 中断向量表的功能是什么？简述 CPU 利用中断向量表转入中断服务程序的过程。

15. 若 8086 从 8259A 中断控制器中读取的中断类型号为 76H，其中断向量在中断向量表中的地址指针是多少？

16. 设某打印机接口卡有下列端口：数据口，地址为 0F5 和；状态口，地址为 0F6H，状态寄存器 D7=1 为"忙"；控制口，地址为 0F7H，控制寄存器 D0=1 为接通打印机，控制寄存器的 D0=0 为断开打印机。请编写下列功能的程序段：

(1) 接收数据；(2) 检查打印状态；(3) 接通打印机。

8 第……章

可编程接口芯片及应用

前面已介绍了组成微型计算机系统最核心的部件 CPU 及其存储器(称之为主机)，但仅有主机系统仍不能正常工作。为了实现人机交互和各种形式的输入/输出操作，微机系统中使用了各种各样的 I/O 设备。这些 I/O 设备在工作原理、驱动方式、信息格式以及工作速度等方面均存在很大差异，在处理速度上也要比 CPU 慢得多，所以必须通过接口电路(介于主机和外设之间的一种缓冲电路)把它们与主机系统连接起来。

随着微型计算机技术的发展，与其配套的各种接口芯片大量出现，不同系列的微处理器都有其标准化、系列化的接口芯片可供选用。鉴于此，本章仅对与 80x86 系列微处理器配套使用的几种常见的可编程接口芯片予以介绍。读者可从中掌握一些应用芯片的方法和技巧，达到触类旁通的目的，为日后遇到其他芯片时能很快地掌握其使用方法打下基础。

8.1　可编程定时器/计数器芯片 8253/8254

在计算机应用系统中，定时与计数技术具有极其重要的作用。有时需要通过定时来实现某种控制或操作，如定时中断、定时检测、定时扫描等；也往往需要对外界的某些事件进行计数。

实现定时的方法有三种：软件定时、不可编程的硬件定时和可编程的硬件定时。软件定时是通过让机器执行一段没有具体操作目的的程序来实现的。由于 CPU 执行每条指令都需要一个确定的时间，因此，只要选择适当的指令和安排适当的循环次数就很容易实现软件定时，但软件定时占用 CPU 资源，降低了 CPU 的利用率；不可编程的硬件定时尽管定时电路并不很复杂，但这种定时电路在硬件连接好以后，定时值和定时范围不能由程序来控制和改变，使用不灵活；可编程定时器/计数器是为方便计算机系统的设计和应用而研制的，定时值及其范围可以很容易地由软件来控制和改变，能够满足各种不同的定时和计数要求，因此得到了广泛的应用。

8253/8254 是 Intel 公司生产的通用定时/计数器。8254 是在 8253 的基础上稍加改进而推出的改进型产品，两者硬件组成和引脚完全相同。本节主要介绍 8253 可编程定时/计数器芯片的功能、引脚、工作方式等，并简要介绍 8254 增加的功能。

8.1.1　8253 的结构与功能

1. 8253 的引脚

8253 是 24 脚双列直插式芯片，用+5 V 电源供电。芯片内有三个相互独立的 16 位定时

/计数器。8253 的引脚和功能框图如图 8.1 所示。

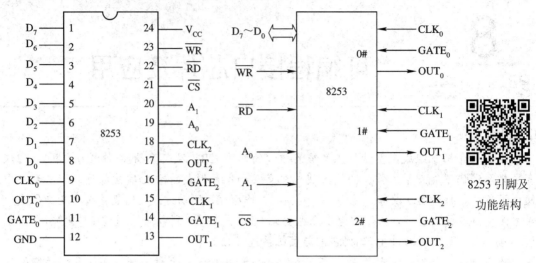

图 8.1　8253 引脚及功能结构

(1) 数据引脚 $D_7 \sim D_0$：数据线，双向三态，与系统数据总线连接。

(2) 片选信号 $\overline{CS}$：输入信号，低电平时选中此片。由 CPU 输出的地址经地址译码器产生。

(3) 地址线 A_0，A_1：这两根线接到系统地址总线的 A_0，A_1 上，当 $\overline{CS}$ 为低电平，即 8253 被选中时，用它们来选择 8253 内部的 4 个寄存器。

(4) 读信号 $\overline{RD}$：输入信号，低电平有效。由 CPU 发出，用于控制对选中的 8253 内部寄存器的读操作。

(5) 写信号 $\overline{WR}$：输入信号，低电平有效。由 CPU 发出，用于控制对选中的 8253 内部寄存器的写操作。

(6) 时钟脉冲信号 $CLK_0 \sim CLK_2$：计数器 0、计数器 1 和计数器 2 的时钟输入端。由 CLK 引脚输入的脉冲可以是系统时钟(或系统时钟的分频脉冲)或其他任何脉冲源所提供的脉冲。该脉冲可以是均匀的、连续的并具有精确周期的，也可以是不均匀的、断续的、周期不确定的脉冲。时钟脉冲信号的作用是在 8253 进行定时或计数时，每输入一个时钟信号，便使计数值减 1。若 CLK 是由精确的时钟脉冲提供，则 8253 作为定时器使用；若 CLK 是由外部事件输入的脉冲，则 8253 作为计数器使用。

(7) 门控脉冲信号 $GATE_0 \sim GATE_2$：计数器 0、计数器 1 和计数器 2 的门控制脉冲输入端，是由外部送入的门控脉冲，该信号的作用是控制启动定时器/计数器工作。

(8) 输出信号 $OUT_0 \sim OUT_2$：计数器 0、计数器 1 和计数器 2 的输出端。当计数器计数到 0 时，该端输出一标志信号，从而产生不同工作方式时的输出波形。

2. 8253 的内部结构

8253 内部结构框图如图 8.2 所示。它由数据总线缓冲器、读/写逻辑、控制字寄存器以及 3 个独立的 16 位计数器组成。

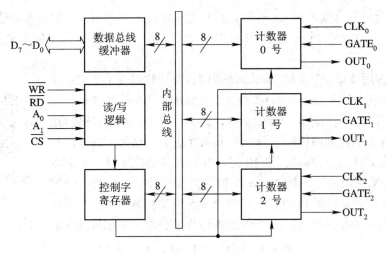

图 8.2 8253 内部结构框图

1) 3 个独立的 16 位计数器

每个计数器具有相同的内部结构，其逻辑框图如图 8.3 所示。它包括一个 8 位的控制寄存器、一个 16 位的计数初值寄存器 CR、一个 16 位的减 1 计数器 CE 和一个 16 位的输出锁存寄存器 OL。16 位的计数初值寄存器 CR 和 16 位的输出锁存寄存器 OL 共同占用一个 I/O 端口地址，CPU 用输出指令向 CR 预置计数初值，用输入指令读回 OL 中的数值，这两个寄存器都没有计数功能，只起锁存作用。16 位的减 1 计数器 CE 执行计数操作，其操作方式受控制寄存器控制，最基本的操作是：接受计数初值寄存器的初值，对 CLK 信号进行减 1 计数，把计数结果送输出锁存寄存器中锁存。

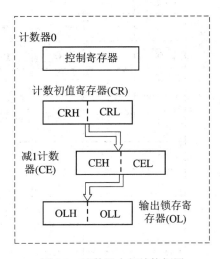

图 8.3 计数器内部结构框图

2) 控制寄存器

控制寄存器用来保存来自 CPU 的控制字。每个计数器都有一个控制命令寄存器，用来保存该计数器的控制信息。控制字将决定计数器的工作方式、计数形式及输出方式，亦决定如何装入计数初值。8253 的 3 个控制寄存器只占用一个地址号，而靠控制字的最高两位来确定将控制信息送入哪个计数器的控制寄存器中保存。控制寄存器只能写入，不能读出。

3) 数据缓冲器

数据缓冲器是三态、双向 8 位缓冲器。它用于 8253 和系统数据总线的连接。CPU 通过数据缓冲器将控制命令字和计数值写入 8253 计数器，或者从 8253 计数器中读取当前的计数值。

4) 读/写逻辑

读/写逻辑的任务是接收来自 CPU 的控制信号，完成对 8253 内部操作的控制。这些控制信号包括读信号 $\overline{RD}$、写信号 $\overline{WR}$、片选信号 $\overline{CS}$ 以及用于片内寄存器寻址的地址信号 A_0

和 A_1。当片选信号有效，即 $\overline{CS}=0$ 时，读写逻辑才能工作。该控制逻辑根据读/写命令及送来的地址信息，决定 3 个计数器和控制寄存器中的哪一个工作，并控制内部总线上数据传送的方向。

8253 共占用 4 个 I/O 地址。当 $A_1A_0=00$ 时，为计数器 0 中的 CR(计数器 0 的计数初值写入该寄存器)和 OL(计数器 0 的当前计数值从该寄存器读出)寄存器的共用地址，至于是将计数初值写入 CR，还是从 OL 中读出当前计数值，则由控制信号 $\overline{WR}$ 和 $\overline{RD}$ 决定，这两个信号同时只能有一个有效。当 $A_1A_0=01$ 和 10 时，分别为计数器 1 和计数器 2 的 CR 和 OL 的共用地址。当 $A_1A_0=11$ 时，是 3 个计数器内的 3 个控制寄存器的共用地址，至于 CPU 是给哪个计数器送控制字，则由控制字中的最高两位的编码来决定。8253 的端口地址分配及内部操作见表 8.1。

8253 端口地址及
内部操作

表 8.1　8253 端口地址及内部操作

$\overline{CS}$	$\overline{RD}$	$\overline{WR}$	A_1	A_0	操　　作
0	1	0	0	0	写计数初值到计数器 0 的 CR
0	1	0	0	1	写计数初值到计数器 1 的 CR
0	1	0	1	0	写计数初值到计数器 2 的 CR
0	1	0	1	1	写控制字，并根据控制字高两位将其送相应的控制寄存器
0	0	1	0	0	从计数器 0 的 OL 中读出当前的计数值
0	0	1	0	1	从计数器 1 的 OL 中读出当前的计数值
0	0	1	1	0	从计数器 2 的 OL 中读出当前的计数值
0	0	1	1	1	无操作
1	×	×	×	×	未选中
0	1	1	×	×	无操作

8253 计数器在工作之前。用户必须对其进行初始化编程：首先 CPU 用输出指令向控制寄存器送控制字，然后再用输出指令向计数初值寄存器 CR 预置计数/定时的初值。启动工作后，CR 中的初值就送入减 1 计数器 CE 对 CLK 输入的计数/定时脉冲信号进行减 1 计数。当 CE 中的内容减为 0，表示计数/定时到，则 OUT 端输出信号。输出信号的波形形式由工作方式决定。

8.1.2　8253 的编程

8253 在工作之前，用户首先要为某一计数器(计数器 0~2)写入控制字以确定其工作方式；写入定时/计数初值；在定时/计数工作过程中，有时还需要读取某计数器当前的计数值。本节首先介绍 8253 的控制字格式，然后对 8253 的读/写操作进行介绍，并给出 8253 编程实例。

1.8253 的控制字格式

8253 的控制字格式如图 8.4 所示。

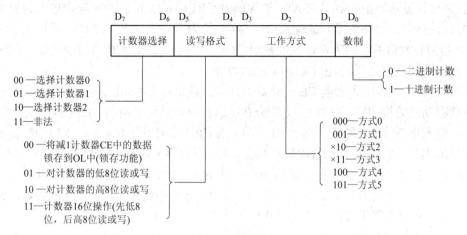

图 8.4　8253 控制字格式

D_7D_6 位是控制字的计数器编号。由于 8253 有 3 个独立的控制寄存器，但它们共用一个端口地址(A_1A_0=11 时，见表 8.1)，因此，控制字中使用最高两位表明将控制字写入哪个计数器的控制寄存器中。

D_5D_4 位用来设定计数器的数据读/写方式。在给计数器写入计数初值时，可以赋 16 位的初值，也可以只赋 8 位(另 8 位被自动置 0)，8 位初值可以是高字节，也可以是低字节。在读取计数器当前的计数值时，计数器并未停止计数，有可能在先后读高低字节时，计数器的值发生变化，因此有必要先锁存当前的计数值，然后再分字节读出，先读出低 8 位数据，后读出高 8 位数据。当 D_5D_4=00 时，计数器的当前计数值被锁存在 OL 中，此时计数器照常计数，但 OL 中的值不变，待 CPU 将 OL 中的两字节数据读走后，OL 中的内容又随减 1 计数器 CE 变化。当 D_5D_4=01，只读/写低 8 位，高 8 位自动置 0(写计数初值时)；D_5D_4=10时，只读/写高 8 位，低 8 位自动置 0(写计数初值时)；D_5D_4=11 时，先读/写低 8 位，再读/写高 8 位。

$D_3D_2D_1$ 位决定了计数器的工作方式。8253 共有六种工作方式，后面将一一介绍。

D_0 位决定计数器的数制。D_0=0，选择二进制计数；D_0=1，选择十进制计数。

2.8253 的读/写操作

1) 写操作

所谓写操作是指 CPU 对 8253 写入控制字或写入计数初值。8253 在开始工作之前，CPU 要对其进行初始化编程(写入控制字和计数初值)，具体应注意以下两点：

① 对每个计数器，必须先写控制字，后写计数初值。因为后者的格式是由前者决定的。

② 写入的计数初值必须符合控制字(D_5D_4 两位)决定的格式。16 位数据应先写低 8 位，再写高 8 位。

当给 8253 中的多个计数器进行初始化编程时，其顺序可以任意，但对每个计数器进行初始化时必须遵循上述原则。

2) 读操作

所谓读操作是指读出某计数器的当前计数值到 CPU 中。有两种读取当前计数值的方法：

① 先使计数器停止计数(在 GATE 端加低电平或关闭 CLK 脉冲)：根据送入的控制字中的 D_5D_4 位的状态，用一条或两条输入指令读 CE 的内容。实际上，CPU 是通过输出锁存器 OL 读出当前计数值的，因为在计数过程中，OL 的内容是跟随 CE 内容变化的。此时由于 CE 不再计数，故可稳定地读出 OL(即 CE)的内容。

② 在计数的过程中不影响 CE 的计数而读取计数值：为达此目的，应先对 8253 写入一个具有锁存功能的控制字，即 D_5D_4 位应为 00，这样就可以将当前的 CE 内容锁存入 OL 中，然后再用输入指令将 OL 的内容读到 CPU 中。当 CPU 读取了计数值后，或对计数器重新进行初始化编程后，8253 会自动解除锁存状态，OL 中的值又随减 1 计数器 CE 值变化。

例 8.1　设 8253 芯片的端口地址为 388H～38BH。现要求计数器 0 工作在方式 3，计数初值为 2354，十进制计数；计数器 1 工作在方式 2，计数初值为 18H，二进制计数。试根据上述要求编写初始化程序及读取计数器 0 当前计数值的程序。

```
        ; 计数器 0 的初始化程序
        MOV     DX，38BH              ; 给计数器 0 送控制字
        MOV     AL，00110111B
        OUT     DX，AL
        MOV     DX，388H              ; 送计数初值的低 8 位
        MOV     AL，54H
        OUT     DX，AL
        MOV     AL，23H               ; 送计数初值的高 8 位
        OUT     DX，AL
        ; 计数器 1 的初始化程序
        MOV     DX，38BH              ; 给计数器 1 送控制字
        MOV     AL，01010100B
        OUT     DX，AL
        MOV     DX，389H              ; 计数初值送低 8 位
        MOV     AL，18H
        OUT     DX，AL
        ; 计数器 0 当前计数值读出程序
        MOV     DX，38BH              ; 送计数器 0 当前计数值锁存命令
        MOV     AL，00H
        OUT     DX，AL
        MOV     DX，388H              ; 读出当前计数值的低 8 位
        IN      AL，DX
        MOV     CL，AL
        IN      AL，DX                ; 读出当前计数值的高 8 位
        MOV     CH，AL
```

8.1.3 8253 的工作方式

8253 有六种不同的工作方式。在不同的工作方式下，计数过程的启动方式不同，OUT 端的输出波形不同，自动重复功能、GATE 的控制作用以及更新计数初值对计数过程的影响也不完全相同。同一芯片中的三个计数器，可以分别编程选择不同的工作方式。

1. 方式 0——计数结束产生中断

这是一种软件启动、不能自动重复的计数方式。

如图 8.5 所示，写入方式 0 的控制字(CW)后，其输出端变低。再写入计数初值 $\overline{N}$(图中 N=5)，在写信号 WR 以后经过 CLK 的一个上升沿和一个下降沿，初值进入减 1 计数器 CE。计数器减到 0 后，OUT 成为高电平。此信号通常接至 8259A 的 IR 端作为中断请求信号。

8253 工作方式 0
(计数结束产生中断)

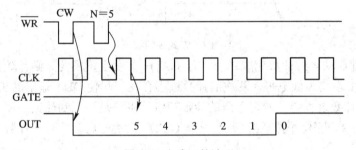

图 8.5 方式 0 的波形

在整个计数过程中，GATE 始终应保持为高电平。若 GATE=0，则暂停计数，待 GATE=1 后，从暂停时的计数值继续往下递减，如图 8.6 所示。

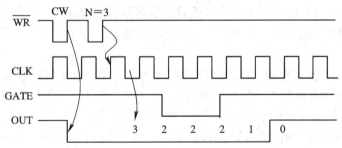

图 8.6 方式 0 时 GATE 信号的作用

在计数过程中，随时可以写入新的计数值初值，计数器使用新的初值重新开始计数(若新初值是 16 位，则在送完第一字节后中止现行计数，送完第二个字节后才重新开始计数)。

由上述可知，方式 0 主要用于单次计数，计数到时，利用 OUT 信号作为查询信号或中断请求信号。由于 8253 内部没有中断控制管理电路，故用 OUT 作为中断请求信号时，需要通过中断优先级控制电路(如 8259)向 CPU 申请中断。

2. 方式 1——可编程单次脉冲

这是一种硬件启动、不能自动重复但通过 GATE 的正跳变可使

8253 工作方式 1
(可编程单次脉冲)

计数过程重新开始的计数方式。在写入方式 1 的控制字后 OUT 成为高电平，在写入计数初值后，要等 GATE 信号出现正跳变时才能开始计数。在下一个 CLK 脉冲到来后，OUT 变低，将计数初值送入 CE 并开始减 1 计数，直到计数器减到 0 后 OUT 变为高电平。

如图 8.7 所示，计数过程一旦启动，GATE 即使变成低电平也不会使计数中止。计数完成后若 GATE 再来一个正跳变，计数过程又重复一次。也就是说对应 GATE 的每一个正跳变，计数器都输出一个宽度为 $N*T_{CLK}$(其中 N 为计数初值，T_{CLK} 为 CLK 信号的周期)的负脉冲，因此称这种方式为可编程单次脉冲方式。

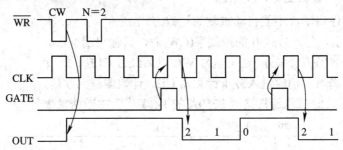

图 8.7 方式 1 的波形

在计数过程启动之后计数完成之前，若 GATE 又发生正跳变，则计数器又从初值开始重新计数，OUT 端仍为低电平，两次的计数过程合在一起使 OUT 输出的负脉冲加宽了。

在方式 1 计数过程中，若写入新的计数初值，也只是写入到计数初值寄存器中，并不马上影响当前计数过程，同样要等到下一个 GATE 正跳变启动信号，计数器才接收新初值重新计数。

3. 方式 2——分频工作方式

方式 2 既可以用软件启动(GATE=1 时写入计数初值后启动)，也可以用硬件启动(GATE=0 时写入计数初值后并不立即开始计数，等 GATE 由低变高时启动计数)。方式 2 一旦启动，计数器就可以自动重复地工作。

8253 工作方式 2
(分频工作方式)

如图 8.8 所示，写入控制字后，OUT 信号变为高电平，若计数初值 N=3，启动计数后，以 CLK 信号的频率进行减 1 计数。当减到 1 时，OUT 输出一个宽度为一个 CLK 时钟周期的负脉冲，OUT 恢复成高电平后，计数器又重新开始计数。可以看出，OUT 输出信号的频率为 CLK 信号频率的 1/N，即 N 次分频，故称这种工作方式为分频工作方式。

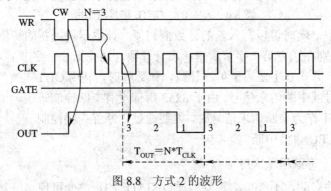

图 8.8 方式 2 的波形

方式 2 需要 GATE 信号保持高电平。当 GATE 变为低电平时，停止计数。GATE 由低变高后，CR 中的计数初值又重新装入减 1 计数器 CE 中开始计数。

方式 2 在计数过程中若写入新的计数初值，并不影响当前的计数过程。在本次计数结束后，才以新的计数初值开始新的分频工作方式。

8253 工作方式 3
(方波发生器)

4. 方式 3——方波发生器

工作于方式 3 时，在计数过程中其输出前一半时间为高电平，后一半时间为低电平。其输出是可以自动重复的周期性方波，输出的方波周期为 $N*T_{CLK}$，如图 8.9 所示。

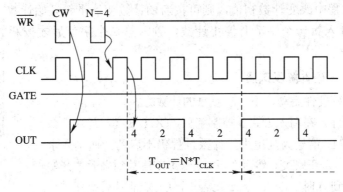

图 8.9　方式 3 的波形

在写入方式 3 控制字后，计数器 OUT 端立即变高。若 GATE 信号为高，在写完计数初值 N 后，开始对 CLK 信号进行计数。计数到 N/2 时，OUT 端变低，计完余下的 N/2，OUT 又变高，如此自动重复，OUT 端产生周期为 $N*T_{CLK}$ 的方波。实际上，电路中对半周期 N/2 的控制方法是每来一个 CLK 信号，便让计数器减 2。因此来 N/2 个 CLK 信号后，计数器就已经减到 0，OUT 端发生一次高低电位的变化，且又将初值置入计数器重新开始计数。若计数初值为奇数，则计数的前半周期为 (N+1)/2，计数的后半周期为 (N−1)/2。

在写入计数初值时，如果 GATE 信号为低电平，计数器并不开始计数。待 GATE 变为高电平时，才启动计数过程。在计数过程中，应始终使 GATE=1。若 GATE=0，不仅中止计数，而且 OUT 端马上变高。待恢复 GATE=1 时，产生硬件启动，计数器又从头开始计数。

在计数过程中写入新的计数初值时不影响当前的半个周期的计数。在当前的半个周期结束(OUT 电位发生变化)时，将启用新的计数初值开始新的计数过程。

5. 方式 4——软件触发选通

方式 4 是一种软件启动、不自动重复的计数方式。

如图 8.10 所示，在写入方式 4 的控制字后，OUT 变为高电平。当写入计数初值后立即开始计数(这就是软件启动)。当计数到 0 后，OUT 输出变为低电平，持续一个 CLK 脉冲周期后恢复为高电平，计数器停止计数。故这种方式是一次性的。只有 CPU 再次将计数初值写入 CR 后才会启动另一次计数过程。

8253 工作方式 4
(软件触发选通)

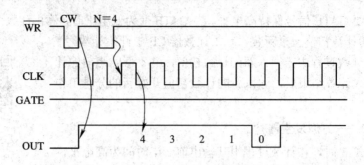

图 8.10　方式 4 的波形

若在计数过程中改变计数初值，则可按新的计数初值重新开始计数。若计数初值是两个字节，则置入第一个字节时停止计数，置入第二个字节后才按新的计数初值开始计数。

6. 方式 5——硬件触发选通

方式 5 是一种硬件启动、不自动重复的计数方式。

如图 8.11 所示，在写入方式 5 控制字后，OUT 变高，写入计数初值时即使 GATE 信号为高电平，计数过程仍不启动，而是要求 GATE 信号出现一个正跳变，然后在下一个 CLK 信号到来后才开始计数。计数器减到 0 时，OUT 变低，经一个 CLK 信号后变高且一直保持。

8253 工作方式 5
(硬件触发选通)

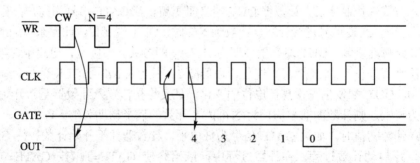

图 8.11　方式 5 的波形

由于方式 5 是由 GATE 的上升沿启动计数，同方式 1 一样，计数启动后，即使 GATE 变成低电平，也不影响计数过程的进行。但若 GATE 信号产生了正跳变，则不论计数是否完成，计数初值将被置入计数器，并重新开始新一轮计数。

若在计数过程中给计数器写入新的计数初值，此时只是将计数初值保存到 CR 中，并不影响当前的计数过程，在 GATE 产生正跳变时新的计数初值才被置入减 1 计数器 CE 开始计数。

表 8.2 给出了 8253 定时器/计数器六种工作方式的特点，读者可结合上面的介绍进一步加深理解。

表 8.2 8253 工作方式比较

比较内容 工作方式	启动 计数方式	中止 计数方式	是否自动 重复	更新 初值	OUT 波形
方式 0	软件	GATE=0	否	立即有效	N … 1 0
方式 1	硬件	—	否	下一轮有效	N … 1 0
方式 2	软/硬件	GATE=0	是	下一轮有效	N … 2 1 N…
方式 3	软/硬件	GATE=0	是	下半轮有效	N/2 N/2
方式 4	软件	GATE=0	否	立即有效	N … 1 0 …
方式 5	硬件	—	否	下一轮有效	N … 1 0

8.1.4 8254 与 8253 的区别

8254 是 8253 的改进型,它们的引脚定义与排列、硬件组成等基本上是相同的。因此 8254 的编程方式与 8253 是兼容的,凡是使用 8253 的地方均可用 8254 代替。但两者也有一些差别,主要表现如下:

① 允许最高计数脉冲(CLK)的频率不同。8253 的最高频率为 2 MHz,而 8254 允许的最高计数脉冲频率可达 10 MHz(8254 为 8 MHz,8254-2 为 10 MHz)。

② 8254 每个计数器内部都有一个状态寄存器和状态锁存器,而 8253 没有。

③ 8254 有一个读回命令字,用于读出当前减 1 计数器 CE 的内容和状态寄存器的内容,而 8253 没有此读回命令字。有关 8254 读回命令字的使用请读者参阅有关资料,在此不做详细介绍。

8.1.5 8253 应用举例

例 8.2 使用 8253 计数器 2 产生频率为 40 kHz 的方波,设 8253 的端口地址为 0040H~0043H,已知时钟端 CLK_2 输入信号的频率为 2 MHz。试设计 8253 与 8088 总线的接口电路,并编写产生方波的程序。

8253 与 8088 总线的接口电路如图 8.12 所示。

为了使计数器 2 产生方波,应使其工作于方式 3,输入的 2 MHz 的 CLK_2 时钟信号进行 50 次分频后可在 OUT_2 端输出频率为 40 kHz 的方波,因此,对应的控制字应为 10010111B,计数初值为十进制数 50。程序如下所示:

```
        MOV     AL,10010111B        ;对计数器 2 送控制字
        MOV     DX,0043H
        OUT     DX,AL
        MOV     AL,50H              ;送计数初值 50
        MOV     DX,0042H
        OUT     DX,AL
```

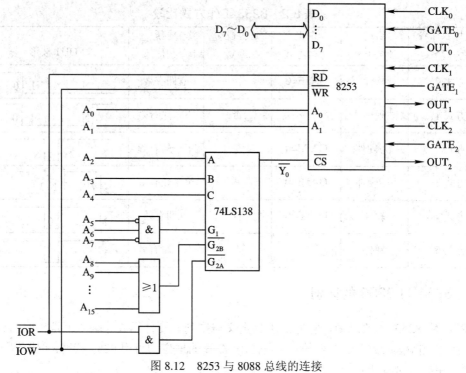

图 8.12 8253 与 8088 总线的连接

例 8.3 8253 在 IBM PC/XT 机中的应用。

图 8.13 为 8253 在 IBM PC/XT 机中的硬件连线图。

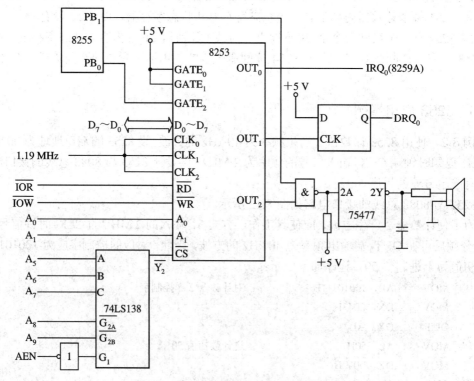

图 8.13 8253 在 IBM PC/XT 机中的连接

可以看出，要使 8253 的片选信号 $\overline{CS}$ 有效，应使 $A_9A_8A_7A_6A_5$=00010，由于 $A_4A_3A_2$ 未参加译码，这三位为任意状态均可使 8253 选中，因此 8253 的端口地址为 40H～5FH，若取 $A_4A_3A_2$=000，则 8253 计数器 0、计数器 1、计数器 2 以及控制寄存器的端口地址分别为 40H、41H、42H 和 43H。

如图 8.13 所示，8253 的三个计数器使用相同的时钟频率，它们是由 8284 时钟发生器输出时钟信号 PCLK，再经过 D 触发器 74LS175(图中未画出)二分频后得到的，频率为 1.19 MHz。8253 的 $GATE_0$ 和 $GATE_1$ 接+5 V，始终处于选通状态；$GATE_2$ 接 8255 的 PB_0。

下面介绍 8253 的三个计数器在 XT 机中的应用。

1) 计数器 0

该计数器向系统日历时钟提供定时中断，工作方式为方式 3，设置的控制字为 36H。门控 $GATE_0$ 接 +5 V 为常启状态，计数器计数初值预置为 0(即 65536)。因此，OUT_0 输出方波的频率为 1.19 MHz/65536=18.21 Hz，即每秒产生 18.2 次中断，或者说每隔 55 ms 申请一次日历时钟中断。其程序如下：

```
MOV     AL, 36H        ; 设置计数器 0 为工作方式 3，采用二进制计数
OUT     43H, AL        ; 写入控制字
MOV     AL, 0          ; 计数值
OUT     40H, AL        ; 写入低字节计数值
OUT     40H, AL        ; 写入高字节计数值
```

2) 计数器 1

该计数器向 DMA 控制器定时发送动态存储器刷新请求，它选用方式 2 工作，设置的控制字为 54H。门控 $GATE_1$ 接+5 V 为常启状态。OUT_1 输出从低电平变为高电平使触发器置 1，Q 端输出一个正电平信号，作为内存刷新的 DMA 请求信号 DRQ_0。

DRAM 每个单元要求在 2 ms 内必须刷新一次。实际芯片每次刷新完成 512 个单元的刷新，故经过 128 次刷新操作就能将全部芯片的 64 KB 个单元刷新一遍。由此可以算出每隔 2 ms/128 = 15.6 μs 进行一次刷新操作，将能保证每个单元在 2 ms 内都刷新一遍。为实现上述要求，将计数器 1 设置为工作方式 2，计数初值取为 18，这样，每隔 $18 \times 1/1.19$ = 15.126 μs 就可产生一次 DMA 请求，从而可满足 DRAM 的刷新要求。其程序如下：

```
MOV     AL, 54H        ; 选择计数器 1，方式 2，只写入低 8 位，二进制计数
MOV     43H, AL
OUT     AL, 12H        ; 预置计数初值 18
OUT     41H, AL
```

3) 计数器 2

该计数器控制扬声器发声，作为机器的报警信号或伴音信号，选用方式 3 工作。计数器 2 输出的方波经电流驱动器 75477 放大后驱动扬声器发声。门控 $GATE_2$ 接 8255 的 PB_0，用它控制计数器 2 的计数过程。输出 OUT_2 经过一个与门，这个与门受 PB_1 控制，所以扬声器由 PB_0 和 PB_1 来控制发声。

在 IBM PC/XT 机的 BIOS 中有一个声响子程序 BEEP，它将计数器 2 设置为工作方式 3，作为方波发生器输出约 1 kHz 的方波，经滤波驱动后推动扬声器发声。其程序如下：

```
BEEP        PROC
```

	MOV	AL，10110110B	; 设计数器 2 为方式 3，二进制计数
	OUT	43H，AL	; 按先低后高顺序写入 16 位计数初值
	MOV	AX，0533H	; 初值为 0533H=1331，1.19 MHz/1331=896 Hz
	OUT	42H，AL	; 写入低 8 位
	MOV	AL，AH	
	OUT	42H，AL	; 写入高 8 位
	IN	AL，61H	; 读 8255 的 B 口原输出值
	MOV	AH，AL	; 将 B 口原值送 AH 保存
	OR	AL，03H	; 使 PB_1 和 PB_0 位均为 1
	OUT	61H，AL	; 输出使扬声器发声
	SUB	CX，CX	
G7:	LOOP	G7	; 延时
	DEC	B1	; B1 为控制发声长短的入口条件
	JNZ	G7	; B1=6 为长声，B1=1 为短声
	MOV	AL，AH	
	OUT	61H，AL	; 恢复 8255 的 B 口原值，停止发声
	RET		
BEEP	ENDP		

8.2　可编程并行接口芯片 8255A

　　并行输入/输出就是在 CPU 与外设之间同时把若干个二进制位信息进行传送的数据传输方式。它具有传输速度快、效率高的优点。并行数据传输需用的信号线较多(与串行传输相比)，不适合长距离传输。因此，并行数据传输适用于数据传输率要求较高，而传输距离相对较短的场合。

　　8255A 是 Intel 公司为其 80 系列微处理器生产的通用可编程并行输入/输出接口芯片，也可以与其他系列的微处理器配套使用。由于 8255A 的通用性强，与微机接口方便，且可通过程序指定完成各种输入/输出操作，因此获得了广泛的应用。

8.2.1　8255A 的引脚与结构

1. 8255A 的引脚

　　8255A 是可编程的并行输入输出接口芯片，它具有三个 8 位并行端口(A 口、B 口和 C 口)，具有 40 个引脚，双列直插式封装，由+5 V 供电，其引脚与功能示意图如图 8.14 所示。

　　A、B、C 三个端口各有 8 条端口 I/O 线，即 $PA_7 \sim PA_0$、$PB_7 \sim PB_0$ 和 $PC_7 \sim PC_0$，共 24 个引脚，用于 8255A 与外设之间的数据(或控制、状态信号)的传送。

　　$D_7 \sim D_0$：8 位三态数据线，接至系统数据总线。CPU 通过它实现与 8255 之间数据的读出与写入、控制字的写入以及状态字的读出等操作。

$A_1 \sim A_0$：地址信号。A_1 和 A_0 经片内译码产生四个有效地址分别对应 A、B、C 三个独立的数据端口以及一个公共的控制端口。在实际使用中，A_1、A_0 端接到系统地址总线的 A_1、A_0。

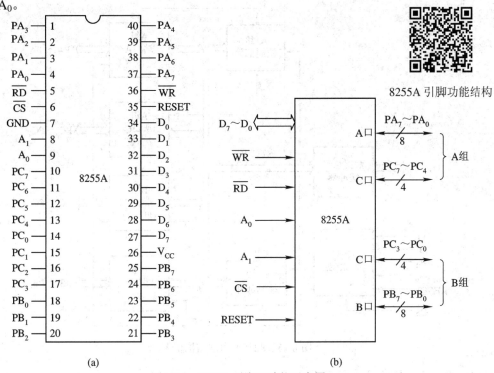

图 8.14　8255A 引脚及功能示意图

(a) 引脚；(b) 功能示意图

$\overline{CS}$：片选信号，由系统地址译码器产生，低电平有效。

读/写控制信号 $\overline{RD}$ 和 $\overline{WR}$：低电平有效，用于决定 CPU 和 8255A 之间信息传送的方向——当 $\overline{RD}$=0 时，从 8255A 读至 CPU；当 $\overline{WR}$=0 时，由 CPU 写入 8255A。CPU 对 8255 各端口进行读/写操作时的信号关系如表 8.3 所示。

RESET：复位信号，高电平有效。8255A 复位后，A、B、C 三个端口都置为输入方式。

表 8.3　8255A 各端口读/写操作时的信号关系

$\overline{CS}$	$\overline{RD}$	$\overline{WR}$	A_1	A_0	操　作
0	1	0	0	0	写端口 A
0	1	0	0	1	写端口 B
0	1	0	1	0	写端口 C
0	1	0	1	1	写控制寄存器
0	0	1	0	0	读端口 A
0	0	1	0	1	读端口 B
0	0	1	1	0	读端口 C
0	0	1	1	1	无操作

2. 8255A 的内部结构

8255A 的内部结构框图如图 8.15 所示，其内部由以下四部分组成。

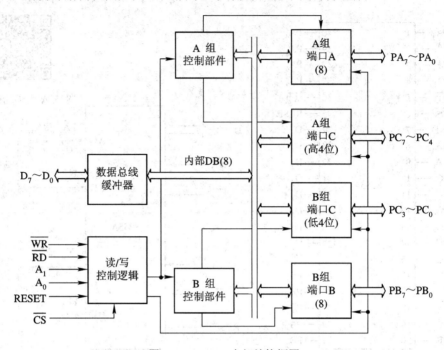

图 8.15　8255A 内部结构框图

1) 端口 A、端口 B 和端口 C

端口 A、端口 B 和端口 C 都是 8 位端口，可以选择作为输入或输出。还可以将端口 C 的高 4 位和低 4 位分开使用，分别作为输入或输出。当端口 A 和端口 B 作为选通输入或输出的数据端口时，端口 C 的指定位与端口 A 和端口 B 配合使用，用作控制信号或状态信号。

2) A 组和 B 组控制电路

这是两组根据 CPU 送来的工作方式控制字控制 8255 工作方式的电路。它们的控制寄存器接收 CPU 输出的方式控制字，由该控制字决定端口的工作方式，还可根据 CPU 的命令对端口 C 实现按位置位或复位操作。

3) 数据总线缓冲器

这是一个 8 位三态数据缓冲器，8255A 正是通过它与系统数据总线相连，实现 8255A 与 CPU 之间的数据传送。输入数据、输出数据、CPU 发给 8255A 的控制字等都是通过该部件传递的。

4) 读/写控制逻辑

读/写控制逻辑电路的功能是负责管理 8255A 与 CPU 之间的数据传送过程。它接收 $\overline{CS}$ 及地址总线的信号 A_1、A_0 和控制总线的控制信号 RESET、$\overline{WR}$、$\overline{RD}$，将它们组合后，得到对 A 组控制部件和 B 组控制部件的控制命令，并将命令送给这两个部件，再由它们控制完成对数据、状态信息和控制信息的传送。各端口读/写操作与对应的控制信号之间的关系见表 8.3。

8.2.2　8255A 的工作方式与控制字

1. 8255A 的工作方式

8255A 在使用前要先写入一个工作方式控制字,以指定 A、B、C 三个端口各自的工作方式。8255A 共有三种工作方式:

方式 0——基本输入/输出方式,即无须联络就可以直接进行 8255A 与外设之间的数据输入或输出操作。A 口、B 口、C 口的高 4 位和低 4 位均可设置为方式 0。

方式 1——选通输入/输出方式,此时 8255A 的 A 口和 B 口与外设之间进行输入或输出操作时,需要 C 口的部分 I/O 线提供联络信号。只有 A 口和 B 口可工作于方式 1。

方式 2——选通双向输入/输出方式,即同一端口的 I/O 线既可以输入也可以输出,只有 A 口可工作于方式 2。此种方式下需要 C 口的部分 I/O 线提供联络信号。

有关 8255A 三种工作方式的功能及应用的详细介绍见 8.2.3 节。

2. 8255A 的控制字

1) 工作方式选择控制字

8255A 的工作方式可由 CPU 写一个工作方式选择控制字到 8255A 的控制寄存器来选择。其格式如图 8.16 所示,可以分别选择端口 A、端口 B 和端口 C 上下两部分的工作方式。端口 A 有方式 0、方式 1 和方式 2 三种工作方式,端口 B 只能工作于方式 0 和方式 1,而端口 C 仅工作于方式 0。注意 8255A 工作方式选择控制字的最高位 D_7(特征位)应为 1。

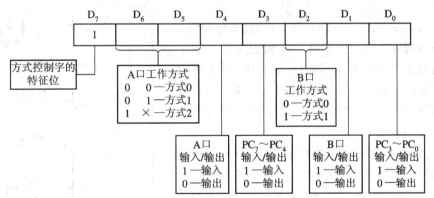

图 8.16　8255 的工作方式选择控制字

注意: 在端口 A 工作于方式 1 或方式 2,端口 B 工作于方式 1 时,C 口部分 I/O 线被定义为 8255A 与外设之间进行数据传送的联络信号线,此时,C 口剩下的 I/O 线仍工作于方式 0,是输入还是输出则由工作方式控制字的 D_0 和 D_3 位决定。

2) C 口按位置位/复位控制字

8255A 的 C 口具有位控功能,即端口 C 的 8 位中的任一位都可通过 CPU 向 8255A 的控制寄存器写入一个按位置位/复位控制字来置 1 或清 0,而 C 口中其他位的状态不变。其格式如图 8.17 所示,注意 8255A 的 C 口按位置位/复位控制字的最高位 D_7(特征位)应为 0。

例如,要使端口 C 的 PC_4 置位的控制字为 00001001B(09H),使该位复位的控制字为 00001000B(08H)。

应注意的是，C 口的按位置位/复位控制字必须跟在方式选择控制字之后写入控制字寄存器，即使仅使用该功能，也应先选送一个方式控制字。方式选择控制字只需写入一次，之后就可多次使用 C 口按位置位/复位控制字对 C 口的某些位进行置 1 或清 0 操作。

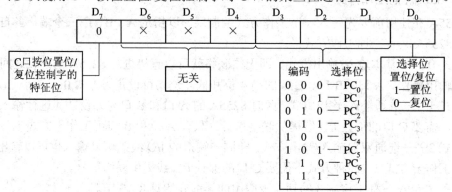

图 8.17　8255A 的 C 口按位置位/复位控制字

8.2.3　各种工作方式的功能

1. 方式 0——基本输入/输出方式

方式 0 无须联络就可以直接进行 8255A 与外设之间的数据输入或输出操作。它适用于无须应答(握手)信号的简单的无条件输入/输出数据的场合，即输入/输出设备始终处于准备好状态。

在此方式下，A 口、B 口、C 口的高 4 位和低 4 位可以分别设置为输入或输出，即 8255A 的这四个部分都可以工作于方式 0。需要说明的是，这里所说的输入或输出是相对于 8255A 芯片而言的。当数据从外设送往 8255A 时为输入，反之，数据从 8255A 送往外设则为输出。

方式 0 也可以用于查询方式的输入或输出接口电路，此时端口 A 和 B 分别作为一个数据端口，而用端口 C 的某些位作为这两个数据端口的控制和状态信息。图 8.18 是一个 A 口和 B 口工作在方式 0 时利用 C 口某些位作为联络信号的接口电路。在此例中将 8255A 设置为：A 口输出，B 口输入，C 口高 4 位输入(现仅用 PC_7、PC_6 两位输入外设的状态)，C

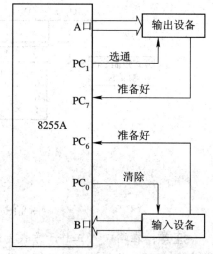

图 8.18　方式 0 查询方式的接口电路

口低 4 位输出(现仅用 PC_1、PC_0 两位输出选通及清除信号)。此时 8255A 的工作方式控制字为 10001010B(8AH)。

其工作原理如下：在向输出设备送数据前，先通过 PC_7 查询设备状态，若设备准备好则从 A 口送出数据，然后通过 PC_1 发选通信号使输出设备接收数据。从输入设备取数据前，先通过 PC_6 查询设备状态，设备准备好后，再从 B 口读入数据，然后通过 PC_0 发清除信号，以便输入后续字节。

与下面介绍的选通输入输出方式(方式 1)和选通双向输入输出方式(方式 2)相比,方式 0 的联络信号线可由用户自行安排(方式 1 和方式 2 中使用的 C 口联络线是已定义好的),且只能用于查询,不能实现中断。

2. 方式 1——选通输入/输出方式

与方式 0 相比,它的主要特点是当 A 口、B 口工作于方式 1 时,C 口的某些 I/O 线被定义为 A 口和 B 口在方式 1 下工作时所需的联络信号线,这些线已经定义,不能由用户改变。现将方式 1 分为 A 口和 B 口均为输入、A 口和 B 口均为输出以及混合输入与输出等三种情况进行讨论。

1) A 口和 B 口均为输入

A 口和 B 口均工作于方式 1 输入时,各端口线的功能如图 8.19 所示。

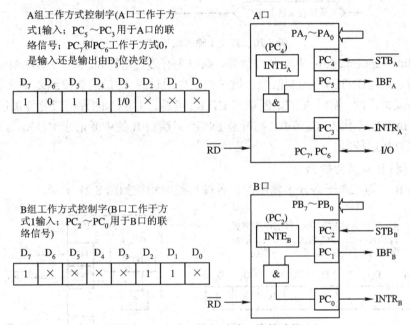

图 8.19　方式 1 输入时端口线的功能

A 口工作于方式 1 输入时,用 $PC_5 \sim PC_3$ 作联络线。B 口工作于方式 1 输入时,用 $PC_2 \sim PC_0$ 作联络线。C 口剩余的两个 I/O 线 PC_7 和 PC_6 工作于方式 0,它们用作输入还是输出,由工作方式控制字中的 D_3 位决定:$D_3=1$,输入;$D_3=0$,输出。

各联络信号线的功能解释如下(请参考图 8.20 所示的方式 1 输入时序图来理解各信号的功能):

$\overline{STB}$(Strobe): 选通信号,输入,低电平有效。当 $\overline{STB}$ 有效时,允许外设数据进入端口 A 或端口 B 的输入数据缓冲器。$\overline{STB}_A$ 接 PC_4,$\overline{STB}_B$ 接 PC_2。

IBF(Input Buffer Full): 输入缓冲器满信号,输出,高电平有效。当 IBF 有效时,表示当前已有一个新数据进入端口 A 或端口 B 缓冲器,尚未被 CPU 取走,外设不能送新的数据。一旦 CPU 完成数据读入操作后,IBF 便复位(变为低电平)。

INTR(Interrupt Request): 中断请求信号,输出,高电平有效。在中断允许信号 INTE=1 且 IBF=1 的条件下,由 STB 信号的后沿(上升沿)产生,该信号可接至中断管理器 8259A 作中断请求。它表明数据端口已输入一个新数据。若 CPU 响应此中断请求，则读入数据端口的数据，并由 $\overline{RD}$ 信号的下降沿使 INTR 复位(变为低电平)。

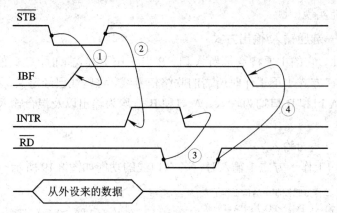

图 8.20 方式 1 输入信号时序图

INTE(Interrupt Enable)：中断允许信号，高电平有效。它是 8255A 内部控制 8255A 是否发出中断请求信号(INTR)的控制信号。这是由软件通过对 C 口的置位或复位来实现对中断请求的允许或禁止的。端口 A 的中断请求 $INTR_A$ 可通过对 PC_4 的置位或复位加以控制：PC_4 置 1，允许 $INTR_A$ 工作；PC_4 清 0，则屏蔽 $INTR_A$。端口 B 的中断请求 $INTR_B$ 可通过对 PC_2 的置位或复位加以控制。

2) A 口和 B 口均为输出

A 口和 B 口均工作于方式 1 输出时，各端口线的功能如图 8.21 所示。

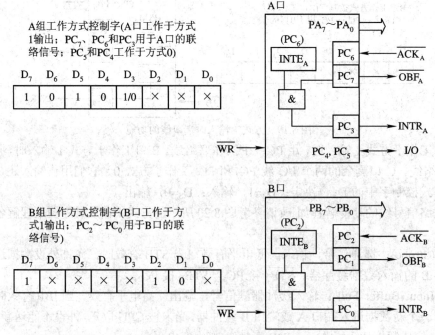

图 8.21 方式 1 输出时端口线的功能

A 口工作于方式 1 输出时，用 PC_7、PC_6 和 PC_3 作联络线。B 口工作于方式 1 输出时，用 $PC_2 \sim PC_0$ 作联络线。C 口剩余的两个 I/O 线 PC_5 和 PC_4 工作于方式 0。各联络信号线的功能解释如下(请参考图 8.22 所示时序图来理解各信号的功能)：

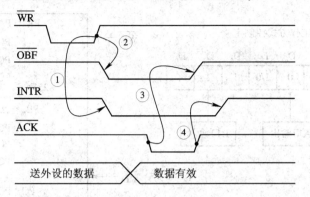

图 8.22　方式 1 输出时信号时序图

$\overline{\text{OBF}}$(Output Buffer Full)：输出缓冲器满信号，输出，低电平有效。当 CPU 把数据写入端口 A 或 B 的输出缓冲器时，写信号 $\overline{\text{WR}}$ 的上升沿把 $\overline{\text{OBF}}$ 置成低电平，通知外设到端口 A 或 B 来取走数据；当外设取走数据时向 8255A 发应答信号 $\overline{\text{ACK}}$，$\overline{\text{ACK}}$ 的下降沿使 $\overline{\text{OBF}}$ 恢复为高电平。

$\overline{\text{ACK}}$(Acknowledge)：外设应答信号，输入，低电平有效。当 $\overline{\text{ACK}}$ 有效时，表示 CPU 输出到 8255A 的数据已被外设取走。

INTR(Interrupt Request)：中断请求信号，输出，高电平有效。该信号由 $\overline{\text{ACK}}$ 的后沿(上升沿)在 INTE=1 且 $\overline{\text{OBF}}$=1 的条件下产生，该信号使 8255A 向 CPU 发出中断请求。若 CPU 响应此中断请求，则向数据口写入一新的数据，写信号 $\overline{\text{WR}}$ 上升沿(后沿)使 INTR 复位，变为低电平。

INTE(Interrupt Enable)：中断允许信号，与方式 1 输入类似，端口 A 的输出中断请求 INTR_A 可以通过对 PC_6 的置位或复位来加以允许或禁止。端口 B 的输出中断请求信号 INTR_B 可以通过对 PC_2 的置位或复位来加以允许或禁止。

3) 混合输入与输出

在实际应用中，8255A 端口 A 和端口 B 也可能出现一个端口工作于方式 1 输入，另一个工作于方式 1 输出的情况，这有以下两种情况：

端口 A 为输入，端口 B 为输出时，其控制字格式和连线图如图 8.23 所示。

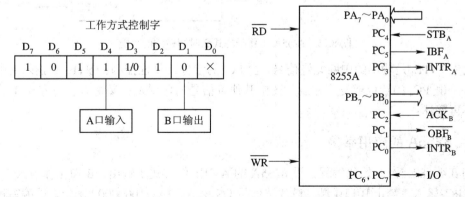

图 8.23　方式 1 A 口输入 B 口输出

端口 A 为输出，端口 B 为输入时，其控制字格式和连线图如图 8.24 所示。

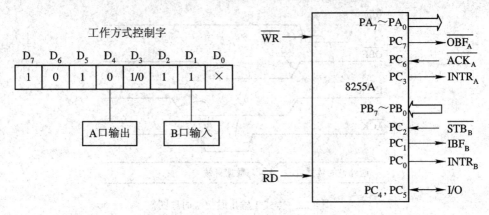

图 8.24　方式 1 A 口输出 B 口输入

3. 方式 2——选通双向输入/输出方式

选通双向输入/输出方式，即同一端口的 I/O 线既可以输入也可以输出，只有 A 口可工作于方式 2。此时 C 口有 5 条线($PC_7 \sim PC_3$)被规定为联络信号线。剩下的 3 条线($PC_2 \sim PC_0$)可以作为 B 口工作于方式 1 时的联络线，也可以独立工作于方式 0。8255A 的 A 口工作于方式 2 时 C 口各 I/O 线的功能如图 8.25 所示。

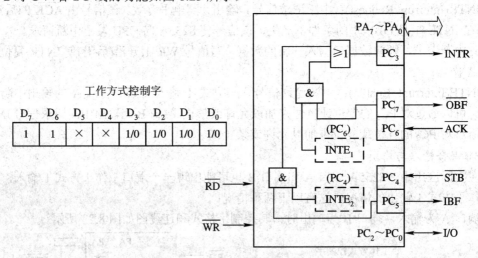

图 8.25　8255A 工作于方式 2 时端口线的功能

图中 $INTE_1$ 是输出的中断允许信号，由 PC_6 的置位或复位控制。$INTE_2$ 是输入的中断允许信号，由 PC_4 的置位或复位控制。图中其他各信号的作用及意义基本上与方式 1 相同，在此不再赘述。

8.2.4　8255A 的应用举例

例 8.4　8255A 初始化编程。设 8255A 的 A 口工作方式 1 输出，B 口工作方式 1 输入，PC_4 和 PC_5 输入，禁止 B 口中断。设片选信号 $\overline{CS}$ 由 $A_9 \sim A_2 = 10000000$ 确定。试编写程序对

8255A 进行初始化。

根据题意，设计接口电路如图 8.26 所示。

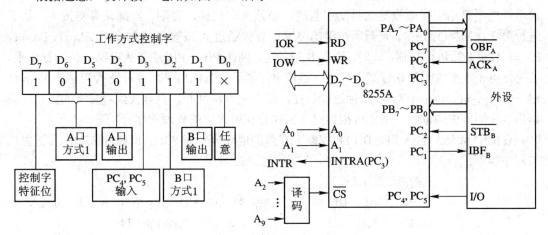

图 8.26　8255 方式 1 接口电路及控制字

初始化程序如下：

MOV	AL，10101110B	；控制字送 AL
MOV	DX，1000000011B	；8255A 控制字寄存器地址送 DX
OUT	DX，AL	；控制字送 8255A 的控制寄存器
MOV	AL，00001101B	；PC_6 置 1，允许 A 口中断
OUT	DX，AL	
MOV	AL，00000100B	；PC_2 置 0，禁止 B 口中断
OUT	DX，AL	

例 8.5　利用 8255A 对非编码键盘进行管理。

图 8.27 所示为使用 8255A 构成 4 行 4 列的非编码矩阵键盘控制电路。

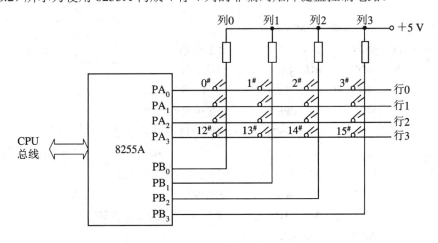

图 8.27　矩阵键盘接口

图中 8255A 的 A 口工作于方式 0 输出，B 口工作于方式 0 输入。键盘工作过程如下：
首先进行第 1 次键盘扫描(判断是否有键按下)。使 A 口 $PA_3 \sim PA_0$ 输出均为 0，然后读入 B

口的值，查看 PB$_3$～PB$_0$ 是否有低电平，若没有低电平，则说明没有键按下，继续进行扫描。若 PB$_3$～PB$_0$ 中有一位为低电平，使用软件延时 10～20 ms 以消除抖动，若低电平消失，则说明低电平是由干扰或按键的抖动引起的，必须再次扫描，否则，则确认有键按下，接着进行第 2 次扫描(行扫描，判断所按键的位置)。首先通过 A 口输出使 PA$_0$=0，PA$_1$=1，PA$_2$=1，PA$_3$=1 对第 0 行进行扫描，此时，读入 B 口的值，判断 PB$_3$～PB$_0$ 中是否有某一位为低电平，若有低电平，则说明第 0 行某一列上有键按下。如果没有低电平，接着使 A 口输出 PA$_0$=1，PA$_1$=0，PA$_2$=1，PA$_3$=1 对第 1 行进行扫描，按上述方法判断，直到找到被按下的键，并识别出其在矩阵中的位置，从而可根据键号去执行该键对应的处理程序。

设图中 8255A 的 A 口、B 口和控制寄存器的地址分别为 80H、81H 和 83H，其键盘扫描程序如下：

```
        ; 判断是否有键按下
        MOV     AL，82H      ; 初始化 8255A，A 口方式 0 输出，B 口方式 0 输入
        OUT     83H，AL      ; 将工作方式控制字送控制寄存器
        MOV     AL，00H
        OUT     80H，AL      ; 使 PA₃=PA₂=PA₁=PA₀=0
LOOA:   IN      AL，81H      ; 读 B 口，判断 PB₃～PB₀ 是否有一位为低电平
        AND     AL，0FH
        CMP     AL，0FH
        JZ      LOOA        ; PB₃～PB₀ 没有一位为低电平时转 LOOA 继续扫描
        CALL    D20ms       ; PB₃～PB₀ 有一位为低电平时调用延时 20 ms 子程序
        IN      AL，81H      ; 再次读入 B 口值。如果 PB₃～PB₀ 仍有一位为低电平，
        AND     AL，0FH      ; 说明确实有键按下，继续往下执行，以判断是哪个键
        CMP     AL，0FH      ; 按下；如果延时后 PB₃～PB₀ 中低电平不再存在，
        JZ      LOOA        ; 说明是由干扰或抖动引起的，则转 LOOA 继续扫描


        ; 判断哪一个键按下
START:  MOV     BL，4       ; 行数送 BL
        MOV     BH，4       ; 列数送 BH
        MOV     AL，0FEH    ; D₀=0，准备扫描 0 行
        MOV     CL，0FH     ; 键盘屏蔽码送 CL
        MOV     CH，0FFH    ; CH 中存放起始键号
LOP1:   OUT     80H，AL     ; A 口输出，扫描一行
        ROL     AL，1       ; 修改扫描码，准备扫描下一行
        MOV     AH，AL      ; 暂时保存
        IN      AL，81H     ; 读 B 口，以便确定所按键的列值
        AND     AL，CL
        CMP     AL，CL
        JNZ     LOP2        ; 有列线为 0，转 LOP2，找列值
        ADD     CH，BH      ; 无键按下，修改键号，以方便下一行找键号
```

	MOV	AL，AH	; 恢复扫描码
	DEC	BL	; 行数减 1
	JNZ	LOP1	; 行未扫描完转 LOP1
	JMP	START	; 重新扫描
LOP2:	INC	CH	; 键号加 1
	ROR	AL，1	; 右移一位
	JC	LOP2	; 无键按下，查下一列线
	MOV	AL，CH	; 已找到，键号送 AL
	CMP	AL，0	
	JZ	KEY0	; 是 0 号键按下，转 KEY0 执行
	CMP	AL，1	
	JZ	KEY1	; 是 1 号键按下，转 KEY1 执行

$\vdots$

	CMP	AL，0EH	
	JZ	KEY14	; 是 14 号键按下，转 KEY14 执行
	JMP	KEY15	; 不是 0~14 号键，一定是 15 号键，转 KEY15 执行

例 8.6　利用 8255A 作为两机并行通信接口。

两台 PC 机通过 8255A 构成如图 8.28 所示的并行数据传送接口，A 机发送数据，B 机接收数据。A 机一侧的 8255A 工作于方式 1 输出，从 $PA_7 \sim PA_0$ 发送由 CPU 写入 A 口的数据，PC_3、PC_7 和 PC_6 提供 A 机一侧 8255A 的 A 口工作于方式 1 时的联络信号 INTR、$\overline{OBF}$ 和 $\overline{ACK}$。B 机一侧的 8255A 工作于方式 0 输入，从 $PA_7 \sim PA_0$ 接收 A 机送来的数据，PC_4 和 PC_0 选作联络信号。

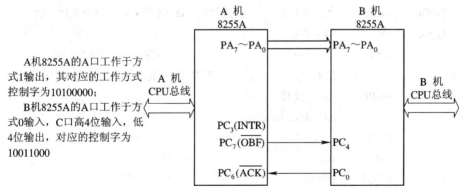

图 8.28　两台 PC 机并行通信接口电路

其工作过程如下：A 机将数据从 A 口送出后，经 PC_7 送出 $\overline{OBF}$ 有效信号(请参阅图 8.21 和图 8.22)，B 机查询到 $\overline{OBF}$ 信号(经 B 机一侧 8255A 的 PC_4 引脚)有效后，从 A 口读入数据，并通过软件在 PC_0 上产生一个 $\overline{ACK}$ 有效信号，该信号的上升沿使 A 机的 8255A 的 PC_3 上产生有效的 INTR 信号，A 机 CPU 查询到 INTR 有效(PC_3 为高电平)时，接着发送下一个数据，如此不断重复，直到发送完所有的数据为止。

假设两台 PC 机传送 1 KB 数据,发送缓冲区为 0300：0000H,接收缓冲区为 0400：0000H,

A、B 两机的 8255A 的端口地址均为 300H～303H。驱动程序如下：

```
        ; A 机的发送程序
        ⋮
        MOV     AX，0300H
        MOV     ES，AX           ; 设置 A 机发送数据缓冲区段地址
        MOV     BX，0            ; 设置 A 机发送数据缓冲区偏移地址
        MOV     CX，03FFH        ; 设置发送字节数
        ; 对 A 机 8255A 进行初始化
        MOV     DX，303H         ; 指向 A 机 8255A 的控制寄存器
        MOV     AL，10100000B    ; 8255A 指定为工作方式 1 输出
        OUT     DX，AL
        MOV     AL，00001101B    ; 置发送中断允许 INTE_A=1
        OUT     DX，AL           ;
        ; 发送数据
        MOV     DX，300H         ; 向 A 口写第 1 个数据，产生第一个 $\overline{OBF}$ 信号，
        MOV     AL，ES：[BX]     ; 对方查询到 $\overline{OBF}$ 信号有效后，读入数据，并通
                                ; 过软件，在 PC_0 上发出 $\overline{ACK}$ 信号，该信号上升沿
                                ; 使 A 机 8255A 的 PC_3 产生有效的 INTR 信号，
                                ; A 机 CPU 查询到
        OUT     DX，AL           ; 该信号有效后，再接着发下一个数据
        INC     BX              ; 缓冲区指针加 1
        DEC     CX              ; 计数器减 1
LOOP0:  MOV     DX，302H         ; 指向 8255A 的 C 口，读有关状态信息
LOOP1:  IN      AL，DX
        AND     AL，08H          ; 查询中断请求信号 INTR(PC_3)=1？
        JZ      LOOP1           ; 若 INTR=0 则等待，否则向 A 口发数据
        MOV     DX，300H
        MOV     AL，ES：[BX]
        OUT     DX，AL
        INC     BX              ; 缓冲区指针加 1
        LOOP    LOOP0           ; 数据未送完，继续
        MOV     AX，4C00H
        INT     21H             ; 返回 DOS
        ⋮
        ; B 机接收数据
        ⋮
        MOV     AX，0400H
        MOV     ES，AX           ; 设 B 机接收缓冲区段地址
        MOV     BX，0            ; 设 B 机接收缓冲区偏移地址
```

```
                MOV     CX，3FFH          ；置接收字节数计数器
；对 B 机的 8255A 初始化
                MOV     DX，303H          ；指向 B 机 8255A 的控制寄存器
                MOV     AL，10011000B      ；设 A 口和 C 口高 4 位为方式 0 输入
                OUT     DX，AL           ；C 口低 4 位为方式 0 输出
                MOV     AL，00000001B      ；置 PC₀=ACK=1
                OUT     DX，AL
LOOP0:          MOV     DX，302H          ；指向 C 口
LOOP1:          IN      AL，DX           ；查 A 机的 OBF(B 机的 PC₄)=0?
                AND     AL，10H           ；即查询 A 机是否发来数据
                JNZ     LOOP1            ；若未发来数据，则等待
                MOV     DX，300H          ；发来数据，则从 A 口读数据
                IN      AL，DX
                MOV     ES：[BX]，AL      ；存入接收缓冲区
                MOV     DX，303H          ；产生 ACK 信号，并发回 A 机
                MOV     AL，0             ；PC₀ 置 0
                OUT     DX，AL
                NOP                      ；延时，使所产生的有效 ACK 信号(低电平)持续
                NOP
                MOV     AL，01H           ；PC₀ 置 1，使 ACK 变为高电平，注意在此信号作
                OUT     DX，AL           ；用下，A 机 8255A 的 PC₃ 变为高电平
                INC     BX              ；缓冲区指针加 1
                DEC     CX              ；计数器减 1
                JNZ     LOOP0            ；不为 0，继续
                MOV     AX，4C00H
                INT     21H             ；返回
                ⋮
```

8.3 串行通信及可编程串行接口芯片 8251A

在数据通信与计算机领域中，有两种基本的数据传送方式：串行通信与并行通信。有关并行通信的知识已在上一节做了详细介绍。本节将介绍串行通信的概念、特点及接口电路。

随着大规模集成电路技术的发展，通用的可编程串行同步/异步接口芯片种类越来越多。常用的有 Intel 的 8251A、National Semiconductor 的 8250、Motorola 的 6850 以及 Zilog 的 SIO 等。本节重点介绍 Intel 的 8251A 串行同步/异步接口芯片的工作原理及使用方法。

8.3.1 串行通信的基本概念

1. 概述

计算机之间以及计算机与一些常用的外部设备之间的数据交换，往往需要采用串行通信的方式。在计算机远程通信中，串行通信更是一种不可缺少的通信方式。

在并行通信中，数据有多少位就要有多少根传输线，而串行通信中只需要一条数据传输线，所以串行通信可以节省传送线。在位数较多、传输距离较长的情况下，这个优点更为突出，但串行通信的速度比并行通信的低。

2. 串行通信中数据的传送模式

在串行通信中，数据通常在两个站(如 A 和 B)之间进行传送，如图 8.29 所示。串行通信可分为单工通信模式、半双工通信模式和全双工通信模式。

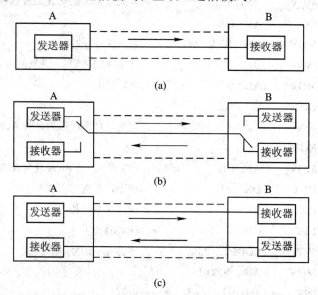

图 8.29　串行通信中数据的传送模式

(a) 单工通信模式；(b) 半双工通信模式；(c) 全双工通信模式

(1) 单工(Simplex)通信模式：该模式仅能进行一个方向的数据传送，数据只能从发送器 A 发送到接收器 B。

(2) 半双工(Half Duplex)通信模式：该模式能够在设备 A 和设备 B 之间交替地进行双向数据传送。即数据可以在一个时刻从设备 A 传送到设备 B，而另一时刻可以从设备 B 传送到设备 A，但不能同时进行。

(3) 全双工(Full Duplex)通信模式：该模式下设备 A 或 B 均能在发送的同时接收数据。

3. 串行通信中的异步传送与同步传送

在数据通信中为使收、发信息准确，收发两端的动作必须相互协调配合。这种协调收发之间动作的措施称为"同步"。在串行通信中数据传送的同步方式有异步传送和同步传送两种。

1) 异步传送

所谓异步传送，是指发送设备和接收设备在约定的波特率(每秒传送的位数)下，不需要严格的同步，允许有相对的延迟。即两端的频率差别在 1/10 以内，就能正确地实现通信。在进行异步传送时必须确定字符格式及波特率。

(1) 字符格式。字符格式即字符的编码形式及规定。图 8.30 为串行通信中异步传送的数据格式。说明如下：

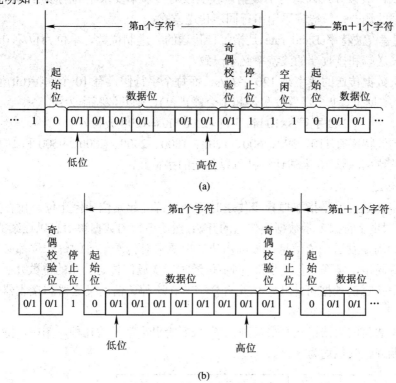

图 8.30　异步传送数据格式

(a) 有空闲位；(b) 无空闲位

起始位：每个字符的开始必须是持续一个比特时间的逻辑"0"电平，标志着一个字符的开始。

数据位：有 5～8 位，紧跟起始位之后，是字符中的有效数据位。传送字符时，先送低位，后送高位。

奇偶校验位：仅占一位。可根据需要设置为奇校验或偶校验，也可以不设校验位。

停止位：可设置为 1 位、1.5 位或 2 位，并规定为逻辑"1"状态。

每个字符传送前，其传输线上必须处于高电平"1"状态，这样，当传输线由"1"变为"0"状态，并持续 1 比特时间时，就表明是字符的起始位，下面传送的位信息必然是有效数据位信息。当一个字符传送完后，立即传送下一个字符，那么，下一个字符的起始位便紧挨着前一个字符的停止位(即无空闲位)，如图 8.30(b)所示。如果后续数据跟不上，则在停止位后加高电平的空闲位等待下一个字符的到来，如图 8.30(a)所示。可以看出，异步串行通信时，字符的发送和接收可以随时地间断进行，不受时间限制。因此，这种传送方式在同一字符内各位是以固定的时间传送的，而字符间是异步的。这种异步传送是靠收发双方在字符格式中设置起始位和停止位来协调"同步"的。

在计算机通信中,传送的数据格式可通过对可编程的串行接口电路设置相应的命令字来确定。在同一个通信系统的发送站和接收站,双方约定的字符格式必须一致,否则将会造成数据传送的错误与混乱。

串行通信的异步传送方式每发送一个字符都需要附加起始位和停止位,从而使有效数据传输率降低,故该方式只适用于数据量较少或对传输率要求不高的场合。对于需要快速传输大量数据的场合,一般应采用串行同步传送方式。

(2) 波特率。波特率(Baud rate)是指每秒传送的二进制位数,单位为位/秒(bit/s,b/s)。串行通信时发送端和接收端的波特率必须一致。

设计算机数据传送的速率是 120 字符/s,而每个字符假设有 10 个比特(bit)位(包括 1 个起始位、7 个数据位、1 个奇偶校验位和 1 个停止位),则其波特率为:

$$120\text{ 字符/s} \times 10\text{ bit/字符} = 1200\text{ bit/s} = 1200\text{ 波特}$$

最常用的波特率有 110、300、600、1200、1800、2400、4800、9600 和 19 200 b/s。通常用选定的波特率除以 10 来估计每秒可以传送的字符数。

2) 同步传送

所谓同步传送,就是指取掉异步传送时每个字符的起始位和停止位,仅在数据块开始处用 1~2 个同步字符来表示数据块传送的开始,然后串行的数据块信息以连续的形式发送,每个发送时钟周期发送一位信息,故同步传送中要求对传送信息的每一位都必须在收、发两端严格保持同步,实现"位同步"。同步传送时一次通信传送信息的位数几乎不受限制,通常一次通信传送的数据可达几十到几百个字节。这种通信的发送器和接收器比较复杂,成本较高。

用于同步通信的数据格式有很多种,图 8.31 给出了常见的几种。图中,除数据场的字节数不受限制外,其他均为 8 位。

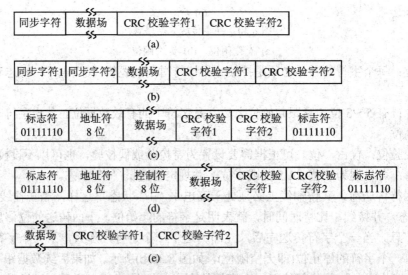

图 8.31　同步传送数据格式

(a) 单同步数据格式;(b) 双同步数据格式;(c) SDLC 数据格式;

(d) HDLC 数据格式;(e) 外同步格式

图(a)为单同步数据格式，传送一帧数据仅使用一个同步字。当接收端检测到一个完整的同步字后，就连续接收数据。一帧数据结束，便进行 16 位的循环冗余校验(Cyclic Redundancy Check)——CRC 校验，以校验所传送的数据中是否出现错误。

图(b)为双同步数据格式，这时利用两个同步字进行同步。

图(c)是 IBM 公司推出的同步数据链路控制数据格式 SDLC(Synchronous Data Link Control)。图(d)是 ISO 推荐的高级数据链路控制数据格式 HDLC(High-level Data Link Control)。这两种格式的细节本书不作详细说明。

图(e)是一种外同步方式所采用的数据格式。该方式在发送的一帧数据中不包含同步字。同步是由专门的控制线产生一个同步信号 SYNC 加到串行接口上，当 SYNC 一到达，表明数据场开始，接口就连续接收数据。

4．信号的调制与解调

在计算机系统中，主机与外设之间所传送的是用二进制"0"和"1"表示的数字信号。数字信号的传送要求占用很宽的频带，且还具有很大的直流分量，因此数字信号仅适用于在短距离的专用传输线上传输。

在进行远距离的数据传输时，一般是利用电话线作通信线路。由于电话线不具备数字信号所需的频带宽度，如果数字信号直接用电话线传输，信号将会出现畸变，致使接收端无法从发生畸变的数字信号中识别出原来的信息。因此必须采取一些措施，在发送端把数字信号转换成适于传输的模拟信号，而在接收端再将模拟信号转换成数字信号。前一种转换称为调制，后一种转换称为解调。完成调制、解调功能的设备叫作调制解调器(Modem)。

调制解调器的类型比较多，但基本可分为两类：异步调制解调器和同步调制解调器。

异步调制解调器适用于异步通信方式，它不提供同步时钟信号。常用的调制方法是频移键控(FSK，Frequency Shift Keying)或称为两态调频。

如图 8.32 所示，频移键控的基本原理是把"0"和"1"两种数字信号分别调制成两个不同频率的音频信号。频移键控适用于低速率传送，一般是在传输波特率在 1200 b/s 以下时可采用 FSK 调制。

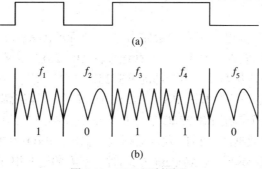

图 8.32　FSK 调制原理

(a) 数字信号；(b) FSK 信号

同步调制解调器主要用于高速同步通信方式，常用的调制方式是调相和正交幅度调制等。

调相方式就是相移键控(PSK，Phase Shift Keying)，它是以相位变化来表示"1"和"0"。

假定有两个相位差 180° 的正弦波(如图 8.33(a)、(b)所示),当数字信号为 1 时,把其中一个波形(图(a)所示)与传输线路接通;当数字信号为"0"时,将另一个波形(图(b)所示)与传输线路接通,则得到传输线路上的波形如图 8.33(c)所示。

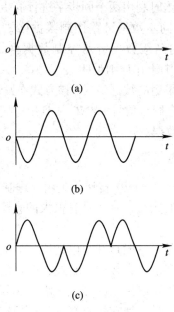

(a)

(b)

(c)

图 8.33 PSK 调制原理

8.3.2 串行通信接口及其标准

1. 串行 I/O 接口标准

串行通信接口是实现串行通信的基础。接口硬件的一侧与计算机系统总线相连,另一侧提供一组信号与通信设备相连。所谓串行接口的标准化,就是指与通信设备相连接的这组信号的内容、形式以及接插件引脚的排列等的标准化。通用的串行 I/O 接口标准有许多种,本节仅介绍常用的 EIA RS-232C 接口标准。

1) 引脚定义

EIA RS-232C 是美国电子工业协会推荐的一种标准(Electronic Industries Association Recommended Standard)。它在一种 D 型 25 针连接器(DB-25)上定义了串行通信的有关信号。在实际异步串行通信中,并不要求用全部的 RS-232C 信号。现在微机中广泛使用 D 型 9 针连接器(DB－9),因此这里不打算就 RS-232C 的全部信号做详细解释。表 8.4 给出 25 针或 9 针 D 型插座引出的 9 个常用 RS-232C 信号及其在 D 型插座中的引脚。

TxD/RxD:是一对数据线。TxD 发送数据线,输出;RxD 为接收数据线,输入。当两台微机以全双工方式直接通信(无 Modem 方式)时,双方的这两根线应交叉连接(扭接)。

GND:信号地。所有信号都要通过信号地构成耦合回路。通信线有以上三条(TxD、RxD 和信号地 GND)就能工作了。其余信号主要用于双方设备通信过程中的联络(握手信号),而且有些信号仅用于对 Modem 的联络。图 8.34 和图 8.35 分别给出无 Modem(DTE 与 DTE 或具有 RS-232C 的串口)和有 Modem(DTE 与 DCE)时常见的 RS-232C 连接方式。

表 8.4　D 型 25 针或 9 针 RS-232C 连接器引出的常用信号功能

9 针 D 型插座中的引脚号	25 针 D 型插座中的引脚号	引脚符号	信号方向 (DTE 与 DCE 通信时)	功 能 说 明
3	2	TxD	DTE→DCE	发送数据
2	3	RxD	DCE→DTE	接收数据
7	4	RTS	DTE→DCE	请求发送
8	5	CTS	DCE→DTE	允许发送
6	6	DSR	DCE→DTE	数据通信设备 DCE 准备好
5	7	GND		信号地
1	8	DCD	DCE→DTE	数据载波检测
4	20	DTR	DTE→DCE	数据终端设备 DTE 准备好
9	22	RI	DCE→DTE	振铃指示

注：① DTE(Data Terminal Equipment)为数据终端设备(通常为计算机或终端)

② DCE(Data Communication Equipment)为数据通信设备(通常为调制解调器)

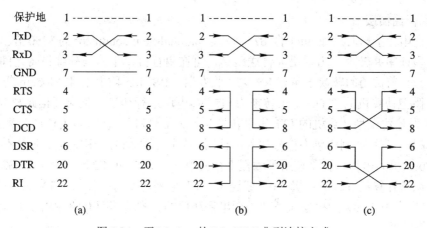

图 8.34　无 Modem 的 RS-232C 典型连接方式

(a) 三线经济方式；(b) 三线式；(c) 七线式

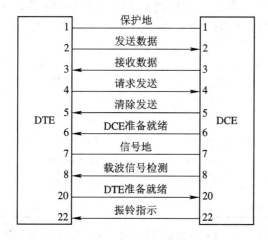

图 8.35　有 Modem 的 RS-232C 典型连接方式

RTS/CTS：请求发送信号 RTS 是发送器输出的准备好信号。接收方准备好后送回清除发送信号 CTS 后，就可开始发送数据。在同一端将这两个信号短接就意味着只要发送器准备好即可发送。

DCD：载波检测(又称为接收线路信号检测)。Modem 在检测到线路中的载波信号后，通知终端准备接收数据的信号。在没有接 Modem 的情况下，也可以和 RTS、CTSD 短接。

DTR/DSR：数据终端准备好时发 DTR 信号，在接收到数据通信设备准备好 DSR 信号后，方可通信。

RI：在 Modem 接收到电话交换机有效的拨号时，使 RI 有效，通知数据终端准备传送。在无 Modem 时也可和 DTR 相连。

2) 信号电平规定

RS-232C 规定了双极性的信号电平：$-25\sim-3$ V 的电平表示逻辑"1"；$+3\sim+25$ V 的电平表示逻辑"0"。

可以看出，RS-232C 的电平与 TTL 电平是不能直接互连的。为了实现与 TTL 电路的连接，必须进行电平转换，详见下节。

2. 串行通信接口

可编程串行接口芯片如 Intel 的 8251 以及 National Semiconductor 的 8250 等仅完成 TTL 电平的并串或串并转换。为了增大传送距离，可在串行接口电路与外部设备之间增加信号转换电路。目前常用的转换电路有 RS-232 收发器、RS-485 收发器和 Modem 等。RS-232 收发器将微型计算机的 TTL 电平转换为 ±15 V 电压进行传送，最大通信距离为 15 m。RS-485 收发器将微型计算机的 TTL 电平转换为差分信号进行传送，最大传送距离为 1.2 km。Modem 将电平信号调制成频率信号送入电话网，如同音频信号一样在电话网中传送。

80x86 微机的串行口就是使用可编程串行通信芯片 8251 或 8250 以及 RS-232 电平转换电路，将微型计算机并行的逻辑"0"或逻辑"1"电平转换为串行的 +15 V 或 −15 V 脉冲，通过 25 针(或 9 针)D 型插座与外部进行串行通信的。本节简要介绍 RS-232 电平转换器(RS-232 收发器)。

目前，国际上有很多厂商生产 RS-232 收发器，这里仅介绍 MAXIM 生产的 RS-232 发送器 1488(将 TTL 电平转换为 RS-232C 电平)和 RS-232 接收器 1489(将 RS-232C 电平转换为 TTL 电平)，其引脚如图 8.36 所示。图 8.37 给出了一个使用 1488 和 1489 实现电平转换的例子。

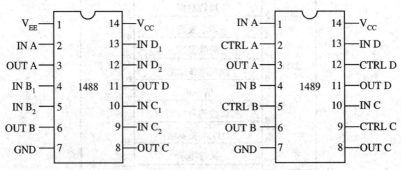

图 8.36　RS-232 发送器 1488 和 RS-232 接收器 1489

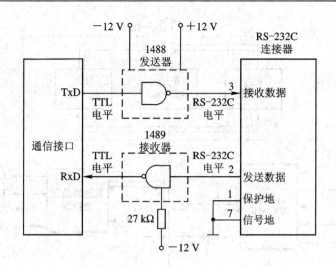

图 8.37 RS-232C 总线接收器与发送器的连接方法

8.3.3 可编程串行接口芯片 8251A

1. 8251A 内部结构

Intel 8251A 是可编程的串行通信接口芯片，它有以下主要特点：

① 可用于串行异步通信，也可用于串行同步通信。

② 对于异步通信，可设定停止位为 1 位、1 位半或 2 位。

③ 对于同步通信，可设为单同步、双同步或外同步等。同步字符可由用户自己设定。

④ 可以设定奇偶校验的方式，也可以不校验。校验位的插入、检出及检错都由芯片本身完成。

⑤ 异步通信的时钟频率可设为波特率的 1 倍、16 倍或 64 倍。

⑥ 在异步通信时，波特率的可选范围为 0~19.2 千波特；在同步通信时，波特率的可选范围为 0~64 千波特。

⑦ 提供与外部设备特别是调制解调器的联络信号，便于直接和通信线路相连接。

⑧ 接收、发送数据分别有各自的缓冲器，可进行全双工通信。

图 8.38 给出了 8251A 的内部结构框图，它由 5 部分组成，各功能模块的功能如下：

(1) I/O 缓冲器。8251A 的 I/O 缓冲器是三态双向的缓冲器。引脚 $D_7 \sim D_0$ 是 8251A 和 CPU 接口的三态双向数据总线，用于向 CPU 传递命令、数据或状态信息。与 CPU 相互交换的数据和控制字就存放在这里，共有三个缓冲器。

① 接收缓冲器：串行口收到的数据变成并行数据后，存放在这里供 CPU 读取。

② 发送/命令缓冲器：这是一个分时使用的双功能缓冲器。CPU 送来的并行数据存放在这里，准备由串行口向外发送；另外，CPU 送来的命令字也存放在这里，以指挥串行接口的工作。由于命令一旦输入就马上执行，不必长期存放，因而不会影响存放待发送的数据。

③ 状态缓冲器：存放 8251A 内部的工作状态，供 CPU 查询。

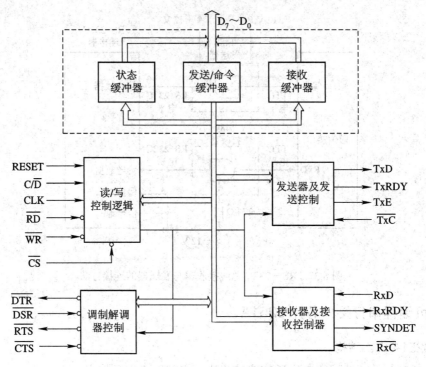

图 8.38　8251A 内部结构框图

(2) 读/写控制逻辑。该模块的功能是接收 CPU 的控制信号，控制数据的传送方向。

(3) 接收器及接收控制。该模块的功能是从 RxD 引脚接收串行数据，按指定的方式装配成并行数据。

(4) 发送器及发送控制。该模块的功能是从 CPU 接收并行数据，自动加上适当的成帧信号并转换成串行数据后从 TxD 引脚发送出去。

(5) 调制解调器控制。该模块提供和调制解调器的联络信号。

2. 8251A 的外部引脚

8251A 是一个采用 NMOS 工艺制造的 28 脚双列直插式封装的芯片，其外部引脚如图 8.39 所示。8251A 的引脚按功能可分为与 CPU 连接的信号引脚和与外部设备(或调制解调器)连接的信号引脚。

1) 与 CPU 之间的接口引脚

(1) 数据信号 $D_0 \sim D_7$：与 CPU 的数据总线对应连接。

(2) 读/写控制信号：

$\overline{RD}$——读选通信号输入线，低电平有效。

$\overline{WR}$——写选通信号输入线，低电平有效。

$C/\overline{D}$——信息类型信号输入线。低电平时传送的是数据，高电平时传送的是控制字或状态信

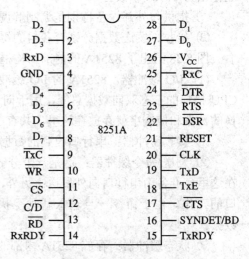

图 8.39　8251A 的外部引脚

息，通常将该引脚与 CPU 地址总线 A_0 引脚相连，以实现对 8251A 内部寄存器的寻址。C/$\overline{D}$、$\overline{WR}$、$\overline{RD}$ 三者的控制编码与相应的操作功能如表 8.5 所示。

表 8.5 CPU 对 8251A 的读/写控制

C/$\overline{D}$	$\overline{RD}$	$\overline{WR}$	读/写功能说明
0	0	1	CPU 从 8251A 中读取数据
0	1	0	CPU 向 8251A 中写入数据
1	0	1	CPU 从 8251A 中读取状态
1	1	0	CPU 向 8251A 中写入控制命令

(3) 收发联络信号：

TxRDY(Transmitter Ready)——发送准备好信号，输出，高电平有效。当发送寄存器空闲且允许发送($\overline{CTS}$ 为低电平、命令字中 TxEN 位为 1)时，TxRDY 输出为高电平，以通知 CPU 当前 8251A 已做好发送准备，CPU 可以向 8251A 传送一个字符。当 CPU 将要发送的数据写入 8251A 后，TxRDY 恢复为低电平。TxRDY 可作为 8251A 向 CPU 发送的中断请求信号。

TxE(Transmitter Empty)——发送器空信号，输出，高电平有效。TxE=1 时，表示发送器中没有要发送的字符，当 CPU 把要发送的数据写入 8251A 中后，TxE 自动变为低电平。

RxRDY(Receiver Ready)——接收器准备好信号，输出，高电平有效。RxRDY=1 时，表明 8251A 已经从串行输入线接收了一个字符，正等待 CPU 将此数据取走。因此，在中断方式时，RxRDY 可作为向 CPU 申请中断的请求信号；在查询方式时，RxRDY 的状态供 CPU 查询之用。

SYNDET(Synchronous Detect)——同步检测信号。用于内同步状态输出或外同步信号输入。此线仅对同步方式有意义。

(4) 时钟、复位及片选信号：

CLK——时钟信号输入线，用于 8251A 工作时内部的定时，它的频率没有明确值的要求，但必须不低于接收或发送波特率的 30 倍。

RESET——复位信号输入线，高电平有效。复位后 8251A 处于空闲状态直至被初始化编程。

$\overline{CS}$——片选信号，低电平有效，它由 CPU 的地址信号译码而形成。$\overline{CS}$ 为低电平时，8251A 被 CPU 选中。

2) 与外部设备(或调制解调器)之间的接口引脚

$\overline{DTR}$(Data Terminal Ready)——数据终端准备好，输出，低电平有效。CPU 对 8251A 输出命令字使控制寄存器 D_1 位置 1，从而使 $\overline{DTR}$ 变为低电平，以通知外设 CPU 当前已准备就绪。

$\overline{RTS}$(Request To Send)——请求发送，输出，低电平有效。此信号等效于 $\overline{DTR}$，CPU 通过将控制寄存器的 D_5 位置 1，可使 $\overline{RTS}$ 变为低电平，用于通知外设(调制解调器)CPU 已准备好，请求外设(调制解调器)做好发送准备。

TxD(Transmitter Data)——发送数据输出线。CPU 并行输入给 8251A 的数据从该引脚串行发送出去。

$\overline{DSR}$(Data Set Ready)——数据装置准备好，输入，低电平有效。这是由外设(调制解调器)送入 8251A 的信号，用于表示调制解调器或外设的数据已经准备好。当 $\overline{DSR}$ 端出现低电平时会在 8251A 的状态寄存器的 D_7 位反映出来。CPU 可通过对状态寄存器进行读取操作，查询 D_7 位即 $\overline{DSR}$ 状态。

$\overline{CTS}$(Clear To Send)——清除发送，输入，低电平有效。这是由外设(调制解调器)送往8251A 的低电平有效信号。它是对 $\overline{RTS}$ 的响应信号。$\overline{CTS}$ 有效，表示允许 8251A 发送数据。

RxD(Receiver Data)——串行数据输入线。

$\overline{RxC}$(Receiver Clock)——接收器接收时钟输入端。它控制 8251A 接收字符的速度，在上升沿采集串行数据输入线。在同步方式时，它由外设(或调制解调器)提供，$\overline{RxC}$ 的频率等于波特率；在异步方式时，$\overline{RxC}$ 由专门的时钟发生器提供，其频率是波特率的 1 倍、16 倍或 64 倍，即波特率将等于 $\overline{RxC}$ 端脉冲经过分频得到的脉冲的频率，分频系数可通过方式选择字设定为 1、16 或 64。实际上，$\overline{RxC}$ 和 $\overline{TxC}$ 往往连在一起，共同接到一个信号源上，该信号源要由专门的辅助电路产生。

$\overline{TxC}$(Transmitter Clock)——发送器发送时钟输入端。$\overline{TxC}$ 的频率与波特率之间的关系同$\overline{RxC}$。数据在 $\overline{TxC}$ 的下降沿由发送器移位输出。

3. 8251A 的工作过程

1) 接收器的工作过程

在异步方式中，当接收器接收到有效的起始位后，便开始接收数据位、奇偶校验位和停止位。然后将数据送入寄存器，此时，RxRDY 输出高电平，表示已收到一个字符，CPU可以来读取。

在同步方式中，若程序设定 8251A 为外同步方式，则引脚 SYNDET 用于输入外同步信号，该引脚上电平正跳变启动接收数据。若设定为内同步接收，则 8251A 先搜索同步字(同步字事先由程序装在同步字符寄存器中)。RxD 线上收到一位信息就移入接收寄存器并和同步字符寄存器内容比较，若不同则再接收一位再比较，直到两者相等。此时 SYNDET 输出高电平，表示已搜索到同步字符，接下来便把接收到的数据逐个地装入接收数据寄存器。

2) 发送器的工作过程

在异步方式中，发送器在数据前加上起始位，并根据程序的设定在数据后加上校验位和停止位，然后作为一帧信息从 TxD 引脚逐位发送数据。

在同步方式中，发送器先送同步字符，然后逐位地发送数据。若 CPU 没有及时把数据写入发送缓冲器，则 8251A 用同步字符填充，直至 CPU 写入新的数据。

4. 8251A 的控制字寄存器和状态字寄存器

8251A 内部除了具有可读可写的数据寄存器外，还具有只可写的控制字寄存器和只可读的状态寄存器。

1) 控制字寄存器

控制字寄存器存放方式控制字和命令控制字。

(1) 方式控制字。方式控制字用来确定 8251A 的通信方式(同步或异步)、校验方式(奇校验、偶校验或不校验)、数据位数(5、6、7 或 8 位)及波特率参数等。方式控制字的格式如图8.40 所示。它应该在复位后写入，且只需写入一次。

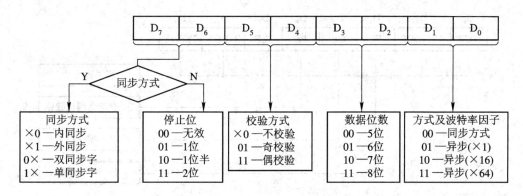

图 8.40　方式控制字格式

需要说明的是，最低两位 D_1D_0 为 00 时，8251A 处于同步工作方式。其他三种组合规定了异步工作方式时，接收器接收时钟 $\overline{\text{RxC}}$、发送器发送时钟 $\overline{\text{TxC}}$ 与波特率的关系。当这两位设置为 01、10 和 11 时，$\overline{\text{RxC}}$ 和 $\overline{\text{TxC}}$ 引脚上加载的信号的频率应分别为波特率的 1 倍、16 倍和 64 倍。

(2) 命令控制字。命令控制字使 8251A 进入规定的工作状态以准备发送或接收数据。它应该在写入方式控制字后写入，用于控制 8251A 的工作，可以多次写入。命令控制字格式如图 8.41 所示。

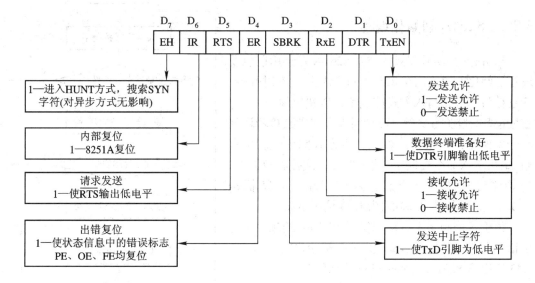

图 8.41　命令控制字格式

方式控制字和命令控制字本身无特征标志，也没有独立的端口地址，8251A 是根据写入先后次序来区分这两者的：先写入者为方式控制字，后写入者为命令控制字。所以对 8251 初始化编程时必须按一定的先后顺序写入方式控制字和命令控制字。

2) 状态寄存器

状态寄存器存放 8251A 的状态信息，供 CPU 查询。状态字各位的意义如图 8.42 所示。

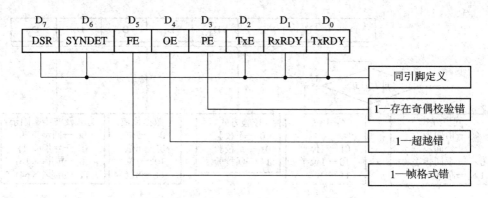

图 8.42　状态字格式

CPU 通过读取状态字来检测外设及接口的状态。当 FE=1 时，出现"帧格式错"。所谓帧格式错，是指在异步方式下当一个字符终了而没有检测到规定的停止位时的差错。此标志位不禁止 8251A 的工作，可由控制命令字中的 ER 来复位。

当 OE=1 时，出现"超越错误"。所谓超越错误，是指当 CPU 尚未读完一个字符而下一个字符已经到来时，OE 标志被置"1"。同样，它不禁止 8251A 的工作，可由控制命令字中的 ER 位来复位。但发生这种错误时，上一个字符将丢失。

8.3.4　8251A 初始化编程

与所有的可编程芯片一样，8251A 在使用前也要进行初始化。初始化在 8251A 处于复位状态时开始。其过程为：首先写入方式控制字，以决定通信方式、数据位数、校验方式等。若是同步方式则紧接着送入一个或两个同步字符，若是异步方式则这一步可省略，最后送入命令控制字，就可以发送或接收数据了。初始化过程的信息全部写入控制端口，特征是 $C/\overline{D}=1$，即地址线 $A_0=1$(因为 $C/\overline{D}$ 接至 A_0)。

由于各控制字没有特征位，因而写入的顺序不能出错，否则就会张冠李戴，达不到初始化的目的。图 8.43 给出了 8251A 初始化过程的流程图。

1. 异步方式下初始化编程举例

设 8251A 控制口的地址为 301H，数据口地址为 300H，按下述要求对 8251A 进行初始化。

① 异步工作方式，波特率因子为 64(即数据传送速率是时钟频率的 1/64)，采用偶校验，字符总长度为 10(1 位起始位，7 位数据位，1 位奇偶校验位，1 位停止位)。

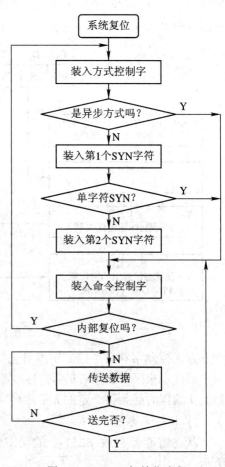

图 8.43　8251A 初始化流程

② 允许接收和发送，使错误全部复位。

③ 查询 8251A 的状态字，当接收准备就绪时，从 8251A 的数据口读入数据，否则等待。

初始化程序如下：

```
        MOV     DX，301H        ；8251A 控制口地址
        MOV     AL，01111011B   ；方式控制字
        OUT     DX，AL          ；送方式控制字
        MOV     AL，00010101B   ；命令控制字
        OUT     DX，AL          ；送命令控制字
WAIT:   IN      AL，DX          ；读入状态字
        AND     AL，02H         ；检查 RxRDY=1？
        JZ      WAIT           ；RxRDY≠1，接收未准备就绪，等待
        MOV     DX，300H        ；8251A 数据口地址
        IN      AL，DX          ；读入数据
```

2. 同步方式下初始化编程举例

设 8251A 设定为同步工作方式，控制口地址为 51H，2 个同步字符，采用内同步，SYNDET 为输出引脚，偶校验，每个字符 7 个数据位。

2 个同步字符，它们可以相同，也可以不同。本例使用两个相同的同步字符 23H。初始化编程如下：

```
        MOV     AL，00111000B   ；方式控制字：设置工作方式、双同步字符偶校验、每个字符
                               ；7 位
        OUT     51H，AL         ；送方式控制字
        MOV     AL，23H         ；同步字符
        OUT     51H，AL         ；送第一个同步字符
        OUT     51H，AL         ；送第二个同步字符
        MOV     AL，10010111B   ；命令控制字：使接收器和发送器启动，使状态寄存器中
                               ；的 3 个出错标志位复位，通知调制解调器 CPU 现已准备好
                               ；进行数据传送
        OUT     51H，AL         ；送命令控制字
```

8.3.5　8251A 应用举例

当 8251A 与 CPU 连接时，要占用两个端口地址，即控制端口地址(C/$\overline{\text{D}}$=1)和数据端口地址(C/$\overline{\text{D}}$=0)。

在使用 8251A 时，需要提供三个时钟信号：CLK、$\overline{\text{TxC}}$ 和 $\overline{\text{RxC}}$。CLK 信号的频率没有明确值的要求；接收器接收时钟 $\overline{\text{RxC}}$ 和发送器发送时钟 $\overline{\text{TxC}}$ 的频率在同步方式时等于波特率，在异步方式时应分别为波特率的 1 倍、16 倍和 64 倍，即波特率将等于 $\overline{\text{RxC}}$ 和 $\overline{\text{TxC}}$ 端脉冲经过分频得到的脉冲的频率，分频系数可通过方式选择字设定为 1、16 或 64。

8251A 的 RxRDY 和 TxRDY 分别为"接收数据准备好"和"发送数据准备好"的状态

输出引脚。如果要利用中断方式控制传输，利用这两个信号组合起来形成中断请求信号，中断服务程序将依据"接收数据准备好"状态读入接收的数据，依据"发送数据准备好"状态把要发送的字符发至 8251A；如果用查询方式控制传输，这两个输出引脚就没用了，因为它们代表的状态可通过对状态寄存器的查询来获得。

其他引脚，如 $D_7\sim D_0$ 与系统数据总线相连；$\overline{RD}$、$\overline{WR}$ 分别与 $\overline{IOR}$、$\overline{IOW}$ 相连；$\overline{CS}$ 与端口地址译码器(A_0 不参加译码)输出端相连；C/$\overline{D}$ 端与地址总线 A_0 相连。

例 8.7 用 8251A 为 8086 CPU 与 CRT 终端设计一串行通信接口。假设 8251A 控制端口地址为 301H，数据端口地址为 300H。要求：

① 异步方式传送，数据格式为 1 位停止位，8 位数据位，奇校验；

② 波特率因子为 16；

③ CPU 用查询方式将显示缓冲区的字符"HAPPY NEW YEAR"送 CRT 显示器。显示缓冲区在数据段。

解：(1) 硬件设计。硬件连线如图 8.44 所示。当地址锁存允许信号 ALE 有效时，将 CPU 送来的地址锁存，地址译码器对输入地址 $A_1\sim A_9$ 进行译码，其输出接到 8251A 的片选端。地址 A_0 用于选择 8251A 的数据端口或控制端口。波特率发生器按规定给 8251A 提供发送和接收时钟，其频率应等于波特率与程序设定的波特率因子 16 的乘积。电平转换电路 1488 和 1489 实现 TTL 电平与 RS-232C 电平的转换。

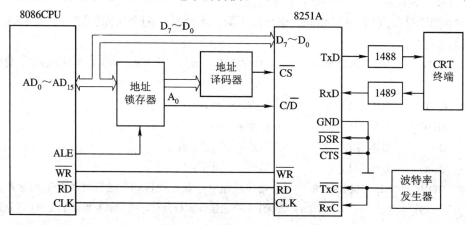

图 8.44 8086 CPU 与 CRT 终端的串行接口

(2) 软件设计。程序如下：

```
DATA    SEGMENT
        STRING   DB   'HAPPY NEW YEAR', 0Ah, 0DH
        COUNT   EQU   $-STRING
DATA    ENDS
CODE    SEGMENT
        ASSUME DS:DATA,CS:CODE
START:  MOV     AX,DATA
        MOV     DS,AX
        MOV     DX,301H              ;控制口地址
```

```
          MOV     AL,01011110B        ；方式控制字
          OUT     DX,AL               ；送方式控制字
          MOV     AL,00110011B        ；命令控制字
          OUT     DX,AL               ；送命令控制字
          MOV     BX,OFFSET STRING    ；字符串偏移地址
          MOV     CX,COUNT            ；发送字符个数
WAIT:     MOV     DX,301H             ；控制口地址
          IN      AL,DX               ；读状态字
          TEST    AL,01H              ；检测 TxRDY=1？
          JZ      WAIT                ；如果不是，则等待
          MOV     DX,300H             ；数据口地址
          MOV     AL,[BX]             ；从数据缓冲区读要发送的字符
          OUT     DX,AL               ；发送字符
          INC     BX                  ；数据缓冲区地址加 1
          DEC     CX
          JNZ     WAIT                ；若字符未送完，则循环发送
          MOV     AH,4CH
          INT     21H
CODE      ENDS
          END START
```

8.4　模/数(A/D)与数/模(D/A)转换技术及其接口

模/数转换 A/D(Analog to Digit)和数/模转换 D/A(Digit to Analog)是计算机与控制对象之间的一种重要接口。

计算机只能处理数字形式的信息，但在实际工程中大量遇到对连续变化的物理量如温度、压力、流量等的监测与控制问题。对于非电信号的物理量，必须先由传感器进行检测，将物理量变成电信号。

模/数转换器(A/D)把传感器输出的模拟量转换成计算机能够处理的数字量。数/模转换器(D/A)则把数字量转换成模拟量，以实现对被控物理量的控制。因此，A/D 与 D/A 是计算机监测、控制系统中的重要组成环节。

本节将选取常用的 D/A 和 A/D 芯片为例来介绍转换接口技术。

8.4.1　D/A 转换接口

D/A 转换器的作用是将二进制的数字量转换为相应的模拟量。D/A 转换器的主要部件是电阻开关网络，其主要网络形式有权电阻网络和 R-2R 梯形电阻网络，其工作原理这里不做介绍。

集成 D/A 芯片类型很多，按生产工艺分有双极型、MOS 型等；按字长分有 8 位、10

位、12 位等；按输出形式分有电压型和电流型。另外，不同生产厂家的产品，其型号各不相同。例如，美国国家半导体公司的 D/A 芯片为 DAC 系列，如 DAC0832 等；美国模拟器件公司的 D/A 芯片为 AD 系列，如 AD558 等。使用时可参阅各公司提供的使用手册。

下面介绍几种常用的集成电路 D/A 芯片。

1. DAC0832

DAC0832 是美国国家半导体公司采用 CMOS 工艺生产的 8 位 D/A 转换集成电路芯片。它具有与微机连接简单、转换控制方便、价格低廉等特点，因而得到了广泛的应用。

1) DAC0832 的结构与引脚

DAC0832 的逻辑结构框图如图 8.45 所示。片内有 R‐2RT 型电阻网络，用于对参考电压提供的两条回路分别产生两个电流信号 I_{OUT1} 和 I_{OUT2}。DAC0832 采用 8 位输入寄存器和 8 位 DAC 寄存器二次缓冲方式，这样可以在 D/A 输出的同时，送入下一个数据，以便提高转换速度。每个输入数据为 8 位，可以直接与微机的数据总线相连，其逻辑电平与 TTL 电平兼容。如图 8.46 所示，其封装为双列直插式 20 引脚。各引脚的功能如下：

$DI_7 \sim DI_0$——D/A 转换器的数字量输入引脚。其中 DI_0 为最低位，DI_7 为最高位。

$\overline{CS}$——片选信号输入端，低电平有效。

$\overline{WR_1}$——输入寄存器的写信号，低电平有效。

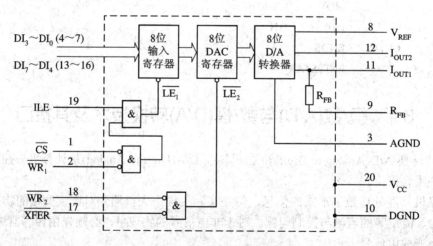

图 8.45　DAC0832 的结构框图

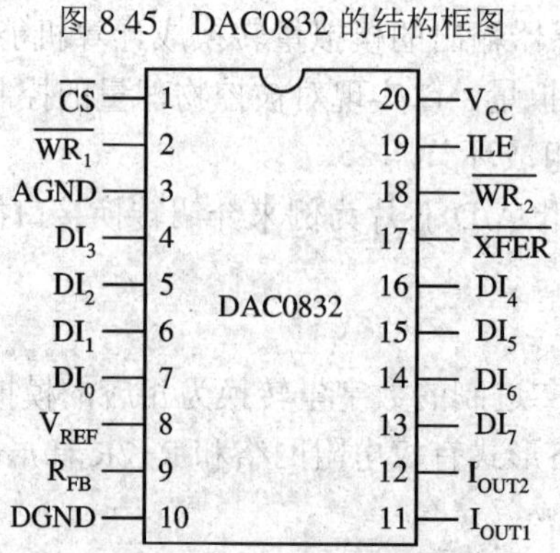

图 8.46　DAC0832 的引脚图

　　ILE——输入寄存器选通信号，高电平有效。ILE 信号和 $\overline{CS}$、$\overline{WR_1}$ 共同控制选通输入寄存器。当 $\overline{CS}$、$\overline{WR_1}$ 均为低电平，而 ILE 为高电平时，$\overline{LE_1}$=0，输入数据被送至 8 位输入寄存器的输出端；当上述三个控制信号任一个无效时，$\overline{LE_1}$ 变高，输入寄存器将数据锁存，输出端呈保持状态。

　　$\overline{XFER}$——从输入寄存器向 DAC 寄存器传送 D/A 转换数据的控制信号，低电平有效。

　　$\overline{WR_2}$——DAC 寄存器的写信号，低电平有效。当 $\overline{XFER}$ 和 $\overline{WR_2}$ 同时有效时，输入寄存器的数据装入 DAC 寄存器，并同时启动一次 D/A 转换。

　　V_{CC}——芯片电源，其值可在 +5～+15 V 之间选取，典型值取 +15 V。

　　AGND——模拟信号地。

　　DGND——数字信号地。

　　R_{FB}——内部反馈电阻引脚，用来外接 D/A 转换器输出增益调整电位器。

　　V_{REF}——D/A 转换器的基准电压，其范围可在 –10～+10 V 内选定。该端连至片内的 R-2RT 型电阻网络，由外部提供一个准确的参考电压。该电压精度直接影响着 D/A 转换精度。

　　I_{OUT1}——D/A 转换器输出电流 1，当输入全 1 时，输出电流最大，约为 $\dfrac{255}{256} \times \dfrac{V_{REF}}{R_{FB}}$；当输入为全 0 时，输出电流最小，即为 0。

　　I_{OUT2}——D/A 转换器输出电流 2，它与 I_{OUT1} 有如下关系：

$$I_{OUT1} + I_{OUT2} = 常数$$

　　D/A 转换没有形式上的启动信号。实际上将数据写入第二级寄存器的控制信号就是 D/A 转换器的启动信号。另外，它也没有转换结束信号，D/A 转换的过程很快，一般还不到一条指令的执行时间。

　　2) DAC0832 的工作方式

　　DAC0832 内部有两个寄存器，能实现三种工作方式：双缓冲、单缓冲和直通方式。

　　双缓冲工作方式是指两个寄存器分别受到控制。当 ILE、$\overline{CS}$ 和 $\overline{WR_1}$ 信号均有效时，8 位数字量被写入输入寄存器，此时并不进行 A/D 转换。当 $\overline{WR_2}$ 和 $\overline{XFER}$ 信号均有效时，原来存放在输入寄存器中的数据被写入 DAC 寄存器，并进入 D/A 转换器进行 D/A 转换。在一次转换完成后到下一次转换开始之前，由于寄存器的锁存作用，8 位 D/A 转换器的输入数据保持恒定，因此 D/A 转换的输出也保持恒定。

　　单缓冲工作方式是指只有一个寄存器受到控制。这时将另一个寄存器的有关控制信号预先设置成有效，使之开通，或者将两个寄存器的控制信号连在一起，两个寄存器作为一个来使用。

　　直通工作方式是指两个寄存器的有关控制信号都预先置为有效，两个寄存器都开通。只要数字量送到数据输入端，就立即进入 D/A 转换器进行转换。这种方式应用较少。

　　3) 电压输出电路的连接

　　DAC0832 以电流形式输出转换结果，若要得到电压形式的输出，需要外加 I/V 转换电路，常采用运算放大器实现 I/V 转换。图 8.47 给出了 DAC0832 的电压输出电路。

　　对于单极性输出电路，输出电压为：

$$V_{OUT} = -\frac{D}{256} \times V_{REF}$$

式中 D 为输入数字量的十进制数。因为转换结果 I_{OUT1} 接运算放大器的反向端，所以式中有一个负号。若 $V_{REF} = +5$ V，当 $D = 0 \sim 255(00H \sim FFH)$时，$V_{OUT} = -(0 \sim 4.98)$ V。

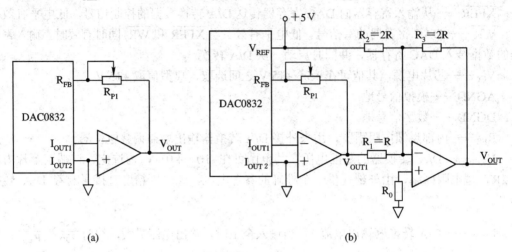

图 8.47　DAC0832 的电压输出电路

(a) 单极性输出；(b) 双极性输出

　　通过调整运算放大器的调零电位器，可以对 D/A 芯片进行零点补偿。通过调节外接于反馈回路的电位器 R_{P1}，可以调整满量程。

　　对于双极性输出电路，输出电压的表达式为：

$$V_{OUT} = \frac{D-128}{128} \times V_{REF}$$

若 $V_{REF} = +5$ V，当 $D = 0$ 时，$V_{OUT1} = 0$，$V_{OUT} = -5$ V；当 $D = 128(80H)$时，$V_{OUT1} = -2.5$ V，$V_{OUT} = 0$；当 $D = 255(FFH)$时，$V_{OUT1} = -5.98$ V，$V_{OUT} = 4.96$ V。

　　4) DAC0832 的主要技术指标

　　输入：8 位数字量。内有锁存器，数字量输入端可直接与 CPU 的数据总线相连。

　　输入方式：双缓冲、单缓冲和直通输入三种方式。

　　输入逻辑：与 TTL 兼容。

　　输出：模拟量电流 I_{OUT1} 和 I_{OUT2}。

　　电流建立时间：1 μs。

　　线性误差：0.2%FSR(Full Scale Range)，即该芯片的线性误差为满量程的 0.2%。

　　非线性误差：0.4%FSR。

　　功耗：20 mW。

　　工作电压：单一 +5～+15 V 电源。

　　参考电压：−10～+10 V。

　　2. DAC1210

　　DAC1210 是美国国家半导体公司生产的 12 位 D/A 转换器芯片，是智能化仪表中常用的一种高性能的 D/A 转换器。

　　DAC1210 是 24 引脚的双列直插式芯片，其内部逻辑结构如图 8.48 所示。

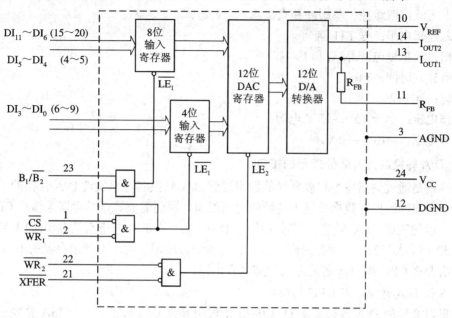

图 8.48　DAC1210 的结构框图

　　由图 8.48 可以看出，其逻辑结构与 DAC0832 类似，所不同的是 DAC1210 具有 12 位的数据输入端，且其 12 位数据输入寄存器由一个 8 位的输入寄存器和一个 4 位的输入寄存器组成。两个输入寄存器的输入允许控制都要求 $\overline{\text{CS}}$ 和 $\overline{\text{WR}_1}$ 为低电平，但 8 位输入寄存器的数据输入还要求 $B_1/\overline{B_2}$ 端为高电平。

　　1) DAC1210 的引脚

　　$DI_{11} \sim DI_0$——D/A 转换器的数字量输入引脚。其中 DI_0 为最低位，DI_{11} 为最高位。

　　$\overline{\text{CS}}$——片选信号输入端，低电平有效。

　　$\overline{\text{WR}_1}$——输入寄存器的写信号，低电平有效。当此信号有效时，与 $\overline{\text{CS}}$ 和 $B_1/\overline{B_2}$ 配合起控制作用。

　　$B_1/\overline{B_2}$——字节控制。此端为高电平时，12 位数字同时送入输入锁存器；此端为低电平时，将 12 位数字量的低 4 位送到 4 位输入寄存器。

　　$\overline{\text{XFER}}$——D/A 转换的控制信号，与 $\overline{\text{WR}_2}$ 配合使用。

　　$\overline{\text{WR}_2}$——DAC 寄存器的写信号，低电平有效。当 $\overline{\text{XFER}}$ 和 $\overline{\text{WR}_2}$ 同时有效时，输入寄存器的数据装入 DAC 寄存器，并启动一次 D/A 转换。

　　I_{OUT1}——D/A 转换器输出电流 1。

　　I_{OUT2}——D/A 转换器输出电流 2。

　　V_{CC}——电源，其值可在 +5～+15 V 之间选取，典型值取 +15 V。

　　AGND——模拟信号地。

　　DGND——数字信号地。

　　R_{FB}——外部放大器的反馈电阻接线端。

　　V_{REF}——D/A 转换器的基准电压，其范围可在 –10～+10 V 内选定。

2) DAC1210 的主要技术指标

输入：12 位数字量。内有锁存器，数字量输入端可直接与 CPU 的数据总线相连。

输入方式：双缓冲、单缓冲和直接输入三种方式。

输入逻辑电平：与 TTL 兼容。

输出：模拟量电流 I_{OUT1} 和 I_{OUT2}。

电流建立时间：1 μs。

功耗：20 mW。

工作电压：单一 +5～+15 V 电源。

参考电压：−10～+10 V。

3. D/A 转换芯片与微处理器的接口

计算机是通过输出指令将要转换的数字送到 D/A 转换芯片来实现 D/A 转换的，但由于输出指令送出的数据在数据总线上持续的时间很短，因而需要数据锁存器来锁存 CPU 送来的数据，以便完成 D/A 转换。目前生产的 DAC 芯片有的片内带有锁存器(如本节介绍的 DAC0832 和 DAC1210)，而有的则没有。在实际中若选用了内部不带锁存器的 D/A 转换芯片，就需要在 CPU 和 D/A 芯片之间增加锁存电路。

1) 8 位 D/A 转换器与 CPU 的接口

这里以 8 位的 D/A 转换芯片 DAC0832 来说明 8 位 D/A 转换芯片与 ISA 总线的连接问题。如图 8.49 所示，由于 DAC0832 内部有数据锁存器，其数据输入引脚可直接与 CPU 的数据总线相连。图中 $\overline{XFER}$ 和 $\overline{WR_2}$ 接地，即 DAC0832 内部的第 2 级寄存器接成直通式，只由第 1 级寄存器控制数据的输入，当 $\overline{CS}$ 和 $\overline{WR_1}$ 同时有效时(ILE 始终为有效的高电平)，$DI_7～DI_0$ 的数据被送入其内部的 D/A 转换电路进行转换。

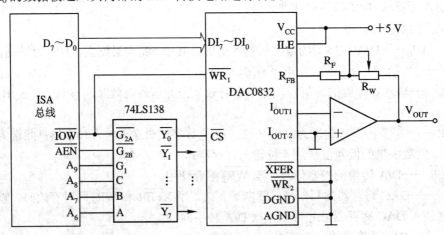

图 8.49　DAC0832 与 ISA 总线连线图

如果要求图示系统的 V_{OUT} 端输出方波，可编程如下：

```
        MOV    DX，200H      ；端口地址 200H 送 DX
LOOP1:  MOV    AL，00H
        OUT    DX，AL        ；将数据 0 送 DAC0832 进行转换
        CALL   DELAY         ；调用延时子程序
```

```
MOV     AL, 0FFH
OUT     DX, AL                  ; 将数据 FFH 送 DAC0832 进行转换
CALL    DELAY
JMP     LOOP1
```

2) 12 位 D/A 转换器与 CPU 的接口

当 D/A 转换器位数大于 8 位时，与 8 位微处理器接口时被转换的数据就需要分几次(D/A 位数≤16 时需 2 次)送出。对于片内带数据锁存器的 D/A 芯片，应通过合理地使用控制信号实现数据的锁存；对于没有锁存器的芯片，用户自己需要增加数据锁存电路。

这里以片内带有数据锁存器的 12 位 D/A 转换芯片 DAC1210 与外部数据总线为 8 位的 IBM PC/XT 总线的接口方法，说明主机数据总线位数小于 DAC 芯片位数时的接口技术。

图 8.50 给出了 DAC1210 与 IBM PC/XT 总线的连接图。由于 DAC1210 片内的"8 位输入寄存器"(存放待转换数据的高 8 位)和"4 位输入寄存器"(存放待转换数据的低 4 位)的输入允许控制都需要 $\overline{CS}$ 和 $\overline{WR_1}$ 同时为低电平(参阅图 8.48)，且"8 位输入寄存器"还需要在 $B_1/\overline{B_2}$ 为高时才能被选通，所以当 DAC1210 与 8 位数据总线相连，送 12 位的待转换数据时，必须首先使 $B_1/\overline{B_2}$ 为高(此时 $\overline{CS}$ 和 $\overline{WR_1}$ 也都有效)，以便将数据的高 8 位送到"8 位输入寄存器"锁存；然后使 $\overline{B_1}/B_2$ 为低，以使数据的低 4 位送到"4 位输入寄存器"进行锁存。

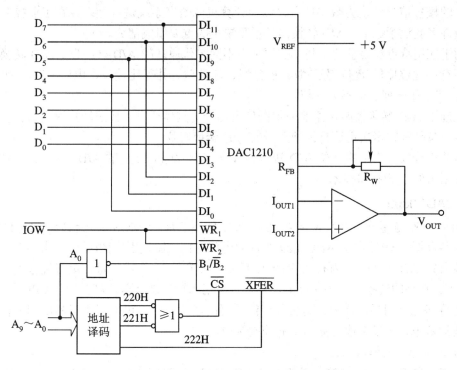

图 8.50　DAC1210 与 IBM PC/XT 总线的连接图

设图中 DAC 占用的端口地址为 220H～222H，为了使两次数据输入端口的地址先偶 (220H)后奇(221H)，以便与编程习惯一致，可以使地址线 A_0 经一反向器接至 $B_1/\overline{B_2}$ 端。

若 BX 寄存器中低 12 位为待转换的数字量，以下程序段可完成一次转换输出。

MOV	DX，220H	; 端口地址 220H 可保证第一次执行 OUT 指令时，A_0=0，B_1/B_2=1，
		; 从而将高 8 位数据写入 "8 位输入寄存器" 中锁存
MOV	CL，04H	
SHL	BX，CL	; BX 中的 12 位数左移 4 位
MOV	AL，BH	; 高 8 位送 AL
OUT	DX，AL	; 高 8 位送 "8 位输入寄存器" 锁存
INC	DX	; 端口地址变为 221H，可保证下一次执行 OUT 指令时，A_0=1，
		; B_1/B_2=0，从而将低 4 位数据写入 "4 位输入寄存器" 中锁存
MOV	AL，BL	; 低 4 位送 AL
OUT	DX，AL	; 低 4 位送 "4 位输入寄存器" 锁存
INC	DX	; 端口地址变为 222H，可保证下一次执行 OUT 指令时，将两个寄
		; 存器的内容同时送 12 位的 DAC 寄存器，且使 XFER 有效，以便
		; 启动 D/A 转换
OUT	DX，AL	; 启动 D/A 转换

8.4.2　A/D 转换接口

A/D 转换器是模拟信号源与计算机或其他数字系统之间联系的桥梁，它的任务是将连续变化的模拟信号转换为数字信号，以便计算机或数字系统进行处理。在工业控制和数据采集及许多其他领域中，A/D 转换器是不可缺少的重要组成部分。

由于应用特点和要求的不同，需要采用不同工作原理的 A/D 转换器。A/D 转换器的主要类型有：逐位比较(逐位逼近)型、积分型、计数型、并行比较型、电压 – 频率型(即 V/F 型)等。其工作原理这里不做介绍。

在选用 A/D 转换器时，主要应根据使用场合的具体要求，按照转换速度、精度、功能以及接口条件等因素决定选择何种型号的 A/D 转换芯片。

本节将选取最常用的 8 位 A/D 转换芯片 ADC0809 和 12 位的 A/D 转换芯片 AD574 为例来介绍 A/D 转换接口技术。

1. ADC0809

ADC0809 是逐位逼近型 8 通道、8 位 A/D 转换芯片，CMOS 工艺制造，双列直插式 28 引脚封装。图 8.51 给出了 ADC0809 芯片的内部结构框图及引脚图(图中给出的数据为对应的引脚号)。ADC0809 片内有 8 路模拟开关，可输入 8 个模拟量，单极性输入，量程为 0～+5 V。典型的转换速度为 100 μs。片内带有三态输出缓冲器，可直接与 CPU 总线接口。其性能价格比有明显的优势，是目前广泛采用的芯片之一，可应用于对精度和采样速度要求不高的数据采集场合或一般的工业控制领域。

1) 内部结构与转换原理

如图 8.51 所示，ADC0809 内部由三部分组成：8 路模拟量选通输入部分，8 位 A/D 转换器和三态数据输出锁存器。

ADC0809 允许连接 8 路模拟信号(IN_7～IN_0)，由 8 路模拟开关选通其中一路信号输入并进行 A/D 转换，模拟开关受通道地址锁存和译码电路的控制。当地址锁存信号 ALE 有效时，

3 位地址 ADDC、ADDB 和 ADDA(通常与地址总线 A_2、A_1 和 A_0 引脚相连)进入地址锁存器，经译码后使 8 路模拟开关选通某一路模拟信号。输入的地址信息与所选通的模拟通道之间存在一一对应的关系。如当 ADDC、ADDB、ADDA=000 时，IN_0 选通；ADDC、ADDB、ADDA=001 时，IN_1 选通；ADDC、ADDB、ADDA=111 时，IN_7 选通。

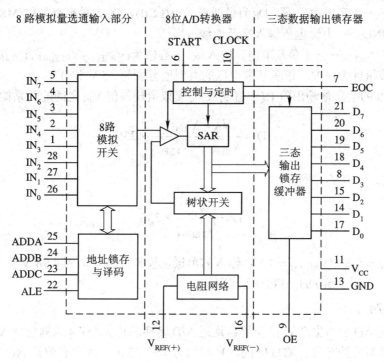

图 8.51　ADC0809 的结构框图与引脚

8 位 A/D 转换器是逐次逼近式，由 256R 电阻分压器、树状模拟开关(这两部分组成一个 D/A 转换器)、电压比较器、逐次逼近寄存器 SAR、逻辑控制和定时电路组成。其工作原理是采用对分搜索方法逐次比较，找出最逼近于输入模拟量的数字量。电阻分压器需外接正负基准电源 $V_{REF(+)}$ 和 $V_{REF(-)}$。CLOCK 端外接时钟信号。A/D 转换器的启动由 START 信号控制。转换结束时控制电路将数字量送入三态输出锁存器锁存，并产生转换结束信号 EOC。

三态输出锁存器用来保存 A/D 转换结果，当输出允许信号 OE 有效时，将打开三态门，使转换结果输出。

2) 引脚定义

$IN_0 \sim IN_7$——8 路模拟量输入端。

ADDC、ADDB 和 ADDA——地址输入端，以选通 $IN_7 \sim IN_0$ 8 路中的某一路信号。

ALE——地址锁存允许信号，有效时将 ADDC、ADDB 和 ADDA 锁存。

CLOCK——外部时钟输入端。允许范围为 10～1280 kHz。时钟频率越低，转换速度就越慢。

START——A/D 转换启动信号输入端。有效信号为一正脉冲。在脉冲的上升沿，A/D 转换器内部寄存器均被清 0，在其下降沿开始 A/D 转换。

EOC——A/D 转换结束信号。在 START 信号上升沿之后不久，EOC 变为低电平。当

A/D 转换结束时，EOC 立即输出一正阶跃信号，可用来作为 A/D 转换结束的查询信号或中断请求信号。

OE——输出允许信号。当 OE 输入高电平信号时，三态输出锁存器将 A/D 转换结果输出到数据量输出端 $D_7 \sim D_0$。

$D_7 \sim D_0$——数字量输出端。D_0 为最低有效位(LSB)，D_7 为最高有效位(MSB)。

V_{CC} 与 GND——电源电压输入端及地线。

$V_{REF(+)}$ 与 $V_{REF(-)}$——正负基准电压输入端。中心值为 $(V_{REF(+)}+V_{REF(-)})/2$(应接近于 $V_{CC}/2$)，其偏差不应该超过 ±0.1 V。正负基准电压的典型值分别为 +5 V 和 0 V。

ADC0809 的数字量输出值 D(十进制数)与模拟量输入值 V_{IN} 之间的关系如下：

$$D = \frac{V_{IN} - V_{REF(-)}}{V_{REF(+)} - V_{REF(-)}} \times 256$$

通常 $V_{REF(-)} = 0$ V，所以

$$D = \frac{V_{IN}}{V_{REF(+)}} \times 256$$

当 $V_{REF(+)} = 5$ V，$V_{REF(-)} = 0$ V，输入的单极性模拟量从 0 V 到 4.98 V 变化时，对应的输出数字量在 0 到 255(00H～FFH)之间变化。

2. AD574

AD574 是 AD 公司生产的 12 位逐次逼近 A/D 转换芯片。AD574 系列包括 AD574、AD674 和 AD1674 等型号的芯片。AD574 的转换时间为 15～35 μs。片内有数据输出锁存器，并有三态输出的控制逻辑。其运行方式灵活，可进行以 12 位转换，也可作 8 位转换；转换结果可直接以 12 位输出，也可先输出高 8 位，后输出低 4 位。可直接与 8 位和 16 位的 CPU 接口。输入可设置成单极性，也可设置成双极性。片内有时钟电路，无需加外部时钟。

AD574 适用于对精度和速度要求较高的数据采集系统和实时控制系统。

1) AD574 的引脚

AD574 采用双列直插式 28 引脚封装。图 8.52 给出了 AD574 的引脚图，各主要引脚的含义如下：

$DB_{11} \sim DB_0$——输出数据线。DB_{11} 为最高有效位，DB_0 为最低有效位。

$\overline{CS}$——片选信号，输入，低电平有效。

CE——片使能信号，输入，高电平有效。

$R/\overline{C}$——数据读出/启动 A/D 转换信号引脚，输入。当该引脚为高电平时，允许读 A/D 转换器输出的转换结果；当该引脚输入低电平时，启动 A/D 转换。

A_0 和 $12/\overline{8}$——二者配合用于控制转换数据长度是 12 位或 8 位，以及数据输出的格式(是 12 位

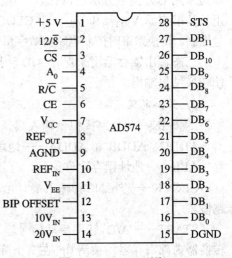

图 8.52　AD574 引脚

一次输出还是先输出高 8 位，后输出低 4 位)。A_0=0，表示启动一次 12 位转换；A_0=1，表示启动一次 8 位转换。$12/\overline{8}$=1，表示 12 位数据并行输出。

STS——转换状态输出端。该引脚在转换过程中呈现高电平，转换一结束立即返回到低电平。用户可通过查询该引脚的状态了解转换是否结束。

$10V_{IN}$——模拟信号输入端，允许输入的电压范围为 0～+10 V(单极性输入时)或 5～+5 V(双极性输入时)。

$20V_{IN}$——模拟信号输入端，允许输入的电压范围为 0～+20 V(单极性输入时)或 −10～+10 V(双极性输入时)。

BIP OFFSET——偏置电压输入，用于调零。

REF_{OUT}——内部基准电压输出端。

REF_{IN}——基准电压输入端。该信号与 REF_{OUT} 配合，用于满刻度校准。

2) AD574 的操作

AD574 内部的控制逻辑能根据 CPU 给出的控制信号而进行转换或读出操作。只有在 CE=1 且 $\overline{CS}$=0 时才能进行一次有效操作。当 CE、$\overline{CS}$ 同时有效，而 R/$\overline{C}$ 为低电平时启动 A/D 转换，至于是启动 12 位转换还是 8 位转换，则由 A_0 来确定，A_0=0 时启动 12 位转换，A_0=1 时启动 8 位转换；当 CE、$\overline{CS}$ 同时有效，而 R/$\overline{C}$ 为高电平时是读出数据，至于是一次读出 12 位还是 12 位分两次读出，则由 $12/\overline{8}$ 引脚确定。若 $12/\overline{8}$ 接+5 V，则一次并行输出 12 位数据；若 $12/\overline{8}$ 接数字地，则由 A_0 控制是读出高 8 位还是低 4 位。控制信号的逻辑功能见表 8.6。

表 8.6　AD574 控制信号的功能

CE	$\overline{CS}$	R/$\overline{C}$	$12/\overline{8}$	A_0	功　　能
1	0	0	×	0	启动 12 位转换
1	0	0	×	1	启动 8 位转换
1	0	1	接+5 V	×	12 位数据并行输出
1	0	1	接地	0	输出高 8 位数据
1	0	1	接地	1	输出低 4 位数据

3) 单极性与双极性的输入方式

输入 AD574 的模拟量可为单极性和双极性，单极性的输入电压范围为 0～10 V 或 0～20 V；双极性的输入电压范围为 −5～+5 V 或 −10～+10 V。这些灵活的工作方式都必须按规定采用与之对应的接线方式才能实现。单极性和双极性输入时的接线方式见图 8.53(a) 和(b)。模拟量(单极性或双极性)由引脚 $10V_{IN}$(输入 0～10 V 或 −5～+5 V)或 $20V_{IN}$(输入 0～ 20 V 或 −10～+10 V)输入。

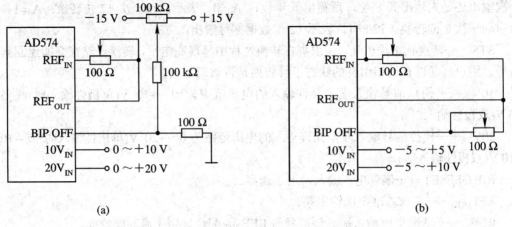

图 8.53 AD574 单极性与双极性输入时的连接方法

(a) 单极性输入；(b) 双极性输入

A/D 转换器转换的结果是二进制偏移码。在两种不同极性的输入方式下，AD574 的输入模拟量与输出数字量的对应关系如表 8.7 所示。

表 8.7 12 位 A/D 输入模拟量与输出数字量的对应关系

输入方式	量程/V	输入量/V	输出数字量	输入方式	量程/V	输入量/V	输出数字量
单极性	0～10	0	000H	单极性	0～20	0	000H
		5	7FFH			10	7FFH
		10	FFFH			20	FFFH
双极性	−5～+5	−5	000H	双极性	−10～+10	−10	000H
		0	7FFH			0	7FFH
		+5	FFFH			+10	FFFH

3. A/D 转换芯片与微处理器的接口

1) 8 位 A/D 转换芯片与 CPU 的接口

由于 ADC0809 芯片内部集成了三态数据锁存器，其数据输出线可以直接与计算机的数据总线相连，因此，设计 ADC0809 与计算机的接口主要是对模拟通道的选择、转换启动的控制以及读取转换结果的控制等方面的设计。

可以用中断方式，也可以用查询方式，还可以用无条件传送方式将转换结果送 CPU。无条件传送即启动转换后等待 100 μs(ADC0809 的转换时间)，然后直接读取转换结果。无条件传送方式的接口电路较简单。

用 ADC0809 对 8 路模拟信号进行循环采样，各采集 100 个数据分别存放在数据段内的 8 个数据区中，采用无条件传送方式。接口电路如图 8.54 所示。

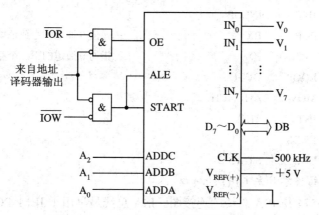

图 8.54　ADC0809 与微型计算机的接口

设图中通道 0～7 的地址依次为 380H～387H，则无条件传送的采集程序如下：

```
            DATA        SEGMENT
                        COUNT    EQU 100
                        BUFF      DB    COUNT*8DUP(? )
            DATA        ENDS
            STACK       SEGMENT stack
                        DW        200 DUP(?)
            STACK       ENDS
            CODE        SEGMENT
            ASSUME CS：CODE，DS：DATA，SS：STACK
START：     MOV         AX，DATA
            MOV         DS，AX
            MOV         AX，STACK
            MOV         SS，AX
            MOV         BX，OFFSET BUFF
            MOV         CX，COUNT
OUTL：      PUSH        BX
            MOV         DX，380H          ；指向通道 0
INLOP：     OUT         DX，AL            ；锁存模拟通道地址，启动转换
            MOV         AX，50000         ；延时，等待转换结束
WT：        DEC         AX
            JNZ         WT
            IN          AL，DX            ；读取转换结果
            MOV         [BX]，AL
            ADD         BX，COUNT         ；指向下一个通道的存放地址
            INC         DX               ；指向下一个通道的地址
            CMP         DX，388H          ；8 个通道都采集了一遍吗？
```

```
        JB      INLOP
        POP     BX              ；弹出 0 通道的存放地址
        INC     BX              ；指向 0 通道的下一个存放地址
        LOOP    OUTL
        MOV     AH，4CH
        INT     21H
CODE    ENDS
        END     START
```

2) 12 位 A/D 转换芯片与 CPU 的接口

图 8.55 为 AD574 与 ISA 总线的连接图。ISA 总线最早用于 IBM PC/AT 机，后来在许多兼容机上被采用，现在的 Pentium 机上也留有 1～3 个 ISA 插槽，在硬件上保持了向上的兼容。由于 ISA 总线具有 16 位数据宽度，易于与 12 位的 AD574 接口，可以方便地构成 12 位的数据采集系统。如果对数据采集速度要求不高，为了简化硬件设计，可以将 A/D 转换成的 12 位数据分两次读入计算机，如图 8.55 所示。

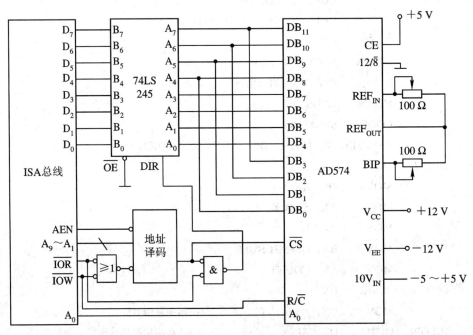

图 8.55　AD574 与 ISA 总线的连接

图中双向缓冲器 74LS245 用于数据总线缓冲，当 DIR=1，R/$\overline{\text{C}}$=1 时，系统通过 74LS245 读 AD574 转换结果；当 DIR=0，R/$\overline{\text{C}}$=0 时，系统用假写外设操作来启动 AD574 做双极性 A/D 转换。由于电压从 10V_{IN} 输入，因而外接+12 V 和−12 V 电源即可。译码电路用系统地址线 $A_9 \sim A_1$ 参加译码，$\overline{\text{IOR}}$ 和 $\overline{\text{IOW}}$ 也参加译码。信号 AEN 必须参加译码，以避开 DMA 操作时对 AD574 的误操作。

地址 A_0 接 AD574 的 A_0，当用偶地址假写 AD574 时，启动 12 位 A/D 转换，否则，启动 8 位 A/D 转换；当用偶地址读 AD574 时，读出高 8 位，否则读出低 4 位。由于 AD574

的转换结束信号 STS 没有考虑，在此使用延时的方法实现转换。

设图中 AD574 的偶地址和奇地址分别为 380H 和 381H，则采集程序如下：

```
MOV     DX，380H
OUT     DX，AL          ；假写端口启动 12 位 A/D 转换
CALL    DELAY          ；调用延时子程序，等待转换结束
MOV     DX，380H
IN      AL，DX          ；读高 8 位
MOV     AH，AL
MOV     DX，381H
IN      AL，DX          ；从数据总线 D$_7$～D$_4$ 位读入低 4 位
```

本 章 小 结

接口电路是联系主机与各种 I/O 设备的桥梁。接口技术是微型计算机应用中的重要技术。本章从应用角度介绍了与 80x86 系列微处理器配套使用的通用可编程接口芯片，包括可编程定时/计数器 8253/8254，并行接口芯片 8255A，串行接口芯片 8251A，数/模转换芯片 DAC0832 和 DAC1210 以及模/数转换芯片 ADC0809 和 AD574。

随着微型计算机技术的发展，与其配套的各种接口芯片大量出现，我们不可能也没有必要介绍更多的接口芯片。通过本章的学习，读者不仅要掌握所介绍的各种常用可编程接口芯片的工作原理与使用方法，更重要的是要能够触类旁通，以便日后遇到其他芯片时能够很快掌握其使用方法。

8253/8254 是 Intel 公司生产的可编程通用硬件定时/计数器芯片。它采用双列直插式 24 引脚封装，芯片内有三个相互独立的 16 位定时/计数器，每个定时/计数器具有六种不同的工作方式。当对已知的脉冲进行计数时芯片用作定时，当对外部事件进行计数时用作计数。8253/8254 芯片上有两根地址线 A$_0$ 和 A$_1$，用于对片内三个定时/计数器的计数寄存器和一个共用的控制寄存器进行访问。8253 在工作之前，用户首先必须对某一计数器(计数器 0～2)进行初始化编程。当给 8253 中的多个计数器进行初始化编程时，其顺序可以任意，但对每个计数器进行初始化时必须先写入控制字以确定其工作方式，然后写入计数初值。由于 8253 的控制寄存器共同占用一个地址号，因此要靠控制字的最高两位来确定将控制信息送入哪个计数器的控制寄存器。

8255A 是 Intel 公司为其 80 系列微处理器生产的通用可编程并行输入/输出接口芯片，采用双列直插式 40 引脚封装，具有 A、B、C 三个并行端口。芯片上有 A$_0$ 和 A$_1$ 两根地址线，用于对 A、B、C 三个独立的并行数据端口以及一个公共的控制端口进行访问。8255 具有三种工作方式：方式 0(基本输入/输出)，方式 1(选通输入/输出)和方式 2(选通双向输入/输出)。三个并行端口中，端口 A 可工作于方式 0、方式 1 和方式 2，端口 B 只能工作于方式 0 和方式 1，而端口 C 仅工作于方式 0。当端口 A 和端口 B 作为选通输入或输出的数据端口(端口 A 工作于方式 1 或 2，端口 B 工作于方式 1)时，端口 C 的指定位与端口 A 和端口 B 配合使用，用作控制信号或状态信号。8255A 在使用前要先写入一个工作方式控

制字，以指定 A、B、C 三个端口各自的工作方式。8255A 的 C 口具有位控功能，即端口 C 的 8 位中的任一位，都可通过 CPU 向 8255A 的控制寄存器中写入一个按位置位/复位控制字来置 1 或清 0，而 C 口中其他位的状态不变。需要说明的是，C 口的按位置位/复位控制字必须跟在方式选择控制字之后写入控制字寄存器，即使仅使用该功能，也应先选送一个方式控制字。

8251A 是 Intel 公司生产的通用串行同步/异步接口芯片，采用双列直插式 28 引脚封装。该芯片既可以用于异步通信，也可以用于同步通信。芯片内部具有可读可写的数据寄存器、只可写的控制寄存器和只可读的状态寄存器。数据寄存器用于存放 CPU 要发送的数据或 8251A 接收到的数据。控制寄存器用于存放方式控制字和命令控制字，方式控制字用来确定 8251A 的通信方式(同步或异步)、校验方式(奇校验、偶校验或不校验)、数据位数(5、6、7 或 8 位)及波特率参数等，方式控制字只需要写入一次；命令控制字使 8251A 进入规定的工作状态以准备发送或接收数据，它应该在写入方式控制字后写入，用于控制 8251A 的工作，可以多次写入。方式控制字和命令控制字本身无特征标志，也没有独立的端口地址，8251A 是根据写入先后次序来区分这两者的：先写入者为方式控制字，后写入者为命令控制字，所以对 8251A 初始化编程时必须按一定的先后顺序写入方式控制字和命令控制字。状态寄存器存放 8251A 的状态信息，供 CPU 查询。与所有的可编程芯片一样，8251A 在使用前也要进行初始化编程。初始化在 8251A 处于复位状态时开始。其过程为：首先写入方式控制字，以决定通信方式、数据位数、校验方式等。若是同步方式则紧接着送入一个或两个同步字符，若是异步方式则这一步可省略，最后送入命令控制字，就可以发送或接收数据了。初始化过程的信息全部写入控制端口，特征是 $C/\overline{D}=1$，即地址线 $A_0=1$(因为 $C/\overline{D}$ 接至 A_0)。8251 的状态信息也是通过控制端读入 CPU 的。

A/D 转换器把传感器输出的模拟量转换成计算机能够处理的数字量。D/A 转换器则把数字量转换成模拟量，以实现对被控物理量的控制。集成 D/A、A/D 芯片类型很多，本章介绍了美国国家半导体公司生产的 8 位 D/A 芯片 DAC0832 和 12 位的 D/A 芯片 DAC1210，以及 8 位 A/D 转换芯片 ADC0809 和 12 位的 A/D 转换芯片 AD574。

习题

1. 试述 8253 的基本功能及其工作原理。
2. 试总结对比 8253 的六种工作方式的主要不同点。
3. 试总结门控信号 GATE 在 8253 的六种工作方式中的作用。
4. 设 8253 的计数器 0、计数器 1、计数器 2 以及控制寄存器的端口地址为 40H～43H。如果将计数器 0 设置成方式 3，计数器 1 设置为方式 2，计数器 0 的输出作为计数器 1 的时钟输入；CLK_0 连接总线时钟，频率为 4.77 MHz，计数器 1 输出 OUT_1 约为 40 Hz。编写实现上述要求的初始化程序。
5. 设 8253 的计数器 0、计数器 1、计数器 2 和控制口的地址为 460H～463H。设已有信号源频率为 1 MHz，现要求用该芯片定时 1 秒，设计出硬件连线图，并编写初始化程序。
6. 简述 8255A 的基本组成及各部分的功能。

7. 假设 8255A 的端口地址为 60H～63H，试编写下列情况下的初始化程序：

(1) 将 A 口、B 口设置成方式 0，A 口和 C 口为输入口，B 口为输出口。

(2) 将 A 口设置成方式 1 输入，PC$_6$、PC$_7$ 输出；B 口设置为方式 1 输入。

8. 8255A 在复位后，各端口处于什么状态？为什么这样设计？

9. 如果需要 8255A 的 PC$_7$ 输出连续方波，如何用 C 口按位置位复位控制字编程实现？

10. 试设计用 8255A 实现用 8 个 LED 显示 8 个开关当前状态(开关闭合时 LED 亮，开关打开时 LED 灭)的接口电路，并编写 IBM PC 汇编语言程序实现该功能。

11. 设有 24 个 LED，要求其轮流不断地显示。请用 8255A 设计一接口电路，并编写控制程序。

12. 如何理解同步通信和异步通信的概念和基本特点。

13. 简述常用的串行通信 I/O 接口标准 RS–232C 的含义及功能。

14. 异步通信时一帧字符的格式是怎样定义的？

15. 异步通信的一帧字符有 8 个数据位，无奇偶校验位，一个停止位。如果波特率为 9600 b/s，则每秒能传送多少个字符？

16. 简述 8251A 内部各功能模块的作用。

17. 说明 8251A 异步方式与同步方式初始化流程的区别。

18. 已知 8251A 的收、发时钟(RxC、TxC)频率为 38.4 kHz；帧格式为：数据位 7 位，停止位 1 位，偶校验；波特率为 600 b/s。试编写初始化程序。

19. 试编写通过 8251A 输出字符"W"到 CRT 显示终端的程序。具体要求为：8251A 工作于异步方式；帧格式为：7 位数据位，偶校验，一个停止位；波特率因子为 64；设 8251A 控制端口地址为 DAH，数据端口地址为 D8H，字符"W"的 ASCII 码为 57H。

20. 利用 DAC0832 输出周期性的方波和三角波，画出原理图并编写控制程序。

21. 试设计 DAC1210 与 16 位数据总线的接口电路，要求 12 位数据一次写入，并编写输出周期性锯齿波的程序。

22. 试设计使用 ADC0809 通过查询方式进行 A/D 转换的接口电路；若 8 个模拟通道的地址为 280H～287H，试编写对 8 路模拟信号循环采样一遍的程序，采集数据存入数据区 BUFF 中。

主要参考文献

[1]　Abel P. IBM PC Assembly Language and Programming[M]. 清华大学出版社(北京) &Prentice-Hall Inc. (USA), 1998.

[2]　Mazidia M A. The 80x86 IBM PC Compatible Computer[M]. 2nd ed. Prentice-Hall Inc. (USA), 1998.

[3]　王永山，等. 微型计算机原理与应用[M]. 西安：西安电子科技大学出版社，1991.

[4]　侯伯亨，等. 十六位微型计算机原理及接口技术[M]. 西安：西安电子科技大学出版社，1992.

[5]　杨素行，等. 微型计算机系统原理及应用[M]. 北京：清华大学出版社，1995.

[6]　李继灿，等. 新编16/32位微型计算机原理及应用[M]. 北京：清华大学出版社，2001.

[7]　白中英，等. 计算机组成原理[M]. 北京：科学出版社，2000.

[8]　沈美明，等. IBM－PC汇编语言程序设计[M]. 北京：清华大学出版社，2001.

[9]　姚燕南，等. 微型计算机原理[M]. 西安：西安电子科技大学出版社，2002.

[10]　戴梅萼，等. 微型计算机技术及应用[M]. 北京：清华大学出版社，1991.

[11]　赵佩华，等. 微型计算机组成与接口技术[M]. 西安：西安电子科技大学出版社，2001.

[12]　王晓军，等. 微机原理与接口技术[M]. 北京：北京邮电大学出版社，2001.

[13]　王钰，等.《微型计算机原理》学习与实验指导[M]. 西安：西安电子科技大学出版社，2004.

[14]　赵树升，赵雪梅. 现代微机原理及接口技术[M]. 北京：清华大学出版社，2008.

[15]　杨全胜，等. 现代微机原理与接口技术[M]. 3版. 北京：电子工业出版社，2012.

[16]　李伯成. 微型计算机原理与接口技术[M]. 北京：清华大学出版社，2012.